Numerische Methoden der Mechanik

Festigkeits- und Schwingungsberechnung mittels elektronischer Rechentechnik

J. Dankert

Springer-Verlag
Wien New York

Dr.-Ing. Jürgen Dankert
Wissenschaftlicher Oberassistent
an der Technischen Hochschule „Otto von Guericke“,
Magdeburg, Deutsche Demokratische Republik

Mit 162 Abbildungen

Library of Congress Cataloging in Publication Data.
Dankert, J., 1941-. Numerische Methoden der Mechanik.
Bibliography: p. Includes index. 1. Engineering mathematics.
I. Title. TA 330. D35. 510'. 2' 462. 77-7180.

ISBN-13:978-3-211-81439-0 e-ISBN-13:978-3-7091-8490-5
DOI: 10.1007/978-3-7091-8490-5

Vorwort

Die Verfahren der numerischen Mathematik werden in den unterschiedlichsten Bereichen von Naturwissenschaft und Technik angewendet. Von den in der Mechanik gebräuchlichen Methoden (und in diesem Sinne ist der Titel dieses Buches zu verstehen) sollen einige besonders häufig angewendete hier vorgestellt werden.

Die zwangsläufig zu treffende Auswahl war nicht einfach. Die Entscheidungen wurden schließlich von der Absicht diktiert, erprobte und vielseitig anwendbare Verfahren anzugeben, die den Praktiker in die Lage versetzen, eine möglichst große Palette von Problemen zu behandeln.

Der Ingenieur ist es gewöhnt, auf den gesicherten Erkenntnissen der Physik und der Mathematik aufzubauen, nicht kritiklos, wohl aber im (berechtigten) guten Vertrauen auf deren Gültigkeit. Er ist für Existenz- und Konvergenzbeweise dankbar, scheut jedoch gegebenenfalls auch das "numerische Experiment" nicht. Sein Interesse konzentriert sich in erster Linie auf die Realisierbarkeit der angebotenen Methoden. Dieser Aspekt stand bei der Beschreibung der Berechnungsverfahren im Mittelpunkt. Dem Leser, der an theoretischen Fragen stärker interessiert ist, steht in der mathematischen Literatur eine Vielzahl ausgezeichneter Publikationen zur Verfügung.

Das vorliegende Buch setzt die Kenntnisse der Grundausbildung in der Technischen Mechanik voraus, die an einigen Stellen jedoch nicht ganz ausreichen. In jedem Fall werden die benötigten Formeln und Differentialbeziehungen sowie die Voraussetzungen der zugrunde liegenden Theorien in knapper Form zusammengestellt. Ausführlichere Informationen liefert die Literatur zur Technischen Mechanik und ihrer Spezialgebiete, die Literaturstellen /1/ bis /10/ werden (neben vielen anderen) in dieser Hinsicht empfohlen.

Auf die Herleitung der Verfahren der numerischen Mathematik wird nur dann eingegangen, wenn daraus nützliche Erkenntnisse für ihre Anwendung zu ziehen sind. Im übrigen wird auch hier auf die Spezialliteratur verwiesen (z. B. /11/ bis /20/).

Die erfolgreiche Anwendung moderner Berechnungsverfahren setzt die Nutzung des elektronischen Digitalrechners voraus. Bei allen behandelten Verfahren wird deshalb auch auf Programmierungsprobleme eingegangen. Dem Ingenieur werden Entscheidungshilfen gegeben, wann er auf Bibliotheksprogramme zurückgreifen sollte und in welchen Fällen die Handrechnung bzw. eine Kombination von Hand- und Automatenrechnung günstiger ist.

Die angegebenen Unterprogramme sind weitgehend rechenzeit- und speicheroptimal. Sie sind der vom Verfasser geschriebenen Programmbibliothek "Grundaufgaben der angewandten Mathematik und Mechanik" entnommen. Um Druckfehler zu vermeiden, wurden von den getesteten Programmen Lochstreifenkopien hergestellt, die maschinell auf die Druckvorlage übertragen wurden.

Die bewußt einfach gewählten Beispiele sollen das Wesentliche verdeutlichen und durch den Vergleich mit analytischen Lösungen die Leistungsfähigkeit der numerischen Verfahren demonstrieren. Das induktive Vorgehen, bei dem gelegentlich sogar ein Beispiel an die Spitze gestellt wird, erleichtert sicher die Durcharbeitung des Stoffes. Die zum Teil kurz gehaltene Darstellung kommt dem Leser entgegen, der sich einen Überblick über die Verfahren verschaffen will. Ein tieferes Eindringen ist ohne aktive Mitarbeit (mit Bleistift und Papier, im Idealfall unter Einbeziehung des Computers) ohnehin wohl kaum möglich.

Für zahlreiche wertvolle Hinweise bei der Erarbeitung des Manuskripts dankt der Verfasser den Herren Prof.Dr.sc.techn. J. Altenbach, Prof. Dr.sc.techn. U. Fischer, Dr.-Ing. U. Gabbert, Doz. Dr.-Ing. S. Koczyk, Doz. Dr.-Ing. W. Wenzke und nicht zuletzt seiner Frau Dr.-Ing. Ingrid Dankert. Herr Dipl.-Ing. H. Mohr hat mit großer Mühe und viel Fleiß das Manuskript durchgesehen und die Beispiele nachgerechnet. Das druckreife Manuskript wurde von Frau Heinemann geschrieben. Frau Kersten hat die Zeichnungen angefertigt und die Formeln eingesetzt. Für die sorgfältige Arbeit soll auch ihnen an dieser Stelle gedankt werden.

Magdeburg

J. Dankert

INHALTSVERZEICHNIS

Seite

Seite

Seite

Seite

1. Numerische Methoden und Digitalrechentechnik

1.1. Vorbemerkungen

Der Ingenieur nutzt die Technische Mechanik, um Beanspruchungen, Verformungen, Funktionsweise und Sicherheit von technischen Systemen zu untersuchen. Er ist dabei immer gezwungen, das reale Objekt durch Vereinfachungen und Idealisierungen in ein Modell zu überführen, das unter Ausnutzung gesicherter Gesetze und bewährter Hypothesen berechnet werden kann.

Die zur Verfügung stehenden mathematischen Methoden und die Hilfsmittel zu ihrer praktischen Realisierung beeinflussen den Prozeß der Modellfindung, zumal der Praktiker in der Regel die Ergebnisse möglichst schnell erhalten will. Erst durch den Einsatz der elektronischen Rechentechnik ist es möglich, Berechnungsmodelle zu verwenden, die auch die Verhaltensweise komplizierter Gebilde ausreichend genau widerspiegeln.

Dabei haben besonders die numerischen Methoden an Bedeutung gewonnen. Viele dieser Verfahren wurden erst durch den Einsatz von Rechenautomaten effektiv, andere wurden der Arbeitsweise dieses neuen Hilfsmittels angepaßt oder direkt dafür entwickelt.

Berechnungsverfahren, für die ein Rechenprogramm vorliegt, können genutzt werden, ohne daß der Nutzer den zugrunde liegenden Algorithmus kennt. Vielfach braucht er nicht einmal zu programmieren, die Beachtung der Vorschriften zur Dateneingabe und einige elementare Kenntnisse über das Betriebssystem des verwendeten Rechners genügen.

Für die wichtigsten mathematischen Verfahren (Lösung von Gleichungssystemen, Differentialgleichungen usw.) sind in den Bibliotheken vieler Rechenzentren solche Programme vorhanden. Es ist jedoch auch möglich, unter Verwendung spezieller Verfahren (z.B. der Finite-Elemente-Methode) Programme zu schreiben, die die unterschiedlichsten Aufgabenstellungen ganzer Problemklassen der Technischen Mechanik erledigen können. Auch solche Programme (z.T. umfangreiche Programmsysteme) existieren schon in relativ großer Zahl. Trotz dieses Angebots ist es zweckmäßig, die verwendeten Algorithmen zu kennen, so daß alle Möglichkeiten ausgeschöpft und die Grenzen und Nebeneffekte der Verfahren berücksichtigt werden können.

Für zahlreiche Aufgaben ist es jedoch immer wieder erforderlich, spezielle Programme zu schreiben. Die noch weit verbreitete Meinung, daß dafür Programmierer eingesetzt werden sollten, ist falsch. Um einen Programmierer zu befähigen, einen Algorithmus in die Sprache des Rechenautomaten umzusetzen, muß dieser exakt beschrieben werden. Dazu stehen aber die leicht erlernbaren problemorientierten Programmiersprachen zur Verfügung, die von speziellen Programmen automatisch in die Maschinensprache übersetzt werden.

Der Ingenieur muß auch selbst programmieren, um alle Vorteile der elektronischen Rechentechnik zu nutzen. Dabei bedient er sich selbstverständlich der in Programmbibliotheken für Standardprozesse vorhandenen Unterprogramme.

1.2. Programmierung

1.2.1. Assembler- und Compilersprachen

Eine programmgesteuerte elektronische Digitalrechenanlage kann nur in ihrer Maschinensprache geschriebene Programme verarbeiten. Diese bestehen aus Maschinenbefehlen, die als Binärzahl verschlüsselt im Operativspeicher stehen und die arithmetischen, logischen, Kontroll- und Steueroperationen sowie die Ein- und Ausgabe initiieren. Ein Maschinenbefehl enthält den Befehlscode und ein oder mehrere Adressen von Speicherplätzen, auf deren Inhalt sich der Befehl bezieht.

Das Programmieren in dieser anlagenspezifischen Sprache ist sehr mühsam und fehleranfällig und wird selbst von den dazu befähigten Spezialisten vermieden, wenn, wie für moderne Anlagen selbstverständlich, eine sogenannte Assemblersprache zur Verfügung steht. In dieser Sprache wird der Befehlscode durch leicht verständliche Symbole ersetzt (z.B. ADD für die Addition zweier Zahlen), und statt der Speicheradressen werden Namen (symbolische Adressen) geschrieben, für die zum Beispiel Formelsymbole verwendet werden können. Vor der Abarbeitung werden diese Symbole vom Assembler, einem Programm im Maschinencode, ersetzt, wobei in der Regel aus jedem Befehl der Assemblersprache ein Maschinenbefehl entsteht. Bei einigen Anlagen können häufig vorkommende, aus mehreren Maschinenbefehlen bestehende Routinen durch einen Assemblerbefehl (sog. MAKRO) beschrieben werden.

Im Gegensatz zu den maschinenabhängigen Assemblersprachen sind die problemorientierten Compilersprachen weitgehend maschinenunabhängig. Von den speziell für wissenschaftlich-technische Rechnungen entwickelten Sprachen sind ALGOL und FORTRAN besonders verbreitet. Ihre Befehlsstruktur ist der in der Mathematik üblichen Formelsprache ähnlich und wird durch leicht verständliche Wortsymbole ergänzt.

Vor der eigentlichen Rechnung müssen die in einer Compilersprache geschriebenen Programme (Quellen-Programme) von einem Übersetzerprogramm (Compiler) in die Maschinensprache übertragen werden. Leistungsfähige FORTRAN- und ALGOL-Compiler existieren für alle modernen Rechenanlagen.

Dies ist leider für die Sprache PL/1 noch nicht gegeben. PL/1 vereinigt in sich die von ALGOL, FORTRAN und der auf ökonomische Probleme orientierten Sprache COBOL gegebenen Möglichkeiten.

Selbst der wenig geübte Programmierer ist in der Lage, seine Aufgaben mit Hilfe der problemorientierten Sprachen für die Arbeit einer Rechenanlage aufzubereiten. Er wird dabei von den Compilern unterstützt, die die Programme auf (syntaktische) Richtigkeit untersuchen und entsprechende diagnostische Informationen ausgeben. Der Nachteil, daß schon die Übersetzung Rechenzeit benötigt, wird durch den wesentlich geringeren manuellen Arbeitsaufwand ausgeglichen. Darüber hinaus ist im allgemeinen der gesamte Rechenzeitverbrauch für das Einfahren (Test auf syntaktische und algorithmische Richtigkeit) des Programms geringer. Schwerwiegender kann der Nachteil sein, daß ein vom Compiler erzeugtes Maschinenprogramm nicht so effektiv arbeitet wie ein entsprechendes Assemblerprogramm. Dies gilt besonders für Programme, die für häufige Nutzung mit unterschiedlichen Eingabedaten vorgesehen sind.

Der Grund dafür, daß heute FORTRAN die meistgenutzte Sprache für die Programmierung wissenschaftlich-technischer Probleme ist, liegt sicher darin, daß sie einen besonders glücklichen Kompromiß darstellt zwischen den Einschränkungen, die dem Programmierer auferlegt werden müssen und der dem Compiler gegebenen Möglichkeit, ein leistungsfähiges Maschinenprogramm zu erzeugen.

Die weitaus größeren Freiheiten, die ALGOL dem Programmierer läßt, machen diese Sprache ideal für die Beschreibung von Algorithmen, führen aber zu weniger effektiven Maschinenprogrammen. Hinzu kommt, daß im ersten ALGOL-Bericht (1960) die Ein- und Ausgabe von Daten noch nicht definiert war. Dies führte dazu, daß fast alle Rechenanlagen dafür andere Routinen vorsehen, was die Verwendung der Programme auf unterschiedlichen Rechnertypen erschwert.

PL/1 bietet für rein numerische Rechnungen gegenüber FORTRAN kaum Vorteile, obwohl das wesentlich größere Befehlsspektrum ein bequemeres Programmieren gestattet. Dies muß jedoch mit langsamer arbeitenden Maschinenprogrammen bezahlt werden. Die Universalität dieser Sprache kann ihr jedoch trotzdem schon sehr bald zum endgültigen Durchbruch verhelfen.

Die Problematik des Programmierens in problemorientierten Sprachen besteht nicht in der Beachtung der syntaktischen Regeln einer bestimmten Sprache, sondern fast ausschließlich in der Formulierung des Algorithmus. Man sollte sich deshalb nicht scheuen, sich der jeweils gegebenen Situation (zur Verfügung stehende Rechenanlagen, Compiler usw.) anzupassen. Das Erlernen der Programmierung erfordert einige praktische Übung, der Übergang zu einer neuen Programmiersprache ist demgegenüber unproblematisch.

1.2.2. Einige allgemeine Bemerkungen zur Programmierung

Eine klare und übersichtliche Formulierung des zu programmierenden Problems ist die beste Voraussetzung für das Schreiben eines Programms. Für umfangreiche Aufgaben empfiehlt es sich, einen Programmablaufplan anzufertigen, der in groben Schritten den Rechengang verdeutlicht. Detaillierte Programmablaufpläne sind bei der Anwendung problemorientierter Sprachen nicht erforderlich.

Vor der Festlegung der zu verwendenden numerischen Verfahren sollte man überprüfen, ob geeignete Routinen aus einer Programmbibliothek oder der Literatur genutzt werden können. Die Wahl der Programmiersprache muß mit Rücksicht auf die Möglichkeiten des zu nutzenden Rechenautomaten getroffen werden.

Ein Programm, das für die Lösung eines aktuellen Problems geschrieben wird, kann oft ohne wesentlichen Mehraufwand so angelegt werden, daß es gleichartige oder ähnliche Aufgaben erledigen kann, wenn nur wenige Parameter variabel gehalten werden, wobei die aktuelle Wertzuweisung über die Dateneingabe gesteuert wird. Man sollte auch überprüfen, ob Teile des Programms für andere Programmierungsprobleme verwendbar sein könnten. Diese werden dann zweckmäßig als Unterprogramme geschrieben.

Für Programme, die zur mehrfachen Nutzung vorgesehen sind, müssen Dokumentationen erarbeitet werden. Diese enthalten Informationen über die Möglichkeiten und Grenzen des Programms, den verwendeten Algorithmus, benötigte Unterprogramme, die Programmiersprache, reguläre und irreguläre Programmstopps, eine ausführliche Beschreibung der Dateneingabe und, falls erforderlich, Hinweise über die Ausgabe der Ergebnisse. Im Zusammenhang mit den Angaben über die Speicherung des Programms (z.B. Quellenprogramm oder ladefähiges Programm auf Lochkarten oder Magnetband) mit Hinweisen auf die erforderlichen Steuerbefehle wird so die Nutzung durch verschiedene Anwender ermöglicht. Mitteilungen über Erfahrungen bei der Programmnutzung, die etwa zu erwartenden Rechenzeiten und ein Beispiel zur Dateneingabe erleichtern die Anwendung.

Der Umgang mit größeren Eingabedatenmengen erfordert besonders sorgfältiges Arbeiten. Prinzipiell sollten alle Eingabedaten sofort nach dem Einlesen gedruckt werden. Ein Druckbild, das mit genügend Textinformation versehen ist, erhöht die Nutzerfreundlichkeit. Programme, die für größere Rechnungen vorgesehen sind, müssen die Eingabewerte auf Vollständigkeit und, wenn möglich, auch darauf kontrollieren, ob ein sinnvolles Berechnungsmodell beschrieben wird. Fällt ein Test negativ aus, wird die nachfolgende Rechnung verhindert.

Die Zeit, die für eine sorgfältige Programmierung aufgewendet wird, spart man beim Einfahren des Programms ganz sicher wieder ein. Man programmiere übersichtlich und spare nicht mit Kommentar im Programm.

In der Regel erfordert das Testen wesentlich mehr Zeit als das Programmieren. Geeignete Testbeispiele mit bekannten Lösungen sollten so ausgewählt werden, daß jeder Programmteil wenigstens einmal durchlaufen wird. Die Werte 1 und 0 werden bei den Eingabedaten und, wenn das überschaubar ist, als Zwischenergebnisse in der Testphase möglichst vermieden, da sich sonst ein vergessener Faktor bzw. Summand eventuell nicht bemerkbar macht. Zusätzliche Druckanweisungen, die bei der Nutzrechnung entweder nicht angesteuert oder ganz aus dem Programm herausgenommen werden, erleichtern die Fehlersuche.

Für besonders komplizierte Teile des Programms empfiehlt sich ein "Trockentest", die Simulierung der Automatenrechnung durch den Programmierer.

Trotz sorgfältigster Testung können Programme bei Nutzrechnungen gelegentlich versagen. Gute Programme reagieren auf solche Ausnahmesituationen (z.B. schlechte Konvergenz iterativer Verfahren) mit einer entsprechenden Druckanweisung.

1.2.3. FORTRAN-Programmierung numerischer Methoden

Charakteristisch für zahlreiche Programme, die numerische Verfahren enthalten, ist, daß sie den weitaus größten Teil der Rechenzeit in einem relativ kurzen Programmstück, das sehr oft durchlaufen wird, verbrauchen. Dies gilt gleichermaßen für direkte Verfahren wie für Iterationsalgorithmen. Solche Programmstrecken muß man mit besonderer Sorgfalt programmieren, wofür nachfolgend einige Hinweise gegeben werden. Sie werden an FORTRAN-Beispielen demonstriert, gelten aber zu einem großen Teil sinngemäß auch für andere problemorientierte Sprachen. Für diese müßte der Katalog der Empfehlungen für rechenzeitoptimales Programmieren allerdings erweitert werden, da viele der dort erlaubten Freiheiten, die mit längeren Rechenzeiten bezahlt werden müssen, in FORTRAN nicht vorgesehen sind.

Bei mehrmaligem Gebrauch gleichartiger Ausdrücke oder mehrmaligem Aufruf von Funktionen mit gleichem Argument sollten diese nur einmal berechnet werden.

<u>Beispiel 1:</u> Die beiden Anweisungen

```
A = (R*COS(T) + U*SIN(T) - R*S + W)/(R*W - SIN(T))
B = (U*COS(T) + R*SIN(T) + R*S - W)/(R*W - SIN(T))
```

werden zweckmäßig durch folgende 6 Anweisungen ersetzt:

```
SI  = SIN(T)
CO  = COS(T)
RSW = R*S - W
DIV = R*W - SI
A   = (R*CO + U*SI - RSW)/DIV
B   = (U*CO + R*SI + RSW)/DIV
```

Indizierte Variable verlangsamen die Rechnung, da bei ihrem Gebrauch zunächst die Speicheradresse des Elements ermittelt werden muß:

<u>Beispiel 2:</u> Die Division der I-ten Zeile einer Matrix durch ihr Diagonalelement

```
   DO 1 J = 1,N
1  A(I,J) = A(I,J)/A(I,I)
```

wird besser programmiert:

```
   AII = A(I,I)
   DO 1 J = 1,N
1  A(I,J) = A(I,J)/AII
```

Nur gute FORTRAN-Compiler bemerken, daß im Beispiel 2 der Speicherplatz des Matrixelements A(I,J) zweimal angesprochen wird, so daß u. U. die Adressenrechnung bei jedem Durchlauf doppelt ausgeführt wird. Wenn ein solcher Mangel behoben werden soll, kann dies nur im übersetzten Programm geschehen. Eine solche Nachoptimierung kann in Ausnahmefällen empfehlenswert sein, erfordert allerdings Spezialkenntnisse.

Viele Compiler erzeugen besonders schlechte Programme bei der Verwendung mehrfach indizierter Feldelemente. Eine Beschränkung auf eindimensionale Felder macht zwar das Programmieren komplizierter, bietet aber neben kürzeren Rechenzeiten noch zwei zusätzliche Vorteile:

- Der für die Aufnahme von Rechteckmatrizen vorgesehene Speicherplatz limitiert nicht Zeilen- und Spaltenzahl, sondern nur die Gesamtzahl der Matrixelemente. Da FORTRAN keine dynamische Speicherbelegung vorsieht, ist dies bedeutsam.
- Spezielle Matrizen (Dreiecksmatrizen, symmetrische Matrizen, Bandmatrizen) können platzsparend gespeichert werden (vgl. Abschnitte 1.2.4. und 2.1.7.).

Natürlich wird ein so geschriebenes Programm unübersichtlicher. Es genügt im allgemeinen, solche Maßnahmen auf diejenigen Unterprogramme zu beschränken, in denen der größte Teil der Rechenzeit verbraucht wird. Da in FORTRAN (im Gegensatz zu ALGOL) die Art der Abspeicherung mehrdimensionaler Felder definiert wird (Matrizen werden z. B. spaltenweise gespeichert), ist dies möglich.

Der verfügbare Speicherbereich muß das Programm (mindestens einen Teil davon) und die Daten aufnehmen. Ein gutes Programm zeichnet sich deshalb auch durch rationellen Umgang mit dem Speicherplatz aus. Durch entsprechende EQUIVALENCE-Anweisungen können in FORTRAN die Speicherplätze mehrfach genutzt werden (in ALGOL dient hierzu das Blockkonzept).

1.2.4. Einige Bemerkungen zu den Programmen im Text

Die im Text abgedruckten Programme sind weitgehend rechenzeit- und speicheroptimal. Sie sind deshalb wenig geeignet, um die programmierten Algorithmen zu verdeutlichen. Aus Platzgründen wurde auch auf Kommentarzeilen in den Unterprogrammen verzichtet.

Die zu den Matrizenalgorithmen angegebenen Routinen arbeiten sämtlich mit einfach indizierten Variablen. Dazu muß den Unterprogrammen lediglich mitgeteilt werden, mit welcher Zeilenzahl die Matrizen vereinbart sind, so daß in den weniger rechenzeitintensiven Programmteilen die bequemere und übersichtlichere Programmierung mit zweidimensionalen Variablen erlaubt ist. Einige Unterprogramme können für spezielle Matrizen sogar verschiedenartige Speicherungsvarianten verarbeiten, ohne daß sich dadurch die Rechenzeiten nennenswert erhöhen.

Beispiel: Dem Unterprogramm CHOLZ (siehe Abschnitt 2.2.4.), das mit der Subroutine-Anweisung

```
SUBROUTINE CHOLZ (A,N,MH,IPODE)
```

eingeleitet wird, kann die symmetrische Matrix A (N Zeilen bzw. Spalten) in den Speicherungsformaten

R - "Rechteckmatrix" (MH - vereinbarte Zeilenzahl),
V - "Vektor" (MH = N),
S - "symmetrische Matrix" (MH = Ø)

angeboten werden (Bild 1.1).

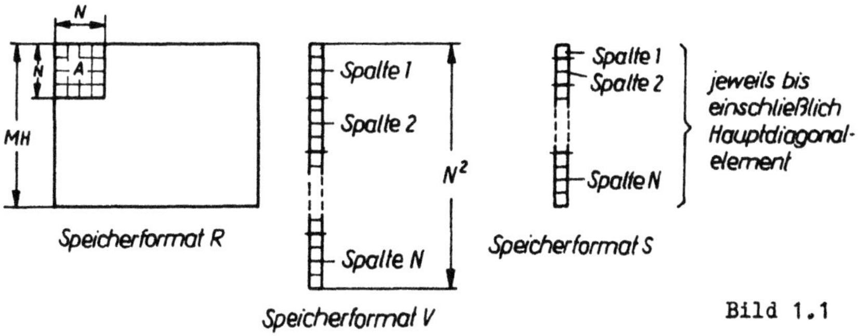

Bild 1.1

Im folgenden Programmausschnitt sind die Felder AR, AV, AS vereinbart, die vom Unterprogramm CHOLZ verarbeitet werden sollen:

```
      DIMENSION AR(2Ø,3Ø),AV(15),AS(8)
      .
      .
      .
    1 CALL CHOLZ (AR,3,2Ø,IPODE)
    2 CALL CHOLZ (AV,3, 3,IPODE)
    3 CALL CHOLZ (AS,3, Ø,IPODE)
      .
      .
```

Die Matrix

$$A = \begin{bmatrix} 4 & 2 & 7 \\ 2 & 5 & -2 \\ 7 & -2 & 8 \end{bmatrix}$$

müßte auf dem zweidimensionalen Feld AR in der linken oberen

Ecke, im eindimensionalen Feld AV auf den ersten 9 Plätzen (in der Reihenfolge 4,2,7,2,5,-2,7,-2,8) und im eindimensionalen Feld AS auf den ersten 6 Plätzen (in der Reihenfolge 4,2,5,7,-2,8) gespeichert sein. Die Subroutine CHOLZ kann diese Felder verarbeiten, wenn für NH die aktuellen Parameter 2Ø, 3 bzw. Ø (siehe Beispiel) eingesetzt werden, während für N immer der Wert 3 steht.

Für alle Felder, die das Speicherformat R erlauben, ist selbstverständlich auch das Speicherformat V möglich.

Die eindimensionalen Felder brauchen in den Unterprogrammen nur als solche gekennzeichnet zu werden, ohne daß sinnvolle Indexgrenzen angegeben werden müssen, z. B.:

```
SUBROUTINE CHOLZ (A,N,MH,IPODE)
DIMENSION A(1)
```

Die Unterprogramme enthalten keine Feldvereinbarungen. Wenn Arbeitsfelder benötigt werden, muß der Speicherplatz dafür aus dem aufrufenden Programm über die aktuellen Parameter vermittelt werden.

Bei den iterativen Berechnungsverfahren wurden zusätzliche Sicherungen des Programmablaufs vorgesehen. So wird die Anzahl der Iterationsschritte vom Programmnutzer begrenzt. Nach einer vorzugebenden Anzahl von Iterationsschritten werden außerdem die wesentlichen Zwischenergebnisse an ein vom Nutzer zu schreibendes Unterprogramm vermittelt, in dem diese z. B. ausgedruckt werden können.

Für sämtliche Programme wurde nur eine Untermenge der Standard-FORTRAN-Befehle verwendet, die in fast allen Dialekten dieser Sprache enthalten ist. Die Fälle, die von verschiedenen Compilern unterschiedlich übersetzt werden (z.B., wenn der Anfangswert einer Laufvariablen größer ist als die obere Grenze), wurden ausgeschlossen.

Es wurden vornehmlich einfache Befehlsstrukturen unter Beachtung der im Abschnitt 1.2.3. beschriebenen Programmierungsempfehlungen verwendet. Dadurch werden die FORTRAN-Programme zwar länger, die übersetzten Programme jedoch kürzer (Speicherplatzeinsparung). Sie eignen sich außerdem sehr gut als Vorlagen für die Assembler-Programmierung.

2. Matrizennumerik

2.1. Zusammenstellung wichtiger Grundregeln der Matrizenrechnung

Viele numerische Verfahren werden zweckmäßig mit Hilfe von Matrizenalgorithmen realisiert. Die für das Verständnis der in diesem Buch beschriebenen Verfahren erforderlichen Grundregeln der Matrizenrechnung werden im folgenden zusammengestellt.

2.1.1. Lineare Transformation, Matrix, Vektor

Die Lehre von den Matrizen befaßt sich mit den linearen Beziehungen zwischen zwei Größensystemen $x_1, x_2, x_3, \ldots, x_n$ bzw. $y_1, y_2, y_3, \ldots, y_m$ in der Form

$$\begin{array}{ccccccc} a_{11}x_1 & + a_{12}x_2 & + & \cdots & + a_{1n}x_n & = & y_1 \\ a_{21}x_1 & + a_{22}x_2 & + & \cdots & + a_{2n}x_n & = & y_2 \\ \vdots & \vdots & & & \vdots & & \vdots \\ a_{m1}x_1 & + a_{m2}x_2 & + & \cdots & + a_{mn}x_n & = & y_m \end{array} \qquad (2.1)$$

Hierfür wird symbolisch

$$\boldsymbol{A}\boldsymbol{x} = \boldsymbol{y}$$

geschrieben mit der "mn-Matrix" $\boldsymbol{A}$ (m Zeilen, n Spalten) und den "Vektoren" $\boldsymbol{x}$ (n-dimensional) und $\boldsymbol{y}$ (m-dimensional):

$$\boldsymbol{A} = \begin{bmatrix} a_{11} & a_{12} & \cdots & a_{1n} \\ a_{21} & a_{22} & \cdots & a_{2n} \\ \vdots & \vdots & & \vdots \\ a_{m1} & a_{m2} & \cdots & a_{mn} \end{bmatrix}, \quad \boldsymbol{x} = \begin{bmatrix} x_1 \\ x_2 \\ \vdots \\ x_n \end{bmatrix}, \quad \boldsymbol{y} = \begin{bmatrix} y_1 \\ y_2 \\ \vdots \\ y_m \end{bmatrix} \qquad (2.2)$$

(a_{ik} - Elemente der Matrix $\boldsymbol{A}$; x_i, y_i - Komponenten der Vektoren $\boldsymbol{x}$ bzw. $\boldsymbol{y}$). Die Beziehung $\boldsymbol{A}\boldsymbol{x} = \boldsymbol{y}$ wird "lineare Transformation des Vektors $\boldsymbol{x}$ in den Vektor $\boldsymbol{y}$" genannt. Beziehungen dieser Art findet man z. B. in der linearen Elastizitätstheorie zwischen den Belastungen und den Verschiebungen eines Tragwerks oder den Belastungen und Stabkräften eines Fachwerks.

2.1.2. Der n-dimensionale Vektorraum

Die Gesamtheit der n-dimensionalen Vektoren

$$\boldsymbol{x} = \begin{bmatrix} x_1 \\ x_2 \\ \vdots \\ x_n \end{bmatrix} \qquad \text{(geschrieben als Spaltenvektor)}$$

bzw.

$$\boldsymbol{x}^T = \begin{bmatrix} x_1 & x_2 & \cdots & x_n \end{bmatrix} \qquad \text{(geschrieben als Zeilenvektor),}$$

wobei sich die Komponenten aus einem "Zahlkörper" (z.B. dem Zahlkörper der reellen Zahlen) rekrutieren, wird als n-dimensionaler Vektorraum bezeichnet.

Die Vektoren $\boldsymbol{x}_1, \boldsymbol{x}_2, \ldots, \boldsymbol{x}_m$ werden linear unabhängig genannt, wenn ihre sogenannte Linearkombination

$$\boldsymbol{y} = c_1 \boldsymbol{x}_1 + c_2 \boldsymbol{x}_2 + \cdots + c_m \boldsymbol{x}_m \tag{2.3}$$

nur für $c_1 = c_2 = \ldots = c_m = 0$ den Nullvektor $\boldsymbol{y} = \boldsymbol{0}$ ergibt (alle Komponenten eines Nullvektors sind gleich Null), sonst linear abhängig. Mehr als n Vektoren des n-dimensionalen Raumes sind immer linear abhängig. Ein System von genau n linear unabhängigen Vektoren wird "Basis" genannt. Jeder Vektor kann als Linearkombination einer Basis dargestellt werden. Die Koeffizienten c_i dieser Linearkombination heißen Koordinaten des Vektors bezüglich der Basis. Speziell bildet das System der n "Einheitsvektoren"

$$\mathbf{e}_1 = \begin{bmatrix} 1 \\ 0 \\ 0 \\ \vdots \\ 0 \end{bmatrix}, \quad \mathbf{e}_2 = \begin{bmatrix} 0 \\ 1 \\ 0 \\ \vdots \\ 0 \end{bmatrix}, \quad \ldots\ldots, \quad \mathbf{e}_n = \begin{bmatrix} 0 \\ 0 \\ 0 \\ \vdots \\ 1 \end{bmatrix} \tag{2.4}$$

eine Basis, für die die Komponenten eines Vektors zugleich Koordinaten sind.

Ein Vektorraum, für den ein "inneres Produkt" (Skalarprodukt) zweier Vektoren in der Form

$$x^T y = y^T x = \sum_{i=1}^{n} x_i y_i \tag{2.5}$$

definiert ist, heißt "euklidischer Vektorraum". Mit Hilfe dieser Beziehung wird in Anlehnung an die Begriffe des dreidimensionalen Raumes eine Metrik eingeführt. Man definiert

$$|x| = \sqrt{x^T x} \tag{2.6}$$

als "Betrag" (auch: Länge) des Vektors x und

$$d = |x-y| = \sqrt{(x-y)^T (x-y)} \tag{2.7}$$

als Abstand der Vektoren x und y. Der Begriff des Winkels φ zwischen zwei Vektoren ist durch die Gleichung

$$x^T y = |x||y| \cos\varphi \tag{2.8}$$

gegeben. Zwei Vektoren x und y sind also zueinander orthogonal, wenn

$$x^T y = 0 . \tag{2.9}$$

Ein Satz Vektoren, die sämtlich zueinander orthogonal sind, heißt orthogonales System. Vektoren eines orthogonalen Systems sind stets linear unabhängig. Im n-dimensionalen Vektorraum existiert immer ein System von n orthogonalen Vektoren (vollständiges Orthogonalsystem).

Einen Vektor vom Betrage Eins nennt man normiert, ein Orthogonalsystem mit normierten Vektoren orthonormiertes System. Die n Einheitsvektoren des n-dimensionalen euklidischen Vektorraums entsprechend (2.4) sind ein Beispiel für eine orthonormierte Basis.

Eine sogenannte "Vektornorm" $\|x\|$ hat die Eigenschaften

$$\|x\| \text{ ist reell} \quad , \quad \|x\| = 0 \text{ nur für } x = 0 \quad ,$$

$$\|cx\| = |c|\|x\| \quad , \quad \|x_1 + x_2\| \leq \|x_1\| + \|x_2\| \quad .$$

Der Betrag eines Vektors (2.6) erfüllt die Bedingungen für eine Vektornorm.

2.1.3. Einfache Rechenregeln, spezielle Matrizen

Addition und Subtraktion sind nur für Matrizen des gleichen Typs (gleiche Zeilenzahl, gleiche Spaltenzahl) definiert:

$$C = A \pm B \quad mit \quad c_{ik} = a_{ik} \pm b_{ik} \; . \qquad (2.10)$$

Die Addition ist kommutativ und assoziativ.

Eine Matrix wird mit einem Skalar c multipliziert, indem alle Elemente mit c multipliziert werden. Es gilt:

$$cA + cB = c(A + B) \quad , \quad c_1 A + c_2 A = (c_1 + c_2) A \; . \qquad (2.11)$$

Sind zwei Vektoren x und y durch die lineare Beziehung $x = Ay$ und y seinerseits mit dem Vektor z durch die lineare Beziehung $y = Bz$ verknüpft, so besteht auch zwischen x und z ein linearer Zusammenhang, für den symbolisch

$$x = Ay = A(Bz) = ABz = Cz$$

geschrieben wird, wodurch das Matrizenprodukt

$$C = AB \quad mit \quad c_{ik} = \sum_{j=1}^{n} a_{ij} b_{jk} \qquad (2.12)$$

definiert wird (c_{ik} ist das Skalarprodukt der i-ten Zeile von A mit der k-ten Spalte von B). Offensichtlich ist zur Ausführbarkeit der Multiplikation die Übereinstimmung der Spaltenzahl von A mit der Zeilenzahl von B erforderlich: Eine mn-Matrix A ist mit einer np-Matrix B in der Reihenfolge AB "verkettbar". Im allgemeinen ist $AB \neq BA$, wenn die Faktoren überhaupt in beiden Reihenfolgen verkettbar sind.

Das Matrizenprodukt ist assoziativ und distributiv:

$$\begin{aligned} (AB)C = A(BC) = ABC \; , \\ (A+B)C = AC + BC \; . \end{aligned} \qquad (2.13)$$

Für die Handrechnung werden die Matrizen zweckmäßig nach dem Multiplikationsschema von FALK angeordnet, das sich auch für die Produktbildung bei mehreren Faktoren eignet (Bild 2.1). Dabei können die Matrizen unter- oder nebeneinander angeordnet werden, was zu erheblich unterschiedlichem Aufwand führen kann. Speziell ist bei der Bildung des häufig auftretenden Produkts mehrerer

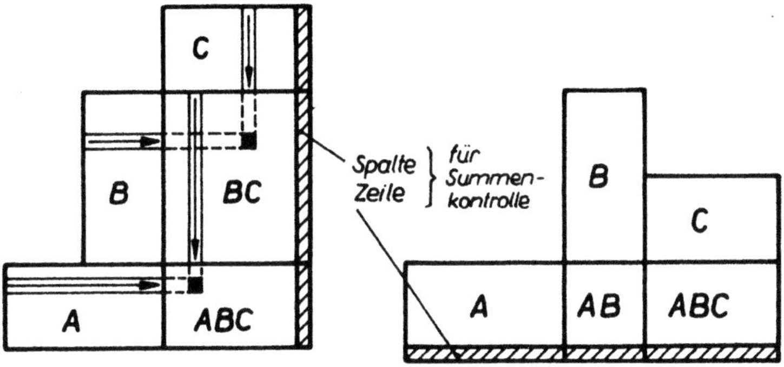

Bild 2.1
Schema für die Matrizenmultiplikation

Matrizen mit einem Vektor (z.B. $ABCx = y$) die Anordnung untereinander (beginnend mit Cx , auch bei der Automatenrechnung) zweckmäßiger. Beim Arbeiten mit Tischrechenmaschinen, die Produktsummen auflaufen lassen, ist eine ständige Kontrolle mit Hilfe von Summenspalten bzw. -zeilen, auf die die Rechnung mit dem gleichen Algorithmus erweitert wird, angezeigt.

Die Matrizenmultiplikation ist ein einfach programmierbarer, aber rechenzeitintensiver Prozeß, dessen Aufwand häufig unterschätzt wird. Er verlangt z. B. für quadratische Matrizen etwa die gleiche Anzahl von Operationen wie die wesentlich komplizierter erscheinende Inversion (vgl. Abschnitt 2.1.4.). Es wird deshalb empfohlen, bei der Automatenrechnung für große Matrizen, wenn vorhanden, Maschinencode-Unterprogramme zu verwenden. Für relativ dünn mit von Null verschiedenen Elementen besetzte Matrizen (Diagonal- oder Dreiecksmatrizen u.a.) sollten spezielle Routinen geschrieben werden (vgl. Abschnitt 2.1.7.).

Durch Vertauschen von Zeilen und Spalten einer Matrix A geht diese in die sogenannte transponierte Matrix A^T über:

$$B = A^T \quad mit \quad b_{ji} = a_{ij} \qquad (2.14)$$

(A ist eine mn-Matrix, B dementsprechend eine nm-Matrix).
Offenbar gilt

$$(A^T)^T = A \ . \qquad (2.15)$$

Bei quadratischen Matrizen entspricht das Transponieren einer

```
      SUBROUTINE MAMU (A,B,C,M1,MN,N2,MA,MB,MC)
      DIMENSION A(1),B(1),C(1)
      MM=MAxMN
      DO 1 I=1,M1
      JK=1
      KK=I
      DO 2 J=1,N2
      JJ=JK
      S=0.
      DO 3 K=I,MM,MA
      S=S+A(K)xB(JJ)
    3 JJ=JJ+1
      C(KK)=S
      KK=KK+MC
    2 JK=JK+MB
    1 CONTINUE
      RETURN
      END
```

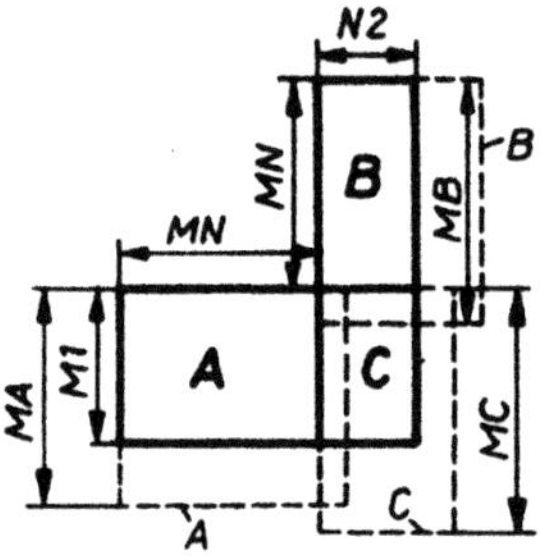

Matrizenmultiplikation $A * B = C$

A – M1 Zeilen, MN Spalten,
B – MN Zeilen, N2 Spalten,
C – M1 Zeilen, N2 Spalten.

A,B,C sind mit MA,MB,MC Zeilen vereinbart (Speicherformat R oder V)

Spiegelung an der Hauptdiagonalen (die Hauptdiagonale enthält die Elemente mit gleichen Indizes). Eine quadratische Matrix heißt symmetrisch, wenn sie gleich ihrer Transponierten ist:

$$A = A^T \quad \text{bzw.} \quad a_{ij} = a_{ji} \quad . \tag{2.16}$$

Viele Symmetrieeigenschaften physikalischer Probleme übertragen sich auf die entsprechenden Matrizen. Symmetrische Matrizen haben eine Reihe bemerkenswerter (vorteilhafter) Eigenschaften, die im folgenden genutzt werden.

Eine Matrix, die nur auf der Hauptdiagonalen von Null verschiedene Elemente besitzt, heißt Diagonalmatrix. Eine Diagonalmatrix mit durchweg gleichen Diagonalelementen $d_{ii}=c$ (Skalarmatrix) verhält sich bei der Multiplikation wie ein skalarer Faktor. Bei $c=1$ spricht man von einer Einheitsmatrix E, die sich bei Multiplikation analog zur skalaren Eins verhält:

$$AE = EA = A \quad . \tag{2.17}$$

2.1.4. Einige Eigenschaften linearer Transformationen

Zu der linearen Transformation im n-dimensionalen Vektorraum

$$y = Ax \tag{2.18}$$

mit der quadratischen Matrix A existiert unter der Voraussetzung

$$\det A \neq 0 \tag{2.19}$$

($\det A$ ist der Zahlenwert der der Matrix A zugeordneten Determinante) die eindeutige inverse Transformation

$$x = A^{-1}y \qquad (A^{-1}A = E) \tag{2.20}$$

mit der zu A inversen Matrix A^{-1}. Man nennt A unter der Voraussetzung (2.19) regulär, sonst singulär. Letzteres ist genau dann der Fall, wenn die Zeilen (Spalten) von A linear abhängig sind. Die maximale Anzahl linear unabhängiger Zeilen (Spalten) wird als Rang r der Matrix bezeichnet. Die Differenz

$$d = n - r \tag{2.21}$$

(n - Zeilen- bzw. Spaltenanzahl) heißt Defekt.

Wichtig für die Behandlung einer Reihe weiterer Probleme ist die Beantwortung der Frage, wie sich die Transformationsmatrix A in (2.18) ändert, wenn die Vektoren x und y auf eine neue Basis bezogen werden. Die Verknüpfung von x und y mit den gleichen, aber auf eine andere Basis bezogenen Vektoren $\bar{x}$ und $\bar{y}$ sei durch die reguläre Transformationsmatrix C gegeben:

$$\bar{x} = Cx \qquad \bar{y} = Cy \qquad (\det C \neq 0)\,. \tag{2.22}$$

Aus (2.18) entsteht so

$$\begin{aligned} C^{-1}\bar{y} &= AC^{-1}\bar{x}\,, \\ \bar{y} &= CAC^{-1}\bar{x} = \bar{A}\bar{x}\,. \end{aligned} \tag{2.23}$$

Zwei Matrizen A und $\bar{A}$, die durch die Beziehung

$$\bar{A} = CAC^{-1} \tag{2.24}$$

verknüpft sind, nennt man ähnliche Matrizen, (2.24) dementsprechend Ähnlichkeitstransformation. Diese spielt in Theorie und Praxis der Matrizenrechnung eine besondere Rolle. Einige Eigenschaften einer Matrix sind gegenüber Ähnlichkeitstransformationen invariant, so z. B. die Symmetrieeigenschaft und der Wert der zur Matrix gehörenden Determinante.

Besondere Bedeutung haben Ähnlichkeitstransformationen mit Orthogonalmatrizen, sogenannte Orthogonaltransformationen. Eine Orthogonalmatrix ist eine quadratische Matrix C , für die

$$C^T C = E \tag{2.25}$$

gilt. Die Spalten von C (und ebenso die Zeilen) bilden also ein System orthonormierter Vektoren. Solche Matrizen sind regulär mit

$$|\det C| = 1 \quad , \tag{2.26}$$

und aus (2.25) folgt

$$C^{-1} = C^T \quad . \tag{2.27}$$

Ist die Transformationsmatrix C einer Ähnlichkeitstransformation eine Orthogonalmatrix, so wird durch sie ein System linear unabhängiger Einheitsvektoren wieder in ein solches überführt. Im dreidimensionalen Raum entspricht dies einer reinen Drehung (bei $\det C = 1$) bzw. einer Drehung und Spiegelung (bei $\det C = -1$).

Beispiel:

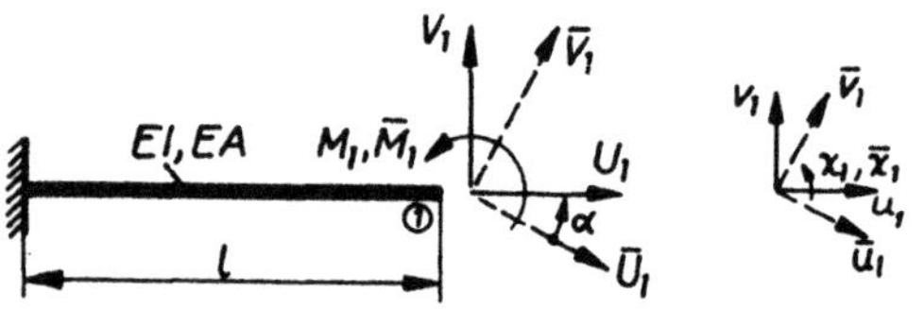

Bild 2.2

Zwischen den drei Belastungsgrößen $\bar{U}_1$, $\bar{V}_1$ und $\bar{M}_1$ und den entsprechenden Größen U_1 , V_1 und M_1 im um α gedrehten Bezugssystem (Bild 2.2) besteht der Zusammenhang

$$\bar{f}_1 = \begin{bmatrix} \bar{U}_1 \\ \bar{V}_1 \\ \bar{M}_1 \end{bmatrix} = \begin{bmatrix} \cos\alpha & -\sin\alpha & 0 \\ \sin\alpha & \cos\alpha & 0 \\ 0 & 0 & 1 \end{bmatrix} \begin{bmatrix} U_1 \\ V_1 \\ M_1 \end{bmatrix} = T f_1 \quad , \tag{2.28}$$

entsprechend für die Verformungsgrößen des Punktes 1:

$$\bar{d}_1 = \begin{bmatrix} \bar{u}_1 \\ \bar{v}_1 \\ \bar{\chi}_1 \end{bmatrix} = T \begin{bmatrix} u_1 \\ v_1 \\ \chi_1 \end{bmatrix} = T d_1 \quad . \tag{2.29}$$

Durch Überprüfen der Beziehung $T^T T = E$ überzeugt man sich, daß T eine Orthogonalmatrix ist. Es gilt also z. B.

$$f_1 = T^T \bar{f}_1 \quad (\text{wegen } T^{-1} = T^T). \tag{2.30}$$

Aus der linearen Beziehung zwischen den Belastungen f_1 und den Verformungen d_1 im nicht überstrichenen System

$$f_1 = \begin{bmatrix} U_1 \\ V_1 \\ M_1 \end{bmatrix} = \begin{bmatrix} \frac{EA}{l} & 0 & 0 \\ 0 & \frac{12EI}{l^3} & -\frac{6EI}{l^2} \\ 0 & -\frac{6EI}{l^2} & \frac{4EI}{l} \end{bmatrix} \begin{bmatrix} u_1 \\ v_1 \\ \chi_1 \end{bmatrix} = K d_1 \tag{2.31}$$

(vgl. Abschnitt 4.2.2.) wird im überstrichenen System

$$\bar{f}_1 = TKT^T \bar{d}_1 = \begin{bmatrix} \frac{EA}{l} c^2 + \frac{12EI}{l^3} s^2 & \left(\frac{EA}{l} - \frac{12EI}{l^3}\right) sc & \frac{6EI}{l^2} s \\ & \frac{EA}{l} s^2 + \frac{12EI}{l^3} c^2 & -\frac{6EI}{l^2} c \\ (\text{symmetrisch}) & & \frac{4EI}{l} \end{bmatrix} \bar{d}_1 \tag{2.32}$$

$(c = \cos\alpha, \; s = \sin\alpha)$.

2.1.5. Eigenwerte, Eigenvektoren, quadratische Formen

Einen nicht verschwindenden Vektor x, der der Gleichung

$$Ax = \lambda x \tag{2.33}$$

genügt, nennt man Eigenvektor der quadratischen Matrix A, den zugehörigen Wert λ Eigenwert. Die Eigenwerte einer Matrix sind gegenüber Ähnlichkeitstransformationen invariant, während sich die Eigenvektoren entsprechend dem Übergang zur neuen Basis transformieren.

Eine (reelle) symmetrische n-dimensionale Matrix besitzt n verschiedene Eigenvektoren (die zugehörigen Eigenwerte brauchen nicht alle voneinander verschieden zu sein). Die Eigenwerte solcher Matrizen sind sämtlich reell, die Eigenvektoren bilden ein Orthogonalsystem.

Zu jeder symmetrischen Matrix A gehört eine sogenannte quadratische Form

$$Q(x) = x^T A x \quad . \tag{2.34}$$

Ausdrücke dieser Art finden sich in der Mechanik als kinetische Energie oder als Formänderungsarbeit eines Systems. Unter der (für die genannten Beispiele i. a. erfüllten) Bedingung

$$Q(x) \geq 0 \tag{2.35}$$

für beliebigen Vektor x und

$$Q(x) = 0 \quad \text{nur für} \quad x = 0$$

wird die Matrix A positiv definit genannt. Solche Matrizen sind auch regulär.

2.1.6. Zusammenstellung einiger weiterer Rechenregeln

Einige weitere wichtige Rechenregeln für Matrizen sollen nur angegeben werden (ausführlicher z. B. in /21/,/22/,/23/).

Transponieren eines Produkts:

$$(ABC \ldots N)^T = N^T \ldots C^T B^T A^T \, . \tag{2.36}$$

Inversion eines Produkts:

$$(ABC \ldots N)^{-1} = N^{-1} \ldots C^{-1} B^{-1} A^{-1} . \tag{2.37}$$

Inversion der Transponierten:

$$(A^T)^{-1} = (A^{-1})^T \, . \tag{2.38}$$

Determinante eines Produkts:

$$\det(ABC \ldots N) = \det A \cdot \det B \cdot \det C \ldots \det N \, . \tag{2.39}$$

Eine Matrix wird nach einer Variablen abgeleitet, indem jedes Element abgeleitet wird:

$$\frac{dA}{dx} = B \qquad \text{mit} \quad b_{ij} = \frac{da_{ij}}{dx} \quad , \tag{2.40}$$

eine Matrix wird integriert, indem jedes Element integriert wird:

$$\int B \, dx = A \qquad \text{mit} \quad a_{ij} = \int b_{ij} \, dx \, . \tag{2.41}$$

Eine Matrix, deren Elemente Differentialoperatoren sind, ist ein "Matrixdifferentialoperator". Dieser wird auf eine andere Matrix angewendet, indem formal nach den Regeln der Matrizenmultiplikation vorgegangen wird, wobei die Multiplikationen durch die entsprechenden Differentiationsoperationen ersetzt werden.

Beispiel (vgl. Abschnitt 4.5.1.):

$$\begin{bmatrix} \frac{\partial}{\partial x} & 0 \\ 0 & \frac{\partial}{\partial y} \\ \frac{\partial}{\partial y} & \frac{\partial}{\partial x} \end{bmatrix} \begin{bmatrix} u \\ v \end{bmatrix} = \begin{bmatrix} \frac{\partial u}{\partial x} \\ \frac{\partial v}{\partial y} \\ \frac{\partial u}{\partial y} + \frac{\partial v}{\partial x} \end{bmatrix} . \tag{2.42}$$

Die Ableitung eines Ausdrucks nach einem Vektor wird definiert als Vektor, der die partiellen Ableitungen dieses Ausdrucks nach den Komponenten des Vektors enthält:

$$\frac{\partial}{\partial \boldsymbol{x}} = \begin{bmatrix} \frac{\partial}{\partial x_1} \\ \frac{\partial}{\partial x_2} \\ \vdots \\ \frac{\partial}{\partial x_n} \end{bmatrix} . \tag{2.43}$$

Man verifiziert leicht, daß sich nach dieser Vorschrift für ein Skalarprodukt bzw. eine quadratische Form folgende Differentiationsvorschriften ergeben:

$$\frac{\partial(\boldsymbol{b}^T\boldsymbol{x})}{\partial \boldsymbol{x}} = \frac{\partial(\boldsymbol{x}^T\boldsymbol{b})}{\partial \boldsymbol{x}} = \boldsymbol{b} \quad , \tag{2.44}$$

$$\frac{\partial(\boldsymbol{x}^T\boldsymbol{A}\boldsymbol{x})}{\partial \boldsymbol{x}} = 2\boldsymbol{A}\boldsymbol{x} \quad . \tag{2.45}$$

Dabei wurde vorausgesetzt, daß die Elemente in $\boldsymbol{b}$ bzw. $\boldsymbol{A}$ keine Funktionen der Komponenten des Vektors $\boldsymbol{x}$ sind ($\boldsymbol{b}$ und $\boldsymbol{A}$ sind "Konstanten").

2.1.7. Programmierung von Matrizenoperationen

Der Matrizenkalkül gestattet die bequeme und übersichtliche Aufschreibung von Berechnungen mit großen Datenmengen. Dies gilt bei Verwendung eines geeigneten Unterprogrammpakets auch für die Programmierung. Man muß dabei beachten, daß eine relativ kurze und simple Programmstrecke einen enormen Rechenaufwand bringen kann, wobei besonders die Indexrechnung zur Ermittlung der Speicheradresse eines Elements a_{ij} ins Gewicht fällt.

Von erheblichem Vorteil ist es deshalb, wenn Unterprogramme zur Verfügung stehen, die die spezielle Verteilung der von Null verschiedenen Elemente innerhalb der Matrix berücksichtigen. Eine rationelle Speicherplatzausnutzung erfordert dabei i. a. auch spezielle Speicherformate.

Diagonalmatrizen sollten immer als Vektoren gespeichert werden. Die eindimensionale Speicherung empfiehlt sich auch für Dreiecksmatrizen (Dreiecksmatrizen enthalten nur links - Linksdreiecksmatrizen - oder rechts - Rechtsdreiecksmatrizen - von der Hauptdiagonalen und auf dieser von Null verschiedene Elemente).

Eine Rechtsdreiecksmatrix $\boldsymbol{R}$ kann z. B. gespeichert werden, indem von jeder Spalte nur die Elemente von der ersten Zeile bis zur Hauptdiagonalen in einem eindimensionalen Feld R dicht gepackt werden, das dann statt n^2 nur $n*(n+1)/2$ Elemente enthält. Das Matrixelement r_{ij} wird so zum Vektorelement r_k mit

$$k = (j-1)*j/2 + i \qquad (j \geq i) \, . \tag{2.46}$$

Die gleiche Speichermöglichkeit bietet sich für symmetrische Matrizen an (Speicherformat S, vgl. Bild 1.1).

Die Diskretisierungsverfahren (Differenzenverfahren, Finite-Elemente-Methode) führen i. a. auf sogenannte Bandmatrizen, bei denen sich die von Null verschiedenen Elemente in einem relativ schmalen Band um die Hauptdiagonale anordnen. Für den besonders wichtigen Fall der symmetrischen Bandmatrix wird die Speicherung der wesentlichen Elemente entsprechend Bild 2.3 empfohlen (für nichtsymmetrische Bandmatrizen vgl. Bild 2.5 im Abschn. 2.2.5.).

Die Größe ibw wird "Bandweite" genannt. Im Speicherfeld $\bar{A}$ werden die letzten Zeilen durch Nullelemente ergänzt. Auch hier ist es

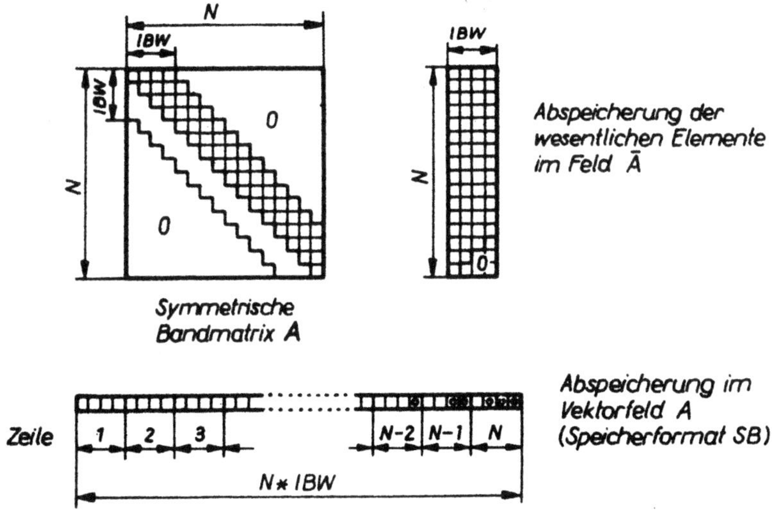

Bild 2.3
Speicherung symmetrischer
Bandmatrizen

aus verschiedenen Gründen (dynamische Speicherbelegung, Rechenzeiteinsparung, vgl. Abschnitt 1.2.3.) günstig, die Matrix $\bar{A}$ (zeilenweise) in einem eindimensionalen Feld A anzuordnen (Speicherformat SB). Ein Element a_{ij} der Bandmatrix A wird so zum Vektorelement a_k mit

$$k = (i-1)*(ibw-1) + j \qquad (i \leq j < i+ibw) \; . \qquad (2.47)$$

Ein Beispiel hierfür ist die Subroutine MAMUB, für die eine Matrix im Speicherformat SB bereitgestellt werden muß.

Fast alle Matrizenoperationen führen bei der Programmierung auf mehrere ineinander verschachtelte Schleifenanweisungen. Deshalb muß auf eine rechenzeitoptimale Programmierung der besonders oft zu durchlaufenden inneren Schleifen geachtet werden.

Selbst bei Anwendung der empfohlenen Speicherformate können sehr große Matrizen häufig nur auf externen Speichern untergebracht werden. Von dort werden dann jeweils nur Teile (sogenannte Untermatrizen) in den Operativspeicher abgerufen (vgl. hierzu Abschnitt 2.5.).

```
      SUBROUTINE MAMUB (A,B,C,IBW,M,N,MB)
      DIMENSION A(1),B(1),C(1)
      IBW1=IBW-1
      IDIA=1
      IB12=IBW1xIBW1
      NMB=NxMB
      DO 100 I=1,M
      IF (I.LT.IBW) GO TO 90
      JAU=IDIA-IB12
      JBU=I-IBW1
      GO TO 91
   90 JAU=I
      JBU=1
   91 JBO=I+IBW1
      IF (JBO.GT.M) JBO=M
      DO 10 K=I,NMB,MB
      JJ=JAU
      S=0.
      DO 1 J=JBU,K
      S=S+A(JJ)xB(J)
    1 JJ=JJ+IBW1
      IF (IBW.EQ.1) GO TO 3
      JU=K+1
      JJ=IDIA+1
      DO 2 J=JU,JBO
      S=S+A(JJ)xB(J)
    2 JJ=JJ+1
    3 C(K)=S
      JBU=JBU+MB
   10 JBO=JBO+MB
  100 IDIA=IDIA+IBW
      RETURN
      END
```

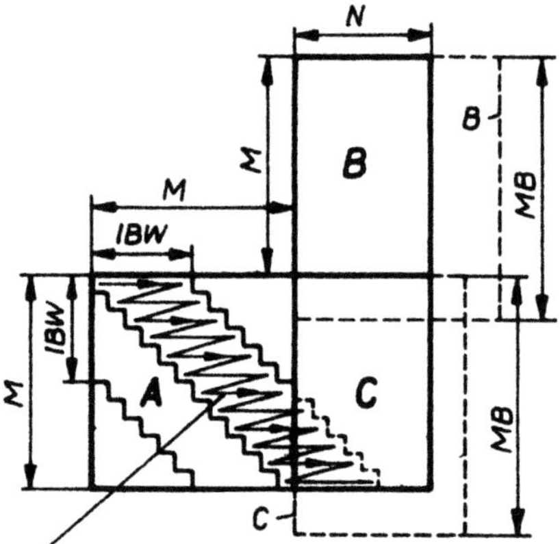

A (wesentliche Elemente von **A**, zeilenweise im Speicherformat SB)

Matrizenmultiplikation
$A * B = C$

mit der symmetrischen Bandmatrix A (Bandweite IBW, M Zeilen), die eindimensional zeilenweise gespeichert ist (IBW*M Elemente im Speicherformat SB, vgl. Bild 2.3). B und C sind MN-Matrizen, die beide mit MB Zeilen vereinbart sind (Speicherformat R oder V, vgl. Bild 1.1).

2.2. Lineare Gleichungssysteme

2.2.1. Übersicht über die Lösungsverfahren

Die Verfahren zur Auflösung des linearen Gleichungssystems

$$Ax = b \qquad (\det A \neq 0) \tag{2.48}$$

können in zwei wesentliche Gruppen unterteilt werden: Die Eliminationsverfahren liefern nach einer endlichen Zahl von Rechenschritten den Lösungsvektor x , während bei den Iterationsverfahren aus einem angenommenen Vektor $\bar{x}$ durch wiederholte Anwendung eines Iterationsalgorithmus die Lösung gewonnen wird.

Der letzten Gruppe (GAUSS-SEIDEL-Verfahren, Überrelaxation, Methode der konjugierten Gradienten u.a.) wurden seit dem Aufkommen der elektronischen Digitalrechner umfangreiche Untersuchungen gewidmet, da man zunächst annahm, daß auf Grund der unvermeidlichen Rundungsfehler größere Systeme mit Hilfe von Eliminationsverfahren kaum erfolgreich gelöst werden könnten, ohne mit einer nicht realisierbaren Stellenzahl zu arbeiten. Es zeigte sich jedoch, daß diese Prognosen viel zu pessimistisch waren und speziell für positiv definite Matrizen das Problem der Rundungsfehler nicht annähernd so ernst war, wie man befürchtet hatte.

Heute dominieren eindeutig die Eliminationsverfahren, z. T. aus recht praktischen Gründen. Die erforderliche Rechenzeit kann vorausbestimmt werden, und die Erweiterung der Rechnung auf mehrere "rechte Seiten" b ist ohne wesentlichen Mehraufwand möglich, während bei den Iterationsverfahren der Rechenaufwand proportional zur Anzahl der rechten Seiten ist. Speziell dieser Aspekt ist bei der Behandlung von Problemen der Mechanik beachtenswert (Berechnung eines Systems mit mehreren Lastfällen).

Im folgenden werden die besonders bewährten Eliminationsverfahren von GAUSS und CHOLESKY vorgestellt. Die angegebenen Programme ermöglichen dabei immer die effektive Auflösung der Matrizengleichung

$$AX = B \quad , \tag{2.49}$$

wobei X und B Matrizen gleichen Typs sind (Lösung eines Gleichungssystems mit mehreren rechten Seiten).

2.2.2. Der GAUSSsche Algorithmus

Das Prinzip des Verfahrens von GAUSS zur Lösung des Systems (2.48) besteht darin, durch fortgesetzte Linearkombination jeweils zweier Gleichungen zum sogenannten gestaffelten System

$$Rx = b^* \tag{2.50}$$

mit der Rechtsdreiecksmatrix R zu gelangen (Triangularisierung). Hieraus lassen sich dann die Unbekannten in der Reihenfolge $x_n, x_{n-1}, \ldots, x_1$ berechnen (Rückwärtseinsetzen).

Zur Ermittlung von (2.50) aus (2.48) sind n-1 Eliminationsschritte erforderlich. Im k-ten Schritt wird die k-te Zeile (Pivotzeile) nacheinander mit den Faktoren

$$c_{ik} = \frac{a^*_{ik}}{a^*_{kk}} \qquad (i = k+1, \ldots, n) \tag{2.51}$$

multipliziert und von den Zeilen $i=k+1,\ldots,n$ subtrahiert, wodurch alle Elemente a^*_{ik} unterhalb der Hauptdiagonalen zu Null werden, bis sich im (n-1)-ten Schritt die Matrix R ergibt (die mit einem Stern gekennzeichneten Größen sind die durch die k-1 vorangegangenen Eliminationsschritte veränderten Elemente der Matrix A).

Bei dieser Vorgehensweise muß vorausgesetzt werden, daß das Diagonalelement a^*_{kk} (Pivotelement) ungleich Null ist, was durch Zeilentausch immer erreicht werden kann, wenn A entsprechend der Voraussetzung (2.48) regulär ist.

Es ist zweckmäßig, vor jedem Eliminationsschritt einen Zeilentausch so durchzuführen, daß das betragsgrößte Element aller a^*_{ik} $(i=k+1,\ldots,n)$ zum Pivotelement wird. Durch diese sogenannte Spaltenpivotisierung wird der Einfluß der Rundungsfehler verringert.

Der Betrag der Determinante von A wird bei der geschilderten Vorgehensweise nicht geändert, wohl aber wechselt das Vorzeichen bei jedem Zeilentausch, so daß

$$\det A = (-1)^p \det R = (-1)^p \prod_{i=1}^{n} r_{ii} \tag{2.52}$$

ist (p - Anzahl der Zeilenvertauschungen).

Es ist angezeigt, bei sehr klein werdendem Pivotelement die Rechnung abzubrechen, da sich bei solchen Systemen die Rundungsfehler besonders nachteilig auswirken (vgl. Abschnitt 2.2.6.).

Die Anzahl der für den GAUSSschen Algorithmus notwendigen Multiplikationen beträgt bei großer Koeffizientenmatrix $\boldsymbol{A}$ etwa

$$M = \frac{1}{3}\, n^3 \,, \tag{2.53}$$

eine Zahl, die von keinem anderen Eliminationsverfahren für vollbesetzte nichtsymmetrische Matrix $\boldsymbol{A}$ unterboten werden kann.

Das Unterprogramm GAUSS führt die Triangularisierung der Matrix $\boldsymbol{A}$ aus, die durch eine beliebige Spaltenanzahl ergänzt werden kann, so daß der Prozeß zweckmäßig gleich auf die rechten Seiten ausgedehnt wird. Für die Lösung eines Gleichungssystems müssen also $\boldsymbol{A}$ und $\boldsymbol{B}$ auf einem Feld zusammengefaßt werden. Das Unterprogramm RUEEIN (Rückwärtseinsetzen) ist so angelegt, daß es auch mit diesem gemischten Feld arbeiten kann.

```
      SUBROUTINE GAUSS (A,M,N,MH,EPS,IREG)
      DIMENSION A(1)
      IREG=1
      IF (N.GT.1) GO TO 15
      IF (A(1).EQ.0.) IREG=0
      GO TO 20
   15 MOG=M×MH-1
      NMH=N×MH
      J=1
      DO 10 JJ=M,MOG,MH
      AMAX=0.
      DO 1 II=J,JJ
      IF (AMAX.GE.ABS(A(II))) GO TO 1
      AMAX=ABS(A(II))
      IJ=II
    1 CONTINUE
      IF (J.EQ.1) AMAX1=AMAX×EPS
      IF (AMAX.GT.AMAX1) GO TO 2
      IREG=0
      GO TO 20
```

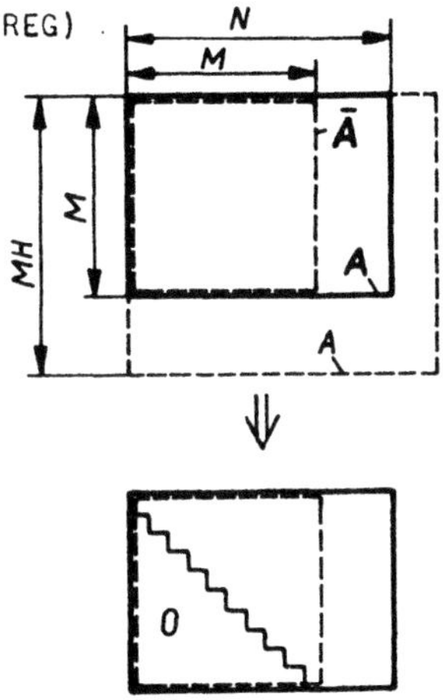

GAUSSscher Algorithmus mit Spaltenpivotisierung

(Fortsetzung auf Seite 28)

```
    2 IF (IJ.EQ.J) GO TO 6
      IREG=-IREG
      DO 3 II=J,NMH,MH
      S=A(II)
      A(II)=A(IJ)
      A(IJ)=S
    3 IJ=IJ+MH
    6 IJ=J
      S=1./A(J)
      J=J+1
      DO 4 II=J,JJ
      SM=A(II)×S
      KK=IJ
      DO 5 K=II,NMH,MH
      A(K)=A(K)-A(KK)×SM
    5 KK=KK+MH
    4 CONTINUE
   10 J=J+MH
      MOG=(M-1)×MH+M
      IF (ABS(A(MOG)).LT.AMAX1) IREG=0
   20 RETURN
      END
```

Die MN-Matrix A ($N \geq M$) wird durch Linearkombination der Zeilen so umgeformt, daß alle A(I,J)=Ø für J < I. Wenn ein Pivotelement kleiner als das EPS-fache Pivot der ersten Spalte ist, wird die Rechnung mit IREG=Ø abgebrochen (A ist singulär), bei erfolgreicher Rechnung ist ABS(IREG)=1. Der Wert der Determinante der MM-Matrix $\bar{A}$ (Spalten 1,2,...,M von A) kann anschließend in jedem Fall nach

$$\det \bar{A} = \text{IREG}*A(1,1)*A(2,2)*\ldots \ldots *A(M,M)$$

errechnet werden.
A ist mit MH Zeilen vereinbart (Speicherformat R oder V).

Das Unterprogramm GAUSS ist auch zur Berechnung des Wertes einer Determinante anwendbar. Dabei muß das Produkt (2.52) nach Abarbeitung des Unterprogramms ermittelt werden. So ist die Möglichkeit gegeben, dem dabei eventuell zu befürchtenden "Überlauf" (Überschreiten des vom Automaten darstellbaren Zahlenbereichs) durch geeignete Maßnahmen zu begegnen.

Beispiel für den Aufruf der Unterprogramme GAUSS und RUEEIN zur Lösung eines linearen Gleichungssystems:

```
CALL GAUSS  (A,M,M+NRS,MH,1.E-6,IREG)
IF (IREG.EQ.Ø) STOP
CALL RUEEIN (A,A,A,M,NRS,MH,MH,MH*M+1)
```

NRS - Anzahl der rechten Seiten (zusätzliche Spalten im Feld A, die durch die Lösungsvektoren ersetzt werden).

```
      SUBROUTINE RUEEIN (R,B,X,N,NB,MRH,MBH,IB11)
      DIMENSION R(1),B(1),X(1)
      ISYM=0
      IF (MRH.EQ.0) ISYM=1
      NM1=N-1
      MBHNB=MBHxNB+IB11-1
      INN=NM1xNxISYM/2+NM1xMRH+N
      NN=NM1+IB11
      S=1./R(INN)
      DO 3 I=NN,MBHNB,MBH
    3 X(I)=B(I)xS
      IF (N.EQ.1) GO TO 20
      INN=INN-1
      DO 10 I=1,NM1
      DO 1 J=NN,MBHNB,MBH
      JJ=J
      KK=INN
      S=0.
      DO 2 K=1,I
      S=S+R(KK)xX(JJ)
      JJ=JJ-1
    2 KK=KK-(N-K)xISYM-MRH
    1 X(JJ)=(B(JJ)-S)/R(KK)
   10 INN=INN-1
   20 RETURN
      END
```

Rückwärtseinsetzen

$R * X = B$

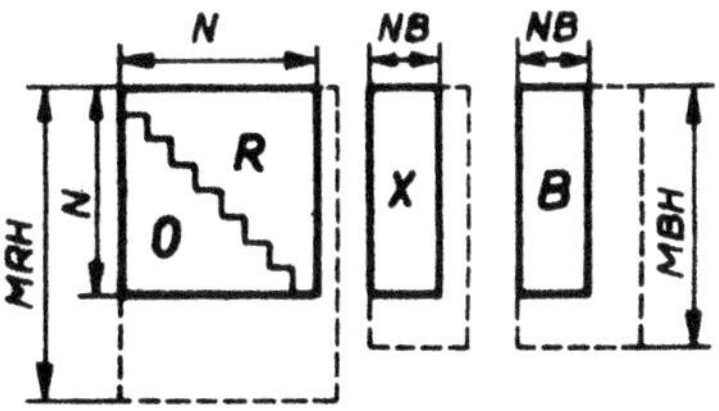

Die Rechtsdreiecksmatrix **R** (N Zeilen bzw. Spalten) ist entweder mit MRH Zeilen (Speicherformat R) oder als Vektor im Speicherformat V (MRH=N) oder als Vektor mit (N+1)*N/2 Elementen (rechtes oberes Dreieck spaltenweise, Speicherformat S, MRH=Ø) vereinbart. Die N*NB-Matrizen **B** und **X** müssen beide mit der gleichen Zeilenzahl MBH (oder beide als Vektoren mit MBH=N) vereinbart sein.

B und X können durch den gleichen aktuellen Parameter ersetzt werden und dürfen in diesem Fall Teil eines größeren Feldes sein, auf dem B ab Position IB11 gespeichert ist.

R wird nicht geändert. B wird nicht geändert, wenn für B und X unterschiedliche aktuelle Parameter verwendet werden.

2.2.3. Der verkettete Algorithmus

Für die Handrechnung bietet eine mit gleichem Aufwand arbeitende Modifikation des im vorigen Abschnitt beschriebenen Verfahrens, der verkettete Algorithmus (auch: Verfahren von GAUSS-BANACHIEWICZ), erhebliche Vorteile (u.a. eine wesentliche Reduzierung der Schreibarbeit).

Die Matrix A des Systems (2.48) wird in das Produkt einer Linksdreiecksmatrix L und einer Rechtsdreiecksmatrix R zerlegt (Dreieckszerlegung). Aus dem so entstehenden System

$$LRx = b \qquad (2.54)$$

$$\text{bzw.} \quad Ly = b \quad \text{mit} \quad Rx = y \qquad (2.55)$$

werden nacheinander y (Vorwärtseinsetzen) und der gesuchte Vektor x (Rückwärtseinsetzen) ermittelt.

In den Matrizen L und R sind n Werte frei verfügbar. Setzt man die Hauptdiagonalelemente in L gleich 1, so leitet sich aus Bild 2.4 (stark umrandeter Teil) folgende Berechnungsvorschrift für die Dreieckszerlegung ab:

$$\begin{aligned} r_{ij} &= a_{ij} - l_{i1}r_{1j} - l_{i2}r_{2j} - \;.....\; - l_{i,i-1}r_{i-1,j} \quad , \\ l_{ij} &= (a_{ij} - l_{i1}r_{1j} - l_{i2}r_{2j} - \;.....\; - l_{i,j-1}r_{j-1,j})/r_{jj} \; . \end{aligned} \qquad (2.56)$$

Es ergeben sich im Wechsel jeweils eine Zeile in R und die zugehörige Spalte in L. Die mit Tischrechenmaschinen bequem zu ermittelnden Skalarprodukte stoppen dabei von selbst auf einer der Hauptdiagonalen von R bzw. L.

Das Vorwärtseinsetzen (Ermittlung von y) kann gleich mit erledigt werden, indem die Rechenvorschrift auf den als zusätzliche Spalte an A angereihten Vektor b ausgedehnt wird.

Es ist ratsam, die Handrechnung durch Erweiterung der Rechnung auf eine Zeilensummenspalte und eine Spaltensummenzeile sicherer zu machen. Die sich so ergebende Zusatzspalte von R muß deren Zeilensummen und die Zusatzzeile von L deren Spaltensummen ent-

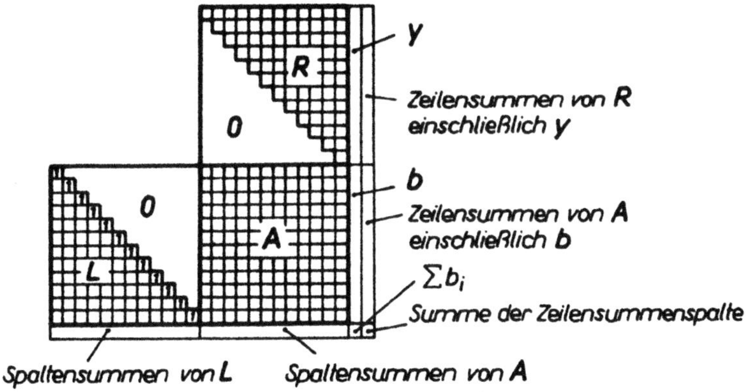

Bild 2.4
Verketteter Algorithmus

halten. So wird jeder errechnete Wert vor seiner Weiterverwendung kontrolliert.

Die Unbekannten ergeben sich schließlich beim Rückwärtseinsetzen in der Reihenfolge $x_n, x_{n-1}, \ldots, x_1$:

$$x_i = (y_i - r_{i,i+1} x_{i+1} - r_{i,i+2} x_{i+2} - \ldots\ldots - r_{in} x_n) / r_{ii} \quad . \tag{2.57}$$

Die Ergebnisse können durch Einsetzen in die Summenzeile des Ausgangssystems einfach und wirksam überprüft werden. Die Beziehung (2.39) garantiert, daß sich auch für den verketteten Algorithmus der Wert der Determinante von A nach (2.52) errechnen läßt.

Das beschriebene Verfahren gestattet es, die Rechnung nachträglich auf weitere rechte Seiten b zu erweitern, wobei nur das Vorwärts- und Rückwärtseinsetzen ausgeführt werden müssen. Ein weiterer Vorteil des verketteten Algorithmus ist, daß sich eine bei A vorhandene Bandstruktur auf R und L überträgt (vgl. Abschnitt 2.2.5.).

Nachteilig ist, daß bei notwendigem Zeilentausch ($r_{ii} = 0$) die Handrechnung unübersichtlich wird. Ausgefeilte Techniken zur Handhabung des Verfahrens beim Auftreten solcher Probleme finden sich in der Spezialliteratur /23/,/24/.

2.2.4. Das Verfahren von CHOLESKY

Für den wichtigen Spezialfall symmetrischer Koeffizientenmatrix läßt sich der verkettete Algorithmus derart abwandeln, daß die Anzahl der erforderlichen Operationen auf etwa die Hälfte verringert wird. Eine als Verfahren von CHOLESKY bezeichnete Modifikation hat aus verschiedenen Gründen besondere Bedeutung erlangt. Hierbei wird die symmetrische Matrix $\boldsymbol{A}$ des Systems

$$\boldsymbol{A}\boldsymbol{x} = \boldsymbol{b} \qquad (\boldsymbol{A}^T = \boldsymbol{A}) \tag{2.58}$$

entsprechend

$$\boldsymbol{A} = \boldsymbol{R}^T\boldsymbol{R} \tag{2.59}$$

in ein Produkt zweier zueinander transponierter Dreiecksmatrizen zerlegt.

Durch Rückmultiplikation von (2.59) ergibt sich die Vorschrift zur Berechnung der Elemente von $\boldsymbol{R}$:

$$r_{ij}\, r_{ii} = a_{ij} - r_{1i}\, r_{1j} - r_{2i}\, r_{2j} - \cdots - r_{i-1,i}\, r_{i-1,j} \quad (j \geq i) \tag{2.60}$$

Für die Ermittlung des Diagonalelements r_{ii} ist also das Ziehen der Quadratwurzel erforderlich, bei Berechnung der übrigen Elemente der i-ten Zeile wird durch r_{ii} dividiert.

Bei positiv definiter Matrix $\boldsymbol{A}$ entstehen nur reelle (positive) Diagonalelemente, anderenfalls können die r_{ii} und damit alle Elemente dieser Zeile rein imaginär werden. Diese für die Handrechnung unerhebliche Besonderheit muß bei der Automatenrechnung Beachtung finden. Da bei den Anwendungen in der Mechanik die positive Definitheit der Matrizen i. a. vorausgesetzt werden kann, wird der Test auf positive Diagonalelemente bei der CHOLESKY-Zerlegung zweckmäßig als Probe für die Richtigkeit der Matrix $\boldsymbol{A}$ genutzt. In den angegebenen Unterprogrammen wird die Rechnung bei Nichterfüllung dieses Tests abgebrochen.

Die Ermittlung des Vektors der Unbekannten $\boldsymbol{x}$ aus

$$\boldsymbol{A}\boldsymbol{x} = \boldsymbol{R}^T\boldsymbol{R}\boldsymbol{x} = \boldsymbol{b} \tag{2.61}$$

erfolgt wieder durch Vorwärtseinsetzen

$$\boldsymbol{R}^T\boldsymbol{y} = \boldsymbol{b} \;,$$

$$r_{ii} y_i = b_i - r_{1i} y_1 - r_{2i} y_2 - \dots - r_{i-1,i}\, y_{i-1} \quad (i = 1,2,\dots,n) \tag{2.62}$$

und Rückwärtseinsetzen

$$\begin{aligned} Rx &= y \quad , \\ r_{ii} x_i &= y_i - r_{i,i+1} x_{i+1} - r_{i,i+2} x_{i+2} - \dots - r_{in} x_n \quad (i = n, n-1,\dots,1) . \end{aligned} \tag{2.63}$$

Ein Vorteil des Verfahrens von CHOLESKY ist, daß beim Ziehen der Quadratwurzel die wesentlichen Ziffern eventuell auf der Hauptdiagonalen auftretender sehr kleiner Zahlen wieder näher an das Komma herangezogen werden, wodurch der Stellenverlust verringert wird. Auch bei ausgesprochen schlecht konditionierten Matrizen hat sich das Verfahren deshalb bewährt.

Auf eine Pivotisierung kann bei positiv definiter Matrix A verzichtet werden. Dementsprechend ergibt sich der Wert der Determinante von A - vgl. (2.39) - aus

$$\det A = (\det R)^2 = \left(\prod_{i=1}^{n} r_{ii} \right)^2 \quad . \tag{2.64}$$

Die wichtigsten Vorzüge des Verfahrens von CHOLESKY, das auch noch auf zahlreiche weitere Probleme mit symmetrischen Matrizen Anwendung finden wird, sind folgende:

- Das Verfahren arbeitet numerisch sehr stabil.
- Die Matrix A wird auf Definitheit geprüft.
- Eine bei A vorhandene Bandstruktur überträgt sich auf R (vgl. Abschnitt 2.2.5.).
- Nach Berechnung eines Elements r_{ij} wird das Element a_{ij} nicht mehr benötigt, so daß A von R überschrieben werden kann (minimaler Speicherplatzbedarf).
- Die Rechnung kann nachträglich auf zusätzliche rechte Seiten erweitert werden, wobei nur Vorwärts- und Rückwärtseinsetzen erforderlich sind.

Die Unterprogramme CHOLZ und VOREIN führen die CHOLESKY-Zerlegung und das Vorwärtseinsetzen entsprechend (2.59) und (2.62) aus. Das Rückwärtseinsetzen (2.63) kann vom Unterprogramm RUEEIN (Abschnitt 2.2.2.) erledigt werden.

```
      SUBROUTINE CHOLZ (A,N,MH,IPODE)
      DIMENSION A(1)
      ISYM=0
      IF (MH.EQ.0) ISYM=1
      NM1=N-1
      IA=ISYM+MH+1
      IPODE=1
      IF (A(1).LE.0.) GO TO 4
      A(1)=SQRT(A(1))
      KA=1
      DO 6 I=1,NM1
      KA=KA+I×ISYM+MH
    6 A(KA)=A(KA)/A(1)
      DO 10 I=2,N
      IE=IA+I-2
      S=A(IE+1)
      DO 1 II=IA,IE
    1 S=S-A(II)××2
      IF (S.LE.0.) GO TO 4
      S=SQRT(S)
      A(IE+1)=S
      KAA=IA
      S=1./S
      IF (I.GT.NM1) GO TO 12
      DO 2 J=I,NM1
      KAA=KAA+J×ISYM+MH
      KA=KAA
      T=0.
      DO 3 II=IA,IE
      T=T+A(II)×A(KA)
    3 KA=KA+1
    2 A(KA)=(A(KA)-T)×S
   10 IA=IA+I×ISYM+MH
      GO TO 12
    4 IPODE=0
   12 RETURN
      END
```

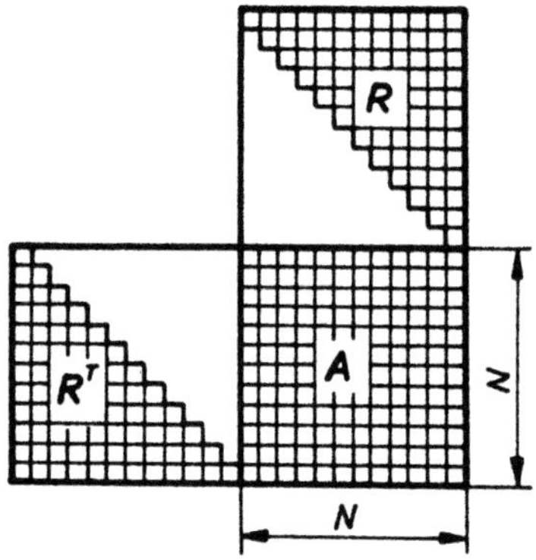

CHOLESKY-Zerlegung $A = R^T R$

Mögliche Speicherformate für die N∗N-Matrix A :

R – MH = Anzahl der für das Feld A vereinbarten Zeilen,

V – MH = N ,

S – MH = Ø .

A wird von R im gleichen Speicherformat überschrieben.

Anzeige nach Abarbeitung des Unterprogramms:

IPODE = Ø – A ist nicht positiv definit,

IPODE = 1 – CHOLESKY-Zerlegung wurde ausgeführt.

```
      SUBROUTINE VOREIN (R,B,X,N,NB,MRH,MBH)
      DIMENSION R(1),B(1),X(1)
      ISYM=0
      IF (MRH.EQ.0) ISYM=1
      MBHNB=MBHxNB
      KA=ISYM+MRH+1
      DO 3 I=1,MBHNB,MBH
    3 X(I)=B(I)/R(1)
      DO 10 I=2,N
      KE=KA+I-2
      JB=1
      DO 1 J=1,MBHNB,MBH
      S=B(J)
      JJ=JB
      DO 2 K=KA,KE
      S=S-R(K)xX(JJ)
    2 JJ=JJ+1
      X(J)=S/R(KE+1)
    1 JB=JB+MBH
   10 KA=KA+IxISYM+MRH
      RETURN
      END
```

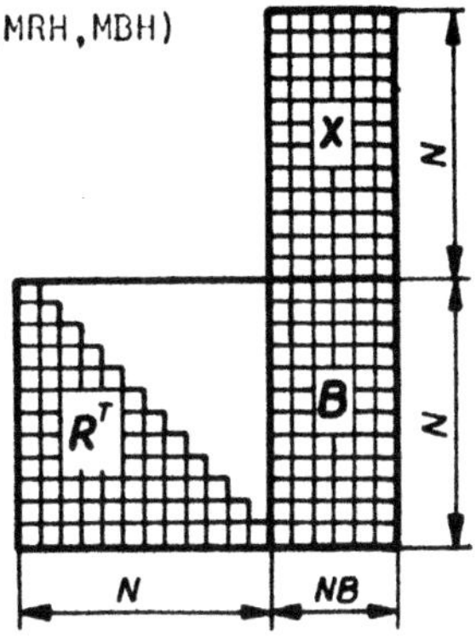

Vorwärtseinsetzen $R^T X = B$

Für die N*N-Matrix R (Eingangsgröße ist R, <u>nicht</u> R^T) sind die gleichen Speicherformate wie für die Matrix A in CHOLZ möglich (Steuergröße in VOREIN: MRH). Speicherformate für die N*NB-Matrizen X und B: R (MBH = vereinbarte Zeilenzahl) oder V (MBH = N), stets gleiches Format für beide Matrizen. B und X dürfen durch den gleichen aktuellen Parameter ersetzt werden. R wird nicht geändert. B wird nicht geändert, wenn für B und X unterschiedliche aktuelle Parameter verwendet werden.

<u>Beispiel</u> für den Aufruf der Unterprogramme CHOLZ, VOREIN und RUEEIN zur Lösung eines linearen Gleichungssystems mit symmetrischer, positiv definiter Koeffizientenmatrix A und NB rechten Seiten. Von A sind nur die N*(N+1)/2 Elemente des rechten oberen Dreiecks (eindimensional) spaltenweise gespeichert. B ist mit N Zeilen vereinbart und wird von X überschrieben:

```
CALL CHOLZ  (A,N,Ø,IPODE)
IF (IPODE.EQ.Ø) STOP
CALL VOREIN (A,B,B,N,NB,Ø,N)
CALL RUEEIN (A,B,B,N,NB,Ø,N,1)
```

2.2.5. Bandalgorithmen, Externspeichernutzung

Nach Gleichung (2.53) ist die erforderliche Rechenzeit für die Lösung großer Gleichungssysteme etwa proportional n^3 (n - Anzahl der Gleichungen). Dieser Aufwand kann bei bandförmiger Koeffizientenmatrix (vgl. Abschnitt 2.1.7.) erheblich verringert werden, indem die Operationen nur mit den Matrixelementen innerhalb des Bandes ausgeführt werden.

Bei Anwendung des GAUSSschen Algorithmus mit Spaltenpivotisierung muß beachtet werden, daß sich die Bandweite ibw auf maximal

$$ibwp = ibw \cdot 2 - 1 \qquad (2.65)$$

infolge der Zeilenvertauschungen erhöhen kann.

Es empfiehlt sich, Unterprogramme für Bandalgorithmen auch speicheroptimal zu machen, indem nur die Elemente des Bandes gespeichert werden (Bild 2.5). Darüber hinaus kann z. B. die Dreieckszerlegung nach dem verketteten Algorithmus (ohne Zeilentausch) auf dem gleichen Speicherplatz ausgeführt werden, wobei $\bar{A}$ durch $\bar{L}$ (unter Verzicht auf die Speicherung der Hauptdiagonalelemente l_{ii}) und $\bar{R}$ überschrieben wird.

Die Subroutine VEALB ("Verketteter Algorithmus mit Bandmatrix") realisiert diese Vorgehensweise für den Sonderfall ibwl = ibwr unter Verwendung eines eindimensionalen Feldes (Speicherung der wesentlichen Elemente zeilenweise). Die Subroutine VORUVA ("Vorwärts- und Rückwärtseinsetzen nach dem verketteten Algorithmus")

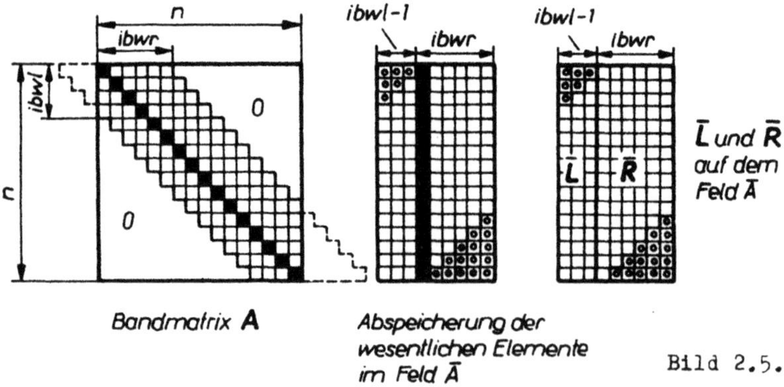

Bild 2.5.

kann im Anschluß an die Abarbeitung von VEALB die Matrix der Unbekannten X des linearen Gleichungssystems berechnen.

Entsprechend kann das CHOLESKY-Verfahren unter Verwendung des Speicherformats SB nach Bild 2.3 programmiert werden, wobei A durch R ersetzt wird (Subroutine CHOLB für die CHOLESKY-Zerlegung, VORRUE für das Vorwärts- und Rückwärtseinsetzen). Hierfür sind bei einem Speicherbedarf von ibw·n Plätzen für die Koeffizientenmatrix etwa

$$M = \frac{1}{2} \cdot n \cdot (ibw)^2 \qquad (2.66)$$

Multiplikationen für die Dreieckszerlegung erforderlich, wenn ibw wesentlich kleiner als n ist.

Wenn trotz der genannten Maßnahmen die Matrix A nicht im Operativspeicher untergebracht werden kann, werden Algorithmen benötigt, die die Zerlegung der extern gespeicherten Matrix ausführen. Dabei kann der für den Datentransfer zwischen Operativ- und Externspeicher nötige zusätzliche Aufwand erheblich sein.

Beim CHOLESKY-Verfahren für Bandmatrizen muß zur Ermittlung der i-ten Zeile der Matrix R die im Bild 2.6 als "aktives Dreieck" gekennzeichnete Datenmenge zugänglich sein. Der Datentransfer bei zeilenweise extern gespeicherter Matrix vereinfacht sich, wenn $(ibw)^2$ Elemente des "aktiven Quadrats" operativ gespeichert werden können, und der dafür erforderliche Aufwand wird mit jeder Zeile, die zusätzlich im Operativspeicher untergebracht werden kann, wesentlich reduziert. Wenn weniger als die (ibw)(ibw+1)/2 Elemente des aktiven Dreiecks operativ gespeichert sind, müssen Transportoperationen auch während der Berechnung einer Zeile von R ausgeführt werden.

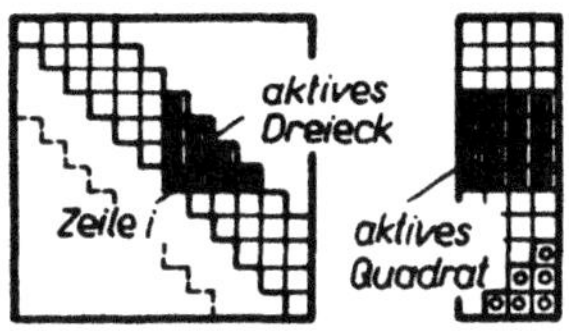

Bild 2.6

Als Alternative zu der beschriebenen Vorgehensweise für zeilenweise extern gespeicherte Koeffizientenmatrix wird im Abschnitt 2.5. das sehr übersichtliche Hypermatrizenkonzept vorgestellt.

```
      SUBROUTINE VEALB (A,N,IBW,ELMAX,IERF)
      DIMENSION A(1)
      ELMIN=1./ELMAX
      IERF=1
      IB=IBW×2-1
      IBW1=IBW-1
      IRUE=IBW1×IB
      IB1=IB-1
      IF (IB.GT.1) GO TO 8
      IF (A(1)) 101,40,101
    8 DO 100 III=2,N
      I=III×IB-IBW1
      II=I-IBW1
      JJ=I-IRUE
      IF (III.GE.IBW) GO TO 5
      II=I-III+1
      JJ=IBW
    5 IF (ABS(A(II)×ELMIN).GE.ABS(A(JJ))) GO TO 40
      A(II)=A(II)/A(JJ)
      IJO=I-1
      IU=II+1
      IF (III.EQ.2) GO TO 6
      DO 10 IJ=IU,IJO
      JJ=JJ+1
      KK=JJ
      JIO=IJ-1
      S=A(IJ)
      DO 1 JI=II,JIO
      S=S-A(JI)×A(KK)
    1 KK=KK+IB1
      IF (ABS(S×ELMIN).GE.ABS(A(KK))) GO TO 40
   10 A(IJ)=S/A(KK)
    6 JIO=I+IBW-2
      JJ=JJ+1
      IU=1
      IF (JJ.GT.IB) IU=IB
```

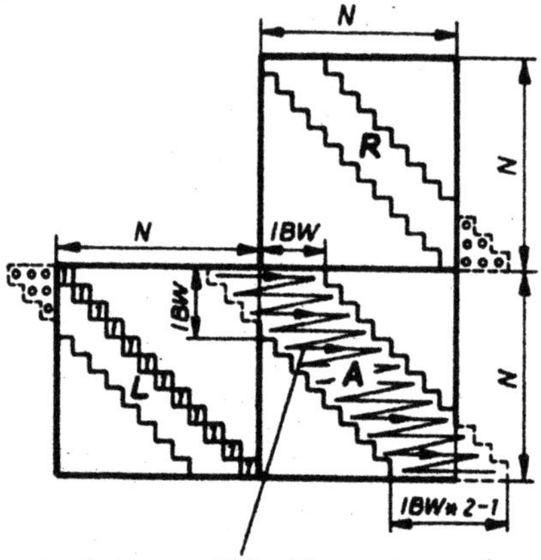

A (wesentliche Elemente von **A**, zeilenweise gespeichert)

Dreieckszerlegung $A = L * R$ mit Bandmatrizen

Im eindimensionalen Feld A sind die wesentlichen Elemente der nichtsymmetrischen Bandmatrix A zeilenweise gespeichert, jeweils IBW*2-1 Elemente pro Zeile.

Die ersten IBW-1 Zeilen sind durch vorgestellte Nullelemente, die letzten IBW-1 Zeilen durch nachgestellte Nullelemente aufgefüllt.

```
      DO 30 IJ=I,JIO
      KK=II
      S=A(IJ)
      DO 3 JI=JJ,IJO,IB1
      S=S-A(JI)×A(KK)
    3 KK=KK+1
      A(IJ)=S
      IF (JJ-IB) 30,29,28
   29 IU=IB
   28 II=II+1
   30 JJ=JJ+IU
  100 CONTINUE
      GO TO 101
   40 IERF=0
  101 RETURN
      END
```

Das Feld A wird von den Matrizen *L* und *R* überschrieben (unter Verzicht auf die Hauptdiagonalelemente von *L*), vgl. Subroutine VORUVA.

VEALB arbeitet ohne Zeilentausch. Die Rechnung wird mit IERF = Ø abgebrochen, wenn infolge eines sehr kleinen Hauptdiagonalelements ein Matrixelement größer als ELMAX werden würde. Für ELMAX kann die größte vom Automaten darstellbare Zahl eingegeben werden (Überlaufschutz). Bei erfolgreicher Rechnung wird IERF = 1.

```
      SUBROUTINE VORUVA (A,B,X,IBW,M,N,MB)
      DIMENSION A(1),B(1),X(1)
      IB=IBW×2-1
      MBN=MB×N
      IDIA=IBW+IB
      IBW1=IBW-1
      IF (IBW.GT.1) GO TO 98
      DO 30 I=1,M
      DO 30 J=I,MBN,MB
   30 X(J)=B(J)/A(I)
      GO TO 201
   98 DO 99 I=1,MBN,MB
   99 X(I)=B(I)
      DO 100 I=2,M
      IA=I-IBW1
      IF (IA.LE.0) IA=1
      IAA=IDIA-I+IA
      IUG=I-1
```

Vorwärts- und Rückwärtseinsetzen für verketteten Algorithmus mit Bandmatrix

---

Auf dem Feld A stehen die Matrizen *L* und *R* in der Form, wie sie vom Unterprogramm VEALB erzeugt werden.

(Fortsetzung auf Seite 40)

```
      DO 10 II=IUG,MBN,MB
      JAA=IAA
      S=B(II+1)
      DO 1 J=IA,II
      S=S-A(JAA)×X(J)
    1 JAA=JAA+1
      X(II+1)=S
   10 IA=IA+MB
  100 IDIA=IDIA+IB
      IDIA=IDIA-IB
      S=1./A(IDIA)
      DO 199 I=M,MBN,MB
  199 X(I)=X(I)×S
      M1=M-1
      DO 200 I=1,M1
      IDIA=IDIA-IB
      IA=M-I+1
      IUG=IA+IBW1-1
      IF (I.LT.IBW) IUG=M
      DO 20 II=IUG,MBN,MB
      JAA=IDIA+1
      S=X(IA-1)
      DO 2 J=IA,II
      S=S-A(JAA)×X(J)
    2 JAA=JAA+1
      X(IA-1)=S/A(IDIA)
   20 IA=IA+MB
  200 CONTINUE
  201 RETURN
      END
```

Speicherung der Matrizen *L* und *R* auf dem Feld A nach Abarbeitung von VEALB:

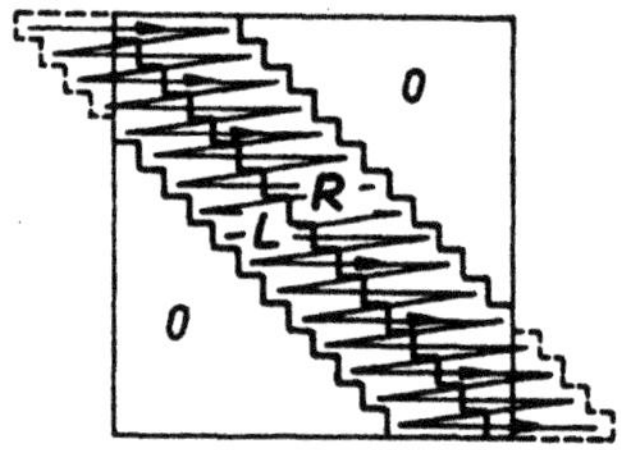

Die Hauptdiagonalelemente von *L* sind nicht gespeichert.

Für die M*N-Matrizen *B* (rechte Seiten, spaltenweise) und *X* sind folgende Speicherformate möglich:

R - MB = vereinbarte Zeilenzahl für B und X,

V - MB = M .

X und B müssen mit dem gleichen Speicherformat vereinbart sein. X enthält nach Abarbeitung von VORUVA die Lösungsvektoren des Gleichungssystems (spaltenweise).

X und B können durch den gleichen aktuellen Parameter ersetzt werden.

A wird nicht geändert. B wird nicht geändert, wenn für B und X unterschiedliche aktuelle Parameter verwendet werden.

<u>Beispiel</u> für den Aufruf der Unterprogramme VEALB und VORUVA zur Lösung eines linearen Gleichungssystems mit bandförmiger Koeffi-

zientenmatrix A . B ist mit MB Zeilen vereinbart (Anzahl der rechten Seiten: NB) und wird von den Lösungsvektoren überschrieben:

```
CALL VEALB  (A,N,IBW,1.E15,IERF)
IF (IERF.EQ.Ø) STOP
CALL VORUVA (A,B,B,IBW,N,NB,MB)
```

CHOLESKY-Zerlegung $A = R^T * R$ mit Bandmatrizen

```
      SUBROUTINE CHOLB (A,N,IBW,IPODE)
      DIMENSION A(1)
      IPODE=1
      IBW1=IBW-1
      IRUE=IBW1xIBW1-1
      IF (A(1).LE.0.) GO TO 20
      A(1)=SQRT(A(1))
      IF (IBW.GT.1) GO TO 2
      IF (N.LT.2) GO TO 21
      DO 1 I=2,N
      S=A(I)
      IF (S.LE.0.) GO TO 20
    1 A(I)=SQRT(S)
      GO TO 21
    2 DO 3 I=2,IBW
    3 A(I)=A(I)/A(1)
      IF (IBW.LT.3) GO TO 9
      IE=IBW
      DO 4 I=2,IBW1
      S=A(IE+1)
      DO 5 J=I,IE,IBW1
    5 S=S-A(J)xx2
      IF (S.LE.0.) GO TO 20
      S=SQRT(S)
      A(IE+1)=S
      S=1./S
      IEE=IE+1
      J=I+1
      KKK=I
```

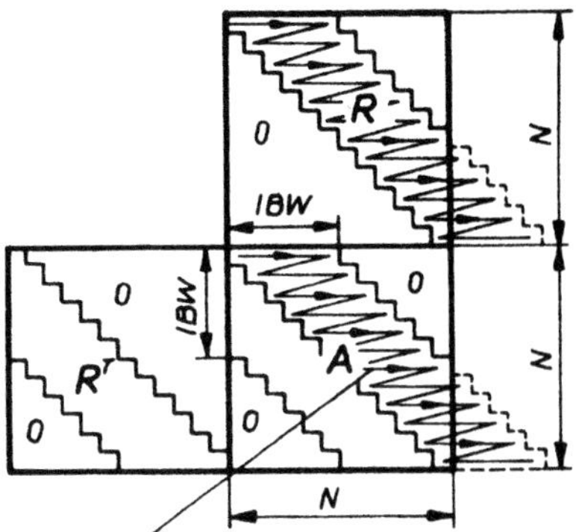

A (wesentliche Elemente von A, zeilenweise im Speicherformat SB)

(Fortsetzung auf Seite 42)

```
 8 IF (J.LE.IBW) GO TO 17
   J=J+IBW1
   KKK=KKK+IBW1
17 IF (J.GT.IE) GO TO 7
   IEE=IEE+1
   SS=A(IEE)
   KK=KKK
   DO 6 K=J,IE,IBW1
   SS=SS-A(K)xA(KK)
 6 KK=KK+IBW1
   A(IEE)=SSxS
   J=J+1
   GO TO 8
 7 IE=IE+IBW
 4 A(IE)=A(IE)xS
 9 IE=IBW1xIBW
   DO 10 I=IBW,N
   S=A(IE+1)
   IA=IE-IRUE
   DO 11 J=IA,IE,IBW1
11 S=S-A(J)xx2
   IF (S.LE.0.) GO TO 20
   S=SQRT(S)
   A(IE+1)=S
   S=1./S
   IF (IBW.EQ.2) GO TO 15
   IAA=IA+IBW
   IEE=IE+1
   DO 12 J=IAA,IE,IBW
   IA=IA+IBW1
   IEE=IEE+1
   SS=A(IEE)
   KK=J
   DO 14 K=IA,IE,IBW1
   SS=SS-A(K)xA(KK)
14 KK=KK+IBW1
```

Die wesentlichen Elemente der symmetrischen Bandmatrix $\boldsymbol{A}$ sind in dem eindimensionalen Feld A zeilenweise gespeichert, jeweils IBW Elemente pro Zeile, insgesamt N*IBW Elemente (Speicherformat SB, vgl. Bild 2.3).

A wird von der Matrix $\boldsymbol{R}$ im gleichen Speicherformat überschrieben.

Anzeige nach Abarbeitung des Unterprogramms CHOLB:

IPODE = Ø - $\boldsymbol{A}$ ist nicht positiv definit, Rechnung wurde abgebrochen,

IPODE = 1 - CHOLESKY-Zerlegung wurde ausgeführt.

```
12 A(IEE)=SSxS
15 IE=IE+IBW
10 A(IE)=A(IE)xS
   GO TO 21
20 IPODE=0
21 RETURN
   END
```

```
   SUBROUTINE VORRUE (R,B,X,N,IBW,NB,MBH)
   DIMENSION R(1),B(1),X(1)
   IBW1=IBW-1
   MBHNB=MBHxNB
   NIBW=NxIBW
   N1=N-1
   DO 1 I=1,MBHNB,MBH
   IF (IBW.EQ.1) GO TO 17
   X(I)=B(I)/R(1)
   II=I-1
   JJA=0
   IA=IBW+1
   DO 2 J=2,N
   IJ=II+J
   S=B(IJ)
   JOG=IJ-1
   IF (J.LT.IBW) GO TO 4
   JUG=IJ-IBW1
   JJA=JJA+IBW
   JA=JJA
   GO TO 5
 4 JUG=I
   JA=J
 5 DO 3 K=JUG,JOG
   S=S-R(JA)xX(K)
 3 JA=JA+IBW1
```

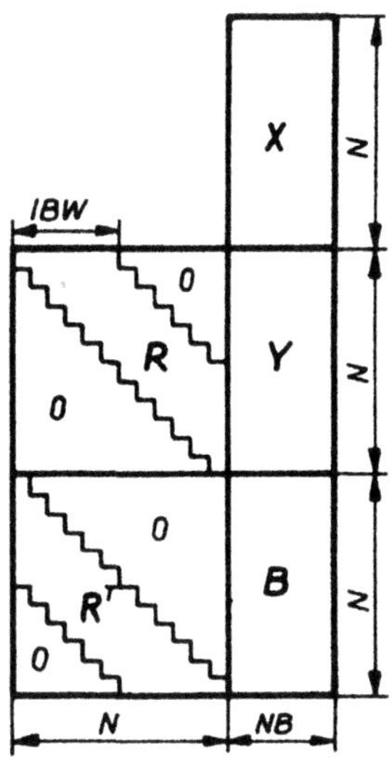

Vorwärts- und Rückwärtseinsetzen für CHOLESKY-Verfahren mit Bandmatrizen

(Fortsetzung auf Seite 44)

```
      X(IJ)=S/R(IA)
    2 IA=IA+IBW
      IA=NIBW-IBW1
      II=II+N
      X(II)=X(II)/R(IA)
      DO 10 J=1,N1
      IJ=II-J
      IA=IA-IBW
      S=X(IJ)
      JA=IA+1
      JUG=IJ+1
      JOG=II
      IF (J.GT.IBW1) JOG=IJ+IBW1
      DO 11 K=JUG,JOG
      S=S-R(JA)×X(K)
   11 JA=JA+1
   10 X(IJ)=S/R(IA)
      GO TO 1
   17 IJ=I
      DO 18 J=1,NIBW,IBW
      X(IJ)=B(IJ)/(R(J)××2)
   18 IJ=IJ+1
    1 CONTINUE
      RETURN
      END
```

Auf dem Feld R steht die bandförmige Rechtsdreiecksmatrix $\boldsymbol{R}$ im Speicherformat SB, wie sie vom Unterprogramm CHOLB erzeugt wird.

Für die N*NB-Matrizen $\boldsymbol{B}$ (rechte Seiten, spaltenweise) und $\boldsymbol{X}$ sind die Speicherformate R (MBH = vereinbarte Zeilenzahl) und V (MBH = N) möglich. B und X müssen im gleichen Speicherformat vereinbart sein.

X enthält nach Abarbeitung von VORRUE die Lösungsvektoren des Gleichungssystems (spaltenweise). B und X können durch den gleichen aktuellen Parameter ersetzt werden.

R wird nicht geändert.
B wird nicht geändert, wenn für B und X unterschiedliche aktuelle Parameter verwendet werden.

<u>Beispiel</u> für den Aufruf der Unterprogramme CHOLB und VORRUE zur Lösung eines linearen Gleichungssystems mit symmetrischer, positiv definiter Koeffizientenmatrix $\boldsymbol{A}$. B ist mit MBH Zeilen vereinbart (Anzahl der rechten Seiten: NB) und wird von den Lösungsvektoren überschrieben:

```
CALL CHOLB  (A,N,IBW,IPODE)
IF (IPODE.EQ.Ø) STOP
CALL VORRUE (A,B,B,N,IBW,NB,MBH)
```

2.2.6. Rundungsfehler, Nachiteration

Die Darstellung der Zahlen und die Ausführung der Operationen im Rechenautomaten mit einer endlichen Stellenzahl führen unausweichlich zu numerischen Fehlern. Es wird also i. a. für das System

$$Ax = b$$

nur eine Näherung $\tilde{x} = x + \Delta x$ ermittelt. Wird $\tilde{x}$ in das Gleichungssystem wieder eingesetzt, so ergibt sich entsprechend

$$A\tilde{x} - b = \Delta b$$

ein Restvektor Δb, der wegen

$$A\tilde{x} - b = A\,(x + \Delta x) - b = Ax + A\Delta x - b = \Delta b$$

mit

$$Ax - b = 0$$

aus dem neuen Gleichungssystem

$$A\,\Delta x = \Delta b \qquad (2.67)$$

berechnet werden kann. Bei unveränderter Koeffizientenmatrix A, deren Zerlegung für die Ermittlung von $\tilde{x}$ bereits ausgeführt wurde, ist der Aufwand zur Berechnung von Δx relativ gering. Diese Korrektur (Nachiteration) kann gegebenenfalls mehrmals ausgeführt werden.

In der Praxis führt die beschriebene Vorgehensweise i. a. nur dann zu einer spürbaren Verbesserung, wenn Δb mit höherer numerischer Genauigkeit (z.B. DOUBLE PRECISION) berechnet wird.

Die Größe der Komponenten des Restvektors Δb liefert keine direkte Aussage über die Qualität der Näherungslösung $\tilde{x}$. Diese hängt wesentlich von der "Kondition" der Matrix A ab, für die eine quantitative Aussage mit Hilfe der "Konditionszahl"

$$\mathrm{cond}\, A = \|A\|\,\|A^{-1}\|$$

gemacht werden kann /25/. Hierin ist $\|A\|$ eine beliebige "Matrixnorm", die analog zur Vektornorm (Abschnitt 2.1.2.) definiert ist, wobei die Forderung

$$\|AB\| \leq \|A\|\,\|B\|$$

hinzukommt. Ein Beispiel für eine Matrixnorm ist

$$\|\boldsymbol{A}\| = \max_{(i)} \sum_{(j)} |a_{ij}| \tag{2.68}$$

Nach /25/ kann die Konditionszahl folgendermaßen gedeutet werden: Bei Rechnung mit einer festen Anzahl wesentlicher Dezimalstellen ist im Ergebnis eine Abweichung von cond $\boldsymbol{A}$ Einheiten der letzten Dezimalstelle möglich. Für symmetrische, positiv definite Matrizen, auf die sich die folgenden Betrachtungen beschränken sollen, kann die Konditionszahl nach

$$\mathrm{cond}\,\boldsymbol{A} = \frac{\lambda_{max}}{\lambda_{min}}$$

berechnet werden (λ_{max} ist der größte, λ_{min} der kleinste Eigenwert von $\boldsymbol{A}$).

<u>Beispiel 1:</u> Für die Matrix $\boldsymbol{A}$ des Gleichungssystems

$$\boldsymbol{A}\boldsymbol{x} = \begin{bmatrix} 4 & -2 & 6 & 2 \\ -2 & 17 & -11 & 19 \\ 6 & -11 & 22 & -19 \\ 2 & 19 & -19 & 43 \end{bmatrix} \boldsymbol{x} = \begin{bmatrix} 30 \\ -35 \\ 70 \\ -29 \end{bmatrix}$$

erhält man mit $\lambda_{min} = 0{,}088304$ und $\lambda_{max} = 64{,}450$ (zur Berechnung der Eigenwerte einer Matrix vgl. Abschnitt 2.4.) die Konditionszahl

$$\mathrm{cond}\,\boldsymbol{A} = \frac{64{,}450}{0{,}088304} \approx 730 \quad ,$$

so daß 730 Einheiten der letzten mitgeführten Dezimalstelle nicht garantiert werden können. Auf einem mit 7 wesentlichen Dezimalen arbeitenden Rechenautomaten errechnet man nach dem CHOLESKY-Verfahren

$$\tilde{\boldsymbol{x}} = \begin{bmatrix} 2{,}000065 \\ -0{,}9999871 \\ 2{,}999969 \\ 0{,}9999771 \end{bmatrix} , \quad \text{exakt:} \quad \boldsymbol{x} = \begin{bmatrix} 2 \\ -1 \\ 3 \\ 1 \end{bmatrix}$$

Die Abweichung ist also geringer als die allgemein etwas zu pessimistische Abschätzung, liegt aber in der Größenordnung. Das ist für das betrachtete Beispiel besonders bemerkenswert, da sich bei der Handrechnung nur ganzzahlige Werte ergeben und damit überhaupt kein numerischer Fehler entsteht.

In /26/ wird gezeigt, daß die bereits in der Koeffizientenmatrix **A** steckenden Fehler, die infolge der Zahlendarstellung im Rechenautomaten mit endlicher Stellenzahl unvermeidlich sind (Anfangsabbrechfehler), die gleichen Auswirkungen wie die Rundungsfehler haben. Die Einflüsse der Anfangsabbrechfehler und der Rundungsfehler liegen bei praktischen Problemen i. a. in der gleichen Größenordnung, und mit

$$u \approx \lg(\mathrm{cond}\,\mathbf{A}), \quad \mathrm{cond}\,\mathbf{A} = \frac{\lambda_{max}}{\lambda_{min}} \tag{2.69}$$

ist eine Abschätzung für die "unsicheren Dezimalen u" des Ergebnisses gegeben, die sich in zahlreichen Anwendungsfällen als sehr zuverlässig erwiesen hat. Die Analogie zu der bereits angegebenen Interpretation der Konditionszahl ist deutlich.

<u>Beispiel 2:</u> Für die Berechnung der Vertikalverschiebungen v_1 und v_2 der Punkte 1 und 2 des nebenstehend skizzierten Tragwerks ergibt sich (z.B. nach der Deformationsmethode, Abschnitt 4.2.) das Gleichungssystem

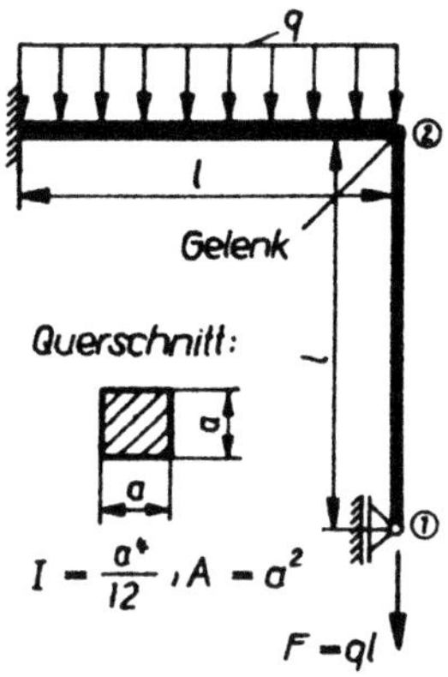

$$\begin{bmatrix} 1 & -1 \\ -1 & 1+\frac{a^2}{4l^2} \end{bmatrix} \begin{bmatrix} v_1 \\ v_2 \end{bmatrix} = \frac{ql^2}{Ea^2} \begin{bmatrix} 1 \\ 0{,}375 \end{bmatrix}.$$

Mit $\frac{a}{l} = \frac{1}{30}$ erhält man bei Darstellung mit 7 Dezimalen:

$$\begin{bmatrix} 1 & -1 \\ -1 & 1{,}000278 \end{bmatrix} \begin{bmatrix} v_1 \\ v_2 \end{bmatrix} = \frac{ql^2}{Ea^2} \begin{bmatrix} 1 \\ 0{,}375 \end{bmatrix}.$$

Die schlechte Kondition der Koeffizientenmatrix wird durch die Konditionszahl

$$\mathrm{cond}\,\mathbf{A} = \frac{\lambda_{max}}{\lambda_{min}} \approx \frac{2{,}000139}{0{,}000139} \approx 14400,$$

$$u \approx \lg(\mathrm{cond}\,\mathbf{A}) \approx 4{,}16$$

belegt.

Die Lösung des Gleichungssystems bei konsequent siebenstelliger Rechnung ergibt:

$$\begin{bmatrix} v_1 \\ v_2 \end{bmatrix} = \frac{ql^2}{Ea^2} \begin{bmatrix} 4947{,}043 \\ 4946{,}043 \end{bmatrix} \quad , \quad \text{exakt:} \quad \begin{bmatrix} v_1 \\ v_2 \end{bmatrix} = \frac{ql^2}{Ea^2} \begin{bmatrix} 4951{,}000 \\ 4950{,}000 \end{bmatrix}$$

Die für praktische Probleme sehr nützliche Berechnung der Konditionszahl nach (2.69) ist mit angemessenem Aufwand möglich, wenn die Eigenwerte λ_{min} und λ_{max} mit Hilfe der v.MISESschen Vektoriteration (Abschnitt 2.4.4.) ermittelt werden. Zur Bestimmung von λ_{min} muß dabei der aufwendigere Prozeß der inversen Iteration ausgeführt werden (Abschnitt 2.4.4.3.). Das ist kein Nachteil, da die Dreieckszerlegung der Koeffizientenmatrix für die Lösung des Gleichungssystems ohnehin erforderlich ist. Im allgemeinen genügen zwei bis drei Iterationsschritte, wenn λ_{min} wesentlich kleiner als der zweitgrößte Eigenwert ist.

Die Koeffizientenmatrizen der sehr großen Gleichungssysteme, die bei Anwendung der Diskretisierungsverfahren (Methode der finiten Elemente, Differenzenverfahren) entstehen, sind in der Regel sogenannte "Steifigkeitsmatrizen", deren Elemente physikalisch als "Federsteifigkeiten" gedeutet werden können. Wenn an den Knotenpunkten dieses Federsystems geeignete Einzelmassen angebracht werden, sind die Eigenwerte der Steifigkeitsmatrix proportional zu den Eigenfrequenzen eines solchen Schwingungssystems. Damit bestätigt sich die Aussage, daß (von wenigen Ausnahmen abgesehen) sich der kleinste Eigenwert deutlich von den übrigen abhebt.

Andererseits wird klar, daß die größten Eigenwerte (analog zu den hohen Frequenzen des Schwingungsmodells) relativ dicht liegen, so daß bei der Vektoriteration zur Ermittlung von λ_{max} Schwierigkeiten auftreten können. Es ist deshalb ratsam (und für praktische Belange ohnehin ausreichend), λ_{max} nur abzuschätzen. Hierfür können die Matrixnormen herangezogen werden: Eine beliebige Norm $\|\mathbf{A}\|$ stellt eine obere Schranke für die absoluten Beträge der Eigenwerte von $\mathbf{A}$ dar:

$$\|\mathbf{A}\| \geq |\lambda| \quad .$$

Eine recht gute Abschätzung für λ_{max} ist die Matrixnorm (2.68).

<u>Beispiel 3:</u> Die Koeffizientenmatrix des im Abschnitt 3.4.1. untersuchten Gleichungssystems (3.121) hat für n = 20 (21 Gleichungen) u. a. die Eigenwerte

$$\lambda_1 = 0{,}00005782 \quad , \qquad \lambda_2 = 0{,}002253 \quad , \ldots$$
$$\ldots, \quad \lambda_{20} = 15{,}28 \quad , \qquad \lambda_{21} = 15{,}82 \quad .$$

Die schlechte Konditionszahl

$$\text{cond}\,\mathbf{A} = \frac{15{,}82}{0{,}00005782} \approx 274000 \quad ,$$

$$u \approx \lg(\text{cond}\,\mathbf{A}) \approx 5{,}44$$

erklärt die Abweichungen der trotz Rechnung mit acht Dezimalen ermittelten Werte

$$v_{10} = 0{,}104389\,\frac{Fl^3}{EI} \quad , \quad v_{20} = 0{,}333791\,\frac{Fl^3}{EI}$$

von den für dieses Gleichungssystem exakten Lösungen

$$v_{10\,exakt} = 0{,}104375\,\frac{Fl^3}{EI} \quad , \quad v_{20\,exakt} = 0{,}333750\,\frac{Fl^3}{EI} \quad .$$

Während sich λ_{min} mit Hilfe der inversen Vektoriteration wegen

$$\frac{\lambda_2}{\lambda_1} = 38{,}97$$

sehr schnell ergibt, wird λ_{max} bei

$$\frac{\lambda_{21}}{\lambda_{20}} = 1{,}035$$

besser durch (2.68) abgeschätzt:

$$\lambda_{max} \leq \max_{(i)} \sum_{(j)} |a_{ij}| = 16 \quad .$$

Die Abweichung von λ_{21} ist unbedeutend.

Die Berechnung der Konditionszahl für die Koeffizientenmatrix eines Gleichungssystems ist immer dann angezeigt, wenn

- ein System mit sehr vielen Unbekannten zu lösen ist,
- die Anzahl der mitgeführten Dezimalstellen relativ gering ist,
- große Steifigkeitsunterschiede benachbarter Elemente eine

schlechte Kondition der bei den Diskretisierungsverfahren anfallenden Steifigkeitsmatrizen befürchten lassen (Beispiel 2),

- in einigen Bereichen eines Tragwerks große Verschiebungen bei kleinen Dehnungen möglich sind (Beispiel 3).

Die Genauigkeit der Lösung eines Gleichungssystems kann zuverlässig nur durch das Arbeiten mit größerer Stellenzahl erhöht werden, beginnend mit der Darstellung des Systems, um den Anfangsabbrechfehler klein zu halten. Das bedeutet, daß bei den Diskretisierungsverfahren auch schon der automatische Aufbau der Steifigkeitsmatrizen mit erhöhter Genauigkeit auszuführen ist. Die Nachiteration der Lösung kann bestenfalls den Rundungsfehler beseitigen.

2.3. Matrixinversion

2.3.1. Übersicht

Die Aufgabe, zu einer quadratischen Matrix $\boldsymbol{A}$ die Inverse $\boldsymbol{A}^{-1}$ zu ermitteln (Voraussetzung: $\det \boldsymbol{A} \neq 0$, Bedingung: $\boldsymbol{A}^{-1}\boldsymbol{A} = \boldsymbol{E}$), ist eng verwandt mit dem Problem der Lösung eines linearen Gleichungssystems: Die Auflösung der Matrizengleichung

$$\boldsymbol{A}\boldsymbol{X} = \boldsymbol{E} \tag{2.70}$$

mit der Einheitsmatrix $\boldsymbol{E}$ ergibt

$$\boldsymbol{X} = \boldsymbol{A}^{-1} \; . \tag{2.71}$$

Damit ist ein Lösungsweg gegeben, und der Aufwand wird deutlich: Die Inversion einer n-dimensionalen Matrix entspricht der Lösung eines linearen Gleichungssystems mit n Gleichungen bei n verschiedenen "rechten Seiten". Hierfür können die im Abschnitt 2.2. angegebenen Verfahren genutzt werden.

Auf Grund der einfacheren Programmierbarkeit wird für die Inversion eine Abart des GAUSSschen Algorithmus bevorzugt, die sogenannte GAUSS-JORDAN-Elimination.

Wegen des relativ hohen Aufwandes ist es angezeigt, Vorteile zu nutzen, die sich aus speziellen Eigenschaften der Matrix $\boldsymbol{A}$ ergeben:

- Die Symmetrie von A überträgt sich auf A^{-1} und verringert die Anzahl der notwendigen Rechenoperationen auf etwa die Hälfte.
- Zu einer Dreiecksmatrix gehört eine Inverse gleichen Typs. Ihre Berechnung ist besonders einfach.
- Die Bandstruktur einer Matrix überträgt sich nicht auf ihre Inverse, gestattet aber eine Verringerung des Aufwandes.
- Die Inverse einer Diagonalmatrix D ist eine Diagonalmatrix $\bar{D}$ mit reziproken Elementen:

$$\bar{d}_{ii} = \frac{1}{d_{ii}} \quad . \tag{2.72}$$

2.3.2. Inversion einer Rechtsdreiecksmatrix

Die Rechtsdreiecksmatrix R muß mit ihrer Inversen $\bar{R} = R^{-1}$ (ebenfalls Rechtsdreiecksmatrix) der Bedingung

$$R\bar{R} = E \tag{2.73}$$

genügen. Durch Ausmultiplikation von (2.73) ergibt sich die Vorschrift zur Berechnung der Elemente von $\bar{R}$:

$$\begin{aligned} \bar{r}_{ij} &= -\frac{1}{r_{ii}} \sum_{k=i+1}^{j} r_{ik}\bar{r}_{kj} \qquad (j > i) \, , \\ \bar{r}_{ii} &= \frac{1}{r_{ii}} \quad . \end{aligned} \tag{2.74}$$

Dieser Algorithmus ist wegen

$$L^{-1} = (R^T)^{-1} = (R^{-1})^T = \bar{L}$$

auch für die Inversion einer Linksdreiecksmatrix L anwendbar. Eine Dreiecksmatrix ist genau dann singulär, wenn ein Hauptdiagonalelement verschwindet.

Es ist zweckmäßig, so zu programmieren, daß die $\bar{r}_{ij}$ zeilenweise entstehen, beginnend mit der n-ten Zeile (Subroutine RINV). Dann können die Elemente von $\bar{R}$ die Elemente von R überschreiben.

```
      SUBROUTINE RINV (R,RS,N,NH,IREG)
      DIMENSION R(1),RS(1)
      IREG=1
      ISYM=0
      IF (NH.EQ.0) ISYM=1
      NM1=N-1
      INN=NM1xNxISYM/2+NHxNM1+N
      IDIA=INN
      S=R(INN)
      IF (S.EQ.0.) GO TO 20
      RS(INN)=1./S
      DO 100 I=1,NM1
      NMI=N-I
      JUG=IDIA-1
      IDIA=JUG-NMIxISYM-NH
      RDIA=R(IDIA)
      IF (RDIA.EQ.0.) GO TO 20
      KOG=I
      KKK=INN-I
      DO 10 J=1,I
      S=0.
      JJ=JUG
      IV=NMI+1
      KK=KKK+1
      DO 1 K=1,KOG
      S=S-R(JJ)xRS(KK)
      JJ=JJ+IVxISYM+NH
      IV=IV+1
    1 KK=KK+1
      RS(KKK)=S/RDIA
      KKK=KKK-(N-J)xISYM-NH
   10 KOG=KOG-1
  100 RS(IDIA)=1./RDIA
      GO TO 40
   20 IREG=0
   40 RETURN
      END
```

Inversion einer Rechtsdreiecksmatrix $\bar{R} = R^{-1}$

Die Rechtsdreiecksmatrix R mit N Zeilen bzw. Spalten kann auf dem Feld R in folgenden Speicherformaten stehen:

R - NH = Anzahl der für das Feld R vereinbarten Zeilen,

V - NH = N ,

S - NH = Ø .

Nach Abarbeitung des Unterprogramms steht R^{-1} auf RS im gleichen Speicherformat. Von R brauchen in jedem Fall nur die Elemente des rechten oberen Dreiecks definiert zu sein, auch auf RS entstehen nur diese Elemente.

R und RS können durch den gleichen aktuellen Parameter ersetzt werden. Nur in diesem Fall wird R geändert.

Anzeige nach Abarbeitung des Unterprogramms:

IREG = Ø - R ist singulär, Rechnung wurde abgebrochen,

IREG = 1 - R^{-1} wurde ermittelt.

2.3.3. Das Verfahren von GAUSS-JORDAN

Der Grundgedanke des Verfahrens von GAUSS-JORDAN ist, den Prozeß des GAUSSschen Algorithmus, im k-ten Eliminationsschritt alle Elemente der k-ten Spalte unterhalb der Hauptdiagonalen durch geeignete Linearkombinationen der Zeilen zu Null zu machen, auf alle Zeilen (bis auf die Zeile k) auszudehnen. Auf diese Weise entsteht eine Diagonalmatrix, die zur Einheitsmatrix wird, wenn jede Gleichung zusätzlich durch ihr Diagonalelement dividiert wird. Die rechte Seite einer Matrizengleichung wird dabei unmittelbar zur Lösungsmatrix.

Für die Lösung linearer Gleichungssysteme ist diese Vorgehensweise nicht konkurrenzfähig, da die Anzahl der erforderlichen Multiplikationen (die rechte Seite sei ein Vektor) mit etwa

$$M = \frac{1}{2} n^3 \tag{2.75}$$

zum 1,5fachen Aufwand des GAUSSschen Algorithmus führt. Die Matrixinversion allerdings benötigt nach beiden Verfahren etwa

$$M = n^3 \tag{2.76}$$

Multiplikationen, so daß die einfachere Programmierbarkeit für das GAUSS-JORDAN-Verfahren spricht.

Algorithmus für den k-ten GAUSS-JORDAN-Schritt:

- Division der k-ten Zeile durch das Diagonalelement a_{kk} ,
- Subtraktion des a_{ik}-fachen der k-ten Zeile von den Zeilen $i = 1,2,\ldots,n$; $i \neq k$.

Nach Erledigung von n Eliminationsschritten ($k = 1,2,\ldots,n$) ist die Matrix $\boldsymbol{A}$ aus

$$\boldsymbol{AX} = \boldsymbol{B} \tag{2.77}$$

zur Einheitsmatrix und $\boldsymbol{B}$ zur Lösungsmatrix $\boldsymbol{X}$ geworden. Bei der Anwendung des Algorithmus auf das System $\boldsymbol{AX} = \boldsymbol{E}$ wird die Einheitsmatrix auf der rechten Seite zur Inversen $\boldsymbol{A}^{-1}$.

Dieser Prozeß kann so programmiert werden, daß $\boldsymbol{A}$ von $\boldsymbol{A}^{-1}$ überschrieben und somit nur Speicherplatz für eine Matrix benötigt wird (Unterprogramm GAJO).

Inversion einer Matrix und Lösung einer Matrizengleichung nach GAUSS-JORDAN

```
      SUBROUTINE GAJO (A,M,N,MH,EPS,IW,IREG)
      DIMENSION A(1),IW(1)
      IREG=1
      MHN=MH×N
      DO 1 I=1,M
    1 IW(I)=0
      DO 100 I=1,M
      AMAX=0.
      DO 10 J=1,M
      IF (IW(J).EQ.1) GO TO 10
      JJ=J
      DO 2 K=1,M
      AMAXA=A(JJ)
      IF (IW(K).EQ.1.OR.ABS(AMAX).GT.ABS(AMAXA)) GO TO 2
      IZ=J
      IS=K
      AMAX=AMAXA
    2 JJ=JJ+MH
   10 CONTINUE
      IF (ABS(AMAX).LT.EPS) GO TO 200
      IW(IS)=1
      IF (IS.EQ.IZ) GO TO 50
      JJ=IZ
      DO 40 J=IS,MHN,MH
      AMAXA=A(J)
      A(J)=A(JJ)
      A(JJ)=AMAXA
   40 JJ=JJ+MH
   50 JJ=I+M
      IW(JJ)=IZ
      JJ=JJ+M
      IW(JJ)=IS
      AMAX=1./AMAX
      KK=(IS-1)×MH
      JJ=KK+IS
```

Das Unterprogramm GAJO arbeitet mit "Vollpivotisierung": In jedem Eliminationsschritt wird das betragsgrößte Element aller Matrixzeilen, die noch nicht Pivotzeile waren, durch Zeilentausch zum Pivotelement gemacht. Der Algorithmus ist dementsprechend numerisch sehr stabil.

```
      A(JJ)=1.
      DO 60 J=IS,MHN,MH
   60 A(J)=A(J)×AMAX
      DO 70 K=1,M
      KK=KK+1
      IF (K.EQ.IS) GO TO 70
      AMAX=A(KK)
      A(KK)=0.
      JJ=IS
      DO 3 J=K,MHN,MH
      A(J)=A(J)-A(JJ)×AMAX
    3 JJ=JJ+MH
   70 CONTINUE
  100 CONTINUE
      KK=M×2+1
      DO 80 I=1,M
      JJ=KK-I
      IZ=IW(JJ)
      JJ=JJ+M
      IS=IW(JJ)
      IF (IZ.EQ.IS) GO TO 80
      IS=(IS-1)×MH
      JJ=IS+M
      IS=IS+1
      IZ=(IZ-1)×MH+1
      DO 4 K=IS,JJ
      AMAX=A(K)
      A(K)=A(IZ)
      A(IZ)=AMAX
    4 IZ=IZ+1
   80 CONTINUE
      GO TO 300
  200 IREG=0
  300 RETURN
      END
```

Die auf dem Feld A stehende M*M-Matrix A wird von ihrer Inversen A^{-1} überschrieben. Bei $M = N$ wird nur die Inversion ausgeführt, bei $N > M$ wird zusätzlich die Matrizengleichung $AX = B$ gelöst. In diesem Fall muß auf A eine M*N-Matrix bereitgestellt werden, deren N-M letzte Spalten als rechte Seite B der Matrizengleichung interpretiert werden. Diese wird von der Matrix X überschrieben.

Mögliche Speicherformate für A:

R - MH = Anzahl der vereinbarten Zeilen,

V - MH = M .

Wenn der Betrag eines Pivotelements kleiner als EPS ist, wird die Rechnung mit IREG = 0 abgebrochen, bei erfolgreicher Rechnung ist IREG = 1 .

IW ist ein Arbeitsfeld mit mindestens 3*M Elementen.

2.3.4. Inversion einer symmetrischen, positiv definiten Matrix

Wenn eine symmetrische Matrix A positiv definit ist, kann sie nach dem Verfahren von CHOLESKY (Abschnitt 2.2.4.) entsprechend Gleichung (2.59) in ein Produkt zerlegt werden. Ihre Inverse kann man dann aus

$$A^{-1} = (R^T R)^{-1} = R^{-1}(R^T)^{-1} = R^{-1}(R^{-1})^T = \bar{R}\bar{R}^T \tag{2.78}$$

ermitteln - vgl. Gleichungen (2.37) und (2.38) -. Der Algorithmus zur Inversion einer Rechtsdreiecksmatrix ist mit den Gleichungen (2.74) gegeben, so daß nur noch das Produkt einer solchen Matrix mit ihrer Transponierten zu bilden ist. Da A^{-1} wie A symmetrisch ist, brauchen dabei nur $n \cdot (n+1)/2$ Elemente ermittelt zu werden. Insgesamt sind für die drei Schritte ($A = R^T R$, $\bar{R} = R^{-1}$, $A^{-1} = \bar{R}\bar{R}^T$) etwa

$$M = \frac{1}{2} n^3 \tag{2.79}$$

Multiplikationen erforderlich.

Die Rechnung kann so programmiert werden, daß jeweils die entstehende Matrix die Ausgangsmatrix überschreibt, wobei sogar nur für das rechte obere Dreieck dieser Matrizen Speicherplatz reserviert werden muß (Unterprogramm INSYM).

2.3.5. Inversion von Bandmatrizen

Da die Bandstruktur bei der Inversion ohnehin verlorengeht, empfehlen sich für eine bandförmige Matrix A die im Abschnitt 2.2.5. angegebenen Verfahren (verketteter Algorithmus, CHOLESKY-Verfahren) zur Lösung von (2.70). Diese nutzen die rechenzeitsparenden Vorteile bei der Dreieckszerlegung und ergeben beim Vorwärts- und Rückwärtseinsetzen mit einer Einheitsmatrix als rechter Seite unmittelbar die Inverse.

Noch etwas effektiver können symmetrische, positiv definite Bandmatrizen nach dem durch Gleichung (2.78) gegebenen Algorithmus invertiert werden, wobei zweckmäßig nach der CHOLESKY-Zerlegung von bandförmiger Speicherung auf die Speicherung des gesamten rechten oberen Dreiecks übergegangen wird. Eine entsprechende

Modifikation dieser Vorgehensweise für nichtsymmetrische Matrizen ergibt sich mit

$$A^{-1} = (LR)^{-1} = R^{-1}L^{-1} = \bar{R}\bar{L} \qquad (2.80)$$

unter Verwendung des verketteten Algorithmus.

```
      SUBROUTINE INSYM (A,N,NH,IPODE)
      DIMENSION A(1)
      ISYM=0
      IF (NH.EQ.0) ISYM=1
      IDIA=1
      CALL CHOLZ (A,N,NH,IPODE)
      IF (IPODE.EQ.0) GO TO 20
      CALL RINV (A,A,N,NH,IPODE)
      DO 100 I=1,N
      JU=IDIA
      JJU=IDIA
      DO 10 J=I,N
      S=0.
      JJ=JU
      KK=JJU
      DO 1 K=J,N
      S=S+A(JJ)×A(KK)
      IVV=K×ISYM+NH
      JJ=JJ+IVV
    1 KK=KK+IVV
      A(JU)=S
      JU=JU+J×ISYM+NH
   10 JJU=JU+J-I+1
  100 IDIA=IDIA+I×ISYM+NH+1
   20 RETURN
      END
```

Inversion der symmetrischen, positiv definiten Matrix A

Mögliche Speicherformate für die N*N-Matrix A :

R - NH = Anzahl der für das Feld A vereinbarten Zeilen,

V - NH = N ,

S - NH = Ø .

A wird von A^{-1} im gleichen Speicherformat überschrieben. Von A brauchen in jedem Fall nur die Elemente des rechten oberen Dreiecks definiert zu sein, <u>von A^{-1} entstehen auch nur diese Elemente.</u>

Anzeige nach Abarbeitung des Unterprogramms:

IPODE = 1 - A^{-1} wurde ermittelt,

IPODE = Ø - A ist nicht positiv definit, Rechnung wurde abgebrochen.

INSYM ruft die Unterprogramme CHOLZ (Abschnitt 2.2.4.) und RINV (Abschnitt 2.3.2.) auf.

2.4. Eigenwertprobleme

2.4.1. Problemstellungen, Lösungsverfahren

Zahlreiche Aufgaben der Mechanik führen auf das spezielle Matrizeneigenwertproblem

$$(\boldsymbol{A} - \lambda \boldsymbol{E})\,\boldsymbol{x} = \boldsymbol{0} \tag{2.81}$$

bzw. das allgemeine Matrizeneigenwertproblem

$$(\boldsymbol{A} - \lambda \boldsymbol{B})\,\boldsymbol{x} = \boldsymbol{0} \tag{2.82}$$

mit quadratischen (reellen) Matrizen $\boldsymbol{A}$ und $\boldsymbol{B}$ (vgl. z.B. /28/). Gesucht sind die Eigenwerte λ und die zugehörigen Eigenvektoren $\boldsymbol{x}$, für die diese Beziehungen erfüllt sind. Im Abschnitt 2.4.2. wird gezeigt, wie (2.82) in (2.81) überführt werden kann, so daß sich die Vorbetrachtungen auf das spezielle Eigenwertproblem beschränken können.

Gleichung (2.81) stellt ein homogenes Gleichungssystem dar, das nur dann nichttriviale Lösungen besitzt, wenn die Determinante der charakteristischen Matrix $(\boldsymbol{A} - \lambda \boldsymbol{E})$ verschwindet:

$$\det\,(\boldsymbol{A} - \lambda \boldsymbol{E}) = 0 \tag{2.83}$$

läßt sich als algebraische Gleichung n-ten Grades schreiben und besitzt damit genau n (reelle und komplexe, eventuell auch mehrfache) Wurzeln $\lambda_1, \lambda_2, \ldots, \lambda_n$, die Eigenwerte des Problems. Für diese Werte existieren nichttriviale Eigenvektoren, die allerdings nur bis auf einen beliebigen Faktor bestimmbar sind. Dabei wird vorausgesetzt, daß der Defekt der charakteristischen Matrix jeweils gleich der Vielfachheit eines Eigenwertes ist. In diesem Fall gibt es genau n linear unabhängige Eigenvektoren.

Für den besonders wichtigen Fall symmetrischer Matrix $\boldsymbol{A}$ in (2.81) gilt:

- Alle Eigenwerte sind reell (und positiv, wenn $\boldsymbol{A}$ auch noch positiv definit ist).
- Es existiert eine Ähnlichkeitstransformation

$$X^T A X = \Lambda\,, \tag{2.84a}$$

$$X^T X = E \tag{2.84b}$$

mit der Orthogonalmatrix X (sogenannte "Modalmatrix"), deren Spalten die normierten Eigenvektoren der Matrix A enthalten, und der Diagonalmatrix Λ (sogenannte "Spektralmatrix"), deren Diagonalelemente die Eigenwerte von A sind.

Die Lösung des Matrizeneigenwertproblems hat sich zu einem wichtigen Sondergebiet der numerischen Mathematik entwickelt, für das ein umfangreiches Schrifttum vorliegt (z.B. /22/,/23/,/25/,/14/). Die zahlreichen zur Verfügung stehenden Verfahren können in zwei Gruppen eingeteilt werden:

Die direkten Verfahren liefern nach einer endlichen Anzahl von Rechenschritten die charakteristische Gleichung. Da für große Matrizen bei eventuell noch zu bewältigendem Aufwand zur Aufstellung dieser algebraischen Gleichung die Lösung derselben wiederum außerordentliche numerische Schwierigkeiten bereitet, scheiden die direkten Verfahren für die Mehrzahl der praktischen Aufgabenstellungen aus (vgl. "Kritik des charakteristischen Polynoms" in /25/).

Aus dem umfangreichen Katalog der iterativen Verfahren werden hier zwei besonders wichtige vorgestellt. Die Rotationsmethode von JACOBI (Abschnitt 2.4.3.) liefert sämtliche Eigenwerte und -vektoren einer symmetrischen Matrix, während die Verfahren auf der Basis der Vektoriteration nach v.MISES (Abschnitt 2.4.4.) der Berechnung einiger Eigenwerte (einschließlich der Eigenvektoren) am Rande des Spektrums dienen. Obwohl für die v.MISES-Iteration die Symmetrie der Matrix A nicht vorausgesetzt werden muß, ist es empfehlenswert, unter Umständen auch erheblichen Mehraufwand bei der Aufbereitung eines Problems zu investieren, wenn dadurch die entstehenden Eigenwertprobleme durch symmetrische Matrizen beschrieben werden (z.B. Anwendung von Energiemethoden), um neben höherem Aufwand (i.a. mindestens Verdoppelung) auch einer Reihe von numerischen Schwierigkeiten aus dem Wege zu gehen.

Wenn es unumgänglich ist, sämtliche Eigenwerte und Eigenvektoren einer nichtsymmetrischen Matrix zu ermitteln, ist eine Modifikation des im Abschnitt 2.4.3. beschriebenen Verfahrens erforderlich /27/.

2.4.2. Überführung des allgemeinen in das spezielle Eigenwertproblem

Das allgemeine Eigenwertproblem (2.82) kann, wenn $\boldsymbol{B}$ regulär ist, durch Linksmultiplikation mit $\boldsymbol{B}^{-1}$ auf ein spezielles Eigenwertproblem zurückgeführt werden:

$$(\bar{\boldsymbol{A}} - \lambda \boldsymbol{E})\boldsymbol{x} = \boldsymbol{0} \text{ mit } \bar{\boldsymbol{A}} = \boldsymbol{B}^{-1}\boldsymbol{A} \,. \tag{2.85}$$

Ist $\boldsymbol{B}$ singulär, kann durch Linksmultiplikation mit $\boldsymbol{A}^{-1}$ auf das spezielle Eigenwertproblem

$$(\bar{\bar{\boldsymbol{A}}} - \bar{\lambda} \boldsymbol{E})\boldsymbol{x} = \boldsymbol{0} \text{ mit } \bar{\bar{\boldsymbol{A}}} = \boldsymbol{A}^{-1}\boldsymbol{B} \,,\; \bar{\lambda} = \lambda^{-1} \tag{2.86}$$

übergegangen werden, das die reziproken Eigenwerte $\bar{\lambda}$ liefert.

Wenn $\boldsymbol{A}$ und $\boldsymbol{B}$ symmetrische Matrizen sind, ist die genannte Vorgehensweise nicht empfehlenswert, da bei der Multiplikation die Symmetrie verlorengeht. Ist die symmetrische Matrix $\boldsymbol{B}$ auch noch positiv definit, so kann sie nach CHOLESKY (Abschnitt 2.2.4.) in das Produkt zweier Dreiecksmatrizen zerlegt werden. Aus

$$(\boldsymbol{A} - \lambda \boldsymbol{R}^T\boldsymbol{R})\boldsymbol{x} = \boldsymbol{0} \tag{2.87}$$

wird nach Linksmultiplikation mit $\boldsymbol{R}^{T^{-1}}$ und Ausklammern von $\boldsymbol{R}$:

$$(\boldsymbol{R}^{T^{-1}}\boldsymbol{A}\boldsymbol{R}^{-1} - \lambda \boldsymbol{E})\boldsymbol{R}\boldsymbol{x} = \boldsymbol{0} \,. \tag{2.88}$$

Das so entstandene Eigenwertproblem

$$(\boldsymbol{A}^* - \lambda \boldsymbol{E})\boldsymbol{x}^* = \boldsymbol{0} \tag{2.89}$$

mit der Matrix

$$\boldsymbol{A}^* = \boldsymbol{R}^{T^{-1}}\boldsymbol{A}\boldsymbol{R}^{-1} \,, \tag{2.90}$$

auf die sich die Symmetrieeigenschaft von $\boldsymbol{A}$ überträgt, hat die gleichen Eigenwerte wie das ursprüngliche Problem. Die Eigenvektoren $\boldsymbol{x}^*$ werden gemäß

$$\boldsymbol{x} = \boldsymbol{R}^{-1}\boldsymbol{x}^* \tag{2.91}$$

rücktransformiert. Während die Symmetrie des Eigenwertproblems erhalten bleibt, geht eventuell vorhandene Bandstruktur der Matrix $\boldsymbol{A}$ bei der Transformation verloren.

Die Reduzierung des allgemeinen symmetrischen Eigenwertproblems - Gleichungen (2.87) bis (2.90) - wird vom Unterprogramm REDUK

```
      SUBROUTINE REDUK (A,B,N,IPODE)
      DIMENSION A(1),B(1)
      CALL CHOLZ (B,N,O,IPODE)
      IF (IPODE.EQ.0) GO TO 20
      CALL RINV (B,B,N,O,IPODE)
      IF (IPODE.EQ.0) STOP 1111   <-- Irregulärer Stopp
      NELE=(N+1)×N/2
      KKA=NELE-N+1
      IDIA=NELE
      I=N
   50 KA=IDIA-I+1
      KE=IDIA-1
      KKJ=KKA
      J=N
   40 S=0.
      KK=KKJ
      KEND=KK+J-1
      IF (I.EQ.1) GO TO 10
      DO 1 K=KA,KE
      S=S+A(K)×B(KK)
    1 KK=KK+1
   10 KKK=IDIA
      IERH=I
      DO 2 K=KK,KEND
      S=S+A(KKK)×B(K)
      KKK=KKK+IERH
    2 IERH=IERH+1
      KKK=KKK-IERH
      A(KKK+1)=S
      J=J-1
      KKJ=KKJ-J
      IF (J.GE.I) GO TO 40
      IDIA=IDIA-I
      I=I-1
      IF (I.GT.0) GO TO 50
      KA=KKA
      I=N
```

Reduzierung des allgemeinen Matrizeneigenwertproblems

Das Eigenwertproblem

$$(\boldsymbol{A}-\lambda\boldsymbol{B})\boldsymbol{x}=0$$

mit den symmetrischen N*N-Matrizen $\boldsymbol{A}$ und $\boldsymbol{B}$ ($\boldsymbol{B}$ muß auch positiv definit sein) wird entsprechend den Gleichungen (2.87) bis (2.90) in das spezielle Eigenwertproblem

$$(\boldsymbol{A}^{*}-\lambda\boldsymbol{E})\boldsymbol{x}^{*}=0 \quad mit \quad \boldsymbol{x}^{*}=\boldsymbol{R}\boldsymbol{x}$$

überführt. Von $\boldsymbol{A}$ und $\boldsymbol{B}$ müssen auf den eindimensionalen Feldern A bzw. B jeweils die (N+1)*N/2 Elemente des rechten oberen Dreiecks (spaltenweise bis einschließlich Hauptdiagonalelement, Speicherformat S) gespeichert sein. A wird von $\boldsymbol{A}^{*}$ und B von der für die Rücktransformation der Eigenvektoren (Unterprogramm RUETRA) benötigten Matrix $\boldsymbol{R}^{-1}$ überschrieben.

(Fortsetzung auf Seite 62)

```
80 KE=KA+I-1
   IERH=I
   J=KA
70 S=0.
   KK=J
   DO 60 K=KA,KE
   S=S+A(KK)xB(K)
60 KK=KK+1
   A(KK-1)=S
   J=J+IERH
   IERH=IERH+1
   IF (J.LT.NELE) GO TO 70
   I=I-1
   KA=KA-I
   IF (I.GT.0) GO TO 80
20 RETURN
   END
```

REDUK ruft die Unterprogramme CHOLZ (Abschnitt 2.2.4.) und RINV (Abschnitt 2.3.2.) auf.

Wenn $\boldsymbol{B}$ nicht positiv definit ist, wird die Rechnung mit IPODE=Ø abgebrochen, sonst wird IPODE=1.

Der irreguläre Stopp ($\boldsymbol{R}$ ist singulär) kann bei richtiger Arbeit der Unterprogramme nicht angesteuert werden, da eine positiv definite Matrix $\boldsymbol{B}$ nicht auf eine singuläre Matrix $\boldsymbol{R}$ führen kann.

```
   SUBROUTINE RUETRA (XQ,R,N,NEIWE,NXH)
   DIMENSION XQ(1),R(1)
   IDIA=0
   DO 50 I=1,N
   IDIA=IDIA+I
   KKI=I
   DO 60 J=1,NEIWE
   KK=IDIA
   KKK=KKI
   S=0.
   DO 70 K=I,N
   S=S+R(KK)xXQ(KKK)
   KK=KK+K
70 KKK=KKK+1
   XQ(KKI)=S
60 KKI=KKI+NXH
50 CONTINUE
   RETURN
   END
```

Rücktransformation der Eigenvektoren $\boldsymbol{X} - \boldsymbol{R}^{-1}\boldsymbol{X}^*$

XQ - Feld für die N*NEIWE-Matrix $\boldsymbol{X}^*$ (Speicherformat R mit NXH Zeilen oder Speicherformat V mit NXH=N), wird von $\boldsymbol{X}$ überschrieben.

R - Feld für die N*N-Matrix $\boldsymbol{R}^{-1}$ (Speicherformat S), die vom Unterprogramm REDUK bereitgestellt wird. R wird nicht geändert.

NEIWE - Anzahl der auf XQ spaltenweise gespeicherten Eigenvektoren.

ausgeführt. Das Unterprogramm RUETRA erledigt die Rücktransformation (2.91).

Besonders einfach wird die Transformation, wenn, wie bei diskretisierten Schwingungsproblemen z. B. häufig erreichbar, $\boldsymbol{B}$ eine Diagonalmatrix ist. Dann wird auch $\boldsymbol{R}^{-1}$ eine Diagonalmatrix $\boldsymbol{D}$ mit den Elementen

$$d_{ii} = \frac{1}{\sqrt{b_{ii}}} \tag{2.92}$$

und die Transformation (2.90) würde auch eine Bandstruktur von $\boldsymbol{A}$ nicht zerstören.

2.4.3. Das Verfahren von JACOBI

Das Problem, die Orthogonalmatrix $\boldsymbol{X}$ zu finden, die entsprechend Gleichung (2.84) eine symmetrische Matrix $\boldsymbol{A}$ auf Diagonalform transformiert, kann nach JACOBI iterativ gelöst werden. $\boldsymbol{A}$ wird einer unendlichen Folge von Orthogonaltransformationen mit Matrizen der Form

$$\boldsymbol{X}^{(k)} = \begin{bmatrix} 1 & & & & & & \\ & \ddots & & & & & \\ & & 1 & & & & \\ & & & \cos\varphi_k & \cdots & \sin\varphi_k & & \\ & & & \vdots & 1 & \vdots & & \\ & & & \vdots & \ddots & \vdots & & \\ & & & \vdots & 1 & \vdots & & \\ & & & -\sin\varphi_k & \cdots & \cos\varphi_k & & \\ & & & & & & 1 & \\ & & & & & & & \ddots \\ & & & & & & & & 1 \end{bmatrix} \begin{matrix} \\ \\ \\ \longleftarrow \text{Zeile } p \\ \\ \\ \\ \longleftarrow \text{Zeile } q \\ \\ \\ \\ \end{matrix} \tag{2.93}$$

unterworfen, was jeweils einer ebenen Drehung des Bezugssystems (Rotationsmethode) um den Winkel φ_k entspricht – vgl. Gleichung (2.28) –. Wird φ_k so gewählt, daß das Matrixelement $a_{pq}^{(k)}$ durch die Transformation

$$\boldsymbol{X}^{(k)^T}\boldsymbol{A}^{(k)}\boldsymbol{X}^{(k)} = \boldsymbol{A}^{(k+1)} \tag{2.94}$$

zu Null gemacht wird, so wird bei geeigneter Wahl des Indexpaares (p,q) die Summe der Quadrate der Nichtdiagonalelemente

$$S_k(\boldsymbol{A}^{(k)}) = \sum_{i=1}^{n} \sum_{\substack{j=1 \\ (j \neq i)}}^{n} \left(a_{ij}^{(k)}\right)^2 \tag{2.95}$$

immer kleiner. Damit ist gesichert, daß die $\boldsymbol{A}^{(k)}$ gegen eine Diagonalmatrix $\boldsymbol{\Lambda}$ und wegen (2.84) das Produkt aller $\boldsymbol{X}^{(k)}$ gegen die Matrix $\boldsymbol{X}$ konvergieren.

Dieser an sich unendliche Prozeß wird abgebrochen, wenn die Nichtdiagonalelemente genügend klein geworden sind. Es läßt sich zeigen, daß zu jedem Diagonalelement $a_{ii}^{(k)}$ ein Eigenwert λ der Matrix $\boldsymbol{A}$ existiert, so daß

$$\varepsilon^{(k)} = \left|\lambda - a_{ii}^{(k)}\right| \leq \sqrt{S_k(\boldsymbol{A}^{(k)})}\ , \tag{2.96}$$

womit ein Abbruchkriterium für die Iteration gegeben ist.

Die Anzahl der erforderlichen Transformationen hängt wesentlich von der Wahl der Indexpaare (p,q) ab. Die günstigste Vorgehensweise ist die, das jeweils betragsgrößte Nichtdiagonalelement zum Verschwinden zu bringen (klassisches JACOBI-Verfahren). Das Verfahren konvergiert jedoch auch, wenn in einem Zyklus jedes Element oberhalb der Hauptdiagonalen genau einmal zu Null gemacht wird (zyklisches JACOBI-Verfahren). Solche Zyklen müssen mehrmals wiederholt werden, da die Nullelemente durch nachfolgende Transformationen wieder verändert werden.

Die für die Handrechnung selbstverständliche "klassische Strategie" ist für den Rechenautomaten sehr aufwendig. Deshalb wird eine Modifikation des zyklischen Verfahrens bevorzugt, bei der in einem Zyklus alle Elemente zum Verschwinden gebracht werden, deren Absolutbetrag größer als eine (von Zyklus zu Zyklus zu verkleinernde) Schranke ist, die so abgeschätzt wird, daß dies für mindestens ein Nichtdiagonalelement zutrifft /29/. Um die aufwendige Berechnung von $S_k(\boldsymbol{A}^{(k)})$ nach (2.95) zu umgehen, wird das Abbruchkriterium (2.96) durch die (recht grobe) Abschätzung

$$\varepsilon^{(k)} \leq \sqrt{S_k(\boldsymbol{A}^{(k)})} < n \cdot \max_{i \neq j} \left|a_{ij}^{(k)}\right| \tag{2.97}$$

ersetzt. Das Unterprogramm JACOBI realisiert die beschriebene Vorgehensweise.

Das Verfahren von JACOBI ist für die Handrechnung wenig geeignet. Deshalb wurde auf eine genauere Darstellung des Algorithmus verzichtet.

Ein gewisser Nachteil des Verfahrens besteht darin, daß es alle Eigenwerte (und damit auch die meist besonders interessierenden kleinsten Werte) mit der gleichen absoluten Genauigkeit liefert. Die Eigenwerte bilden sich auf der Hauptdiagonalen in ungeordneter Reihenfolge. Eine Bandstruktur der Matrix $\boldsymbol{A}$ bringt keine Vorteile.

Eigenwerte und Eigenvektoren einer symmetrischen Matrix nach JACOBI

Das Unterprogramm JACOBI berechnet sämtliche Eigenwerte und Eigenvektoren des speziellen Matrizeneigenwertproblems

$$(\boldsymbol{A}-\lambda \boldsymbol{E})\boldsymbol{x}=\boldsymbol{o} .$$

Wenn die gestrichelt umrandeten Programmteile (auf den Seiten 65 und 67) weggelassen werden, entfällt die Berechnung der Eigenvektoren (wesentliche Rechenzeit- und Speicherplatzeinsparung).

```
      SUBROUTINE JACOBI (A,N,EPS,MAXROT,X,NXH)
      DIMENSION A(1),X(1)
      NROT=0
      INDI=0
      JA=1
      JE=N
      IDIA=1
      DO 1 I=1,N
      DO 2 J=JA,JE
    2 X(J)=0.
      JA=JA+NXH
      JE=JE+NXH
      X(IDIA)=1.
    1 IDIA=JA+I
   71 S=0.
      JA=2
      JE=0
      DO 3 I=2,N
      JE=JE+I
      DO 4 J=JA,JE
    4 S=S+A(J)xx2
    3 JA=JA+I
      S=SQRT(Sx2.)
      IF (INDI.EQ.1) GO TO 70
   80 S=S/N
   90 JA=2
      JE=0
```

(Fortsetzung auf Seite 66)

```
      IND=0
      DO 100 I=2,N
      JE=JE+I
      JJ=1
      DO 10 J=JA,JE
      APQ=A(J)
      IF (ABS(APQ).LT.S) GO TO 10
      NROT=NROT+1
      IND=1
      IPP=(JJ+1)xJJ/2
      APP=A(IPP)
      AQQ=A(JE+1)
      THT=(AQQ-APP)x0.5/APQ
      IF (THT.EQ.0.) GO TO 8
      T=1./(SQRT(1.+THTxTHT)xSIGN(1.,THT)+THT)
      GO TO 9
    8 T=1.
    9 CO=1./SQRT(TxT+1.)
      SI=COxT
      II=IPP-JJ+1
      KE=J-1
      IF (KE.LT.JA) GO TO 17
      DO 11 K=JA,KE
      AIP=A(II)
      AIQ=A(K)
      A(II)=AIPxCO-AIQxSI
      A(K)=AIPxSI+AIQxCO
   11 II=II+1
   17 KE=J+1
      IF (JE.LT.KE) GO TO 18
      II=IPP
      IERH=JJ
      DO 12 K=KE,JE
      II=II+IERH
      AIP=A(II)
      AIQ=A(K)
      A(II)=AIPxCO-AIQxSI
```

Von der symmetrischen N*N-Matrix ***A*** sind nur die wesentlichen (N+1)*N/2 Elemente des rechten oberen Dreiecks auf dem eindimensionalen Feld A gespeichert (spaltenweise jeweils bis einschließlich Hauptdiagonalelement, Speicherformat S).

Nach dem modifizierten zyklischen JACOBI-Verfahren wird so lange iteriert, bis der <u>absolute Fehler</u> für alle Eigenwerte der Matrix ***A*** kleiner als die vorgegebene Schranke EPS ist, maximal werden jedoch MAXROT JACOBI-Rotationen (2.94) ausgeführt. Das Feld X ist zweidimensional (NXH - Anzahl der vereinbarten Zeilen, Speicherformat R) oder eindimensional (NXH=N, Speicherformat V) vereinbart und dient zur Aufnahme der Eigenvektoren.

```
      A(K)=AIPxSI+AIQxCO
   12 IERH=IERH+1
   18 IF (I.GT.N) GO TO 19
      KK=JE+1
      II=J
      IERH=I
      KE=I+1
      DO 14 K=KE,N
      KK=KK+IERH
      II=II+IERH
      AIP=A(II)
      AIQ=A(KK)
      A(II)=AIPxCO-AIQxSI
      A(KK)=AIPxSI+AIQxCO
   14 IERH=IERH+1
   19 II=(I-1)xNXH+1
      KA=(JJ-1)xNXH
      KE=KA+N
      KA=KA+1
      DO 15 K=KA,KE
      AIP=X(K)
      AIQ=X(II)
      X(K)=AIPxCO-AIQxSI
      X(II)=AIPxSI+AIQxCO
   15 II=II+1
      T=A(J)xSIxCOx2.
      CO=COxCO
      SI=SIxSI
      AIP=A(IPP)
      AIQ=A(JE+1)
      A(IPP)=AIPxCO+AIQxSI-T
      A(JE+1)=AIPxSI+AIQxCO+T
      A(J)=0.
   10 JJ=JJ+1
  100 JA=JA+I
      IF (IND.EQ.1) GO TO 90
      IF (SxN.LT.EPS) GO TO 40
```

Bei Aufruf des Unterprogramms JACOBI müssen A,N,EPS,MAXROT und NXH definiert sein, die bis auf N und NXH geändert werden:

Auf dem Feld A stehen nach Abarbeitung des Unterprogramms die wesentlichen Elemente der durch die JACOBI-Rotationen geänderten Matrix $\boldsymbol{A}$. Die Hauptdiagonalelemente - Positionen (I+1)*I/2 , I=1,2,...,N - sind die Eigenwerte von $\boldsymbol{A}$ in ungeordneter Reihenfolge. Auf dem Feld X stehen (spaltenweise) die zugehörigen Eigenvektoren in der gleichen Reihenfolge.

EPS zeigt den maximal möglichen Fehler der Eigenwerte nach (2.96) an. Da als Abbruchkriterium (2.97) benutzt wird, kann dieser Wert wesentlich kleiner sein als die vorgegebene Fehlerschranke.

ABS(MAXROT) gibt die Anzahl der tatsächlich durchgeführten JACOBI-Rotationen (2.94) an. Wurde wegen Überschreitung der vorgegebenen Zahl MAXROT abgebrochen, wird MAXROT negativ. Die Ergebnisse können auch in diesem Fall (unter Beachtung des erreichten Wertes EPS) brauchbar sein.

(Fortsetzung auf Seite 68)

```
      IF (NROT.LT.MAXROT) GO TO 80
      MAXROT=-NROT
      GO TO 41
   40 MAXROT=NROT
   41 INDI=1
      GO TO 71
   70 EPS=S
      RETURN
      END
```

Zum programmierten Algorithmus:

In einem Zyklus werden alle Nichtdiagonalelemente, deren Betrag größer als die für den gesamten Zyklus geltende Schranke $\bar{S}_z$ ist, durch eine JACOBI-Rotation zu Null gemacht. Der Zyklus wird beendet, wenn sich kein solches Element mehr findet. Die $\bar{S}_z$ ergeben sich rekursiv:

$$\bar{S}_z = \frac{1}{N}\,\bar{S}_{z-1} \quad mit \quad \bar{S}_0 = \sqrt{S_0}$$

und $S_0 = S_0(\boldsymbol{A})$ nach (2.95). Nach Beendigung eines Zyklus wird kontrolliert, ob die Anzahl der insgesamt ausgeführten Rotationen noch unter der durch MAXROT gegebenen Grenze ist, und die Genauigkeit der ermittelten Eigenwerte wird durch die Abschätzung (2.97) überprüft, wobei $\max_{i \neq j} |a_{ij}^{(k)}|$ durch $\bar{S}_z$ ersetzt wird.

Da ein Zyklus immer beendet wird, kann die Anzahl der JACOBI-Rotationen u. U. etwas größer als MAXROT werden.

Das allgemeine Eigenwertproblem $(\boldsymbol{A} - \lambda \boldsymbol{B})\boldsymbol{x} = \boldsymbol{0}$ kann mit Hilfe des Unterprogramms JACOBI unter Einbeziehung der Unterprogramme REDUK und RUETRA (Abschnitt **2.4.2.**) **gelöst werden.**

Beispiel:

```
CALL REDUK (A,B,N,IPODE)
IF (IPODE.EQ.Ø) STOP
CALL JACOBI (A,N,EPS,MAXROT,X,NXH)
CALL RUETRA (X,B,N,N,NXH)
```

Das im Abschnitt 4.4.2. angegebene Beispiel (4.119) wurde so gelöst (N=7). Mit 72 JACOBI-Rotationen wurde $\varepsilon < 0{,}93 \cdot 10^{-9}$ erreicht. Für das gleiche Beispiel ergab sich

für N = 3 nach 6 JACOBI-Rotationen: $\varepsilon < 0{,}24 \cdot 10^{-8}$,

für N = 15 nach 415 JACOBI-Rotationen: $\varepsilon < 10^{-10}$,

für N = 31 nach 1933 JACOBI-Rotationen: $\varepsilon < 0{,}35 \cdot 10^{-8}$.

2.4.4. Verfahren auf der Basis der v.MISESschen Vektoriteration

2.4.4.1. Der Grundgedanke der Vektoriteration

Bei der Behandlung des speziellen Matrizeneigenwertproblems (2.81) interessieren meist nur einige wenige Eigenwerte und die zugehörigen Eigenvektoren (z.B. die Knick- oder Beullast oder die kleinsten Frequenzen eines Schwingungssystems). Die v.MISESsche Vektoriteration liefert unmittelbar den betragsgrößten (dominanten) Eigenwert nebst Eigenvektor. Unter den zahlreichen Modifikationen des Verfahrens sind besonders diejenigen interessant, die nacheinander oder gleichzeitig mehrere Eigenwerte berechnen und die die betragskleinsten Eigenwerte aufsuchen. Die folgenden Überlegungen gehen davon aus, daß die Matrizen n verschiedene Eigenvektoren besitzen und auch dann nur reelle Eigenwerte haben, wenn die Symmetrie nicht vorausgesetzt wird.

Beginnend mit einem beliebigen Startvektor $\boldsymbol{z}_0$ wird die Folge der sogenannten iterierten Vektoren

$$\boldsymbol{z}_{\nu+1} = \boldsymbol{A}\boldsymbol{z}_\nu \quad (\nu = 0,1,2,..) \tag{2.98}$$

gebildet. Denkt man sich $\boldsymbol{z}_0$ nach den (natürlich nicht bekannten) Eigenvektoren $\boldsymbol{x}_i$ entwickelt, so ergibt sich aus

$$\boldsymbol{z}_0 = c_1\boldsymbol{x}_1 + c_2\boldsymbol{x}_2 + \ldots + c_n\boldsymbol{x}_n \tag{2.99}$$

für den iterierten Vektor

$$\boldsymbol{z}_\nu = \boldsymbol{A}^\nu\boldsymbol{z}_0 = c_1\boldsymbol{A}^\nu\boldsymbol{x}_1 + c_2\boldsymbol{A}^\nu\boldsymbol{x}_2 + \ldots + c_n\boldsymbol{A}^\nu\boldsymbol{x}_n \,. \tag{2.100}$$

Aus (2.81) folgt

$$\boldsymbol{A}\boldsymbol{x}_i = \lambda_i\boldsymbol{x}_i \tag{2.101}$$

bzw.

$$\boldsymbol{A}(\boldsymbol{A}\boldsymbol{x}_i) = \lambda_i\boldsymbol{A}\boldsymbol{x}_i = \lambda_i^2\boldsymbol{x}_i \quad (\boldsymbol{A}^\nu\boldsymbol{x}_i = \lambda_i^\nu\boldsymbol{x}_i) \,, \tag{2.102}$$

was in (2.100) eingesetzt wird:

$$\begin{aligned} \boldsymbol{z}_\nu &= c_1\lambda_1^\nu\boldsymbol{x}_1 + c_2\lambda_2^\nu\boldsymbol{x}_2 + \ldots + c_n\lambda_n^\nu\boldsymbol{x}_n \\ &= \lambda_1^\nu\left[c_1\boldsymbol{x}_1 + c_2\left(\frac{\lambda_2}{\lambda_1}\right)^\nu\boldsymbol{x}_2 + \ldots + c_n\left(\frac{\lambda_n}{\lambda_1}\right)^\nu\boldsymbol{x}_n\right] \,. \end{aligned} \tag{2.103}$$

Ist nun λ_1 der betragsgrößte aller Eigenwerte, so konvergiert das Verfahren gegen

$$z_\nu \approx c_1 \lambda_1^\nu x_1 \tag{2.104}$$

bzw.

$$z_{\nu+1} \approx c_1 \lambda_1^{\nu+1} x_1 \approx \lambda_1 z_\nu \ . \tag{2.105}$$

Jede Komponente des Vektors $z_{\nu+1}$ ist das λ_1 -fache der entsprechenden Komponente von z_ν , und die Folge der iterierten Vektoren z_ν konvergiert gegen den zugehörigen Eigenvektor. Die Konvergenzgeschwindigkeit ist wesentlich vom Verhältnis $|\lambda_2/\lambda_1|$ (λ_2 - absolut zweitgrößter Eigenwert) abhängig.

Theoretisch ist die Konvergenz zum dominanten Eigenwert nur gesichert, wenn z_0 nicht zufällig orthogonal zu x_1 ist, weil dann in (2.99) $c_1=0$ wäre. Praktisch ist dies kaum ein Nachteil, weil nach einigen Schritten durch die unvermeidlichen Rundungsfehler sicher auch eine (zunächst sehr kleine) Komponente von x_1 in die iterierten Vektoren hineinkommt, was dann doch zur Konvergenz im Sinne von (2.105) führt.

Die Zahlenwerte der Komponenten der iterierten Vektoren können sehr schnell unangenehm groß ($|\lambda_1| \gg 1$) oder klein ($|\lambda_1| \ll 1$) werden. Da es nur auf das Verhältnis der Komponenten von $z_{\nu+1}$ und z_ν ankommt, empfiehlt sich nach jedem Schritt eine geeignete Normierung.

2.4.4.2. Der RAYLEIGHsche Quotient

Für den als RAYLEIGHschen Quotienten einer symmetrischen Matrix A bezeichneten Ausdruck

$$R(x) = \frac{x^T A x}{x^T x} \tag{2.106}$$

läßt sich zeigen, daß (x_i sei der i-te Eigenvektor)

$$R(x_i) = \lambda_i \tag{2.107}$$

gilt. Ist x_i nicht exakt ein Eigenvektor, so liefert (2.107) doch i. a. eine recht gute Näherung für λ_i . Damit besteht die Möglichkeit, aus der ungefähren Kenntnis des Eigenvektors, was bei praktischen Problemen oft gegeben ist, eine relativ gute Näherung für den Eigenwert zu ermitteln.

<u>**Beispiel:**</u> Die kleinste Eigenfrequenz der Biegeschwingung des geraden Balkens nach Bild 3.9 (Abschnitt 3.1.8.) ist proportional zum kleinsten Eigenwert λ_{min} der Matrix

$$A = \frac{1}{6}\begin{bmatrix} 76 & -42 & 12 & -1 \\ -42 & 56{,}5 & -39 & 11 \\ 12 & -39 & 55 & -27 \\ -1 & 11 & -27 & 17 \end{bmatrix}$$

- vgl. Gleichung (3.64) -. Die Biegelinie des durch eine konstante Linienlast q_0 belasteten Trägers

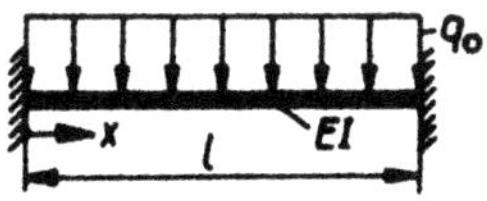

$$v(x) = \frac{q_0 l^4}{24EI}\left(\frac{x}{l}\right)^2\left[\left(\frac{x}{l}\right)^2 - 2\frac{x}{l} + 1\right]$$

(z.B. /8/) kann als gute Näherung für die zugehörige Eigenschwingungsform angesehen werden. An den vier Stützstellen, die der Diskretisierung des Problems zugrunde gelegt wurden, erhält man die Verschiebungen

$$V = \begin{bmatrix} v_1 \\ v_2 \\ v_3 \\ v_4 \end{bmatrix} = \begin{bmatrix} v\left(\frac{l}{9}\right) \\ v\left(\frac{2}{9}l\right) \\ v\left(\frac{l}{3}\right) \\ v\left(\frac{4}{9}l\right) \end{bmatrix} = \frac{q_0 l^4}{39366\,EI}\begin{bmatrix} 16 \\ 49 \\ 81 \\ 100 \end{bmatrix} , \quad \bar{V} = \begin{bmatrix} 16 \\ 49 \\ 81 \\ 100 \end{bmatrix} .$$

Für die Approximation von λ_{min} mit Hilfe des RAYLEIGHschen Quotienten kann $\bar{V}$ benutzt werden, da es auf einen konstanten Faktor nicht ankommt. Man erhält

$$R(\bar{V}) = \frac{\bar{V}^T A\,\bar{V}}{\bar{V}^T\bar{V}} = 0{,}076608 ,$$

eine recht gute Näherung des exakten Wertes $\lambda_{min} = 0{,}076126$ - vgl. Gleichung (3.69) -

Auch bei der v.MISES-Iteration empfiehlt sich die Eigenwertberechnung mit Hilfe des RAYLEIGHschen Quotienten, wobei (2.106) entsprechend.

$$R(z_\nu) = \frac{z_\nu^T A z_\nu}{z_\nu^T z_\nu} = \frac{z_\nu^T z_{\nu+1}}{z_\nu^T z_\nu} \tag{2.108}$$

modifiziert wird.

Es läßt sich beweisen, daß

$$\lambda_{min} \leq R(z) \leq \lambda_{max} \tag{2.109}$$

für beliebigen Vektor z gilt und daß speziell das Maximum (Minimum) des RAYLEIGHschen Quotienten gleich dem größten (kleinsten) Eigenwert der Matrix A ist. Daraus folgt, daß der größte (kleinste) Eigenwert stets von unten (oben) genähert wird.

Für nichtsymmetrische Matrizen ist (2.108) durch

$$R(y_\mu, z_\nu) = \frac{y_\mu^T z_{\nu+1}}{y_\mu^T z_\nu} = \frac{y_{\mu+1}^T z_\nu}{y_\mu^T z_\nu} \tag{2.110}$$

mit den sogenannten "Linksiterierten" y_μ zu ersetzen, die sich nach

$$y_{\mu+1} = A^T y_\mu \quad (\mu = 0, 1, 2, \ldots) \tag{2.111}$$

bei beliebigem Anfangsvektor y_0 berechnen. Der doppelte Aufwand für "Rechts- und Linksiteration" lohnt sich, da (2.110) auch dann schon gute Näherungen für den Eigenwert liefert, wenn die Vektoren y und z noch schwache Komponenten anderer Eigenvektoren enthalten.

2.4.4.3. Die inverse Vektoriteration

Bei den meisten Eigenwertproblemen interessiert nicht der größte, sondern gerade der kleinste Eigenwert. Gleichung (2.81), multipliziert mit $-\lambda^{-1} A^{-1}$, wird zu

$$\left(A^{-1} - \frac{1}{\lambda} E\right) x = (A^* - \lambda^* E) x = 0 \; . \tag{2.112}$$

Die zu A inverse Matrix A^{-1} besitzt bei gleichen Eigenvektoren reziproke Eigenwerte. Die Iteration

$$z_{\nu+1} = A^{-1} z_\nu \tag{2.113}$$

konvergiert also gegen den Eigenvektor des kleinsten Eigenwerts von A. Dabei ist es nicht erforderlich, A zu invertieren. Statt (2.113) wird entsprechend

$$A z_{\nu+1} = z_{\nu} \tag{2.114}$$

in jedem Iterationsschritt ein lineares Gleichungssystem gelöst (inverse Vektoriteration). Da sich dabei nur die rechte Seite ändert, besteht bei einmal auszuführender Dreieckszerlegung nach dem verketteten Algorithmus bzw. CHOLESKY-Verfahren ein solcher Schritt nur aus den Prozessen des Vorwärts- und Rückwärtseinsetzens.

Der Eigenwert wird zweckmäßig aus dem RAYLEIGHschen Quotienten ermittelt, für symmetrische Matrix A z. B. gilt:

$$R(z_{\nu}) = \frac{z_{\nu}^{T} A^{-1} z_{\nu}}{z_{\nu}^{T} z_{\nu}} = \frac{z_{\nu}^{T} z_{\nu+1}}{z_{\nu}^{T} z_{\nu}} \longrightarrow \frac{1}{\lambda_{min}} . \tag{2.115}$$

2.4.4.4. Simultaniteration bei symmetrischer Matrix, SCHMIDTsches Orthonormierungsverfahren

Zur Berechnung mehrerer Eigenwerte einer symmetrischen Matrix A wird die Iteration mit einem Satz orthogonaler Vektoren begonnen. Diese werden zu einer np-Matrix Z ($n \geq p$) zusammengefaßt. Nach jedem Iterationsschritt

$$Z_{\nu+1} = A Z_{\nu} \tag{2.116}$$

müssen die Spalten von $Z_{\nu+1}$ wieder orthogonalisiert werden, um zu verhindern, daß alle gegen den Eigenvektor des dominanten Eigenwerts konvergieren. Wird dies "von links nach rechts" derart durchgeführt, daß jede Spalte von den Komponenten aller links von ihr stehenden Spaltenvektoren "gereinigt" wird, so konvergiert die erste Spalte entsprechend (2.105) gegen x_1, die zweite Spalte, die zu x_1 orthogonal ist, gegen x_2 usw.

Der Orthogonalisierungsprozeß wird zweckmäßig bei gleichzeitiger Normierung der Spalten durchgeführt. Von der aus Z entstehenden Matrix Y mit dann orthonormierten Spalten seien die ersten k-1 Spalten bereits ermittelt. Für die k-te Spalte wird der Ansatz

$$\bar{y}_k = z_k - r_{1k} y_1 - r_{2k} y_2 - \ldots - r_{ik} y_i - \ldots - r_{k-1,k} y_{k-1} \qquad (2.117)$$

gemacht. Die "Reinigungskoeffizienten" r_{ik} werden nun so bestimmt, daß aus z_k alle Anteile der y_i $(i=1,2,\ldots,k-1)$ herausgefiltert werden. Die Multiplikation von (2.117) mit y_i^T liefert wegen der Orthogonalität aller y-Vektoren und $|y_i| = 1$ dafür die Formel

$$r_{ik} = y_i^T z_k \,. \qquad (2.118)$$

Nach Berechnung aller r_{ik} $(i=1,2,\ldots,k-1)$ wird $\bar{y}_k$ nach (2.117) ermittelt und anschließend normiert:

$$y_k = \frac{\bar{y}_k}{|\bar{y}_k|} = \frac{\bar{y}_k}{r_{kk}} \,. \qquad (2.119)$$

Die Koeffizienten r_{ik} können zu einer Rechtsdreiecksmatrix R zusammengefaßt werden, so daß sich der geschilderte Prozeß (SCHMIDTsches Orthonormierungsverfahren) als Zerlegung einer np-Matrix Z in das Produkt einer np-Matrix Y (mit orthonormierten Spalten) mit einer p-dimensionalen Rechtsdreiecksmatrix R darstellt:

$$Z = YR \qquad (2.120)$$

(Subroutine ORTHO).

```
      SUBROUTINE ORTHO (A,R,M,N,MAH,MRH)
      DIMENSION A(1),R(1)
      IF (N.GT.M) STOP 1111
      IOG=M
      IHDR=1
      IJR=1
      I=1
      IVEK=0
      IF (MRH.EQ.0) IVEK=1
      DO 10 K=1,N
      IF (I.EQ.1) GO TO 9
      JJJ=1
      DO 1 J=IJR,IHDR
      S=0.
      JJ=JJJ
```

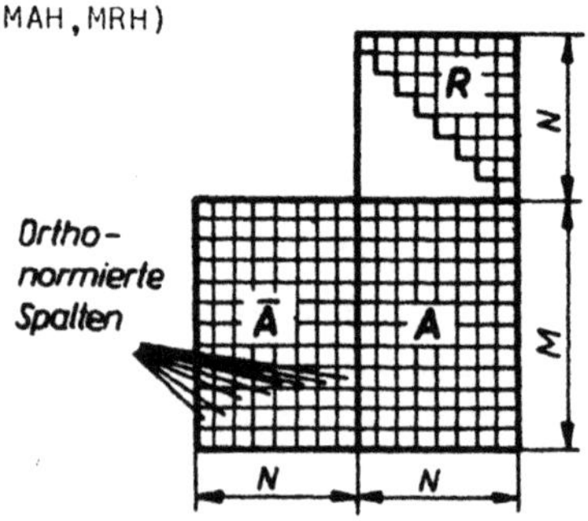

SCHMIDTsches Orthonormierungsverfahren

<pre>   DO 2 II=I,IOG
      S=S+A(II)xA(JJ)
    2 JJ=JJ+1
      R(J)=S
      JJ=JJJ
      DO 3 II=I,IOG
      A(II)=A(II)-A(JJ)xS
    3 JJ=JJ+1
    1 JJJ=JJJ+MAH
      IHDR=IHDR+1
    9 S=0.
      DO 5 J=I,IOG
    5 S=S+A(J)xx2
      S=SQRT(S)
      R(IHDR)=S
      S=1./S
      DO 6 J=I,IOG
    6 A(J)=A(J)xS
      I=I+MAH
      IHDR=IHDR+MRH+KxIVEK
      IJR=IJR+MRH+KxIVEK
   10 IOG=IOG+MAH
      RETURN
      END</pre>
	Die auf dem Feld A stehende M*N-Matrix A (M ≥ N, irregulärer Stopp bei Nichterfüllung dieser Bedingung) wird entsprechend
	
	$A = \bar{A}R$
	
	in das Produkt der M*N-Matrix $\bar{A}$, die das Feld A überschreibt, und der Rechtsdreiecksmatrix R zerlegt. Die Spalten von $\bar{A}$ sind orthonormiert. Von R wird nur das rechte obere Dreieck definiert.
	
	Mögliche Speicherformate für A bzw. $\bar{A}$:
	R - MAH = Anzahl der für das Feld A vereinbarten Zeilen,
	V - MAH = M .
	
	Mögliche Speicherformate für R :
	R - MRH = Anzahl der für das Feld R vereinbarten Zeilen,
	V - MRH = N ,
	S - MRH = Ø .

Unter Berücksichtigung von (2.120) kann der Algorithmus der Simultaniteration (2.116) folgendermaßen geschrieben werden:

$$\begin{aligned} Z_{\nu+1} &= A Y_\nu \,, \\ Z_{\nu+1} &= Y_{\nu+1} R_{\nu+1} \,. \end{aligned} \qquad (\nu = 0,1,2,\dots) \qquad (2.121)$$

Da die Spalten der Matrizen $Z_{\nu+1}$ sich mit wachsendem ν den orthogonalen Eigenvektoren von A nähern, werden die r_{ik} in (2.117) immer kleiner ($R_{\nu+1}$ wird zur Diagonalmatrix), und die Normierungskonstanten r_{kk} konvergieren gegen die Eigenwerte.

Durch Modifikation von (2.121) analog (2.114) entsteht der Algorithmus der inversen Simultaniteration, der vom Unterprogramm ISVI realisiert wird.

Inverse simultane Vektoriteration

Das Unterprogramm ISVI berechnet die NEIWE kleinsten Eigenwerte und die zugehörigen Eigenvektoren der symmetrischen, positiv definiten Matrix **A**.

Folgende Parameter müssen bei Aufruf von ISVI definiert sein: A, X (nur bei IANF=1), N, NXH, NEIWE, IANF, ITMAX, NZWI, EPS.

```
      SUBROUTINE ISVI (A,X,N,NXH,NEIWE,IANF,ITMAX,NZWI,EPS,
     /IPODE,NKONV,EIWE,BS)
      DIMENSION A(1),X(1),EIWE(1),BS(1)
      IZWI=1
      IT=0
      CALL CHOLZ (A,N,0,IPODE)
      IF (IPODE.EQ.0) GO TO 6
      DO 3 I=1,NEIWE
    3 EIWE(I)=0.
      IF (IANF.EQ.1) GO TO 15
      JUG=1
      DO 1 I=1,NEIWE
      JOG=JUG+N-1
      DO 2 J=JUG,JOG
    2 X(J)=0.
      J=JUG+I-1
      X(J)=1.
    1 JUG=JUG+NXH
   15 CALL ORTHO (X,BS,N,NEIWE,NXH,0)
      NKONV=0
      KON=1
      J=1
      DO 5 I=1,NEIWE
      EW=BS(J)
      IF (ABS((EIWE(I)-EW)/EW).LE.EPS) GO TO 16
      KON=0
      GO TO 17
   16 IF (KON.EQ.0) GO TO 17
      NKONV=NKONV+1
   17 EIWE(I)=EW
    5 J=J+I+1
      IF (KON.EQ.1) GO TO 6
```

Nach Abarbeitung des Unterprogramms ISVI stehen die reziproken Eigenwerte auf dem eindimensionalen Feld EIWE, die Eigenvektoren (spaltenweise) auf dem Feld X.

```
      IF (IZWI.LT.NZWI) GO TO 8
      CALL ZWISCH (IT,EIWE,X,N,NXH,NEIWE,NKONV)
      IZWI=1
      GO TO 12
    8 IZWI=IZWI+1
   12 IT=IT+1
      IF (IT.LE.ITMAX) GO TO 14
      IT=-IT
      GO TO 6
   14 CALL VOREIN (A,X,X,N,NEIWE,0,NXH)
      CALL RUEEIN (A,X,X,N,NEIWE,0,NXH,1)
      GO TO 15
    6 ITMAX=IT
      RETURN
      END
```

Von $\boldsymbol{A}$ sind auf dem eindimensionalen Feld A nur die wesentlichen (N+1)*N/2 Elemente gespeichert (spaltenweise bis jeweils einschließlich Hauptdiagonalelement, Speicherformat S). A wird von $\boldsymbol{R}$ ($\boldsymbol{A} = \boldsymbol{R}^T\boldsymbol{R}$ nach CHOLESKY) überschrieben. X ist zweidimensional (mit NXH Zeilen, Speicherformat R) oder eindimensional (NXH=N, Speicherformat V) vereinbart. BS ist ein Arbeitsfeld beliebiger Dimension mit mindestens (NEIWE+1)*NEIWE/2 Elementen.

Bei IANF=1 müssen Anfangsnäherungen für die Eigenvektoren, die von ISVI orthonormiert werden, auf dem Feld X (spaltenweise) bereitgestellt sein, bei IANF=Ø arbeitet das Unterprogramm ISVI mit folgenden Startvektoren:

$$\boldsymbol{X} = \begin{bmatrix} 1 & 0 & 0 & \cdot & \cdot \\ 0 & 1 & 0 & \cdot & \cdot \\ 0 & 0 & 1 & & \\ 0 & 0 & 0 & & \\ \cdot & \cdot & \cdot & & \\ \cdot & \cdot & \cdot & & \\ 0 & 0 & 0 & \cdot & \cdot \end{bmatrix}$$

Nach der Methode der inversen simultanen Vektoriteration wird so lange iteriert, bis sich bei zwei aufeinanderfolgenden Schritten keiner der zu ermittelnden Eigenwerte um mehr als das EPS-fache ändert (EPS - tolerierter relativer Fehler für die Eigenwerte), maximal jedoch ITMAX Iterationsschritte.

(Fortsetzung auf Seite 78)

Anzeige nach Abarbeitung des Unterprogramms:

IPODE = 1 - Matrix $\boldsymbol{A}$ ist positiv definit,
= Ø - Matrix $\boldsymbol{A}$ ist nicht positiv definit, Rechnung wurde abgebrochen,

ABS(ITMAX) - Anzahl der ausgeführten Iterationsschritte,

ITMAX < Ø - geforderte Genauigkeit wurde nicht für alle ermittelten Eigenwerte erreicht,

NKONV - die geforderte Genauigkeit wurde für die NKONV ersten Eigenwerte im Feld EIWE erreicht.

ISVI ruft die Unterprogramme CHOLZ, VOREIN (Abschnitt 2.2.4.), RUEEIN (Abschnitt 2.2.2.) und jeweils nach NZWI Iterationsschritten die vom Nutzer zu schreibende

```
SUBROUTINE ZWISCH (IT,EIWE,X,N,NXH,NEIWE,KNONV)
DIMENSION EIWE(1),X(NXH,1)
```

auf, an die neben N,NXH,NEIWE die Zwischenergebnisse für EIWE, X und NKONV sowie die Anzahl der ausgeführten Iterationsschritte IT vermittelt werden, wo diese Werte z. B. ausgedruckt werden können.

Beispiel: Berechnung der drei kleinsten Eigenwerte einer symmetrischen Matrix - vgl. Gleichung (3.64) - mit Hilfe der inversen simultanen Vektoriteration:

$$\boldsymbol{A} = \frac{1}{6}\begin{bmatrix} 76 & -42 & 12 & -1 \\ -42 & 56{,}5 & -39 & 11 \\ 12 & -39 & 55 & -27 \\ -1 & 11 & -27 & 17 \end{bmatrix}$$

ν	λ_1	λ_2	λ_3
2	0,0769838	2,60852	10,6175
4	0,0761261	2,10560	10,4075
8	0,0761261	2,10476	10,2231
10	0,0761261	2,10476	10,2227

Nach ν =10 Iterationsschritten sind die Ergebnisse auf sechs wesentliche Dezimalen exakt. Die Iteration wurde mit den vom Unterprogramm ISVI gewählten Startvektoren begonnen. Obwohl diese keine Ähnlichkeit mit den Eigenvektoren von $\boldsymbol{A}$ haben, liefern schon die ersten Iterationsschritte sehr gute Näherungen der Eigenwerte.

Die Lösung des allgemeinen symmetrischen Matrizeneigenwertproblems kann unter Einbeziehung der Unterprogramme REDUK und RUETRA

(Abschnitt 2.4.2.) realisiert werden. Eine zu dieser Vorgehensweise alternative Möglichkeit wird im Abschnitt 2.4.4.5. beschrieben.

Mit Hilfe des Unterprogramms ISVI wurden die Eigenwertprobleme der Beispiele in den Abschnitten 2.2.6., 3.1.7., 3.1.8., 3.2.4., 4.4.1. und 4.4.2. gelöst. Dabei wurden folgende Erfahrungen gemacht:

- Die Bereitstellung geeigneter Startvektoren für die Iteration brachte keine nennenswerten Vorteile.
- Die Anzahl der erforderlichen Iterationsschritte war vom Diskretisierungsgrad (sowohl beim Differenzenverfahren als auch bei der Finite-Elemente-Methode) weitgehend unabhängig.
  Beispiel: Für die Ermittlung der ersten fünf Eigenwerte des Eigenwertproblems (4.119) im Abschnitt 4.4.2. mit einem tolerierten relativen Fehler $EPS=10^{-7}$ wurden sowohl bei $N=15$ als auch bei $N=31$ Gleichungen jeweils 15 Iterationsschritte benötigt.

2.4.4.5. Das allgemeine Eigenwertproblem

Für das durch Linksmultiplikation mit B^{-1} auf das spezielle Eigenwertproblem

$$(B^{-1}A - \lambda E)x = 0 \tag{2.122}$$

überführte allgemeine Eigenwertproblem (2.82) lautet die Iterationsvorschrift zur Ermittlung des zum dominanten Eigenwert gehörenden Eigenvektors:

$$z_{\nu+1} = B^{-1}Az_\nu \quad (\nu = 0,1,2,\ldots) \,. \tag{2.123}$$

Dementsprechend liefert die inverse Iteration (vgl. Abschnitt 2.4.4.3.)

$$B^{-1}Az_{\nu+1} = z_\nu \quad (\nu = 0,1,2,\ldots) \tag{2.124}$$

den Eigenvektor des kleinsten Eigenwertes. Gleichung (2.124) kann auch in der Form

$$Az_{\nu+1} = Bz_\nu \quad (\nu = 0,1,2,\ldots) \tag{2.125}$$

geschrieben werden, so daß jeder Iterationsschritt aus der Multiplikation des Vektors z_ν mit der Matrix B und der Lösung eines Gleichunssystems mit gleichbleibender Koeffizientenmatrix besteht.

Der entscheidende Vorteil von (2.125) gegenüber anderen Iterationsvorschriften ist, daß sie die Ausnutzung aller Vorzüge gestattet, die Matrizen mit Bandstruktur bieten.

Für symmetrische Matrizen A und B (B auch positiv definit) entspricht (2.125) der inversen Iteration für das spezielle Eigenwertproblem (2.89). Der RAYLEIGH-Quotient geht dabei unter Beachtung von (2.90) und (2.91) über in

$$R(x^*) = \frac{x^{*T} A^* x^*}{x^{*T} x^*} = \frac{x^T R^T R^{T^{-1}} A R^{-1} R x}{x^T R^T R x} = \frac{x^T A x}{x^T B x} \qquad (2.126)$$

(RAYLEIGH-Quotient für das allgemeine Eigenwertproblem mit symmetrischen Matrizen). Entsprechend wird aus

$$x_i^{*T} x_j^* = x_i^T R^T R x_j = 0 \qquad (i \neq j)$$

die "Orthogonalitätsbeziehung des allgemeinen symmetrischen Eigenwertproblems"

$$x_i^T B x_j = 0 \quad (i \neq j) \quad \text{bzw.} \quad X^T B X = D \, , \qquad (2.127)$$

die für die Simultaniteration bedeutsam ist. Im Gegensatz zu (2.84b) braucht die Modalmatrix der Eigenvektoren X in (2.127) keine normierten Spalten zu besitzen. Auch zu (2.84a) existiert eine analoge Beziehung für das allgemeine symmetrische Eigenwertproblem:

$$X^T A X = D^* = D\Lambda \, , \qquad (2.128)$$

wobei Λ wieder die Spektralmatrix der Eigenwerte und D die gleiche Diagonalmatrix wie in (2.127) ist.

Abschließend wird der Algorithmus zur Ermittlung des kleinsten Eigenwerts (einschließlich zugehörigen Eigenvektors) für das allgemeine symmetrische Eigenwertproblem zusammengestellt:

$$\begin{gathered} r_\nu = B z_\nu \quad , \quad A z_{\nu+1} = r_\nu \quad (\nu = 0,1,2,\dots) \, , \\ \frac{z_\nu^T \, r_{\nu-1}}{z_\nu^T \, r_\nu} \longrightarrow \lambda_{min} \quad , \quad z_\nu \longrightarrow x_1 \quad . \end{gathered} \qquad (2.129)$$

Diese Iterationsvorschrift bewährt sich auch noch bei sehr großen Matrizen, wenn diese eine ausgeprägte Bandstruktur besitzen. Das Unterprogramm IVIASB arbeitet auf der Basis von (2.129).

```
      SUBROUTINE IVIASB (A,B,N,IBWA,IBWB,X,IANF,ITMAX,NZWI,EPS,
     /IPODE,EIWE,R)
      DIMENSION A(1),B(1),X(1),R(1)
      EIWE=0.
      IZWI=1
      IT=0
      CALL CHOLB (A,N,IBWA,IPODE)
      IF (IPODE.EQ.0) GO TO 20
      IF (IANF.EQ.1) GO TO 1
      DO 2 I=2,N
    2 X(I)=0.
      X(1)=1.
    1 CALL MAMUB (B,X,R,IBWB,N,1,N)
   10 CALL VORRUE (A,R,X,N,IBWA,1,N)
      XX=0.
      RQZ=0.
      DO 3 I=1,N
      XI=X(I)
      RQZ=RQZ+R(I)×XI
    3 XX=XX+XI×XI
      XX=1./SQRT(XX)
      DO 4 I=1,N
    4 X(I)=X(I)×XX
      CALL MAMUB (B,X,R,IBWB,N,1,N)
      RQ=0.
      DO 5 I=1,N
    5 RQ=RQ+X(I)×R(I)
      RQ=XX×XX×RQZ/RQ
      IT=IT+1
      IF (ABS((EIWE-RQ)/RQ).LE.EPS) GO TO 20
      EIWE=RQ
      IF (IZWI.LT.NZWI) GO TO 8
      CALL ZWISCH (IT,EIWE,X,N)
```

Inverse Vektoriteration für das allgemeine Eigenwertproblem

$$(\boldsymbol{A}-\lambda\boldsymbol{B})\boldsymbol{x}=\boldsymbol{0}$$

mit den symmetrischen Bandmatrizen $\boldsymbol{A}$ und $\boldsymbol{B}$ ($\boldsymbol{A}$ ist positiv definit)

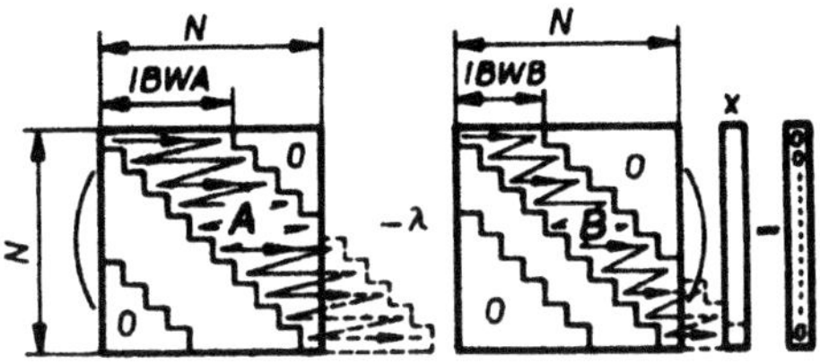

Speicherung der wesentlichen Elemente von $\boldsymbol{A}$ und $\boldsymbol{B}$ auf den Feldern A bzw. B

(Fortsetzung auf Seite 82)

```
      IZWI=1
      GO TO 12
    8 IZWI=IZWI+1
   12 IF (IT.LE.ITMAX) GO TO 10
      IT=-IT
   20 ITMAX=IT
      RETURN
      END
```

Das Unterprogramm IVIASB berechnet den kleinsten Eigenwert λ_{min} und den zugehörigen Eigenvektor x_1 des allgemeinen Eigenwertproblems

$$(A - \lambda B)x = 0$$

Die wesentlichen Elemente der symmetrischen N-dimensionalen Bandmatrizen A (N*IBWA Elemente) und B (N*IBWB Elemente) sind auf den eindimensionalen Feldern A bzw. B zeilenweise gespeichert (Speicherformat SB, vgl. Bild 2.3).

Nach der Methode der inversen Vektoriteration - Algorithmus (2.129) - wird so lange iteriert, bis sich der aus dem RAYLEIGHschen Quotienten ermittelte Eigenwert bei zwei aufeinanderfolgenden Schritten um weniger als das EPS-fache ändert (EPS - tolerierter relativer Fehler für den Eigenwert), maximal jedoch ITMAX Iterationsschritte.

Bei IANF=1 wird dem Unterprogramm auf dem eindimensionalen Feld X (N Elemente) eine Anfangsnäherung für den Eigenvektor bereitgestellt, bei IANF=Ø arbeitet IVIASB mit dem Startvektor

$$x^T = [1\ 0\ 0\ \dots\ 0]\ .$$

Anzeige nach Abarbeitung des Unterprogramms:

IPODE = 1	-	Matrix A ist positiv definit,
= Ø	-	Matrix A ist nicht positiv definit, Rechnung wurde abgebrochen,
ABS(ITMAX)	-	Anzahl der ausgeführten Iterationsschritte,
ITMAX < Ø	-	die geforderte Genauigkeit wurde nicht erreicht.

Ergebnisse:

X	-	Eigenvektor x_1 ,
EIWE	-	λ_{min} .

R ist ein Arbeitsfeld beliebiger Dimension mit mindestens N Elementen.

IVIASB ruft die Unterprogramme CHOLB, VORRUE (Abschnitt 2.2.5.), MAMUB (Abschnitt 2.1.7.) und nach jeweils NZWI Iterationsschritten die vom Nutzer zu schreibende

```
SUBROUTINE ZWISCH (IT,EIWE,X,N)
DIMENSION X(1)
```

auf, an die N und die Zwischenergebnisse für EIWE und X sowie die Anzahl der ausgeführten Iterationsschritte IT vermittelt werden, wo diese Werte z. B. ausgedruckt werden können.

Für die Matrizeneigenwertprobleme der Beispiele in den Abschnitten 3.1.7., 3.1.8., 3.2.4. und 4.4.1. wurden die kleinsten Eigenwerte mit Hilfe des Unterprogramms IVIASB berechnet. Dabei wurden die gleichen Erfahrungen wie bei der Verwendung des Unterprogramms ISVI (Abschnitt 2.4.4.4.) gemacht.

Beispiel: Die kritische Last für den Knickstab nach Bild 3.8 (Abschnitt 3.1.7.) ergab sich mit einem tolerierten relativen Fehler $EPS=10^{-6}$ bei Einteilungen in 16 bzw. 64 Abschnitte (15 bzw. 63 Gleichungen) jeweils nach 9 Iterationsschritten.

In den Abschnitten 3. und 4. werden zahlreiche Beispiele angegeben, die auf das allgemeine Matrizeneigenwertproblem mit symmetrischen Bandmatrizen führen. Bei den Stabilitätsproblemen (Berechnung von Knick- oder Beullasten) genügt i. a. die Ermittlung des kleinsten Eigenwertes, da den höheren kritischen Lasten in der Regel keine praktische Bedeutung zukommt. Im Gegensatz dazu ist bei Eigenschwingungsproblemen häufig die Kenntnis mehrerer Eigenfrequenzen wünschenswert. Wenn in diesem Fall die Vorteile der Bandstruktur genutzt werden sollen, kann das Unterprogramm IVIASB im Sinne der Simultaniteration unter Berücksichtigung der Orthogonalitätsbeziehung (2.127) modifiziert werden.

Oft ist es vorteilhafter, das physikalische oder mathematische Modell so zu vereinfachen, daß es auf die Lösung eines speziellen Matrizeneigenwertproblems führt (z.B. "Punktmassen"-Modelle bei der Finite-Elemente-Methode oder Verwendung einfacher Differenzenformeln).

2.5. Hypermatrizen

Als Hypermatrix wird eine Matrix bezeichnet, deren Elemente selbst wieder Matrizen (sogenannte Submatrizen) sind. Für sehr große Matrizen, die nicht im Operativspeicher des Rechenautomaten untergebracht werden können, bietet das Hypermatrizenkonzept wesentliche Vorteile:

- Die Programmierung wird übersichtlich, weil die Rechenregeln für Hypermatrizen den bekannten Matrizenoperationen sehr ähnlich sind.
- Der Datentransfer zwischen Operativ- und Externspeicher erfolgt blockweise (jeweils eine Submatrix), was der Arbeitsweise der meisten Rechenautomaten entspricht. Darüber hinaus kann die Datenmenge eines solchen Blocks dem benutzten Rechner angepaßt werden (z.B. der Länge der Spur einer Magnetplatte).

Das Arbeiten mit Hypermatrizen wird im folgenden an einigen ausgewählten Beispielen demonstriert.

2.5.1. Multiplikation von Hypermatrizen

Das Produkt

$$\mathbf{C} = \mathbf{A}\mathbf{B} \tag{2.130}$$

mit den Hypermatrizen $\mathbf{A}$, $\mathbf{B}$, $\mathbf{C}$ wird gebildet, indem die Submatrizen $\mathbf{C}_{ik}$ nach

$$\mathbf{C}_{ik} = \sum_{j=1}^{n_s} \mathbf{A}_{ij}\,\mathbf{B}_{jk} \tag{2.131}$$

berechnet werden. Man beachte die formale Übereinstimmung von (2.131) und (2.12). Bei der Segmentierung der Matrizen ist darauf zu achten, daß die Submatrizen in der geforderten Zuordnung verkettbar sind (vgl. Bild 2.7), was durch folgende Übereinstimmungen garantiert wird:

- Zeilensegmentierung von $\mathbf{A}$ und $\mathbf{C}$,
- Spaltensegmentierung von $\mathbf{B}$ und $\mathbf{C}$,
- Spaltensegmentierung von $\mathbf{A}$ mit Zeilensegmentierung von $\mathbf{B}$

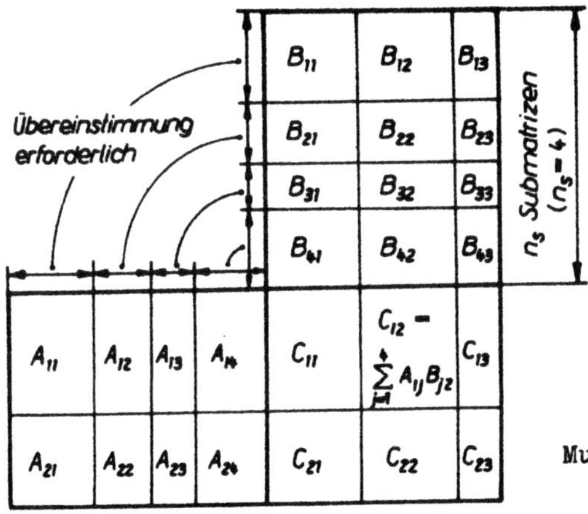

Bild 2.7
Multiplikation von Hypermatrizen

Die Zahl der erforderlichen Elementaroperationen ist von der Art der Segmentierung unabhängig und stimmt mit der für nichtsegmentierte Matrizen benötigten Anzahl exakt überein.

2.5.2. "Block"-CHOLESKY-Verfahren

Für die außerordentlich großen Gleichungssysteme mit symmetrischer und positiv definiter Koeffizientenmatrix, wie sie bei der Anwendung des Differenzenverfahrens und der Methode der finiten Elemente (z.T. mit mehreren tausend Unbekannten) entstehen, hat sich das "Block"-CHOLESKY-Verfahren ausgezeichnet bewährt.

Die Matrix $\boldsymbol{A}$ des Systems (2.58) wird so segmentiert, daß auf der Hauptdiagonalen nur quadratische Submatrizen entstehen. Die Zerlegung (2.59) ergibt dann eine gleichartig unterteilte Hypermatrix $\boldsymbol{R}$ (Bild 2.8). Durch Rückmultiplikation überzeugt man sich, daß folgende Beziehung für jede Submatrix von $\boldsymbol{A}$ erfüllt sein muß:

$$\boldsymbol{A}_{ij} = \sum_{k=1}^{i} \boldsymbol{R}_{ki}^{T} \boldsymbol{R}_{kj} \qquad (2.132)$$

Hieraus leiten sich die Vorschriften für die Ermittlung der Submatrizen von $\boldsymbol{R}$ ab:

- Eine Hauptdiagonalsubmatrix R_{ii} wird aus

$$R_{ii}^T R_{ii} = A_{ii} - \sum_{k=1}^{i-1} R_{ki}^T R_{ki} = \bar{A}_{ii} \qquad (2.133)$$

  durch CHOLESKY-Zerlegung der Matrix $\bar{A}_{ii}$ entsprechend (2.60) gewonnen.

- Alle übrigen Submatrizen R_{ij} $(j > i)$ ergeben sich aus

$$R_{ii}^T R_{ij} = A_{ij} - \sum_{k=1}^{i-1} R_{ki}^T R_{kj} = \bar{A}_{ij} \qquad (2.134)$$

  durch Vorwärtseinsetzen entsprechend (2.62).

Man beachte auch hier die formale Übereinstimmung von (2.133) und (2.134) mit der Rechenvorschrift (2.60).

Es ist evident, daß sich eine "Block"-Bandstruktur von A auf R überträgt und daß die entstehenden Submatrizen R_{ij} die entsprechenden Submatrizen A_{ij} überschreiben können. Im Operativspeicher muß wie bei der Multiplikation nur Platz für drei Submatrizen vorhanden sein.

Die Zeilensegmentierung der Matrix B (rechte Seite) muß der

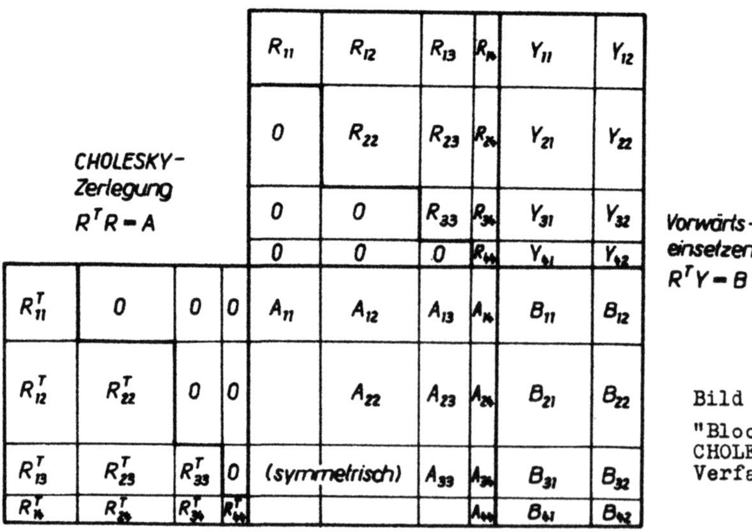

Bild 2.8
"Block"-
CHOLESKY-
Verfahren

Segmentierung der Matrizen A bzw. R entsprechen (Bild 2.8), die Spaltensegmentierung kann beliebig erfolgen. Dann ergibt sich beim Vorwärtseinsetzen ($R^T Y = B$) eine Untermatrix Y_{ij} nach der Vorschrift

$$R_{ii}^T Y_{ij} = B_{ij} - \sum_{k=1}^{i-1} R_{ki}^T Y_{kj} = \bar{B}_{ij} \tag{2.135}$$

entsprechend (2.62). Die Segmentierung von Y entspricht der von B und überträgt sich auch auf die Matrix X, deren Untermatrizen durch Rückwärtseinsetzen ($RX = Y$) ermittelt werden:

$$R_{ii} X_{ij} = Y_{ij} - \sum_{k=i+1}^{n_s} R_{ik} X_{kj} = \bar{Y}_{ij} \tag{2.136}$$

- Rückwärtseinsetzen entsprechend (2.63) -. Die Submatrizen B_{ij} können von den Y_{ij} und diese wiederum von den X_{ij} überschrieben werden.

Die Anzahl der Elementaroperationen wird durch den Block-Algorithmus gegenüber der im Abschnitt 2.2.4. beschriebenen Vorgehensweise nicht erhöht. Alle dort genannten Vorzüge des CHOLESKY-Verfahrens bleiben erhalten.

2.5.3. Matrixinversion

Die Inversion einer Hypermatrix wird am Beispiel der in vier Submatrizen unterteilten Matrix A demonstriert. Die Submatrizen der Inversen

$$B = A^{-1} \quad (AB = E) \tag{2.137}$$

müssen entsprechend

$$\left[\begin{array}{c|c} A_1 & A_2 \\ \hline A_3 & A_4 \end{array}\right] \left[\begin{array}{c|c} B_1 & B_2 \\ \hline B_3 & B_4 \end{array}\right] = \left[\begin{array}{c|c} E_1 & 0 \\ \hline 0^T & E_2 \end{array}\right] \tag{2.138}$$

folgenden Beziehungen genügen:

$$\begin{aligned} A_1 B_1 + A_2 B_3 &= E_1 \quad , \\ A_1 B_2 + A_2 B_4 &= 0 \quad , \\ A_3 B_2 + A_4 B_4 &= E_2 \quad . \end{aligned} \tag{2.139}$$

Da auch $BA = E$ gilt, kann zusätzlich

$$B_3 A_1 + B_4 A_3 = 0^T \qquad (2.140)$$

gefordert werden (E , E_1 , E_2 - Einheitsmatrizen, 0 - Nullmatrix). Diese Gleichungen lassen sich zu der Vorschrift

$$\begin{aligned} B_4 &= (A_4 - A_3 A_1^{-1} A_2)^{-1} = \bar{A}_4^{-1} \ , \\ B_2 &= -A_1^{-1} A_2 B_4 \ , \\ B_3 &= -B_4 A_3 A_1^{-1} , \\ B_1 &= A_1^{-1} - A_1^{-1} A_2 B_3 \end{aligned} \qquad (2.141)$$

umformen, mit der in der angegebenen Reihenfolge die Submatrizen der Inversen berechnet werden können. Die Segmentierung muß so vorgenommen werden, daß auf der Hauptdiagonalen nur quadratische Submatrizen entstehen.

Nach der Inversion von A_1 und der Berechnung von $\bar{A}_4$ kann diese Matrix wieder segmentiert werden, und auf diese Weise ist eine beliebig feine Segmentierung möglich. Dabei darf die Matrix A_4 jeweils von $\bar{A}_4$ überschrieben werden. Nachdem die letzte der $\bar{A}_4$ -Matrizen dann invertiert wurde, werden nacheinander die Matrizen B_1 , B_2 , B_3 für jeden Schritt berechnet. Auch diese dürfen die entsprechenden Untermatrizen von A überschreiben.

<u>Beispiel:</u> Nach Unterteilung in vier 2*2-Submatrizen wird

$$A = \left[\begin{array}{cc|cc} 1 & 0 & 0 & 0 \\ 0 & 1 & 0 & 0 \\ \hline 1 & l & l^2 & l^3 \\ 0 & 1 & 2l & 3l^2 \end{array}\right] , \quad A_1 = E \ , \quad A_2 = 0 \ , \quad A_3 = \begin{bmatrix} 1 & l \\ 0 & 1 \end{bmatrix} \ , \quad A_4 = \begin{bmatrix} l^2 & l^3 \\ 2l & 3l^2 \end{bmatrix}$$

- vgl. Abschnitt 4.4.1., Gleichung (4.102) - nach (2.141) invertiert:

$$B_4 = A_4^{-1} \ , \ B_2 = 0 \ , \ B_3 = -B_4 A_3 \ , \ B_1 = A_1 \ .$$

Auch A_4 wird segmentiert, wobei die Submatrizen zu Matrixelementen entarten ("Inverse" eines Elements ist sein reziproker Wert):

$$B_4 = A_4^{-1} = \left[\begin{array}{c|c} l^2 & l^3 \\ \hline 2l & 3l^2 \end{array}\right]^{-1} = \left[\begin{array}{c|c} 3l^{-2} & -l^{-1} \\ \hline -2l^{-3} & l^{-2} \end{array}\right] \ , \quad B = A^{-1} = \left[\begin{array}{c|c} B_1 & B_2 \\ \hline B_3 & B_4 \end{array}\right] = \left[\begin{array}{cc|cc} 1 & 0 & 0 & 0 \\ 0 & 1 & 0 & 0 \\ \hline -3l^{-2} & -2l^{-1} & 3l^{-2} & -l^{-1} \\ 2l^{-3} & l^{-2} & -2l^{-3} & l^{-2} \end{array}\right]$$

3. Das Differenzenverfahren

Mit dem Differenzenverfahren steht dem Ingenieur ein Näherungsverfahren zur Verfügung, das auf relativ einfache Art die Lösung (mit i. a. ausreichender Genauigkeit) für Probleme liefert, die durch Differentialgleichungen beschrieben werden. Der Grundgedanke des Verfahrens besteht darin, die Differentialquotienten in Differentialgleichungen und Randbedingungen durch Differenzenquotienten zu ersetzen. Die dann für ausgewählte Punkte (Stützstellen) des Lösungsgebietes aufzuschreibenden "finiten" Gleichungen ergeben ein Gleichungssystem für die Funktionswerte an diesen Punkten. Dies ist linear, wenn die approximierte Randwertaufgabe linear ist. Auf solche Aufgaben beschränken sich die im folgenden angegebenen Beispiele, um den Problemen bei der Auflösung nichtlinearer Gleichungssysteme (vgl. Abschnitt 7.) aus dem Weg zu gehen.

Die Beispiele wurden so gewählt, daß einerseits die Anwendungsbreite und die Genauigkeit (Vergleich mit bekannten Lösungen) demonstriert, andererseits die auftretenden Besonderheiten gezeigt werden können.

3.1. Das Differenzenverfahren für gewöhnliche Differentialgleichungen

3.1.1. Einfache Differenzenformeln

Der Differentialquotient

$$\frac{dy}{dx} = y'(x) = \lim_{\Delta x \to 0} \frac{\Delta y}{\Delta x} = \lim_{h \to 0} \frac{y(x+h) - y(x)}{h} \qquad (3.1)$$

kann (vgl. Bild 3.1) durch die Differenzenquotienten

$$y_i' \approx \left(\frac{\Delta y}{\Delta x}\right)_i = \frac{y_{i+1} - y_i}{h} \quad , \quad y_i' \approx \left(\frac{\Delta y}{\Delta x}\right)_i = \frac{y_i - y_{i-1}}{h} \qquad (3.2)$$

(vorwärts bzw. rückwärts genommene Differenzenformeln) oder

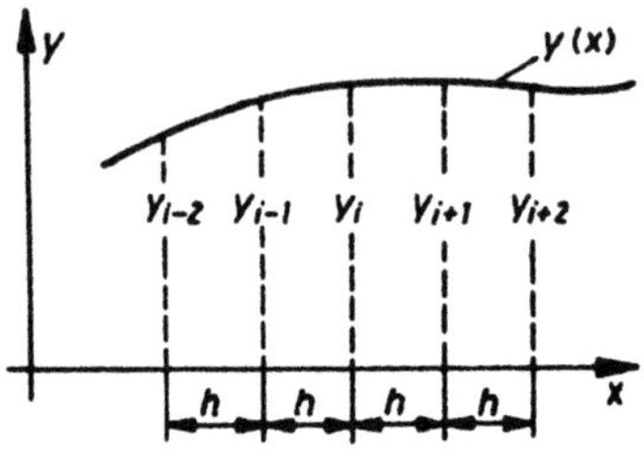

Bild 3.1

auch durch die sogenannte "zentrale" Differenzenformel

$$y_i' \approx \left(\frac{\Delta y}{\Delta x}\right)_i = \frac{y_{i+1} - y_{i-1}}{2h} \tag{3.3}$$

approximiert werden. Auf die gleiche Weise können die höheren Ableitungen ersetzt werden, z. B.:

$$y_i'' \approx \left(\frac{\Delta^2 y}{\Delta x^2}\right)_i = \left[\frac{\Delta}{\Delta x}\left(\frac{\Delta y}{\Delta x}\right)\right]_i = \frac{1}{h}\left(\frac{y_{i+1} - y_i}{h} - \frac{y_i - y_{i-1}}{h}\right) \quad , \tag{3.4}$$

wobei in der Klammer die Differenz der ersten Ableitungen an den Stellen $(i + \frac{1}{2})$ und $(i - \frac{1}{2})$ auftritt. Die zentralen Differenzenformeln für die ersten vier Ableitungen lauten:

$$\begin{aligned} y_i' &\approx \frac{1}{2h}\,(-y_{i-1} + y_{i+1}) \; , \\ y_i'' &\approx \frac{1}{h^2}\,(y_{i-1} - 2y_i + y_{i+1}) \; , \\ y_i''' &\approx \frac{1}{2h^3}\,(-y_{i-2} + 2y_{i-1} - 2y_{i+1} + y_{i+2}) \; , \\ y_i'''' &\approx \frac{1}{h^4}\,(y_{i-2} - 4y_{i-1} + 6y_i - 4y_{i+1} + y_{i+2}) . \end{aligned} \tag{3.5}$$

3.1.2. Anwendungsbeispiel: Biegung des geraden Balkens

Unter Beachtung der im Bild 3.2 definierten positiven Richtungen für Vertikalverschiebung v, Belastung q und die Schnittgrößen M und F_Q wird das Problem der Biegung eines geraden Balkens durch folgende Differentialgleichungen beschrieben:

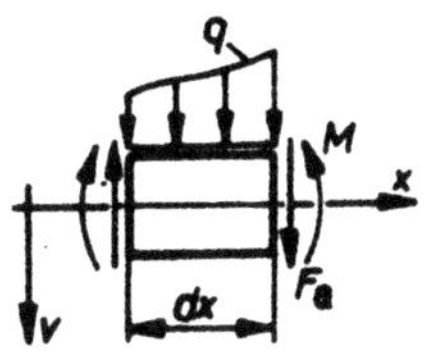

$$\frac{d^2}{dx^2}\left[EI(x)\,\frac{d^2v(x)}{dx^2}\right] = q(x) \quad , \tag{3.6}$$

$$M(x) = -EI(x)\,\frac{d^2v(x)}{dx^2} \quad ,$$
$$F_Q(x) = \frac{dM(x)}{dx} = -\frac{d}{dx}\left[EI(x)\frac{d^2v(x)}{dx^2}\right] \tag{3.7}$$

Bild 3.2

(Theorie 1. Ordnung,
EI - Biegesteifigkeit des Balkens).

Für den im Bild 3.3 skizzierten Kragträger mit konstanter Biegesteifigkeit EI vereinfacht sich (3.6) zu

$$v'''' = 0 \tag{3.8}$$

mit den Randbedingungen

$$\begin{aligned} & v(0) = 0 \quad , \qquad v'(0) = 0 \quad , \\ & M(l) = 0 \;\longrightarrow\; v''(l) = 0 \quad , \\ & F_Q(l) = F \;\longrightarrow\; v'''(l) = -\frac{F}{EI} \quad . \end{aligned} \tag{3.9}$$

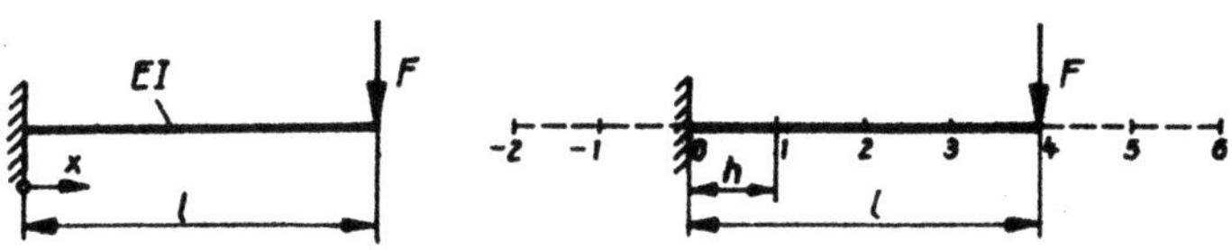

Bild 3.3

Der Träger wird (recht grob) in vier Abschnitte gleicher Länge unterteilt, und die Ableitungen in (3.8) und (3.9) werden durch Differenzenquotienten ersetzt:

$$v_{i-2} - 4v_{i-1} + 6v_i - 4v_{i+1} + v_{i+2} = 0 \qquad (i = 0,1,2,3,4) \quad , \tag{3.10}$$

$$\begin{aligned} & v_0 = 0 \quad , \quad -v_{-1} + v_1 = 0 \quad , \quad v_3 - 2v_4 + v_5 = 0 \quad , \\ & -v_2 + 2v_3 - 2v_5 + v_6 = -\frac{Fl^3}{32EI} \quad . \end{aligned} \tag{3.11}$$

Es entsteht also ein lineares Gleichungssystem mit 9 Unbekannten. Es ist zweckmäßig, zunächst die Außenpunkte mit Hilfe der Randbedingungen zu eliminieren. Dann ergibt sich unter Weglassung der aus (3.10) für i=0 entstehenden Gleichung (der nicht interessierende Außenpunkt i-2 käme nur über diese Gleichung in die Rechnung hinein):

$$\begin{bmatrix} 7 & -4 & 1 & 0 \\ -4 & 6 & -4 & 1 \\ 1 & -4 & 5 & -2 \\ 0 & 2 & -4 & 2 \end{bmatrix} \begin{bmatrix} \bar{v}_1 \\ \bar{v}_2 \\ \bar{v}_3 \\ \bar{v}_4 \end{bmatrix} = \begin{bmatrix} 0 \\ 0 \\ 0 \\ 0{,}03125 \end{bmatrix} \qquad \left(\bar{v}_i = \frac{EI}{Fl^3}\, v_i\right) \tag{3.12}$$

mit der Lösung

$$\begin{bmatrix} \bar{v}_1 \\ \bar{v}_2 \\ \bar{v}_3 \\ \bar{v}_4 \end{bmatrix} = \begin{bmatrix} 0{,}031250 \\ 0{,}109375 \\ 0{,}218750 \\ 0{,}343750 \end{bmatrix} \qquad \left(\begin{bmatrix} \bar{v}_1 \\ \bar{v}_2 \\ \bar{v}_3 \\ \bar{v}_4 \end{bmatrix}_{\text{exakt}} = \begin{bmatrix} 0{,}028646 \\ 0{,}104167 \\ 0{,}210938 \\ 0{,}333333 \end{bmatrix} \right) . \tag{3.13}$$

Zum Vergleich wurden die Werte herangezogen, die sich aus der exakten Lösung von (3.8) und (3.9)

$$\bar{v}(x) = \frac{EI}{Fl^3}\, v(x) = \frac{x^2}{6l^2}\left(3 - \frac{x}{l}\right) \tag{3.14}$$

ergeben.

Zur Ermittlung der Schnittgrößen werden die Ableitungen benötigt, die zweckmäßig mit Hilfe des folgenden Differenzenschemas gebildet werden, in das auch die Ergebnisse für die Außenpunkte -1 und 5 aufgenommen werden, um M und F_Q auch in Randnähe zu erhalten:

Punkt	$\bar{v}$	$h\,\frac{\Delta\bar{v}}{\Delta x}$	$h^2\,\frac{\Delta^2\bar{v}}{\Delta x^2}$	$h^3\,\frac{\Delta^3\bar{v}}{\Delta x^3}$
-1	0,031250			
		-0,031250		
0	0		0,062500	
		0,031250		-0,015625
1	0,031250		0,046875	
		0,078125		-0,015625
2	0,109375		0,031250	
		0,109375		-0,015625
3	0,218750		0,015625	
		0,125000		-0,015625
4	0,343750		0	
		0,125000		
5	0,468750			

(3.15)

In diesem Schema ist jeder Wert die Differenz der beiden links von ihm stehenden Werte, die ungeraden Ableitungen ergeben sich dabei für Zwischenpunkte.

Für das Biegemoment an der Einspannstelle erhält man z. B.

$$M_0 = -EI\left(\frac{\Delta^2 v}{\Delta x^2}\right)_0 = -Fl^3\left(\frac{\Delta^2 \bar{v}}{\Delta x^2}\right)_0 = -\frac{Fl^3}{h^2}\,0{,}0625 = -Fl\;, \qquad (3.16)$$

für die konstante Querkraft $F_Q = F$.

Die für die Verschiebungen ermittelten Ergebnisse sind recht gut, Biegemoment und Querkraft ergeben sich exakt. Bei komplizierteren Problemen und feinerer Unterteilung können sich allerdings die unvermeidlichen Rundungsfehler bei der Aufstellung des Differenzenschemas (Differenzen etwa gleichgroßer Zahlen) unangenehm bemerkbar machen.

Man kann Probleme der Balkenbiegung auch auf der Grundlage der Differentialgleichung 2. Ordnung (3.7) lösen. Dazu müßten vorab die M-Werte an den Stützstellen entweder aus statischen Gleichgewichtsbetrachtungen oder mit Hilfe der Differentialbeziehung

$$\frac{d^2M}{dx^2} = -q\;, \qquad (3.17)$$

gegebenenfalls auch mit Hilfe des Differenzenverfahrens, ermittelt werden.

3.1.3. Der Fehler der Differenzenformeln

Mit Hilfe der TAYLOR-Reihenentwicklung der Funktion y(x) an der Stelle x_i

$$y_{i+1} = y(x_i + h) = \sum_{n=0}^{\infty} \frac{h^n}{n!}\, y^{(n)}(x_i) \qquad (3.18)$$

kann man die Approximation (3.5) für die erste Ableitung folgendermaßen darstellen:

$$\begin{aligned}\left(\frac{\Delta y}{\Delta x}\right)_i &= \frac{1}{2h}\left[-\sum_{n=0}^{\infty}\frac{(-h)^n}{n!}y^{(n)}(x_i) + \sum_{n=0}^{\infty}\frac{h^n}{n!}y^{(n)}(x_i)\right] \\ &= y'(x_i) + \frac{h^2}{6}y'''(x_i) + \frac{h^4}{120}y^{(5)}(x_i) + \dots\end{aligned} \qquad (3.19)$$

bzw.

$$y'(x_i) = \left(\frac{\Delta y}{\Delta x}\right)_i - \frac{h^2}{6}y'''(x_i) - \frac{h^4}{120}y^{(5)}(x_i) - \dots \qquad (3.20)$$

Der Fehler, der bei der Ersetzung des Differentialquotienten durch den zentralen Differenzenquotienten begangen wird, verringert sich also bei Verkleinerung des Stützstellenabstandes proportional zu h^2.

Für die höheren Ableitungen erhält man analog zu (3.20) folgende Beziehungen:

$$y''(x_i) = \left(\frac{\Delta^2 y}{\Delta x^2}\right)_i - \frac{h^2}{12} y''''(x_i) - \ldots$$

$$y'''(x_i) = \left(\frac{\Delta^3 y}{\Delta x^3}\right)_i - \frac{h^2}{4} y^{(5)}(x_i) - \ldots \tag{3.21}$$

$$y''''(x_i) = \left(\frac{\Delta^4 y}{\Delta x^4}\right)_i - \frac{h^2}{6} y^{(6)}(x_i) - \ldots$$

3.1.4. Verbesserte Differenzenformeln

Wenn in den Gleichungen (3.20) und (3.21) die höheren Ableitungen, die die Größenordnung des Fehlers bestimmen, durch Differenzenquotienten ersetzt werden, entstehen verbesserte Differenzenformeln. Zum Beispiel wird aus (3.20) durch Ersetzung von $y'''(x_i)$ nach (3.21):

$$y'(x_i) = \frac{1}{2h}(-y_{i-1} + y_{i+1}) - \frac{h^2}{6}\left[\frac{1}{2h^3}(-y_{i-2} + 2y_{i-1} - 2y_{i+1} + y_{i+2}) - \frac{h^2}{4} y^{(5)}(x_i) - \ldots\right] - \frac{h^4}{120} y^{(5)}(x_i) - \ldots$$

$$= \frac{1}{12h}(y_{i-2} - 8y_{i-1} + 8y_{i+1} - y_{i+2}) + \frac{h^4}{30} y^{(5)}(x_i) + \ldots \tag{3.22}$$

Entsprechend ergibt sich für die höheren Ableitungen:

$$y''(x_i) = \frac{1}{12h^2}(-y_{i-2} + 16y_{i-1} - 30y_i + 16y_{i+1} - y_{i+2}) + \frac{h^4}{90} y^{(6)}(x_i) + \ldots,$$

$$y'''(x_i) = \frac{1}{8h^3}(y_{i-3} - 8y_{i-2} + 13y_{i-1} - 13y_{i+1} + 8y_{i+2} - y_{i+3}) + \frac{7h^4}{120} y^{(7)}(x_i) + \ldots, \tag{3.23}$$

$$y''''(x_i) = \frac{1}{6h^4}(-y_{i-3} + 12y_{i-2} - 39y_{i-1} + 56y_i - 39y_{i+1} + 12y_{i+2} - y_{i+3}) + \frac{7h^4}{240}y^{(8)}(x_i) + \dots .$$

Diese Formeln sind wesentlich genauer als die einfachen Differenzenformeln nach (3.5) und könnten auf entsprechende Weise beliebig weiter verbessert werden. Dem steht als Nachteil gegenüber, daß durch das Einbeziehen weiterer Stützstellen mehr Außenpunkte in die Rechnung hineinkommen können als Zusatzgleichungen aus Randbedingungen zur Verfügung stehen. Deshalb müssen in Randnähe Sondermaßnahmen (z.B. Arbeiten mit einfachen Differenzenformeln, vgl. Abschnitt 3.1.8.) vorgesehen werden.

Eine Alternative zu dieser Art der Verbesserung sind die sogenannten Mehrstellenformeln. Diese erhält man, wenn in (3.20) bzw. (3.21) die höheren Ableitungen durch Differenzenformeln, die die zu approximierende Ableitung enthalten, ersetzt werden. Wird z. B. in (3.20) $y'''(x_i)$ durch

$$\begin{aligned} y'''(x_i) &= \frac{\Delta^2}{\Delta x^2}(y_i') - \frac{h^2}{12}y^{(5)}(x_i) - \dots \\ &= \frac{1}{h^2}(y_{i-1}' - 2y_i' + y_{i+1}') - \frac{h^2}{12}y^{(5)}(x_i) - \dots \end{aligned} \qquad (3.24)$$

ersetzt, so ergibt sich aus

$$y_i' = \frac{1}{2h}(-y_{i-1} + y_{i+1}) - \frac{1}{6}(y_{i-1}' - 2y_i' + y_{i+1}') + \frac{h^4}{180}y^{(5)}(x_i) + \dots \qquad (3.25)$$

die Mehrstellenformel

$$\frac{h}{3}(y_{i-1}' + 4y_i' + y_{i+1}') = -y_{i-1} + y_{i+1} + \frac{h^5}{90}y^{(5)}(x_i) + \dots . \qquad (3.26)$$

Auf gleiche Weise erhält man für die höheren Ableitungen:

$$\begin{aligned} &\frac{h^2}{12}(y_{i-1}'' + 10y_i'' + y_{i+1}'') = y_{i-1} - 2y_i + y_{i+1} + \frac{h^6}{240}y^{(6)}(x_i) + \dots , \\ &\frac{h^3}{2}(y_{i-1}''' + 2y_i''' + y_{i+1}''') = -y_{i-2} + 2y_{i-1} - 2y_{i+1} + y_{i+2} - \frac{h^7}{120}y^{(7)}(x_i) - \dots , \qquad (3.27) \\ &\frac{h^4}{6}(y_{i-1}'''' + 4y_i'''' + y_{i+1}'''') = y_{i-2} - 4y_{i-1} + 6y_i - 4y_{i+1} + y_{i+2} + \frac{h^8}{720}y^{(8)}(x_i) + \dots \end{aligned}$$

Die Handhabung dieser Formeln, die auch die anzunähernden Ableitungen an verschiedenen Stellen enthalten, ist natürlich wesentlich unbequemer, der Genauigkeitsgewinn kann erheblich sein.

Das Arbeiten mit verbesserten Differenzenformeln ist immer dann angezeigt, wenn die einfachen Differenzenformeln bei Verringerung des Stützstellenabstands und dem damit verbundenen Anwachsen der Zahl der Gleichungen keinen angemessenen Genauigkeitsgewinn bringen. In den meisten Fällen genügt es jedoch, die einfachen Differenzenformeln zu benutzen, mit denen man sich relativ bequem eine Näherungslösung beschaffen kann, die meist auch praktischen Anforderungen genügen wird.

3.1.5. Der elastisch gebettete Träger, Behältertheorie

Unter Beibehaltung der Definitionen für v, M, F_Q und q entsprechend Bild 3.2 gilt für den Träger auf elastischer Unterlage die Differentialgleichung

$$\frac{d^2}{dx^2}\left[EI(x)\,\frac{d^2v(x)}{dx^2}\right] + B^*(x)\,v(x) = q(x) \qquad (3.28)$$

(Hypothese von WINKLER/ZIMMERMANN: Gegendruck der Unterlage ist proportional der Absenkung v). Hierin ist B^* die aus der Materialkonstanten für den Untergrund B durch Multiplikation mit der Trägerbreite b ermittelte Bettungsziffer:

$$B^*(x) = B(x)\,b(x)\ . \qquad (3.29)$$

Gleichung (3.28) wird unter Verwendung der einfachen Differenzenformeln in zwei Schritten in eine Differenzengleichung überführt. Das Ersetzen der äußeren Ableitung liefert

$$\left(EI\,\frac{\Delta^2 v}{\Delta x^2}\right)_{i-1} - 2\left(EI\,\frac{\Delta^2 v}{\Delta x^2}\right)_i + \left(EI\,\frac{\Delta^2 v}{\Delta x^2}\right)_{i+1} + B_i^* v_i h^2 = q_i h^2\,, \qquad (3.30)$$

anschließend werden auch für die inneren Ableitungen die Differenzenformeln geschrieben, z. B.

$$\left(EI\,\frac{\Delta^2 v}{\Delta x^2}\right)_{i-1} = \frac{EI_{i-1}}{h^2}\,(v_{i-2} - 2v_{i-1} + v_i)\ . \qquad (3.31)$$

Durch Ordnen nach den Verschiebungen entsteht dann:

$$I_{i-1} v_{i-2} - 2(I_{i-1} + I_i) v_{i-1} + (I_{i-1} + 4I_i + I_{i+1} + \frac{B_i^* h^4}{E}) v_i \\ -2(I_i + I_{i+1}) v_{i+1} + I_{i+1} v_{i+2} = \frac{q_i h^4}{E} , \tag{3.32}$$

$$M_i = -\frac{EI_i}{h^2}(v_{i-1} - 2v_i + v_{i+1}) , \tag{3.33}$$

$$F_{Q_i} = \frac{E}{2h^3}\Big[I_{i-1} v_{i-2} - 2I_{i-1} v_{i-1} + (I_{i-1} - I_{i+1}) v_i \\ + 2I_{i+1} v_{i+1} - I_{i+1} v_{i+2}\Big] . \tag{3.34}$$

(3.33) und (3.34) sind dabei aus den auch für den elastisch gebetteten Träger gültigen Differentialbeziehungen (3.7) hervorgegangen.

Die Gleichung für die Querkraft (3.34) wurde wie Gleichung (3.32) in zwei Schritten hergeleitet. Die alternative Möglichkeit, solche verschachtelten Differentialbeziehungen erst auszudifferenzieren und dann die Differenzenbeziehungen einzuführen, führt in der Regel auf etwas abweichende Formeln; so liefert

$$F_Q = -\frac{d}{dx}\left[EI(x)\frac{d^2v(x)}{dx^2}\right] = -\frac{d(EI)}{dx}\frac{d^2v}{dx^2} - EI\frac{d^3v}{dx^3} \tag{3.35}$$

die Differenzenformel

$$F_{Q_i} = \frac{E}{2h^3}\Big[I_i v_{i-2} - (2I_i + I_{i+1} - I_{i-1}) v_{i-1} + 2(I_{i+1} - I_{i-1}) v_i \\ + (2I_i - I_{i+1} + I_{i-1}) v_{i+1} - I_i v_{i+2}\Big] , \tag{3.36}$$

die i. a. aber ungenauere Werte als (3.34) ergibt. Für konstante Biegesteifigkeit EI sind beide Formeln identisch.

In die Differenzengleichungen für Randpunkte (bzw. für Querkraftrandbedingungen) gehen I-Werte für jeweils einen Punkt ein, der außerhalb des Trägers liegt. Da diese "Außenwerte" durch die Ableitung der Funktion I(x) in die Rechnung hineinkommen, nimmt man dafür die Werte, die I(x) bei Erweiterung des Definitionsbereichs über die Randpunkte hinaus annehmen würde.

Differentialgleichungen des Typs (3.28) ergeben sich in der Technischen Mechanik auch bei anderen Problemen. So führt die Biegetheorie der rotationssymmetrisch belasteten Kreiszylinderschale (Behältertheorie) unter Beachtung der im Bild 3.4 gegebenen Definitionen auf die Differentialgleichung

$$\frac{d^2}{dx^2}\left[K(x)\,\frac{d^2w(x)}{dx^2}\right] + \frac{1-\nu^2}{a^2}\,D(x)\,w(x) = p_r(x) - \frac{\nu}{a}\,n_x(x) \qquad (3.37)$$

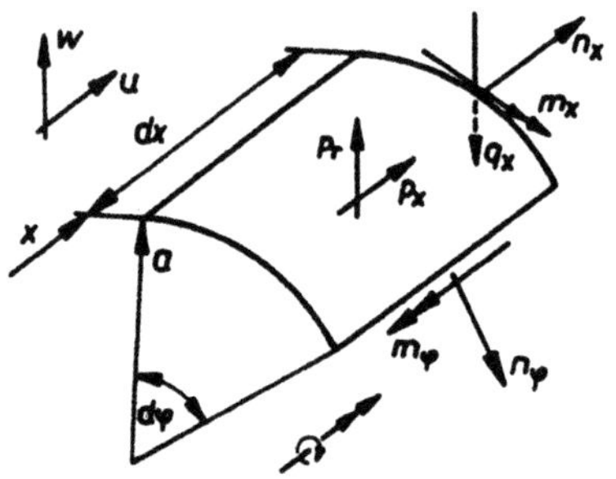

Bild 3.4

mit

$$K(x) = \frac{Es^3(x)}{12(1-\nu^2)}\ ,\qquad D(x) = \frac{Es(x)}{1-\nu^2}\ , \qquad (3.38)$$

w(x) - Radialverschiebung,
s(x) - Schalendicke,
ν - Querkontraktionszahl.

Für die Schnittgrößen gelten die Beziehungen:

$$\begin{aligned}
&\frac{dn_x(x)}{dx} = -p_x(x)\ ,\\
&m_x(x) = K(x)\,\frac{d^2w(x)}{dx^2}\ ,\quad m_\varphi(x) = \nu m_x(x)\ ,\\
&q_x(x) = \frac{dm_x(x)}{dx} = \frac{d}{dx}\left[K(x)\,\frac{d^2w(x)}{dx^2}\right]\ , \qquad (3.39)\\
&n_x(x) = D(x)\left[\frac{du(x)}{dx} + \nu\,\frac{w(x)}{a}\right]\ ,\quad n_\varphi(x) = D(x)\left[\frac{w(x)}{a} + \nu\,\frac{du(x)}{dx}\right].
\end{aligned}$$

3.1.6. Rand- und Zwischenbedingungen

Das Aufschreiben der Differenzengleichungen für eine größere Anzahl von Stützstellen führt auf ein Gleichungssystem mit bandförmiger Koeffizientenmatrix. Um die Bandstruktur nicht durch die Randbedingungsgleichungen zu stören, sollte man die Bedingungen für den linken Rand an der Spitze und die für den rechten Rand am Ende des Systems anordnen.

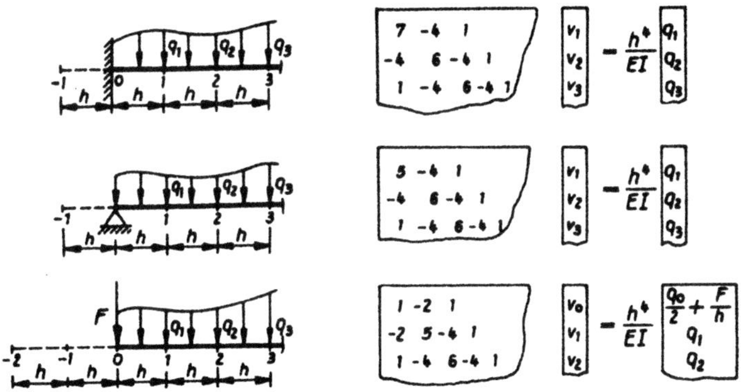

Bild 3.5

Die Symmetrie der Koeffizientenmatrix wird durch die Randbedingungen verletzt. Nach Elimination der Außenpunkte gelingt es jedoch häufig, durch einfache Maßnahmen eine symmetrische Matrix zu erhalten, im System (3.12) z. B. nach Multiplikation der letzten Gleichung mit 0,5.

Günstiger ist es, wenn für randnahe Punkte die Differenzenformeln so aufgeschrieben werden, daß die Außenpunkte gar nicht in die Rechnung eingehen. Bild 3.5 verdeutlicht diese Vorgehensweise für den Fall konstanter Biegesteifigkeit für die drei Randbedingungen

- Einspannung: $v_0 = 0\,,\quad -v_{-1} + v_1 = 0\,,$ (3.40)
- gelenkige Lagerung: $v_0 = 0\,,\quad v_{-1} - 2v_0 + v_1 = v_{-1} + v_1 = 0,$ (3.41)
- freier Rand mit Einzelkraft F:

$$v_{-1} - 2v_0 + v_1 = 0\,,\quad -v_{-2} + 2v_{-1} - 2v_1 + v_2 = \frac{2Fh^3}{EI}\quad (F_{Q_0} = -F). \tag{3.42}$$

Es sind jeweils die ersten drei Gleichungen des Systems angegeben worden, die die Symmetrie der Matrix erkennen lassen. Diese vorteilhafte Eigenschaft, die die Anwendung des CHOLESKY-Verfahrens unter Nutzung der Bandstruktur gestattet, läßt sich für kompliziertere Probleme i. a. nicht erreichen. In diesem Fall bietet sich der verkettete Algorithmus für Bandmatrizen zur Lösung des Gleichungssystems an.

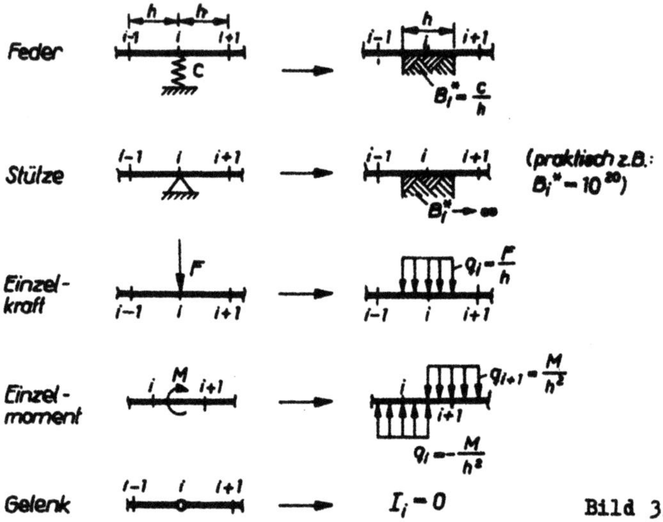

Bild 3.6

Zwischenbedingungen (Stützen, Federn, Gelenke, Einzellasten) können durch Aufschreiben der entsprechenden mathematischen Formulierungen in Differenzenform berücksichtigt werden. Wesentlich einfacher und besonders für den programmierten Aufbau des Gleichungssystems empfehlenswert ist die Ausnutzung der im Bild 3.6 dargestellten Analogien, die z. T. allerdings die Verwendung der Differenzengleichung (3.32) voraussetzen. Die diskreten Bedingungen werden dabei durchweg auf die Breite h "verschmiert". Eine eventuell vorhandene Symmetrie der Koeffizientenmatrix würde erhalten bleiben.

3.1.7. Stabknickung

Mit den im Bild 3.7 definierten positiven Richtungen für die Schnittgrößen, Belastungen und die Verschiebung v gilt die Differentialgleichung

$$\frac{d^2}{dx^2}\left[EI(x)\,\frac{d^2v(x)}{dx^2}\right] - \frac{d}{dx}\left[F_N(x)\,\frac{dv(x)}{dx}\right] = q_y(x) \qquad (3.43)$$

mit

$$\frac{dF_N(x)}{dx} + q_x(x) = 0 \qquad (3.44)$$

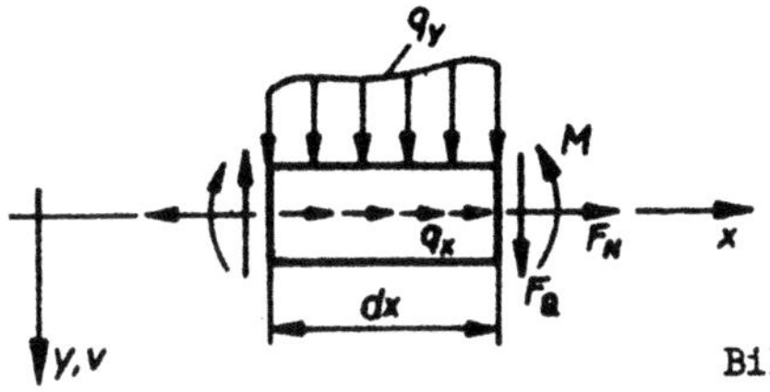

Bild 3.7

(Theorie 2. Ordnung: Formulierung der Gleichgewichtsbedingungen am verformten System). Aus (3.43) folgt folgende Differenzengleichung

$$\begin{aligned} I_{i-1} v_{i-2} &- \left(2I_{i-1} + 2I_i + \frac{h^2}{E} F_{N_{i-\frac{1}{2}}}\right) v_{i-1} + \left[I_{i-1} + 4I_i + I_{i+1} + \frac{h^2}{E}\left(F_{N_{i-\frac{1}{2}}} + F_{N_{i+\frac{1}{2}}}\right)\right] v_i \\ &- \left(2I_i + 2I_{i+1} + \frac{h^2}{E} F_{N_{i+\frac{1}{2}}}\right) v_{i+1} + I_{i+1} v_{i+2} = \frac{h^4}{E} q_{y_i} \quad . \end{aligned} \qquad (3.45)$$

Die F_N-Werte für die Zwischenpunkte $(i + \frac{1}{2})$ bzw. $(i - \frac{1}{2})$ kamen in (3.45) hinein, weil die ersten Ableitungen in (3.43) durch Differenzenformeln mit einfachem Stützstellenabstand approximiert wurden.

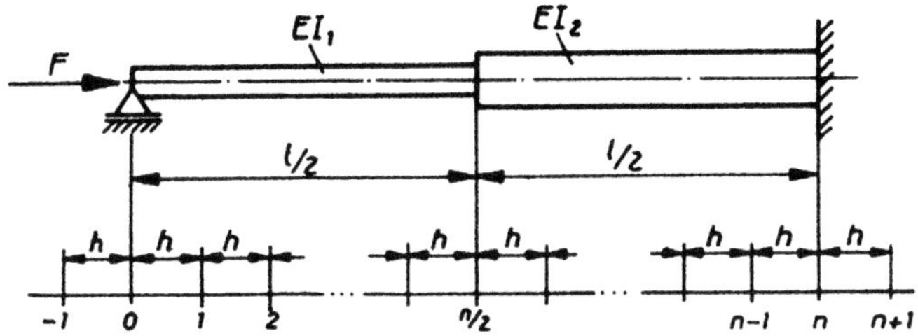

Bild 3.8

<u>Beispiel:</u> Für den im Bild 3.8 dargestellten Stab mit $I_2 = 2\ I_1$ ist die kritische Last zu ermitteln.

Die Trägerlänge wird in n Abschnitte gleicher Länge $h = \frac{l}{n}$ unterteilt. Die Randbedingungen $v_o = v_n = 0$, $M_o = 0$ (Momentenfreiheit am linken Rand) , $v_n' = 0$ (Horizontaltangente am rechten Rand) gestatten entsprechend

$$v_{-1} = -v_1 \ , \quad v_{n+1} = v_{n-1} \qquad (3.46)$$

die Ersetzung der Außenpunktverschiebungen durch Verschiebungen der Innenpunkte. Somit braucht (3.45) unter Beachtung von

$$F_N = -F \tag{3.47}$$

(konstante Normalkraft) nur für die Punkte 1,2,3,...,n-1 aufgeschrieben zu werden. Für gerades n wird dabei für das Trägheitsmoment in Trägermitte

$$I_{\frac{n}{2}} = \frac{1}{2}(I_1 + I_2) \tag{3.48}$$

gesetzt.

Für die (sehr grobe) Teilung mit n=4 entsteht das folgende allgemeine (symmetrische) Matrizeneigenwertproblem:

$$\left(\begin{bmatrix} 5,5 & -5 & 1,5 \\ -5 & 9 & -7 \\ 1,5 & -7 & 13,5 \end{bmatrix} - \lambda^{(4)} \begin{bmatrix} 2 & -1 & 0 \\ -1 & 2 & -1 \\ 0 & -1 & 2 \end{bmatrix}\right) \begin{bmatrix} v_1 \\ v_2 \\ v_3 \end{bmatrix} = 0 \tag{3.49}$$

mit

$$\lambda^{(4)} = \frac{Fl^2}{16EI_1} \; . \tag{3.50}$$

Dies wird z. B. nach dem im Abschnitt 2.4.4.5. beschriebenen Verfahren gelöst. Der kleinste Eigenwert $\lambda_1^{(4)}=1,446$ liefert die kritische Last

$$F_{k_1}^{(4)} = 16\,\lambda_1^{(4)} \frac{EI_1}{l_2} = 23,14 \frac{EI_1}{l^2} \; . \tag{3.51}$$

Der exakte Wert wird (recht mühsam) z. B. nach /30/ zu

$$F_{k_{1\,exakt}} = 25,18 \frac{EI_1}{l^2} \tag{3.52}$$

ermittelt. Dieser wird bei feinerer Teilung natürlich wesentlich besser genähert:

$$\begin{aligned} n &= 16\,,\; h = \frac{l}{16} &:&\quad F_{k_1}^{(16)} = 25,13 \frac{EI_1}{l^2}\,, \\ n &= 64\,,\; h = \frac{l}{64} &:&\quad F_{k_1}^{(64)} = 25,19 \frac{EI_1}{l^2}\,. \end{aligned} \tag{3.53}$$

3.1.8. Freie Biegeschwingungen des geraden Balkens

Für die freien Biegeschwingungen des geraden Balkens gilt die Differentialgleichung

$$\frac{d^2}{dx^2}\left[EI(x)\frac{d^2v(x)}{dx^2}\right] - \omega^2\mu(x)v(x) = 0 \tag{3.54}$$

mit $\mu(x) = \varrho(x)\,A(x)$ – Massebelegung,

ω – Eigenkreisfrequenz.

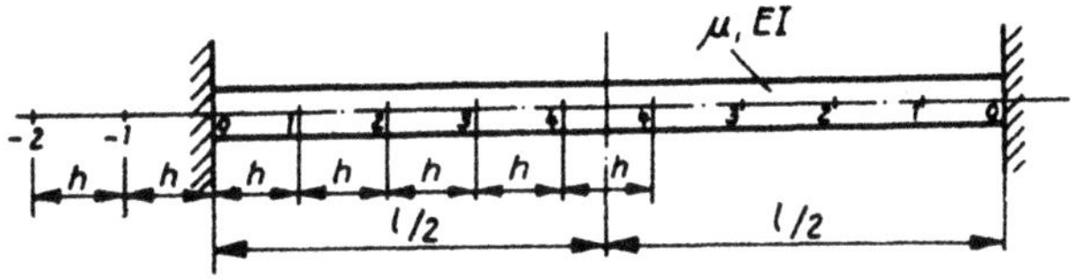

Bild 3.9

Gleichung (3.54) kann durch folgende Differenzengleichung ersetzt werden:

$$\begin{aligned} I_{i-1} v_{i-2} - 2(I_{i-1} + I_i) v_{i-1} + (I_{i-1} + 4I_i + I_{i+1} - \mu_i \frac{h^4}{E} \omega^2) v_i \\ - 2(I_i + I_{i+1}) v_{i+1} + I_{i+1} v_{i+2} = 0 \, . \end{aligned} \tag{3.55}$$

Am Beispiel der Ermittlung der Grundfrequenz für den im Bild 3.9 dargestellten beidseitig eingespannten Träger mit konstanter Biegesteifigkeit EI und konstanter Massebelegung μ sollen die Approximationseigenschaften der unterschiedlichen Differenzenformeln demonstriert werden. Der Träger wird in 9 Abschnitte der Länge $h = \frac{l}{9}$ unterteilt. Die Differentialgleichung

$$v'''' - \frac{\mu \omega^2}{EI} v = 0 \tag{3.56}$$

wird zunächst unter Verwendung der einfachen Differenzenformeln (3.5) genähert:

$$v_{i-2} - 4v_{i-1} + 6v_i - 4v_{i+1} + v_{i+2} - \lambda v_i = 0 \quad mit \ \lambda = \frac{\mu h^4}{EI} \omega^2 \, . \tag{3.57}$$

Bei Ausnutzung der Symmetrie (für die Ermittlung der Grundfrequenz zulässig) und Berücksichtigung der Randbedingungen $v_0 = 0$, $v_0' = 0$ $(v_{-1} = v_1)$ ergibt sich das spezielle symmetrische Matrizeneigenwertproblem

$$\left(\begin{bmatrix} 7 & -4 & 1 & 0 \\ -4 & 6 & -4 & 1 \\ 1 & -4 & 6 & -3 \\ 0 & 1 & -3 & 2 \end{bmatrix} - \lambda \begin{bmatrix} 1 & 0 & 0 & 0 \\ 0 & 1 & 0 & 0 \\ 0 & 0 & 1 & 0 \\ 0 & 0 & 0 & 1 \end{bmatrix} \right) \begin{bmatrix} v_1 \\ v_2 \\ v_3 \\ v_4 \end{bmatrix} = \mathbf{0} \, . \tag{3.58}$$

Wird (3.56) mit Hilfe der verbesserten Differenzenformeln (3.23) entsprechend

$$-v_{i-3} + 12v_{i-2} - 39v_{i-1} + 56v_i - 39v_{i+1} + 12v_{i+2} - v_{i+3} - 6\lambda v_i = 0 \tag{3.59}$$

genähert, so können die beiden Außenpunkte -2 und -1 nur eliminiert werden, wenn (neben $v_0=0$) die aus $v'_0=0$ folgende Bedingung

$$v_{-2}-8v_{-1}+8v_1-v_2=0 \tag{3.60}$$

durch eine gewöhnliche Differenzenbeziehung ergänzt wird, z. B.

$$v'_0=0 \longrightarrow v_{-1}=v_1 \longrightarrow v_{-2}=v_2 \tag{3.61}$$

oder, indem (3.57) für den Punkt 0 hinzugefügt wird:

$$v_{-2}-4v_{-1}-4v_1+v_2=0\,, \tag{3.62}$$

was auf

$$\begin{aligned} v_{-1}&=3v_1-0{,}5v_2\,,\\ v_{-2}&=16v_1-3v_2 \end{aligned} \tag{3.63}$$

führt. Unter Verwendung von (3.63) ergibt sich das symmetrische spezielle Matrizeneigenwertproblem

$$\left(\frac{1}{6}\begin{bmatrix} 76 & -42 & 12 & -1\\ -42 & 56{,}5 & -39 & 11\\ 12 & -39 & 55 & -27\\ -1 & 11 & -27 & 17 \end{bmatrix} - \lambda \begin{bmatrix} 1&0&0&0\\ 0&1&0&0\\ 0&0&1&0\\ 0&0&0&1 \end{bmatrix}\right)\begin{bmatrix} v_1\\ v_2\\ v_3\\ v_4 \end{bmatrix} = \mathbf{0}\;. \tag{3.64}$$

Eine dritte Möglichkeit, die Gleichung für den randnahen Punkt 1 als gewöhnliche Differenzengleichung zu schreiben (der Punkt -2 käme so in die Rechnung gar nicht hinein), ist nicht empfehlenswert, da dadurch die Symmetrie des Eigenwertproblems verlorengeht.

Schließlich sollen noch die Mehrstellenformeln (3.27) verwendet werden, die mit

$$\frac{h^4}{6}\left(v''''_{i-1}+4v''''_i+v''''_{i+1}\right)=v_{i-2}-4v_{i-1}+6v_i-4v_{i+1}+v_{i+2} \tag{3.65}$$

unter Beachtung von (3.56) folgende Differenzengleichungen liefern:

$$v_{i-2}-4v_{i-1}+6v_i-4v_{i+1}+v_{i+2}-\frac{\lambda}{6}\left(v_{i-1}+4v_i+v_{i+1}\right)=0\;. \tag{3.66}$$

Dies führt (mit der gewöhnlichen Differenzenformel $v_{-1}=v_1$ für die Randbedingung $v'_0=0$) auf das (aufwendigere) allgemeine symmetrische Matrizeneigenwertproblem

$$\left(6\begin{bmatrix} 7 & -4 & 1 & 0 \\ -4 & 6 & -4 & 1 \\ 1 & -4 & 6 & -3 \\ 0 & 1 & -3 & 2 \end{bmatrix} - \lambda \begin{bmatrix} 4 & 1 & 0 & 0 \\ 1 & 4 & 1 & 0 \\ 0 & 1 & 4 & 1 \\ 0 & 0 & 1 & 5 \end{bmatrix}\right) \begin{bmatrix} v_1 \\ v_2 \\ v_3 \\ v_4 \end{bmatrix} = \mathbf{0} . \qquad (3.67)$$

Die drei Varianten ergeben folgende Näherungen für die Eigenkreisfrequenz der Grundschwingung:

Gleichung (3.58) (einfache Differenzenformeln):

$$\omega_1 = g^2 \sqrt{\lambda_1 \frac{EI}{\mu l^4}} = 81 \cdot \sqrt{0{,}069152 \frac{EI}{\mu l^4}} = 21{,}30 \sqrt{\frac{EI}{\mu l^4}} , \qquad (3.68)$$

Gleichung (3.64) (verbesserte Differenzenformeln):

$$\omega_1 = g^2 \sqrt{\lambda_1 \frac{EI}{\mu l^4}} = 81 \cdot \sqrt{0{,}076126 \frac{EI}{\mu l^4}} = 22{,}35 \sqrt{\frac{EI}{\mu l^4}} , \qquad (3.69)$$

Gleichung (3.67) (Mehrstellenformeln):

$$\omega_1 = g^2 \sqrt{\lambda_1 \frac{EI}{\mu l^4}} = 81 \sqrt{0{,}070823 \frac{EI}{\mu l^4}} = 21{,}56 \sqrt{\frac{EI}{\mu l^4}} . \qquad (3.70)$$

Der exakte Wert

$$\omega_1 = 22{,}37 \sqrt{\frac{EI}{\mu l^4}} \qquad (3.71)$$

wird von diesen Ergebnissen zum Teil relativ grob genähert. Bei einer Einteilung der Trägerlänge in 17 Abschnitte ($h = \frac{1}{17}$) werden die Näherungen besser:

$\omega_1 = 22{,}06 \sqrt{\frac{EI}{\mu l^4}}$ (einfache Differenzenformeln),

$\omega_1 = 22{,}35 \sqrt{\frac{EI}{\mu l^4}}$ (verbesserte Differenzenformeln),

$\omega_1 = 22{,}14 \sqrt{\frac{EI}{\mu l^4}}$ (Mehrstellenformeln).

Die Ergebnisse sind bei Verwendung der verbesserten Differenzenformeln und etwa gleichem Aufwand wie für die einfachen Differenzenformeln wesentlich genauer. Allerdings führen gerade Eigenwertprobleme bei anderen Randbedingungen als im betrachteten Beispiel (speziell am freien Rand) unter Umständen auf erhebliche Probleme beim Aufschreiben der Matrizen, die dann doch die Verwendung der einfachen Formeln nahelegen.

3.2. Das Differenzenverfahren für partielle Differentialgleichungen

Die Lösung von Problemen, die durch partielle Differentialgleichungen beschrieben werden, ist bei Berücksichtigung praktisch sinnvoller Randbedingungen nur in Ausnahmefällen in geschlossener Form möglich. Deshalb kommt den numerischen Verfahren für solche Aufgaben eine besondere Bedeutung zu. Im folgenden wird die Anwendung des Differenzenverfahrens an Beispielen zweidimensionaler Probleme demonstriert.

3.2.1. Einfache Differenzenformeln in kartesischen Koordinaten

In einem kartesischen Koordinatensystem wird ein Gebiet in der x-y-Ebene mit einem Rechtecknetz mit konstanten Maschenweiten h bzw. k überzogen (Bild 3.10). Die partiellen Ableitungen der

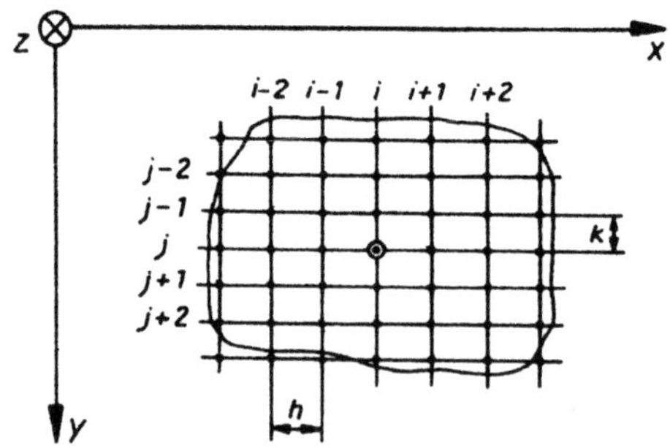

Bild 3.10

Funktion z(x,y) nach x bzw. y können dann analog zu (3.5) durch Differenzenformeln approximiert werden, z. B. gilt für die ersten Ableitungen:

$$\frac{\partial z}{\partial x} \approx \frac{1}{2h}\left(-z_{i-1,j}+z_{i+1,j}\right), \quad \frac{\partial z}{\partial y} \approx \frac{1}{2k}\left(-z_{i,j-1}+z_{i,j+1}\right). \qquad (3.72)$$

Die höheren (auch die gemischten) Ableitungen ergeben sich auch hier entsprechend der durch Gleichung (3.4) gegebenen Vorschrift, z. B.:

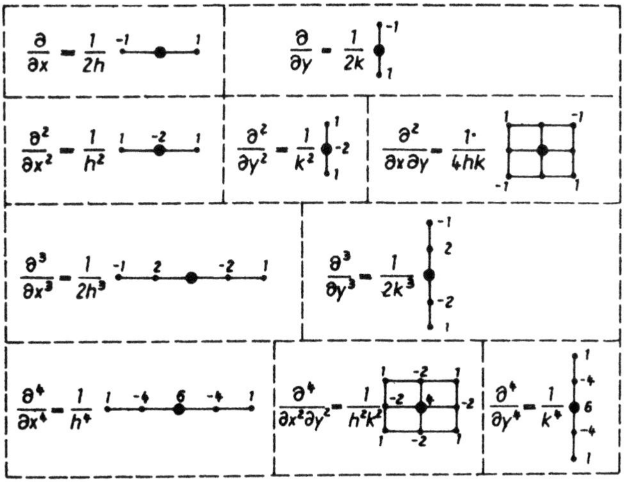

Bild 3.11

$$\frac{\partial^2 z}{\partial x \partial y} = \frac{\partial}{\partial x}\left(\frac{\partial z}{\partial y}\right) \approx \frac{1}{2h}\left[-\frac{1}{2k}\left(-z_{i-1,j-1}+z_{i-1,j+1}\right)+\frac{1}{2k}\left(-z_{i+1,j-1}+z_{i+1,j+1}\right)\right] \tag{3.73}$$
$$= \frac{1}{4hk}\left(z_{i-1,j-1}-z_{i-1,j+1}-z_{i+1,j-1}+z_{i+1,j+1}\right).$$

Im Bild 3.11 sind mit Hilfe einer leicht verständlichen Symbolik einige wichtige Differenzenformeln zusammengestellt.

Auch für die partiellen Ableitungen können verbesserte Formeln unter Einbeziehung weiterer Punkte sowie Mehrstellenformeln angegeben werden. Hierzu wird auf die Spezialliteratur verwiesen (z.B. /31/,/32/).

3.2.2. POISSONsche Differentialgleichung, Torsion prismatischer Stäbe

Eine Reihe wichtiger Probleme der mathematischen Physik führt auf die POISSONsche Differentialgleichung

$$\nabla^2 \Phi = \frac{\partial^2 \Phi}{\partial x^2} + \frac{\partial^2 \Phi}{\partial y^2} = 1, \tag{3.74}$$

die nicht zuletzt wegen ihres relativ einfachen Aufbaus, der sie für Grundsatzüberlegungen prädestiniert, Gegenstand zahlreicher

Untersuchungen war. Die zugehörige Differenzengleichung

$$\begin{array}{ccc} & \varkappa^2 & \\ 1 & -2(1+\varkappa^2) & 1 \\ & \varkappa^2 & \end{array} \Phi = h^2 \qquad \left(\varkappa = \frac{h}{k}\right) \tag{3.75}$$

vereinfacht sich für gleiche Maschenweiten (h=k, $\varkappa$=1) noch zu

$$\begin{array}{ccc} & 1 & \\ 1 & -4 & 1 \\ & 1 & \end{array} \Phi = h^2 \quad . \tag{3.76}$$

Ihre Anwendung soll am Beispiel der Torsion prismatischer Stäbe erläutert werden. Unter der Voraussetzung, daß der Querschnitt ein einfach zusammenhängendes Gebiet ist, muß die Torsionsfunktion Φ der Gleichung (3.74) unter Berücksichtigung der Randbedingung

$$\Phi_{Rand} = 0 \tag{3.77}$$

genügen. Nachdem Φ (x,y) ermittelt wurde, können die Torsionssteifigkeit durch Integration über die Querschnittsfläche

$$GI_t = -4G \int_{(A)} \Phi \, dA \tag{3.78}$$

und die Schubspannungen

$$\tau_{zx} = -2G\vartheta \frac{\partial \Phi}{\partial y} \quad , \quad \tau_{zy} = 2G\vartheta \frac{\partial \Phi}{\partial x} \tag{3.79}$$

ermittelt werden (G - Schubmodul). ϑ ist der relative Verdrehwinkel

$$\vartheta = \frac{M_t}{GI_t} \tag{3.80}$$

(M_t - Torsionsmoment).

Von dem in Bild 3.12 skizzierten Querschnitt braucht wegen der doppelten Symmetrie nur ein Viertel in die Rechnung einbezogen zu werden. Der durch (3.76) definierte Differenzenstern wird auf die Innenpunkte 1 bis 25 aufgelegt. Für die dabei berührten Punkte auf dem oberen Rand wird sofort der bekannte Funktionswert (Φ =0) eingesetzt, für die Punkte auf beiden Seiten der Symmetrielinien werden die gleichen Funktionswerte genommen (z.B. $\Phi_{2'} = \Phi_2$). Die Außenpunkte 26 bis 32 werden unter Beachtung der Randbedingung

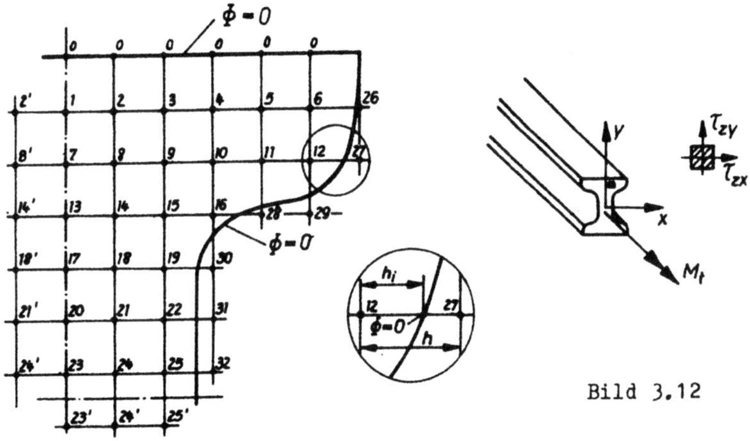

Bild 3.12

(3.77) auf Innenpunkte zurückgeführt, z. B. erhält man durch lineare Interpolation

$$\Phi_{27} = -\frac{h-h_i}{h_i}\,\Phi_{12}\,. \tag{3.81}$$

Nach Berechnung der Torsionsfunktion, deren Werte sich für die Gitterpunkte ergeben, ist die Auswertung von (3.78) meist auch nur numerisch möglich (vgl. hierzu Abschnitt 5.3.), zur Auswertung von (3.79) stehen z. B. die Differenzenformeln nach Bild 3.11 zur Verfügung.

3.2.3. Biegung dünner Platten

3.2.3.1. Differentialgleichung, Schnittgrößen

Unter Beachtung der im Bild 3.13 definierten positiven Richtungen für die Verschiebung der Plattenmittelfläche w, die Flächenlast p_z und die Schnittgrößen gilt nach der KIRCHHOFFschen Plattentheorie die Differentialgleichung

$$\frac{\partial^2}{\partial x^2}\left[K(x,y)\left(\frac{\partial^2 w}{\partial x^2}+\nu\frac{\partial^2 w}{\partial y^2}\right)\right]+\frac{\partial^2}{\partial y^2}\left[K(x,y)\left(\frac{\partial^2 w}{\partial y^2}+\nu\frac{\partial^2 w}{\partial x^2}\right)\right] \tag{3.82}$$

$$+\,2\,\frac{\partial^2}{\partial x\,\partial y}\left[(1-\nu)K(x,y)\,\frac{\partial^2 w}{\partial x\,\partial y}\right]=p_z(x,y)$$

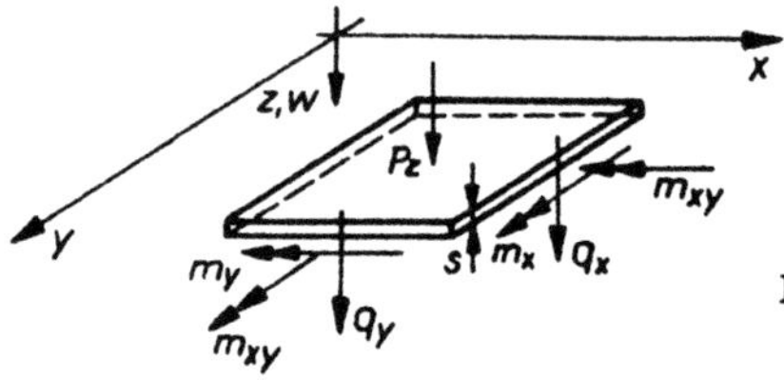

Bild 3.13

mit der Plattensteifigkeit

$$K(x,y) = \frac{Es^3(x,y)}{12(1-\nu^2)} \tag{3.83}$$

(s - Plattendicke, ν - Querkontraktionszahl, E - Elastizitätsmodul). Die Schnittgrößen können bei bekannter Verschiebungsfunktion w(x,y) nach folgenden Formeln berechnet werden:

$$\begin{aligned} m_x &= -K\left(\frac{\partial^2 w}{\partial x^2} + \nu \frac{\partial^2 w}{\partial y^2}\right), \\ m_y &= -K\left(\frac{\partial^2 w}{\partial y^2} + \nu \frac{\partial^2 w}{\partial x^2}\right), \\ m_{xy} &= -(1-\nu)K\frac{\partial^2 w}{\partial x \partial y} \quad , \end{aligned} \tag{3.84}$$

$$q_x = \frac{\partial m_x}{\partial x} + \frac{\partial m_{xy}}{\partial y} \quad , \qquad q_y = \frac{\partial m_y}{\partial y} + \frac{\partial m_{xy}}{\partial x} . \tag{3.85}$$

In den eckigen Klammern von (3.82) stehen die negativen Schnittmomente (3.84), so daß (3.82) gemeinsam mit (3.84) als Differentialgleichungssystem für die vier Funktionen w(x,y), $m_x(x,y)$, $m_y(x,y)$ und $m_{xy}(x,y)$ aufgefaßt werden kann. Den Vorteilen, daß sich die Differenzengleichungen dann wesentlich einfacher aufschreiben lassen und daß als Ergebnis die ohnehin meist besonders interessierenden Schnittmomente sofort mit anfallen, steht die beträchtliche Erhöhung der Gleichungsanzahl gegenüber. Natürlich kann man auch (3.82) direkt in eine Differenzengleichung überführen (zur Behandlung verschachtelter Differentialausdrücke vgl. z. B. Abschnitt 3.1.5.); so entsteht für jeden Maschenpunkt nur eine Gleichung.

Für konstante Plattensteifigkeit K vereinfachen sich (3.82) und (3.85):

$$\frac{\partial^4 w}{\partial x^4} + 2\frac{\partial^4 w}{\partial x^2 \partial y^2} + \frac{\partial^4 w}{\partial y^4} = \nabla^2 \nabla^2 w = \frac{p_z(x,y)}{K} , \tag{3.86}$$

$$q_x = -K\frac{\partial}{\partial x}(\nabla^2 w) \quad , \quad q_y = -K\frac{\partial}{\partial y}(\nabla^2 w) \, . \tag{3.87}$$

Für diesen Fall sind in Bild 3.14 die Differenzensterne für Differentialgleichung und Schnittgrößen angegeben (q_x^* bzw. q_y^* werden für die Randbedingungsgleichungen benötigt, siehe Abschnitt 3.2.3.2.). Auch für veränderliche Plattensteifigkeit können diese Formeln verwendet werden, indem für jeden Punkt der entsprechende K-Wert eingesetzt wird. Dies liefert zwar nicht so genaue Ergebnisse wie die Verwendung von (3.82), erleichtert aber wesentlich die Aufschreibung der Differenzengleichungen.

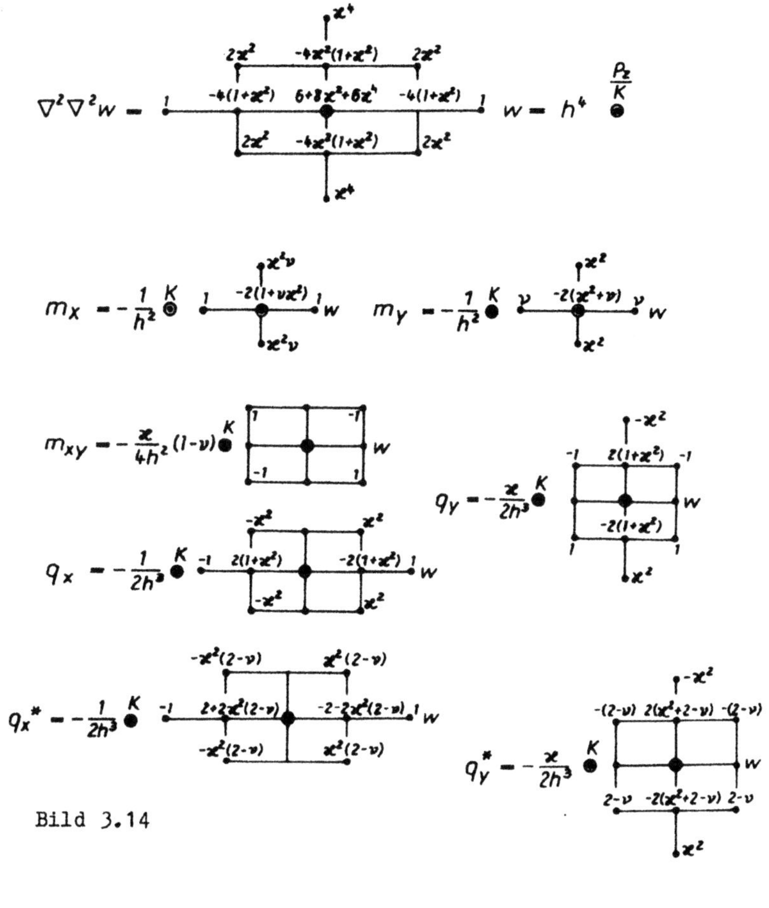

Bild 3.14

3.2.3.2. Randbedingungen

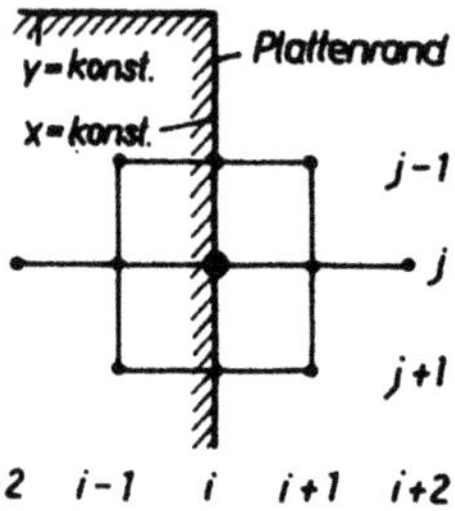

Bild 3.15

Die Berücksichtigung der Randbedingungen soll an einigen typischen Beispielen demonstriert werden. Es wird angenommen, daß unmittelbar auf einem Rand x=konstant der Punkt (i,j) liegt (Bild 3.15).

Für den starr eingespannten Rand gilt dann

$$w_{i,j} = 0\,,$$
$$\left(\frac{\Delta w}{\Delta x}\right)_{i,j} = 0 \longrightarrow w_{i+1,j} = w_{i-1,j} \tag{3.88}$$

und für den gelenkig gelagerten Rand:

$$w_{i,j} = 0\,,$$
$$m_{x_{i,j}} = -K_{i,j}\left[\left(\frac{\Delta^2 w}{\Delta x^2}\right)_{i,j} + \nu\left(\frac{\Delta^2 w}{\Delta y^2}\right)_{i,j}\right] = 0\,, \tag{3.89}$$

woraus wegen $\left(\frac{\Delta^2 w}{\Delta y^2}\right)_{i,j} = 0$ folgt:

$$w_{i+1,j} = -w_{i-1,j}\,. \tag{3.90}$$

Da der Differenzenstern für die **Differentialgleichung** nicht auf den Randpunkt gelegt werden muß ($w_{i,j}=0$ ist bekannt), empfiehlt es sich, den in die Rechnung einfließenden Außenpunkt (i+1,j) sofort entsprechend (3.88) oder (3.90) auf einen Innenpunkt zurückzuführen.

Etwas komplizierter sind die Verhältnisse am freien Rand, wo Biegemoment und "Ersatzscherkraft" verschwinden müssen:

$$m_{x_{i,j}} = 0\,,$$
$$q^*_{x_{i,j}} = q_{x_{i,j}} + \left(\frac{\Delta m_{xy}}{\Delta y}\right)_{i,j} = 0\,. \tag{3.91}$$

In diesem Fall muß der Differenzenstern für die Differentialgleichung auch auf den Randpunkt (i,j) aufgelegt werden. Die für jeden Randpunkt zusätzlich in die Rechnung hineinkommenden zwei Außenpunkte können mit Hilfe der Randbedingungen (3.91) wieder eliminiert werden. Wesentlich einfacher ist es jedoch, diese beiden Gleichungen zum System der Differenzengleichungen hinzuzufügen.

An einer freien Plattenecke kommt ein zusätzlicher Außenpunkt in die Rechnung hinein, für den aus der Bedingung, daß die "Eckkraft"

$$F_e = 2m_{xy} \tag{3.92}$$

verschwinden muß, eine zusätzliche Gleichung gewonnen wird.

An einem Rand y=konstant sind die Bedingungen entsprechend zu modifizieren.

3.2.3.3. Ein Beispiel

Am Beispiel einer allseitig gelenkig gelagerten Quadratplatte mit konstanter Plattensteifigkeit K und Belastung durch die gleichmäßige Flächenlast p_o , wofür die analytische Lösung bekannt ist, wird die Anwendung des Differenzenverfahrens demonstriert. Die Platte wird mit einem (recht groben) Raster mit $h = k = \frac{a}{6}$ überzogen (Bild 3.16). Wegen der Symmetrie wird nur ein Achtel der

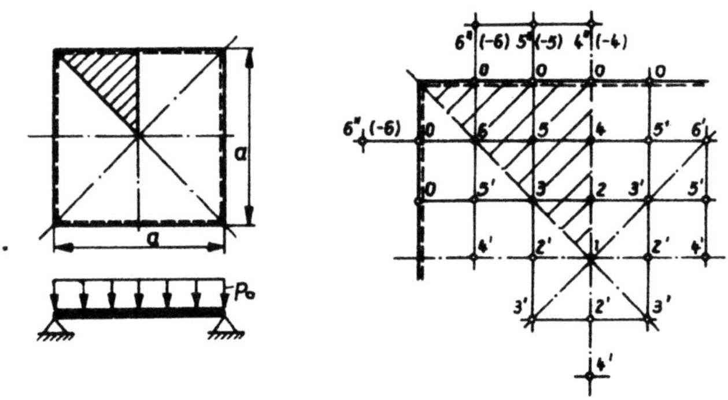

Bild 3.16

Platte betrachtet. In die Rechnung gehen sechs Innenpunkte ein, die Außenpunkte werden mit Hilfe von Symmetriebedingungen bzw. der Randbedingungen (3.89) und (3.90) sofort auf Innenpunkte zurückgeführt. Den für h=k spezifizierten Differenzenstern (Bild 3.17) zeichnet man sich zweckmäßig auf Transparentpapier und legt ihn nacheinander auf alle Innenpunkte. Es entsteht das Gleichungssystem

$$\begin{bmatrix} 20 & -32 & 8 & 4 & 0 & 0 \\ -8 & 25 & -16 & -8 & 6 & 0 \\ 2 & -16 & 22 & 4 & -16 & 2 \\ 1 & -8 & 4 & 19 & -16 & 2 \\ 0 & 3 & -8 & -8 & 22 & -8 \\ 0 & 0 & 2 & 2 & -16 & 18 \end{bmatrix} \begin{bmatrix} \bar{w}_1 \\ \bar{w}_2 \\ \bar{w}_3 \\ \bar{w}_4 \\ \bar{w}_5 \\ \bar{w}_6 \end{bmatrix} = \begin{bmatrix} 1 \\ 1 \\ 1 \\ 1 \\ 1 \\ 1 \end{bmatrix} \qquad (3.93)$$

mit den dimensionslosen Verschiebungen

$$\bar{w}_i = \frac{K}{p_0 h^4} w_i \, . \qquad (3.94)$$

Im Bild 3.17 sind die Ergebnisse für die Verschiebungen der Innenpunkte und die daraus mit Hilfe der Differenzenformeln nach Bild 3.14 ermittelten Biegemomente m_x und m_y eingetragen (für $\nu = 0{,}3$); zum Vergleich die exakten Lösungen für den Plattenmittelpunkt:

$$w_{max} = 4{,}06 \cdot 10^{-3} \frac{p_0 a^4}{K} \; , \quad m_{x_{max}} = m_{y_{max}} = 4{,}75 \cdot 10^{-2} p_0 a^2 . \qquad (3.95)$$

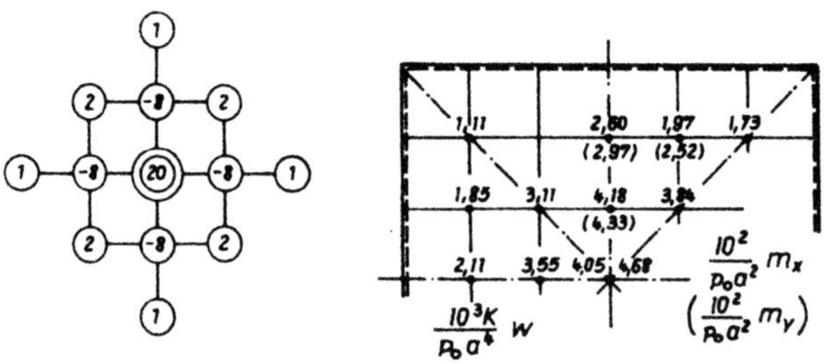

Bild 3.17

3.2.4. Plattenbeulung

Das Problem der Plattenbeulung soll als Beispiel für die Eigenwertprobleme bei partiellen Differentialgleichungen stehen. Unter Voraussetzung konstanter Plattensteifigkeit K gilt die Differentialgleichung

$$K \nabla^2 \nabla^2 w = n_x(x,y) \frac{\partial^2 w}{\partial x^2} + 2 n_{xy}(x,y) \frac{\partial^2 w}{\partial x \partial y} + n_y(x,y) \frac{\partial^2 w}{\partial y^2} \, , \qquad (3.96)$$

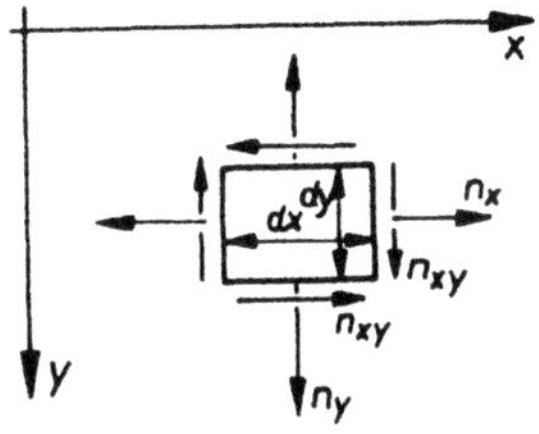

Bild 3.18

worin n_x, n_y, n_{xy} die Schnittgrößen des Scheibenproblems (Grundspannungszustand, Bild 3.18) sind, die vorab (u.U. auch mit Hilfe eines numerischen Verfahrens) ermittelt werden müssen. Für ein quadratisches Netz (h=k, $\varkappa$ =1) kann (3.96) durch folgende Differenzengleichung approximiert werden:

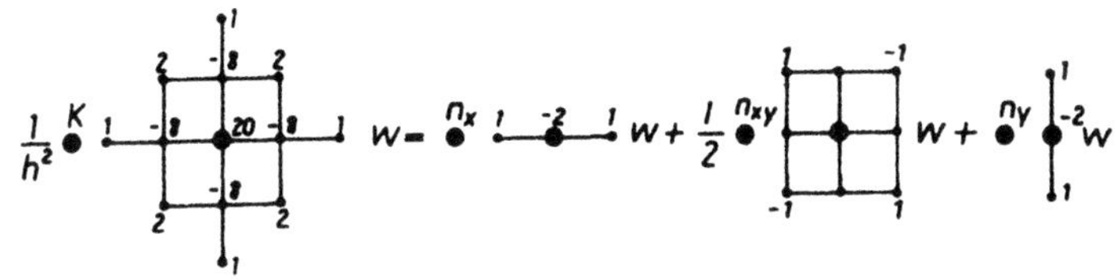

(3.97)

In Verbindung mit den (Platten-)Randbedingungen ergibt sich ein Eigenwertproblem. Als Eigenwert wird ein geeigneter Parameter des Grundspannungszustandes gewählt.

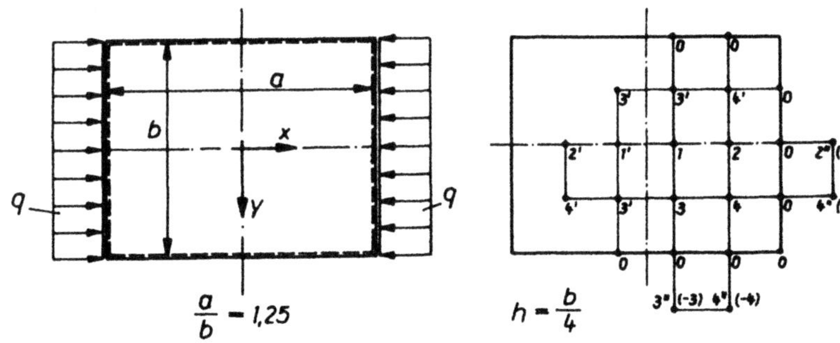

Bild 3.19

<u>Beispiel:</u>

Für die im Bild 3.19 skizzierte allseitig gelenkig gelagerte Rechteckplatte ist die kritische Last q (Beullast) zu bestimmen.

Der Grundspannungszustand ist mit

$$n_x = -q \quad , \quad n_y = 0 \quad , \quad n_{xy} = 0 \tag{3.98}$$

gegeben (freie Verschieblichkeit der Ränder in der Plattenebene). Da es sicher ist, daß in diesem Fall zur kritischen Last eine doppeltsymmetrische Beulfigur gehört, braucht nur ein Plattenviertel betrachtet zu werden. Dies ist durchaus nicht immer der Fall; deshalb ist bei der Ausnutzung der Symmetrie bei Eigenwertproblemen i. a. Vorsicht geboten.

Für das (sehr grobe) Netz nach Bild 3.19 erhält man das allgemeine Eigenwertproblem

$$\left(\begin{bmatrix} 12 & -7 & -12 & 4 \\ -7 & 19 & 4 & -16 \\ -6 & 2 & 12 & -7 \\ 2 & -8 & -7 & 19 \end{bmatrix} - \lambda \begin{bmatrix} 1 & -1 & 0 & 0 \\ -1 & 2 & 0 & 0 \\ 0 & 0 & 1 & -1 \\ 0 & 0 & -1 & 2 \end{bmatrix} \right) \begin{bmatrix} w_1 \\ w_2 \\ w_3 \\ w_4 \end{bmatrix} = 0 \tag{3.99}$$

mit

$$\lambda = \frac{h^2}{K}\, q = \frac{b^2}{16K}\, q \;, \tag{3.100}$$

das sich durch Multiplikation der beiden letzten Gleichungen mit dem Faktor 2 symmetrisch machen läßt. (3.99) liefert als kleinsten Eigenwert

$$\lambda_{min} = 2{,}452 \tag{3.101}$$

bzw.

$$q_{kr} = 39{,}23\, \frac{K}{b^2} \tag{3.102}$$

als Beullast. Der exakte Wert (vgl. z. B. /33/)

$$q_{kr_{exakt}} = 41{,}48\, \frac{K}{b^2} \tag{3.103}$$

wird also schon relativ gut genähert.

Bei einer Rechnung mit einem feineren Netz (h=0,1a, 20 Gleichungen) ergibt sich mit

$$q_{kr} = 40{,}91\, \frac{K}{b^2} \tag{3.104}$$

eine noch wesentlich bessere Näherung.

3.3. Anwendung des Differenzenverfahrens auf Variationsprobleme

Im Abschnitt Matrizennumerik wurde gezeigt, daß die Symmetrie der Koeffizientenmatrix eines linearen Gleichungssystems und besonders der Matrizen eines Eigenwertproblems ein erheblicher Vorteil bei der numerischen Lösung ist. Die bisher behandelten einfachen Anwendungsbeispiele des Differenzenverfahrens zeigten, daß es zwar vielfach möglich ist, durch wenige Operationen die Matrizen symmetrisch zu machen, daß es aber kein Rezept für die "Symmetrisierung" gibt, die ohnehin erst gelingen kann, wenn die Randbedingungsgleichungen eliminiert worden sind. Dies kann sehr umständlich (und manchmal sogar praktisch undurchführbar) sein.

Für die meisten Probleme der Mechanik existiert neben dem mathematischen Modell der Differentialgleichung auch ein Variationsproblem, das sich z. B. aus dem Prinzip vom Minimum des elastischen Potentials

$$\Pi = W_i - W_a \Longrightarrow \text{Minimum} \tag{3.105}$$

herleiten läßt. Hierin ist W_i die im System gespeicherte Formänderungsarbeit, W_a die "Endwertarbeit" der äußeren Kräfte. Wird das Differenzenverfahren zur näherungsweisen Lösung des Variationsproblems genutzt, so entstehen immer symmetrische Matrizen. Dies soll an den Beispielen der Balkenbiegung und der Biegung dünner Platten demonstriert werden.

3.3.1. Biegung des geraden Balkens

Die Biegung des geraden Balkens kann durch das Variationsproblem

$$\begin{aligned}\Pi = \frac{1}{2}\int_{(l)} EI(x)\left(\frac{d^2v(x)}{dx^2}\right)^2 dx + \frac{1}{2}\sum_{i=1}^{n_C} c_i v_i^2 \\ -\int_{(l)} q(x)v(x)dx - \sum_{i=1}^{n_F} F_i v_i - \sum_{i=1}^{n_M} M_i\left(\frac{dv(x)}{dx}\right)_i \longrightarrow \text{Minimum}\end{aligned} \tag{3.106}$$

beschrieben werden, wobei auch die Formänderungsarbeit diskreter Federn und die Endwertarbeit diskreter Lasten berücksichtigt sind. Für die Verschiebungsfunktion v(x) wird ein Vektor $\boldsymbol{v}$ eingeführt, dessen n Komponenten v_i die Verschiebungen an bestimmten Punkten (Stützstellen) sind. Die Ableitungen in (3.106) werden durch Differenzenformeln mit den v_i approximiert, die Integration wird durch Summation über endliche Bereiche ersetzt (Π wird durch $\bar{\Pi}$ genähert). Die v_i werden nun so bestimmt, daß $\bar{\Pi}(\mathbf{v})$ zum Minimum wird, was durch die Bedingungen

$$\frac{\partial \bar{\Pi}}{\partial v_i} = 0 \qquad (i=1,2,\ldots,n) \qquad (3.107)$$

erreicht wird. Die v_i sind dabei als zu variierende Freiwerte aufzufassen, so daß (3.107) auch für Außenpunkte aufgeschrieben werden darf.

Zu beachten ist, daß der Vektor $\mathbf{v}$ die wesentlichen (kinematischen) Randbedingungen erfüllen muß, bevor die Minimalbedingungen gebildet werden dürfen. Dies hat zur Folge, daß für die randnahen Punkte besondere Betrachtungen angestellt werden müssen, da die Randbedingungen nicht nachträglich (wie bei der Approximation der Differentialgleichung) durch das Aufschreiben zusätzlicher Gleichungen erfüllt werden können. Das ist jedoch kein wesentlicher Nachteil; von erheblichem Vorteil dagegen ist, daß die in ihrer Struktur komplizierteren dynamischen Randbedingungen gar nicht anfallen.

Die Ermittlung einer Gleichung nach (3.107) wird für den Punkt i, der sich in ausreichender Entfernung vom Rand befindet, gezeigt. Die Integrationsbereiche werden so angenommen, daß die Stützstellen in ihrer Mitte liegen (Bild 3.20). Der in einem solchen Bereich konstant angenommene Integrand liefert jeweils einen Summanden für $\bar{\Pi}$, von denen nur diejenigen aufgeschrieben werden, die v_i enthalten:

$$\begin{aligned} \bar{\Pi} = \ldots &+ \frac{E}{2h^3} I_{i-1}(v_{i-2}-2v_{i-1}+v_i)^2 + \frac{E}{2h^3} I_i (v_{i-1}-2v_i+v_{i+1})^2 \\ &+ \frac{E}{2h^3} I_{i+1}(v_i-2v_{i+1}+v_{i+2})^2 + \ldots + \frac{1}{2} c_i v_i^2 + \ldots \\ &\ldots - q_i h v_i - \ldots - F_i v_i - \ldots \\ &\ldots - \frac{M_{i-1}}{2h}(-v_{i-2}+v_i) - \frac{M_i}{2h}(-v_{i-1}+v_{i+1}) - \frac{M_{i+1}}{2h}(-v_i+v_{i+2}) - \ldots \end{aligned} \qquad (3.108)$$

$\frac{\partial \bar{\Pi}}{\partial v_i} = 0$ liefert nach Umordnung nach den Verschiebungen:

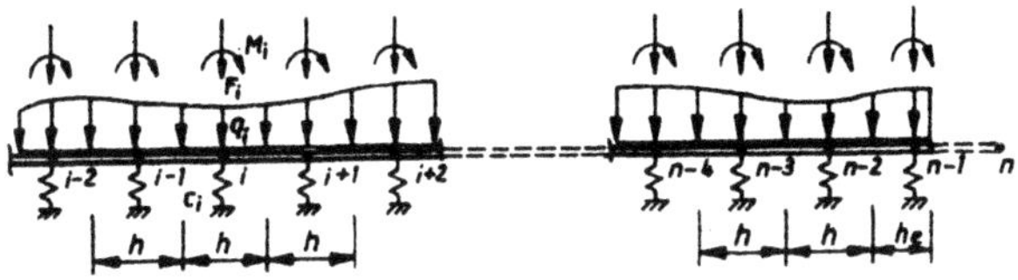

Bild 3.20

$$\begin{aligned} & I_{i-1} v_{i-2} - 2(I_{i-1}+I_i)\, v_{i-1} + (I_{i-1}+4I_i+I_{i+1}+\frac{c_i h^3}{E})\, v_i \\ & -2\,(I_i+I_{i+1})\, v_{i+1} + I_{i+1} v_{i+2} = \frac{h^3}{E}\left[q_i h + F_i + \frac{1}{2h}(M_{i-1}-M_{i+1})\right] . \end{aligned} \qquad (3.109)$$

Diese Gleichung stimmt in den wesentlichen Teilen mit (3.32) überein und bestätigt die im Bild 3.6 skizzierte Vorgehensweise des "Verschmierens" diskreter Lasten bzw. Federn.

Um die zweiten Ableitungen in einem Randbereich zu approximieren, ist (nur) ein Außenpunkt erforderlich. Die Summanden für die randnahen Integrationsbereiche bei einem freien Rand (keine kinematischen Randbedingungen) lauten:

$$\begin{aligned} \bar{\Pi} = & \ldots + \frac{E}{2h^3} I_{n-3}(v_{n-4}-2v_{n-3}+v_{n-2})^2 + \frac{E}{2h^3} I_{n-2}(v_{n-3}-2v_{n-2}+v_{n-1})^2 \\ & + \frac{E}{2h^4} h_e I_{n-1}(v_{n-2}-2v_{n-1}+v_n)^2 + \ldots + \frac{1}{2} c_{n-2} v_{n-2}^2 + \frac{1}{2} c_{n-1} v_{n-1}^2 - \\ & \ldots - q_{n-2} h v_{n-2} - q_{n-1} h_e v_{n-1} - \ldots - F_{n-2} v_{n-2} - F_{n-1} v_{n-1} - \\ & \ldots - \frac{M_{n-3}}{2h}(-v_{n-4}+v_{n-2}) - \frac{M_{n-2}}{2h}(-v_{n-3}+v_{n-1}) - \frac{M_{n-1}}{2h}(-v_{n-2}+v_n). \end{aligned} \qquad (3.110)$$

Dabei wurde für den Randbereich die Länge h_e angenommen (Bild 3.20), was sich nur in den Integrationsgrenzen niederschlägt. Für die randnahen Punkte ergeben sich folgende Differenzenformeln:

$$\begin{aligned} & I_{n-3} v_{n-4} - 2(I_{n-3}+I_{n-2})\, v_{n-3} + (I_{n-3}+4I_{n-2}+\frac{h_e}{h} I_{n-1} + \frac{c_{n-2}h^3}{E})\, v_{n-2} \\ & -2(I_{n-2}+\frac{h_e}{h} I_{n-1})\, v_{n-1} + \frac{h_e}{h} I_{n-1} v_n = \frac{h^3}{E}\left[q_{n-2} h + F_{n-2} + \frac{1}{2h}(M_{n-3}-M_{n-1})\right] , \end{aligned} \qquad (3.111)$$

$$\begin{aligned} & I_{n-2} v_{n-3} - 2\,(I_{n-2}+\frac{h_e}{h} I_{n-1})\, v_{n-2} + (I_{n-2}+4\frac{h_e}{h} I_{n-1} + \frac{c_{n-1}h^3}{E})\, v_{n-1} \\ & -2\frac{h_e}{h} I_{n-1} v_n = \frac{h^3}{E}(q_{n-1} h_e + F_{n-1} + \frac{1}{2h} M_{n-2}) , \end{aligned} \qquad (3.112)$$

$$\frac{h_e}{h} I_{n-1} v_{n-2} - 2\,\frac{h_e}{h} I_{n-1} v_{n-1} + \frac{h_e}{h} I_{n-1} v_n = \frac{M_{n-1} h^2}{2E} \,. \qquad (3.113)$$

Bei der Behandlung des gelenkig gelagerten Randes (Bild 3.21) muß die durch lineare Interpolation ermittelte Randbedingung

$$v_{n+1} = -\,\frac{3h - 2h_e}{2h_e - h}\, v_n \qquad (3.114)$$

in $\overline{\Pi}$ berücksichtigt werden, bevor die Minimalbedingungen aufgeschrieben werden. Fällt der Rand mit dem Punkt n zusammen, lauten die Randbedingungen:

$$v_n = 0 \;, \quad v_{n+1} = -\,v_{n-1} \qquad (3.115)$$

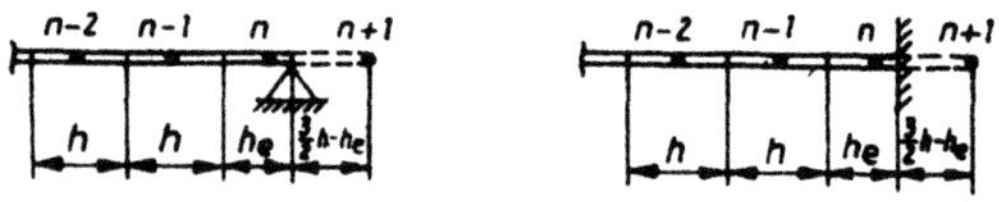

Bild 3.21

Gelenkig gelagerter Rand

Eingespannter Rand

Für den eingespannten Rand wird

$$v_n = v_{n+1} = 0 \qquad (3.116)$$

gesetzt bzw., wenn der Punkt n auf dem Rand liegt:

$$v_n = 0 \;, \quad v_{n+1} = v_{n-1} \qquad (3.117)$$

(ein Beispiel siehe Abschnitt 3.4.1.).

Die Anwendung des Differenzenverfahrens auf das Variationsproblem bringt wesentliche Vorteile (symmetrische Matrizen, dynamische Randbedingungen fallen nicht explizit an). Die bisher behandelten gewöhnlichen Differentialgleichungen 4. Ordnung sind durchweg Sonderfälle der Differentialgleichung

$$\frac{d^2}{dx^2}\left[f_1(x)\,\frac{d^2y(x)}{dx^2}\right] - \frac{d}{dx}\left[f_2(x)\,\frac{dy}{dx}\right] + f_3(x)\,y(x) = r(x)\,, \qquad (3.118)$$

zu der folgendes Variationsproblem gehört:

$$\frac{1}{2}\int_{(l)}\left[f_1\left(\frac{d^2y}{dx^2}\right)^2 + f_2\left(\frac{dy}{dx}\right)^2 + f_3 y^2 - 2ry\right]dx + \widetilde{W}_i - \widetilde{W}_a \longrightarrow \text{Minimum}\,, \qquad (3.119)$$

wobei $\tilde{W}_i$ die innere Arbeit (z.B. von diskreten Federn) und $\tilde{W}_a$ die Endwertarbeit äußerer Lasten (z.B. diskrete Kräfte oder Momente) repräsentieren, die über die dynamischen Rand- und Übergangsbedingungen in die Lösung von (3.118) einfließen würden. Die kinematischen Randbedingungen müssen von den in (3.119) einzusetzenden Funktionen y(x) erfüllt werden.

3.3.2. Plattenbiegung

Zur Differentialgleichung der Biegung der dünnen Platte mit konstanter Dicke (3.86) gehört das Variationsproblem

$$\Pi = \frac{K}{2}\int_{(A)}\left\{(\nabla^2 w)^2 - 2(1-\nu)\left[\frac{\partial^2 w}{\partial x^2}\,\frac{\partial^2 w}{\partial y^2} - \left(\frac{\partial^2 w}{\partial x \partial y}\right)^2\right]\right\}dA - \int_{(A)} p_z w\, dA \Rightarrow Min. \qquad (3.120)$$

Dabei wurde nur die Flächenlast p_z berücksichtigt. Linien- und Einzellasten, diskrete Federn usw. können analog zur Vorgehensweise im vorigen Abschnitt ergänzt werden.

Die Platte wird mit einem quadratischen Netz überzogen, die Funktionswerte an den Stützstellen dienen zur Approximation der partiellen Ableitungen in (3.120). Die Integrationsbereiche werden zweckmäßig durch ein Sekundärnetz entsprechend Bild 3.22 festge-

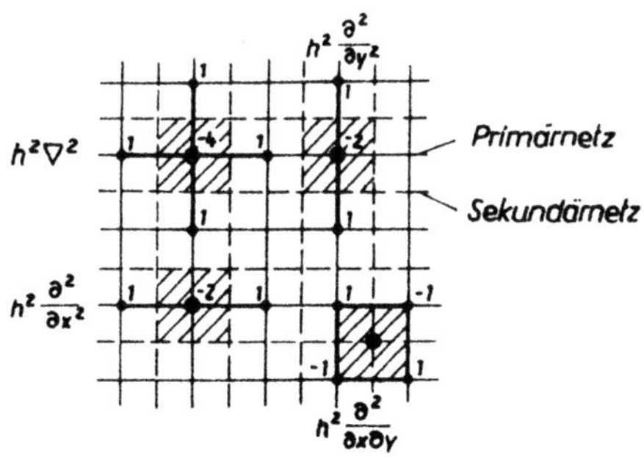

Bild 3.22

legt. Für die gemischte partielle Ableitung empfiehlt es sich, abweichend von dem in Bild 3.11 skizzierten Differenzenstern eine Formel mit einfacher Maschenweite zu verwenden und die Integrationsbereiche für diesen Term von (3.120) durch das Primärnetz festzulegen.

Der weitere Ablauf der Rechnung entspricht dem Algorithmus, wie er für die Biegung des geraden Balkens demonstriert wurde, und führt für einen Punkt, der in genügender Entfernung vom Rand liegt, auf den gleichen Differenzenstern wie die Differentialgleichung (3.86).

Am freien Rand ist nur die eventuell veränderte Größe der Integrationsbereiche zu berücksichtigen (gilt auch für gekrümmte Ränder), am gelenkig gelagerten bzw. eingespannten Rand sind die kinematischen Randbedingungen vor Aufschreiben der Minimalbedingungen entsprechend (3.107) zu berücksichtigen. Für einige randnahe Punkte sind in Bild 3.23 die Differenzensterne zusammengestellt (für Punkte in der Nähe starrer Einspannungen siehe /34/).

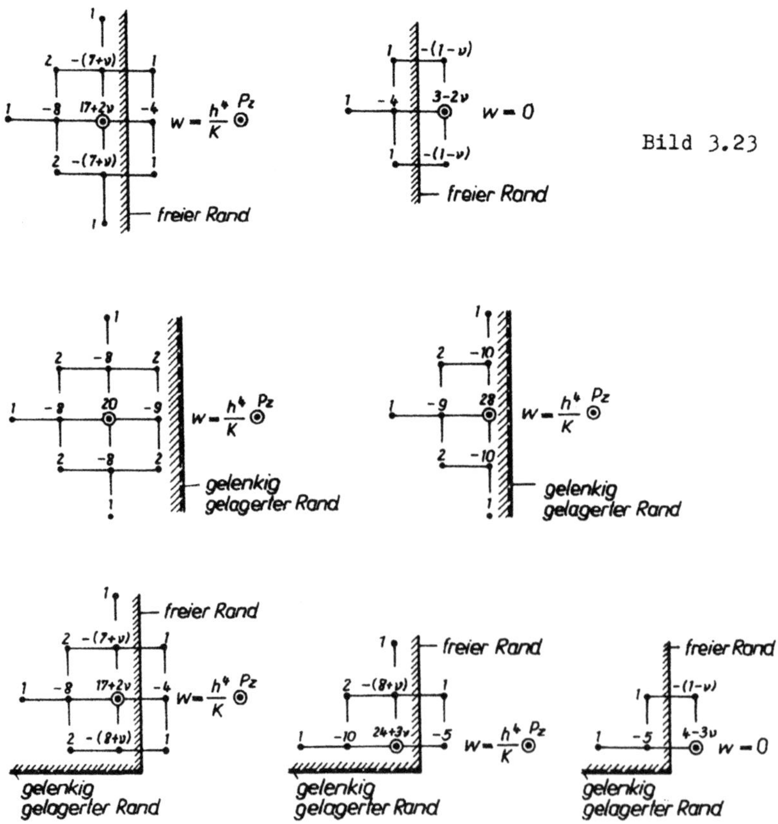

Bild 3.23

3.4. Zusammenfassung

3.4.1. Feinheit der Diskretisierung, Genauigkeit

Die Qualität der mit dem Differenzenverfahren zu erzielenden Ergebnisse ist weitgehend von der Feinheit der Diskretisierung abhängig. Für die Lösung des Gleichungssystems bzw. Eigenwertproblems wird in der Regel ein Rechenautomat genutzt werden. Da mit der Anzahl der Stützstellen der Aufwand steigt, muß stets ein Kompromiß zwischen der anzustrebenden Genauigkeit des Resultats und ökonomisch vertretbaren Rechenzeiten gesucht werden. Auch die aufzubereitende Datenmenge kann zu einem Problem werden. Andererseits kann durch die Auflösbarkeit des Gleichungssystems eine Grenze für die Anzahl der Unbekannten gesetzt werden, wie das folgende Beispiel zeigt.

Ein Kragträger mit Einzellast wird in n **Abschnitte gleicher Länge** h unterteilt (Bild 3.24). Unter Verwendung der Differenzenformeln für das Variationsproblem (Abschnitt 3.3.1.) ergibt sich das Gleichungssystem

$$\begin{bmatrix} 7 & -4 & 1 & & & & & & & \\ -4 & 6 & -4 & 1 & & & \mathbf{0} & & & \\ 1 & -4 & 6 & -4 & 1 & & & & & \\ & 1 & -4 & 6 & -4 & 1 & & & & \\ & & \ddots & \ddots & \ddots & \ddots & \ddots & & & \\ & & & 1 & -4 & 6 & -4 & 1 & & \\ & & & & 1 & -4 & 5{,}5 & -3 & 0{,}5 \\ & \mathbf{0} & & & & 1 & -3 & 3 & -1 \\ & & & & & & 0{,}5 & -1 & 0{,}5 \end{bmatrix} \begin{bmatrix} v_1 \\ v_2 \\ v_3 \\ v_4 \\ \vdots \\ v_{n-2} \\ v_{n-1} \\ v_n \\ v_{n+1} \end{bmatrix} = \frac{Fl^3}{EIn^3} \begin{bmatrix} 0 \\ 0 \\ 0 \\ 0 \\ \vdots \\ 0 \\ 0 \\ 1 \\ 0 \end{bmatrix} \qquad (3.121)$$

Auf einem Rechenautomaten, der mit etwa acht wesentlichen Dezimalen arbeitet, wurde dieses System mit Hilfe des numerisch sehr stabilen CHOLESKY-Verfahrens bei verschiedenen Werten für n gelöst. Es zeigte sich, daß bei feiner werdender Diskretisierung die Ergebnisse zunächst besser werden, dann aber (schon ab n=40) infolge der unvermeidlichen Rundungsfehler bei der Gleichungssystemauflösung schlechter oder gar (n=160) unbrauchbar werden.

Bei grober Unterteilung werden die Abweichungen von der exakten

Tafel 3.1

n	Absenkung in Trägermitte $\frac{EI}{Fl^3} v_{n/2}$		Absenkung am Trägerende $\frac{EI}{Fl^3} v_n$			
	Rechnung mit 8 Dezimalen	exakt	Rechnung mit 8 Dezimalen	exakt	Verfahrensfehler [%]	Gesamtfehler [%]
4	0,109375	0,109375	0,343750	0,343750	3,125	3,125
10	0,105001	0,105000	0,335004	0,335000	0,500	0,501
20	0,104389	0,104375	0,333791	0,333750	0,125	0,137
40	0,104463	0,104219	0,334171	0,333438	0,032	0,251
80	0,105208	0,104180	0,336328	0,333359	0,008	0,899
160	0,141094	0,104170	0,442737	0,333340	0,002	32,821
Analytische Lösung		0,104167		0,333333		

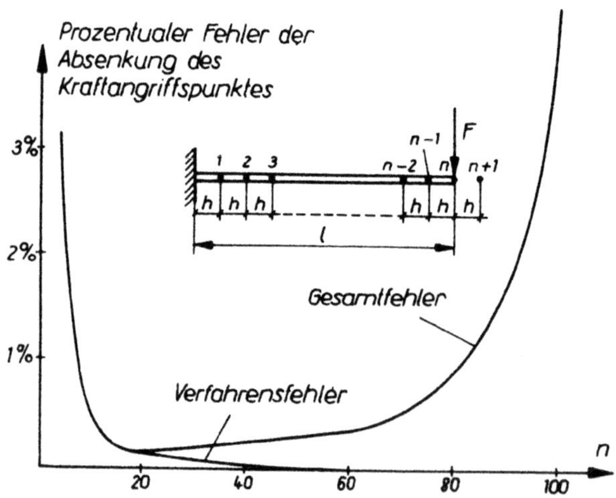

Bild 3.24

Lösung vom Verfahrensfehler bestimmt. Während dieser mit feiner werdender Diskretisierung abnimmt, wächst der durch die Gleichungssystemauflösung entstehende Rundungsfehler sehr stark an (vgl. Abschnitt 2.2.6.). Der Anfangsabbrechfehler spielt keine Rolle, da die Zahlen des Systems (3.121) im Rechenautomaten exakt dargestellt werden.

In der Tafel 3.1 sind neben den Ergebnissen (Absenkung in Trägermitte und am Trägerende), die sich bei der Rechnung mit acht wesentlichen Dezimalen ergaben, auch die exakten Werte für das jeweilige Gleichungssystem angegeben. Letztere sind nur mit dem Verfahrensfehler (Fehler infolge der Diskretisierung) behaftet.

Im Abschnitt 2.2.6. (Beispiel 3) wurde mit Hilfe der Konditionszahl der Koeffizientenmatrix eine Begründung für die schlechte Auflösbarkeit des Gleichungssystems (3.121) gegeben. Es muß betont werden, daß das betrachtete Beispiel einen besonders ungünstigen Fall darstellt. Die Kondition der Koeffizientenmatrix verbessert sich wesentlich, wenn der Träger durch ein oder mehrere Zwischenstützen zusätzlich gelagert wird. Mit der im Abschnitt 2.2.6. gegebenen Analogiebetrachtung (Eigenfrequenzen eines entsprechenden Schwingungssystems sind proportional zu den Eigenwerten, die die Konditionszahl bestimmen) kann man dies begründen: Während sich die hohen Eigenfrequenzen durch das Anbringen einer Zwischenstütze kaum ändern, wird die kleinste Eigenfrequenz erheblich vergrößert.

Die Festlegung eines vernünftigen Diskretisierungsgrades verlangt einige Erfahrung. Sind Wendepunkte in der zu approximierenden Lösungsfunktion zu erwarten, muß eine feinere Schrittweite gewählt werden. Die demonstrierten Beispiele unter Verwendung einfacher Differenzenformeln bestätigen, daß man mit etwa vier Stützstellen pro "Halbwelle" schon einen recht guten Überblick über die Lösung bekommt und bei etwa zehn Stützstellen pro Halbwelle die Lösung meist auch quantitativ praktischen Anforderungen gerecht wird.

Diese Groborientierung darf allerdings nicht als allgemeingültige Regel aufgefaßt werden. Vielfach ist es angezeigt, die Qualität des Ergebnisses daran zu messen, wie es sich bei Rechnung mit unterschiedlich feiner Schrittweite ändert. Der Mehraufwand der doppelten Rechnung bietet nach folgender Überlegung die Möglichkeit zu einer weiteren Ergebnisverbesserung.

Der Fehler der einfachen Differenzenformeln ist nach den Gleichungen (3.20) und (3.21) proportional h^2. Wurde die Rechnung mit den beiden Schrittweiten h_1 und h_2 ($h_1 > h_2$) durchgeführt, so wird

$$y_{exakt} - y_1 = \delta_1 = c_1 h_1^2 \quad ,$$
$$y_{exakt} - y_2 = \delta_2 = c_2 h_2^2 \qquad (3.122)$$

gesetzt. Unter der Voraussetzung, daß die höheren Ableitungen der Lösungsfunktion sich nicht stark ändern, kann näherungsweise $c_1=c_2=c$ angenommen werden. Danach wird c aus (3.122) eliminiert, und man kann dann zwar nicht mehr y_{exakt}, aber doch einen verbesserten y-Wert nach folgender Formel ermitteln:

$$y_{verbessert} = \frac{y_1 h_2^2 - y_2 h_1^2}{h_2^2 - h_1^2} = y_2 + \frac{y_2 - y_1}{\left(\frac{h_1}{h_2}\right)^2 - 1} = y_2 + \delta . \qquad (3.123)$$

Diese als RICHARDSON-Extrapolation bezeichnete Vorgehensweise wird in ähnlicher Form auch in den Abschnitten 5. und 6. genutzt werden.

Beispiel: Verbesserung der Ergebnisse für die Verschiebungen $v_{n/2}$ und v_n des Kragträgers (Bild 3.24) unter Verwendung der Werte für n=4 und n=10 :

$$\frac{h_1}{h_2} = 2{,}5 \quad \Rightarrow \quad \delta = \frac{1}{5{,}25}\left(v^{(10)} - v^{(4)}\right)$$

	n=4	n=10	δ	verbesserte Werte	exakte Werte
$\frac{EI}{Fl^3} v_{n/2}$	0,109375	0,105000	-0,000833	0,104167	0,104167
$\frac{EI}{Fl^3} v_n$	0,343750	0,335000	-0,001667	0,333333	0,333333

3.4.2. Anwendungsempfehlungen

Die Universalität des Differenzenverfahrens führte zu einem heute kaum mehr zu übersehenden Schrifttum, das neben theoretischen Fragen und Belegen für erfolgreiche Anwendungen auch zahlreiche Überlegungen zur Anpassung des Verfahrens an unterschiedliche

Probleme beinhaltet.

Für viele Aufgaben bietet sich die Verwendung eines nicht rechteckigen Netzes zur besseren Annäherung der Randkontur an. Verzerrte Rechtecknetze, Dreiecks-, Trapez- und Sechsecknetze u. a. wurden verwendet, vgl. z. B. /31/,/32/. Das durch eine Geradenschar φ=konstant und eine Schar konzentrischer Kreise r=konst. gebildete Netz für Polarkoordinaten hat den Nachteil, daß die Abstände der Stützpunkte proportional mit r anwachsen. Man kann gegebenenfalls ein solches Netz durch Einschalten zusätzlicher Zwischenpunkte, für die die Funktionswerte durch Interpolation gewonnen werden, wieder verfeinern. Ähnlich verfährt man bei der sogenannten "lokalen Netzverfeinerung" an besonders interessierenden Stellen eines Gebietes oder beim Übergang von einem Netztyp zu einem anderen /32/.

Für die Bearbeitung der meisten Aufgabenstellungen ist mit einer sinnvollen Kombination von Hand- und Automatenrechnung die rationellste Arbeitsweise gegeben. Dem Rechenautomaten wird die Lösung des Gleichungssystems und eventuell die Ergebnisauswertung (z.B. Spannungsberechnung) übertragen. Die Programmierung der Aufstellung des Gleichungssystems ist nur in Ausnahmefällen sinnvoll. Trotz der Entwicklung spezieller Techniken (z.B. Einbettungsverfahren - das Lösungsgebiet wird in ein Gebiet mit Standardnetz "eingebettet") ist in diesem Punkt das Differenzenverfahren der Methode der finiten Elemente, die im Abschnitt 4. behandelt wird, unterlegen.

Anfangswertaufgaben und Randwertaufgaben werden mit Hilfe des Differenzenverfahrens auf prinzipiell gleiche Weise behandelt. Wegen der erhöhten Gefahr numerischer Instabilität (vgl. das Beispiel im Abschnitt 3.4.1.) bei Anfangswertproblemen sind für ihre Lösung andere numerische Verfahren (z.B. die im Abschnitt 6. behandelten Verfahren) i. a. vorzuziehen. Dies gilt besonders auch für nichtlineare Probleme.

Eine Wertung des Differenzenverfahrens kann erst erfolgen, wenn ein Vergleich mit der Finite-Elemente-Methode möglich ist. Hierzu wird auf Abschnitt 4.9.2. verwiesen.

4. Die Methode der finiten Elemente

4.1. Einführung

Unter den zahlreichen Verfahren, die zur Lösung von Problemen der Technischen Mechanik (und vieler anderer Fachgebiete) angewendet werden, nimmt die Methode der finiten Elemente heute zweifellos eine Sonderstellung ein. Neben ihrer universellen Anwendbarkeit, die sonst wohl nur vom Differenzenverfahren erreicht wird, sind es im wesentlichen zwei Gründe, die dafür verantwortlich sind:

- Die Möglichkeit der Berechnung von Gebilden mit komplizierter Geometrie entbindet den Ingenieur von vielen Überlegungen, die bei der Verwendung stark vereinfachter physikalischer Modelle nötig wären.
- Die Entwicklung der Finite-Elemente-Methode verlief parallel zur Entwicklung der elektronischen Rechentechnik, wodurch eine besonders gute Anpassung an dieses moderne Hilfsmittel erreicht werden konnte. Es wurde möglich, nutzerfreundliche Rechenprogramme zu schreiben, mit denen die Aufgabenstellungen ganzer Problemklassen erledigt werden können.

Die Methode der finiten Elemente basiert auf dem Gedanken, das zu berechnende Gebilde in eine Anzahl einfacher (der Berechnung zugänglicher) Elemente zu zerlegen und aus den Elementlösungen unter Berücksichtigung von Kontinuitäts- und Gleichgewichtsbedingungen eine Lösung für das Gesamtsystem zu konstruieren. Diese Bedingungen werden nur an einer endlichen Anzahl von Punkten (sog. Knoten) formuliert. Für die eindimensionalen Elemente der Stabstatik entspricht dies den realen Bedingungen des physikalischen Modells; welche Konsequenzen sich daraus für zwei- bzw. dreidimensionale Kontinua ergeben, wird im Abschnitt 4.3. erläutert.

Im folgenden Abschnitt wird die Deformationsmethode der Stabstatik behandelt. Hierfür sind die Betrachtungen am Element besonders einfach, und die Zusammensetzung der Elemente zum Gesamtsystem kann übersichtlich demonstriert werden. In den darauffolgenden Abschnitten, die sich mit den zwei- und dreidimensionalen Problemen befassen, werden demgegenüber die Elementbetrachtungen im Vordergrund stehen.

4.2. Die Deformationsmethode der Stabstatik

Unter dem Begriff "Matrizenmethoden der Stabstatik" werden (neben den Übertragungsmatrizenverfahren) vornehmlich zwei Vorgehensweisen verstanden, die Gleichgewichtsmethode (Kraftgrößenverfahren) und die Deformationsmethode.

Die Gleichgewichtsmethode folgt dem Berechnungsablauf, wie er dem Ingenieur aus der Grundausbildung in der Elastostatik geläufig ist: Festlegung und Berechnung eines statisch bestimmten Hauptsystems, wobei die "Statisch Unbestimmten" zum Schluß aus Kompatibilitätsbedingungen ermittelt werden. Aus diesem (didaktischen) Grund ist in vielen Lehrbüchern diese Methode vorrangig behandelt worden.

Bei hochgradig statisch unbestimmten Systemen ist die Deformationsmethode effektiver. Ihr entscheidender Vorteil ist jedoch die wesentlich einfachere Formalisierbarkeit des Rechenablaufs, die das Aufstellen außerordentlich nutzerfreundlicher Rechenprogramme gestattet.

Die Deformationsmethode wird im folgenden an Systemen demonstriert, die sich aus geraden Biegestäben zusammensetzen.

4.2.1. Vorbetrachtungen

4.2.1.1. Begriffsdefinitionen

Die Deformationsmethode der Stabstatik arbeitet (wie die Finite-Elemente-Methode überhaupt) vornehmlich mit Beziehungen zwischen diskreten Kräften und Verschiebungen an ausgewählten Punkten (Knoten). Dabei soll der Begriff Kraft sowohl für Kräfte als auch für Momente stehen, der Begriff Verschiebung soll die Verdrehungen mit einschließen.

Der Knotenverschiebungsvektor $\mathbf{d}_i$ enthält die (wesentlichen)

Verschiebungen eines Knotens, der Elementverschiebungsvektor d_e alle Knotenverschiebungen eines Elements und der Systemverschiebungsvektor d alle Knotenverschiebungen des Gesamtsystems, wobei als System das Ensemble sämtlicher Elemente verstanden wird. Entsprechend sind die Begriffe Knoten-, Element- bzw. Systemkraftvektor definiert.

Eine Matrix K, die (unter der Voraussetzung dieses linearen Zusammenhangs) einen Kraftvektor f mit einem Verschiebungsvektor d entsprechend

$$f = Kd \tag{4.1}$$

verknüpft, heißt Steifigkeitsmatrix.

4.2.1.2. Der Berechnungsablauf

Die Lösung für ein mechanisches Problem muß folgenden Bedingungen genügen:

- Gleichgewicht: Die inneren und äußeren Kräfte des Systems müssen in jedem Punkt ein Gleichgewichtssystem bilden.
- Kompatibilität: Die Elemente müssen auch nach der Verformung noch zusammenpassen.
- Kraft-Verformungs-Beziehungen: Der Zusammenhang zwischen den inneren Kräften und den Verformungen wird durch ein Stoffgesetz bestimmt. Zunächst soll angenommen werden, daß diese Beziehung linear ist (HOOKEsches Gesetz).

Es wird vorausgesetzt, daß äußere Kräfte nur an den Knoten angreifen. Für diskrete Lasten ist dies keine Einschränkung der Allgemeinheit, da jeder Lastangriffspunkt zum Knoten erklärt werden kann; die Möglichkeit der Reduktion verteilter Belastung auf Knotenlasten wird im Abschnitt 4.2.6. behandelt.

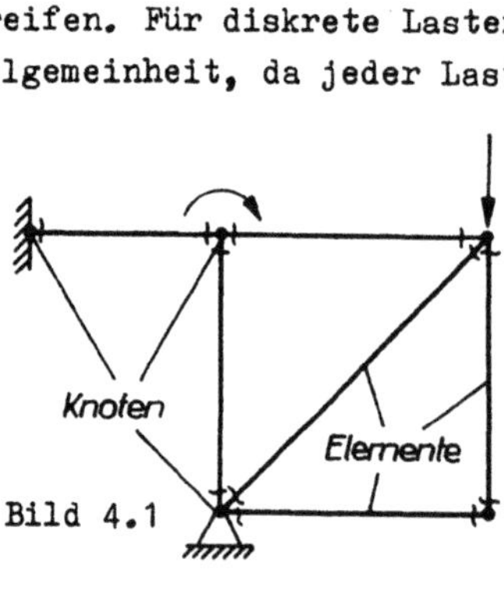

Bild 4.1

Durch Schnitte unmittelbar neben den Knoten werden die Elemente aus der Struktur herausgelöst (Bild 4.1). Als Schnittkräfte treten dabei die Elementknotenkräfte auf (Vektor f_e). Für jedes Element wird nun eine Beziehung

$$f_e = K_e d_e \qquad (4.2)$$

(K_e - Elementsteifigkeitsmatrix) ermittelt, wobei die Gleichartigkeit von Elementen genutzt werden kann. In diese Beziehung gehen das Stoffgesetz und die der Berechnung zugrunde gelegten Hypothesen und Näherungsannahmen ein.

Die ermittelten Elementbeziehungen (4.2) beziehen sich i. a. auf ein elementeigenes ("lokales") Koordinatensystem, so daß vor der weiteren Rechnung f_e und d_e und damit K_e auf ein übergeordnetes ("globales") Koordinatensystem transformiert werden müssen.

Mit Hilfe der Verträglichkeitsbedingungen (einschließlich der kinematischen Randbedingungen) werden die Elementknotenverschiebungen auf die wesentlichen Systemknotenverschiebungen reduziert. Die Gleichgewichtsbedingungen an den Knoten, in die die Elementknotenkräfte und die äußeren Kräfte eingehen, führen schließlich auf ein Gleichungssystem für die Knotenverschiebungen. Die Lösung dieses Gleichungssystems liefert den Systemverschiebungsvektor, aus dem die Elementverschiebungsvektoren zusammengestellt werden können, mit denen dann nach Gleichung (4.2) die Elementkraftvektoren (Schnittgrößen) berechnet werden.

4.2.2. Elementsteifigkeitsmatrix des geraden Balkens

Ein gerader Balken e wird an seinen Enden (Knoten 1 und 2) durch Längskräfte, Querkräfte und Momente belastet (Bild 4.2). Es ist zweckmäßig, die positiven Richtungen an beiden Knoten gleichartig festzulegen und auch die Knotenverschiebungen entsprechend zu definieren. Die Gleichgewichtsbedingungen fordern:

$$U_1 = -U_2 \,, \quad V_1 = -V_2 \,, \quad M_{z_1} = -M_{z_2} - V_2 l \,. \qquad (4.3)$$

Unter der Voraussetzung kleiner Verformungen wird die Längsdeformation unabhängig vom Biegeproblem, und es gilt:

$$U_2 = \frac{EA}{l}(u_2 - u_1) \,. \qquad (4.4)$$

Die lineare Biegetheorie liefert:

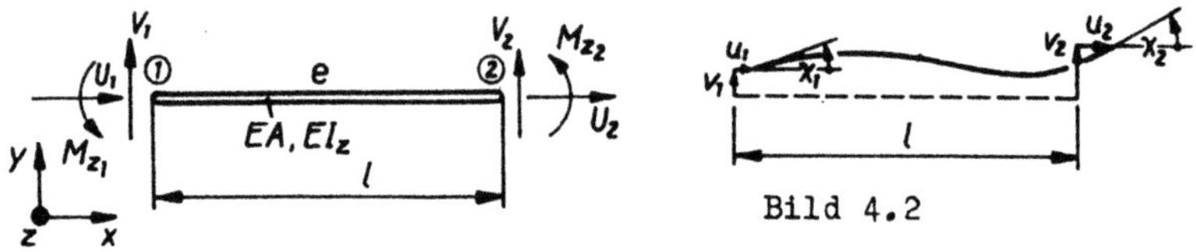

Bild 4.2

$$V_2 = \frac{12EI_z}{l^3}(v_2 - v_1) - \frac{6EI_z}{l^2}(\chi_2 + \chi_1), \tag{4.5}$$

$$M_{z_2} = \frac{6EI_z}{l^2}(v_1 - v_2) + \frac{2EI_z}{l}(\chi_1 + 2\chi_2).$$

Die sechs Gleichungen (4.3), (4.4) und (4.5) werden zusammengefaßt zu

$$f_e = \begin{bmatrix} U_1 \\ V_1 \\ M_{z_1} \\ \hline U_2 \\ V_2 \\ M_{z_2} \end{bmatrix} = \frac{EI_z}{l^3} \left[\begin{array}{ccc|ccc} \frac{Al^2}{I_z} & 0 & 0 & -\frac{Al^2}{I_z} & 0 & 0 \\ 0 & 12 & 6l & 0 & -12 & 6l \\ 0 & 6l & 4l^2 & 0 & -6l & 2l^2 \\ \hline -\frac{Al^2}{I_z} & 0 & 0 & \frac{Al^2}{I_z} & 0 & 0 \\ 0 & -12 & -6l & 0 & 12 & -6l \\ 0 & 6l & 2l^2 & 0 & -6l & 4l^2 \end{array}\right] \begin{bmatrix} u_1 \\ v_1 \\ \chi_1 \\ \hline u_2 \\ v_2 \\ \chi_2 \end{bmatrix} = K_e d_e \tag{4.6}$$

mit der Elementsteifigkeitsmatrix

$$K_e = \left[\begin{array}{c|c} K_{11}^{(e)} & K_{12}^{(e)} \\ \hline K_{21}^{(e)} & K_{22}^{(e)} \end{array}\right], \tag{4.7}$$

wobei eine Untermatrix $K_{ij}^{(e)}$ die Knotenverschiebungen d_j mit den durch sie am Knoten i hervorgerufenen Kräften f_i verknüpft.

K_e ist symmetrisch (Satz von MAXWELL-BETTI) und infolge der noch möglichen Starrkörperverschiebungen des Elements, die keine Knotenkräfte hervorrufen, singulär.

Für die Berechnung räumlicher Stabwerke wird die Elementsteifigkeitsbeziehung

$$\hat{\hat{f}}_e = \begin{bmatrix} f_e \\ \hline \hat{f}_e \end{bmatrix} = \hat{\hat{K}}_e \hat{\hat{d}}_e = \left[\begin{array}{c|c} K_e & 0 \\ \hline 0 & \hat{K}_e \end{array}\right] \begin{bmatrix} d_e \\ \hline \hat{d}_e \end{bmatrix} \tag{4.8}$$

benötigt, wobei $\hat{\hat{f}}_e$ und $\hat{\hat{d}}_e$ in Bild 4.3 definiert werden.

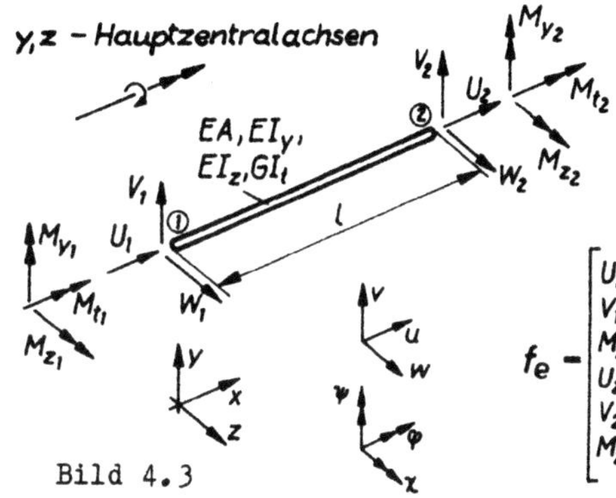

$$\hat{\hat{f}}_e = \begin{bmatrix} f_e \\ \hdashline \hat{f}_e \end{bmatrix}, \quad \hat{\hat{d}}_e = \begin{bmatrix} d_e \\ \hdashline \hat{d}_e \end{bmatrix}$$

$$f_e = \begin{bmatrix} U_1 \\ V_1 \\ M_{z_1} \\ U_2 \\ V_2 \\ M_{z_2} \end{bmatrix}, \hat{f}_e = \begin{bmatrix} M_{t_1} \\ M_{y_1} \\ W_1 \\ M_{t_2} \\ M_{y_2} \\ W_2 \end{bmatrix}, d_e = \begin{bmatrix} u_1 \\ v_1 \\ \chi_1 \\ u_2 \\ v_2 \\ \chi_2 \end{bmatrix}, \hat{d}_e = \begin{bmatrix} \varphi_1 \\ \psi_1 \\ w_1 \\ \varphi_2 \\ \psi_2 \\ w_2 \end{bmatrix}$$

Bild 4.3

K_e ist durch Gleichung (4.6) gegeben, für $\hat{K}_e$ gilt:

$$\hat{K}_e = \frac{EI_y}{l^3} \begin{bmatrix} \frac{GI_t}{EI_y} l^2 & 0 & 0 & -\frac{GI_t}{EI_y} l^2 & 0 & 0 \\ & 4l^2 & -6l & 0 & 2l^2 & 6l \\ & & 12 & 0 & -6l & -12 \\ & & & \frac{GI_t}{EI_y} l^2 & 0 & 0 \\ & (\text{symm.}) & & & 4l^2 & 6l \\ & & & & & 12 \end{bmatrix} . \qquad (4.9)$$

Gleichung (4.8) verdeutlicht, daß für ebene Stabsysteme mit räumlicher Belastung die Lastfälle "in der Ebene" (U, V, M_z) und "senkrecht zur Ebene" (W, M_y, M_t) nicht gekoppelt sind. Für solche Probleme rechnet man zweckmäßig diese beiden Lastfälle getrennt.

Die Ausführungen der folgenden Abschnitte beziehen sich nur auf ebene Stabsysteme mit Belastungen in der Systemebene.

4.2.3. Transformation in ein globales Koordinatensystem

Die auf das Elementkoordinatensystem x,y bezogenen Kräfte und Verschiebungen werden auf das globale $\bar{x}$-$\bar{y}$-System transformiert. Die aus Bild 4.4 abzulesende Beziehung

$$\bar{f}_2 = \begin{bmatrix} \bar{U}_2 \\ \bar{V}_2 \\ \bar{M}_2 \end{bmatrix} = \begin{bmatrix} \cos\alpha & -\sin\alpha & 0 \\ \sin\alpha & \cos\alpha & 0 \\ 0 & 0 & 1 \end{bmatrix} \begin{bmatrix} U_2 \\ V_2 \\ M_2 \end{bmatrix} = T f_2 \qquad (4.10)$$

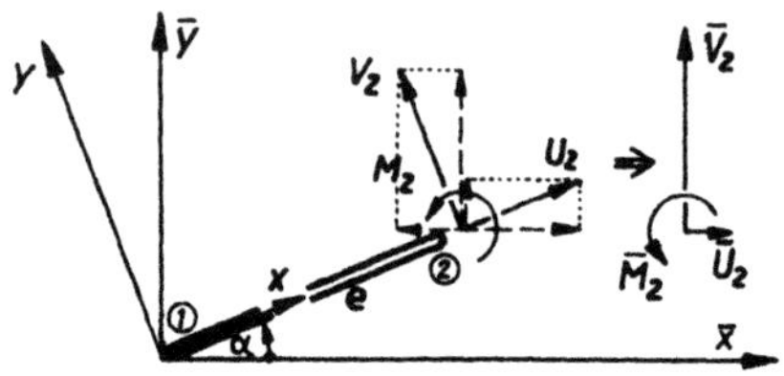

Bild 4.4

gilt in entsprechender Form auch am Knoten 1, so daß der Elementkraftvektor nach der Vorschrift

$$\bar{f}_e = T_e\, f_e \quad \text{mit} \quad T_e = \left[\begin{array}{c|c} T & 0 \\ \hline 0 & T \end{array}\right] \tag{4.11}$$

transformiert wird. Für den gleichartig definierten Elementverschiebungsvektor gilt dann

$$\bar{d}_e = T_e\, d_e . \tag{4.12}$$

Mit (4.11) und (4.12) wird aus der Elementsteifigkeitsbeziehung

$$f_e = K_e\, d_e \tag{4.13}$$

im globalen Koordinatensystem:

$$T_e^{-1}\bar{f}_e = K_e T_e^{-1}\bar{d}_e$$

bzw.

$$\bar{f}_e = T_e K_e T_e^T\, \bar{d}_e = \bar{K}_e\, \bar{d}_e \tag{4.14}$$

mit

$$\bar{K}_e = T_e K_e T_e^T , \tag{4.15}$$

wobei $T_e^{-1} = T_e^T$ gesetzt werden durfte, weil T_e eine Orthogonalmatrix ist (vgl. Abschnitt 2.1.4.). Die Symmetrie von K_e überträgt sich auf die transformierte Elementsteifigkeitsmatrix $\bar{K}_e$.

4.2.4. Kompatibilität und Gleichgewicht, Aufbau der Systemsteifigkeitsmatrix

Die Erfüllung der Kompatibilitäts- und Gleichgewichtsbedingungen an den Knoten des Systems, die zum Aufbau der Systemsteifigkeitsmatrix führt, soll an einem Beispiel (Bild 4.5) erläutert werden. Durch eine Koinzidenzmatrix, die den Elementknotennummern 1 und 2

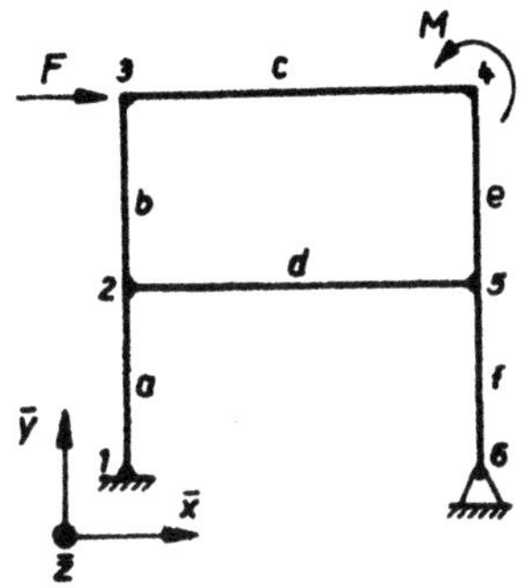

Bild 4.5

Element	Knoten 1	Knoten 2
a	1	2
b	2	3
c	3	4
d	2	5
e	5	4
f	6	5

Koinzidenzmatrix

eines jeden Elements entsprechende Systemknotennummern zuordnet, liegt die Topologie fest.

Es wird angenommen, daß für alle Elemente die auf die lokalen Koordinatensysteme bezogenen Elementsteifigkeitsmatrizen vorliegen. Diese Koordinatensysteme sind in Übereinstimmung mit Bild 4.2 so definiert, daß die x-Achse von Knoten 1 nach Knoten 2 zeigt und sind somit auch durch die Koinzidenzmatrix festgelegt. Die Transformation der Elementsteifigkeitsmatrizen K_a, K_b, K_e, K_f in ein globales Koordinatensystem entsprechend (4.15) ist mit Transformationsmatrizen nach (4.11) mit $\alpha = \pi/2$ vorzunehmen, während sich für K_c und K_d die Transformation erübrigt ($\alpha = 0$).

Somit ist für jedes Element eine auf das x̄-ȳ-System bezogene Beziehung der Form

$$\bar{f}_e = \begin{bmatrix} \bar{f}_1^{(e)} \\ \bar{f}_2^{(e)} \end{bmatrix} = \begin{bmatrix} \bar{K}_{11}^{(e)} & \bar{K}_{12}^{(e)} \\ \bar{K}_{21}^{(e)} & \bar{K}_{22}^{(e)} \end{bmatrix} \begin{bmatrix} \bar{d}_1^{(e)} \\ \bar{d}_2^{(e)} \end{bmatrix} = \bar{K}_e \bar{d}_e \tag{4.16}$$

bekannt. Zur Gewährleistung der Kompatibilität der verformten Elemente muß gefordert werden:

$$\begin{aligned} &\bar{d}_1^{(a)} = \bar{d}_1 , \\ &\bar{d}_2^{(a)} = \bar{d}_1^{(b)} = \bar{d}_1^{(d)} = \bar{d}_2 , \\ &\bar{d}_2^{(b)} = \bar{d}_1^{(c)} = \bar{d}_3 , \\ &\bar{d}_2^{(c)} = \bar{d}_2^{(e)} = \bar{d}_4 , \\ &\bar{d}_2^{(d)} = \bar{d}_1^{(e)} = \bar{d}_2^{(f)} = \bar{d}_5 , \\ &\bar{d}_1^{(f)} = \bar{d}_6 . \end{aligned} \tag{4.17}$$

Dabei ist es (speziell im Hinblick auf die Programmierung) zweckmäßig, die kinematischen Randbedingungen (z.B. $\bar{d}_1 = 0$) an dieser Stelle noch unberücksichtigt zu lassen.

Schließlich müssen noch die Gleichgewichtsbedingungen an den Knoten erfüllt werden. Dazu werden die äußeren Kräfte eines Knotens i zu einem Vektor

$$\bar{f}_i = \begin{bmatrix} F_{\bar{x}}^{(i)} \\ F_{\bar{y}}^{(i)} \\ M_{\bar{z}}^{(i)} \end{bmatrix} \tag{4.18}$$

zusammengefaßt, wobei die positiven Richtungen auf die gleiche Weise wie für die inneren Kräfte festgelegt werden. Für das betrachtete Beispiel müssen folgende sechs Knotengleichgewichtsbedingungen erfüllt werden:

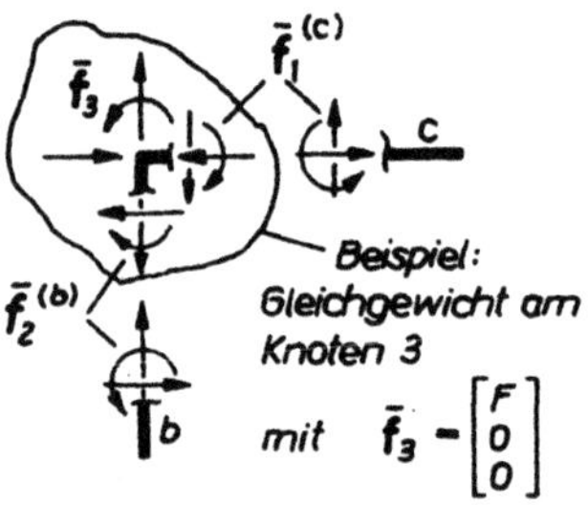

$$\begin{aligned} &\bar{f}_1^{(a)} = \bar{f}_1 , \\ &\bar{f}_2^{(a)} + \bar{f}_1^{(b)} + \bar{f}_1^{(d)} = \bar{f}_2 , \\ &\bar{f}_2^{(b)} + \bar{f}_1^{(c)} = \bar{f}_3 , \\ &\bar{f}_2^{(c)} + \bar{f}_2^{(e)} = \bar{f}_4 , \\ &\bar{f}_2^{(d)} + \bar{f}_1^{(e)} + \bar{f}_2^{(f)} = \bar{f}_5 , \\ &\bar{f}_1^{(f)} = \bar{f}_6 . \end{aligned} \tag{4.19}$$

Hieraus ergeben sich mit den Elementsteifigkeitsbeziehungen entsprechend (4.16) unter Beachtung der Kompatibilitätsbedingungen (4.17) die Gleichungen:

$$\begin{aligned} \bar{f}_1 &= \bar{K}_{11}^{(a)} \bar{d}_1 + \bar{K}_{12}^{(a)} \bar{d}_2 , \\ \bar{f}_2 &= \bar{K}_{21}^{(a)} \bar{d}_1 + \bar{K}_{22}^{(a)} \bar{d}_2 + \bar{K}_{11}^{(b)} \bar{d}_2 + \bar{K}_{12}^{(b)} \bar{d}_3 + \bar{K}_{11}^{(d)} \bar{d}_2 + \bar{K}_{12}^{(d)} \bar{d}_5 , \\ \bar{f}_3 &= \bar{K}_{21}^{(b)} \bar{d}_2 + \bar{K}_{22}^{(b)} \bar{d}_3 + \bar{K}_{11}^{(c)} \bar{d}_3 + \bar{K}_{12}^{(c)} \bar{d}_4 , \\ \bar{f}_4 &= \bar{K}_{21}^{(c)} \bar{d}_3 + \bar{K}_{22}^{(c)} \bar{d}_4 + \bar{K}_{21}^{(e)} \bar{d}_5 + \bar{K}_{22}^{(e)} \bar{d}_4 , \\ \bar{f}_5 &= \bar{K}_{21}^{(d)} \bar{d}_2 + \bar{K}_{22}^{(d)} \bar{d}_5 + \bar{K}_{11}^{(e)} \bar{d}_5 + \bar{K}_{12}^{(e)} \bar{d}_4 + \bar{K}_{21}^{(f)} \bar{d}_6 + \bar{K}_{22}^{(f)} \bar{d}_5 , \\ \bar{f}_6 &= \bar{K}_{11}^{(f)} \bar{d}_6 + \bar{K}_{12}^{(f)} \bar{d}_5 . \end{aligned} \tag{4.20}$$

Die Gleichungen werden zu folgendem Gleichungssystem zusammengefaßt:

$$\begin{bmatrix} \bar{f}_1 \\ \bar{f}_2 \\ \bar{f}_3 \\ \bar{f}_4 \\ \bar{f}_5 \\ \bar{f}_6 \end{bmatrix} = \begin{bmatrix} \bar{K}_{11}^{(a)} & \bar{K}_{12}^{(a)} & 0 & 0 & 0 & 0 \\ \bar{K}_{21}^{(a)} & \bar{K}_{22}^{(a)} + \bar{K}_{11}^{(b)} + \bar{K}_{11}^{(d)} & \bar{K}_{12}^{(b)} & 0 & \bar{K}_{12}^{(d)} & 0 \\ 0 & \bar{K}_{21}^{(b)} & \bar{K}_{22}^{(b)} + \bar{K}_{11}^{(c)} & \bar{K}_{12}^{(c)} & 0 & 0 \\ 0 & 0 & \bar{K}_{21}^{(c)} & \bar{K}_{22}^{(c)} + \bar{K}_{22}^{(e)} & \bar{K}_{21}^{(e)} & 0 \\ 0 & \bar{K}_{21}^{(d)} & 0 & \bar{K}_{12}^{(e)} & \bar{K}_{22}^{(d)} + \bar{K}_{11}^{(e)} + \bar{K}_{22}^{(f)} & \bar{K}_{21}^{(f)} \\ 0 & 0 & 0 & 0 & \bar{K}_{12}^{(f)} & \bar{K}_{11}^{(f)} \end{bmatrix} \begin{bmatrix} \bar{d}_1 \\ \bar{d}_2 \\ \bar{d}_3 \\ \bar{d}_4 \\ \bar{d}_5 \\ \bar{d}_6 \end{bmatrix} \qquad (4.21)$$

bzw.

$$\bar{f} - \bar{K}\bar{d} \, . \qquad (4.22)$$

$\bar{f}$ ist der Vektor der äußeren Knotenkräfte des Systems, $\bar{d}$ der Systemverschiebungsvektor. Die Systemsteifigkeitsmatrix $\bar{K}$ ist infolge der noch möglichen Starrkörperverschiebungen des durch (4.21) beschriebenen Systems singulär. $\bar{K}$ ist symmetrisch und besitzt bei geschickter Wahl der Knotennumerierung eine ausgeprägte Bandstruktur. Die offensichtlich von der größten Differenz der zu einem Element gehörenden globalen Knotennummern bestimmte **Bandweite** könnte für das betrachtete Problem z. B. durch Tausch der Knotennummern 4 und 5 verringert werden.

Für den Aufbau der Systemsteifigkeitsmatrix sind folgende Regeln aus dem behandelten Beispiel abzuleiten:

- Die Elementsteifigkeitsmatrizen werden blockweise (im Beispiel waren es 3x3-Untermatrizen) in die Systemsteifigkeitsmatrix eingespeichert. Eine Untermatrix $\bar{K}_{ij}^{(e)}$ wird dabei zur Untermatrix $\bar{K}_{\bar{i}\bar{j}}$, wobei die Indexsubstitution $(i,j) \rightarrow (\bar{i},\bar{j})$ durch die zugehörige Zeile e der Koinzidenzmatrix festgelegt ist.

- Entfallen mehrere Untermatrizen verschiedener Elementsteifigkeitsmatrizen auf die gleichen Plätze in $\bar{K}$, so werden sie addiert.
- Alle nach Einspeicherung sämtlicher Elementsteifigkeitsmatrizen nicht belegten Plätze der Systemsteifigkeitsmatrix werden durch Nullelemente aufgefüllt.

4.2.5. Randbedingungen, Lösung des Gleichungssystems

Im Gleichungssystem (4.22) stimmt die Anzahl der Gleichungen mit der Anzahl der Unbekannten überein, da zu jeder unbekannten Kraft in $\bar{f}$ eine bekannte Verschiebung in $\bar{d}$ gehört. Für das behandelte Beispiel (Bild 4.5) sind die Verschiebungen

$$\bar{u}_1 = \bar{v}_1 = \bar{u}_6 = \bar{v}_6 = 0 \; , \; \bar{\chi}_1 = 0 \qquad (4.23)$$

bekannt, in Vektorschreibweise:

$$\bar{d}_1 = \mathbf{o} \; , \quad \bar{d}_6 = \begin{bmatrix} 0 \\ 0 \\ \bar{\chi}_6 \end{bmatrix} \qquad (4.24)$$

mit dem noch unbekannten Verdrehwinkel $\bar{\chi}_6$. Die Kraftvektoren $\bar{f}_2$, $\bar{f}_3$, $\bar{f}_4$, $\bar{f}_5$ und eine Komponente von $\bar{f}_6$ sind ebenfalls bekannt:

$$\bar{f}_2 = \bar{f}_5 = \mathbf{o} \; , \quad \bar{f}_3 = \begin{bmatrix} F \\ 0 \\ 0 \end{bmatrix} , \; \bar{f}_4 = \begin{bmatrix} 0 \\ 0 \\ M \end{bmatrix} , \; \bar{f}_6 = \begin{bmatrix} \bar{U}_6 \\ \bar{V}_6 \\ 0 \end{bmatrix} \qquad (4.25)$$

mit den noch unbekannten Kräften $\bar{U}_6$ und $\bar{V}_6$.

Insgesamt enthält (4.22) also 18 Unbekannte (13 Verschiebungen, 5 Kräfte), so daß das Gleichungssystem nach entsprechender Umordnung gelöst werden kann.

Folgende Vorgehensweise ist empfehlenswert: Die verhinderten Verschiebungen bewirken, daß bei der Multiplikation $\bar{K}\bar{d}$ die diesen Verschiebungen entsprechenden Spalten in $\bar{K}$ keinen Anteil liefern, so daß sie aus $\bar{K}$ herausgestrichen werden können, wenn gleichzeitig aus $\bar{d}$ diese Komponenten herausgenommen werden. Die unbekannten Kräfte kommen jeweils nur in einer Gleichung vor, so daß diese Gleichungen separiert werden können, was einer Streichung der Zeilen in $\bar{K}$ und der zugehörigen Komponenten in $\bar{f}$ entspricht. Da die unbekannten Kräfte (Lagerreaktionen) und die verhinderten Verschiebungen in $\bar{f}$ bzw. $\bar{d}$ auf den gleichen Positionen stehen, wird in $\bar{K}$ zu jeder gestrichenen Zeile auch die zugehörige Spalte entfernt. Dabei bleibt die Symmetrie der Matrix erhalten.

Es müssen immer so viel Verschiebungen vorgeschrieben werden, daß eine Lageänderung des Systems, ohne daß in mindestens einem Element innere Kräfte hervorgerufen werden (Starrkörperverschiebung), unmöglich ist. Dies ist besonders zu beachten, wenn die äußere Belastung ein Gleichgewichtssystem bildet.

Die nach den Zeilen-Spalten-Streichungen verbliebene Matrix $\tilde{K}$ ist regulär, so daß das System

$$\tilde{f} = \tilde{K}\tilde{d} \tag{4.26}$$

mit Hilfe eines geeigneten Verfahrens (z.B. CHOLESKY-Verfahren unter Ausnutzung der Bandstruktur) nach $\tilde{d}$ aufgelöst werden kann. Für das Beispiel nach Bild 4.5 ist $\tilde{K}$ eine 13×13-Matrix, die aus $\bar{K}$ durch Streichung der Zeilen und Spalten 1,2,3,16,17 entsteht.

Bei bekannten Knotenverschiebungen können dann alle weiteren interessierenden Größen ermittelt werden:

- Die aus $\bar{f} = \bar{K}\bar{d}$ gestrichenen Gleichungen liefern die Lagerreaktionen.
- Nach (4.16) können die Elementknotenkräfte errechnet werden, die u. U. nach

$$f_e = T_e^T \bar{f}_e \tag{4.27}$$

  in die Elementkoordinatensysteme rücktransformiert werden. Die Komponenten in f_e sind (bis auf die Vorzeichen) mit den Schnittgrößen identisch.
- Mit den Elementknotenkräften sind auch die Schnittgrößenverläufe im Element bekannt (konstante Längskraft, konstante Querkraft, linear veränderliches Biegemoment für die unbelasteten Elemente).

Schließlich kann die Rechnung sehr wirksam kontrolliert werden, indem die Erfüllung der Gleichgewichtsbedingungen an den Knoten - Gleichungen (4.19) - überprüft wird.

4.2.6. Verteilte Belastung, Elementlasten

Belastungen, die nicht an den Knotenpunkten angreifen (z.B. Linienlasten), müssen auf Knotenlasten reduziert werden. Die Reduktion kann so vorgenommen werden, daß sich der durch die Knotenverschiebungen repräsentierte Verformungszustand des Systems exakt ergibt.

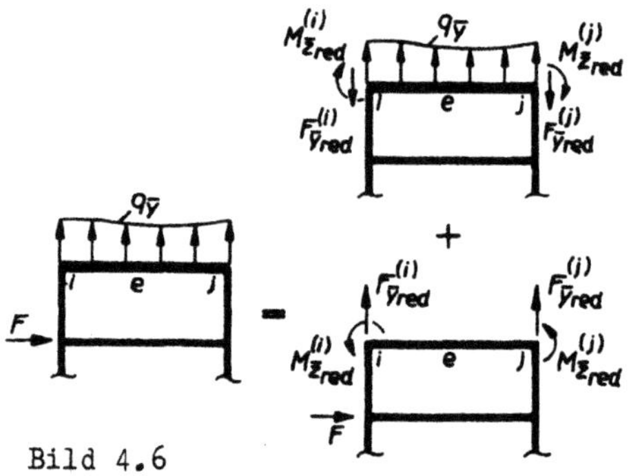

System 1:
Elementlast und negative reduzierte Knotenlasten

System 2:
Reduzierte Knotenlasten und alle übrigen Knotenlasten

Bild 4.6

Im Bild 4.6 wird die Vorgehensweise am Beispiel eines durch die Linienlast $q_{\bar{y}}$ belasteten Elements e demonstriert. Um den Systemverschiebungsvektor ausschließlich mit Hilfe von Knotenlasten (System 2) ermitteln zu können, müssen die reduzierten Knotenlasten so bestimmt werden, daß im System 1 keine Knotenverschiebungen auftreten. Dies ist genau dann der Fall, wenn sie den Lagerreaktionen des an den Knoten i und j starr eingespannt angenommenen Elements e entsprechen. Da diese mit der Elementbelastung ein Gleichgewichtssystem bilden, ergeben sich im System 1 auch nur für das Element e Knotenkräfte, die gleich diesen Lagerreaktionen sind.

Daraus ergibt sich folgende Vorschrift für die Reduktion von Elementlasten, die z. B. auch für diskrete Lasten, Temperaturbelastung usw. angewendet werden kann (Tafel 4.1 zeigt einige Beispiele):

- Es werden die Lagerreaktionen eines mit der Elementlast belasteten beidseitig starr eingespannten Trägers ermittelt. Wenn diese dabei entgegen der Definition positiver Knotenlasten angetragen werden, können sie unmittelbar (mit den sich ergeben-

$\bar{f}_{e_{red}}$	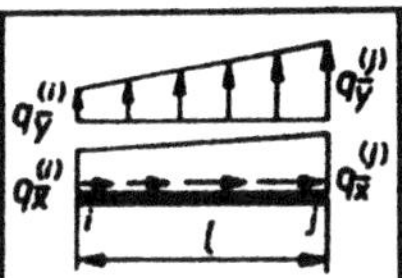	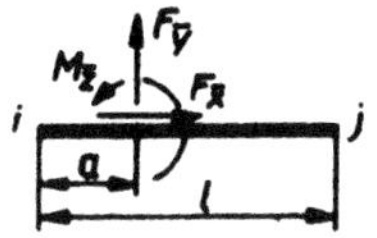	Temperaturerhöhung $i \quad \Delta T \quad j$
$F_{\bar{x}_{red}}^{(i)}$	$\frac{l}{6}(2q_{\bar{x}}^{(i)} + q_{\bar{x}}^{(j)})$	$F_{\bar{x}}(1 - \frac{a}{l})$	$-EA\alpha\Delta T$
$F_{\bar{y}_{red}}^{(i)}$	$\frac{l}{20}(7q_{\bar{y}}^{(i)} + 3q_{\bar{y}}^{(j)})$	$F_{\bar{y}}(1-\frac{a}{l})^2(1+2\frac{a}{l}) - 6M_{\bar{z}}\frac{a}{l^2}(1-\frac{a}{l})$	0
$M_{\bar{z}_{red}}^{(i)}$	$\frac{l^2}{60}(3q_{\bar{y}}^{(i)} + 2q_{\bar{y}}^{(j)})$	$F_{\bar{y}}a(1-\frac{a}{l})^2 - M_{\bar{z}}(1-\frac{a}{l})(3\frac{a}{l}-1)$	0
$F_{\bar{x}_{red}}^{(j)}$	$\frac{l}{6}(q_{\bar{x}}^{(i)} + 2q_{\bar{x}}^{(j)})$	$F_{\bar{x}}\frac{a}{l}$	$EA\alpha\Delta T$
$F_{\bar{y}_{red}}^{(j)}$	$\frac{l}{20}(3q_{\bar{y}}^{(i)} + 7q_{\bar{y}}^{(j)})$	$F_{\bar{y}}(\frac{a}{l})^2(3-2\frac{a}{l}) + 6M_{\bar{z}}\frac{a}{l^2}(1-\frac{a}{l})$	0
$M_{\bar{z}_{red}}^{(j)}$	$-\frac{l^2}{60}(2q_{\bar{y}}^{(i)} + 3q_{\bar{y}}^{(j)})$	$-F_{\bar{y}}\frac{a^2}{l}(1-\frac{a}{l}) - M_{\bar{z}}\frac{a}{l}(2-3\frac{a}{l})$	0

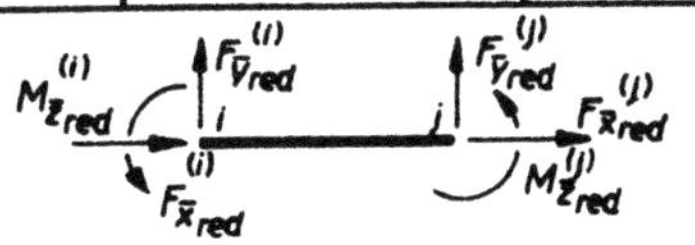

Tafel 4.1

den Vorzeichen) als äußere Knotenlasten (reduzierte Lasten) verwendet werden.

- Das reduzierte System liefert dann sämtliche Knotenverschiebungen exakt, ebenso die Elementknotenkräfte der nicht durch Elementlasten belasteten Elemente. Nur die Knotenkräfte der Elemente, für die die Reduktion von Elementlasten ausgeführt wurde, müssen entsprechend

$$\bar{f}_e = \bar{K}_e \, \bar{d}_e - \bar{f}_{e_{red}} \tag{4.28}$$

korrigiert werden ($\bar{f}_{e_{red}}$ - Vektor der reduzierten Knotenlasten).

4.2.7. Praktische Realisierung verschiedener Randbedingungen

Bei der Einarbeitung der Randbedingungen in (4.22) muß darauf geachtet werden, daß Symmetrieeigenschaft und Bandstruktur von $\bar{K}$ erhalten bleiben. Die im folgenden angegebenen Realisierungsvorschläge berücksichtigen darüber hinaus die programmierungstechnischen Probleme.

a) Verhinderte Verschiebung $\bar{d}_k=0$

Das im Abschnitt 4.2.5. beschriebene Zeilen-Spalten-Streichen führt zu einer Verringerung der Anzahl der Gleichungen und ist für die Handrechnung zu empfehlen. Bei der Automatenrechnung ist es mit einem sehr aufwendigen Umspeicherungsprozeß verbunden, der bei extern gespeicherter Koeffizientenmatrix (für große Systeme unumgänglich) nicht vertretbar ist. Besser ist es, die k-te Gleichung durch $\bar{d}_k=0$ zu ersetzen, praktisch zu realisieren durch

$$\bar{k}_{kk}=1\ ,\quad \bar{k}_{kj}=\bar{k}_{jk}=0\quad (j=1,2,\ldots,n,j\neq k)\ ,\quad \bar{f}_k=0\ , \tag{4.29}$$

wobei zur Erhaltung der Symmetrie auch die (wegen $\bar{d}_k=0$ bedeutungslose) k-te Spalte geändert wurde.

Der gleiche Effekt wird einfacher erzielt, indem das k-te Diagonalelement durch einen um möglichst viele Zehnerpotenzen größeren Wert ersetzt wird (entspricht der Anbringung einer sehr steifen Feder, vgl. diese Randbedingung), während alle übrigen Elemente in $\bar{\boldsymbol{K}}$ und $\bar{\boldsymbol{d}}$ unverändert bleiben. Diese Vorgehensweise wird für die Automatenrechnung im allgemeinen bevorzugt.

Der Nachteil der beschriebenen Realisierungsvarianten, die Anzahl der Gleichungen nicht zu verringern, ist für große Systeme nicht bedeutsam.

b) Vorgeschriebene Verschiebung $\bar{d}_k=d^*$

Entsprechend den für verhinderte Verschiebungen angestellten Überlegungen ist für die Automatenrechnung

$$\bar{k}_{kk}=M\ ,\quad \bar{f}_k=d^*M\quad (M\gg\bar{k}_{ij}\ ,\ \text{sonst beliebig}) \tag{4.30}$$

zu empfehlen. Bei der Handrechnung wird d^* in $\bar{\boldsymbol{K}}\bar{\boldsymbol{d}}$ eingesetzt, die sich ergebenden Werte werden in den Kraftvektor übernommen, und die k-te Gleichung wird gestrichen.

c) Verhinderte Verschiebung, deren Richtung nicht mit einer Achse des globalen Koordinatensystems zusammenfällt

Um eine verhinderte Verschiebung senkrecht zur x_β-Achse (Bild 4.7) zu berücksichtigen, müssen $\bar{\boldsymbol{d}}$ und $\bar{\boldsymbol{f}}$ in die Vektoren $\bar{\boldsymbol{d}}_\beta$ und $\bar{\boldsymbol{f}}_\beta$ transformiert werden, wobei nur die Verschiebungen bzw.

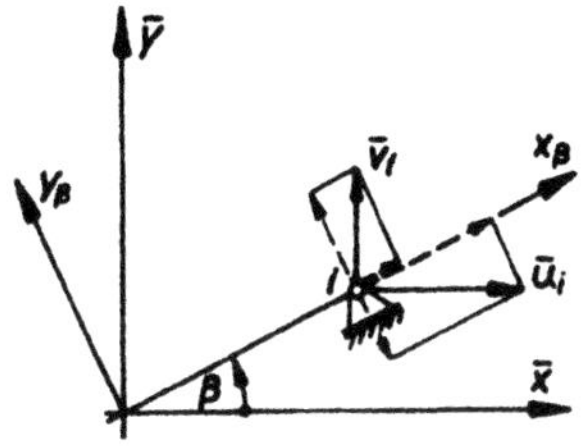

Bild 4.7

Kräfte des Knotens i auf das gedrehte Koordinatensystem bezogen werden:

$$\bar{d}_\beta = T_\beta \bar{d} \quad , \bar{f}_\beta = T_\beta \bar{f} \tag{4.31}$$

Aus Bild 4.7 liest man ab:

$$\bar{d}_\beta = \begin{bmatrix} \vdots \\ \vdots \\ \bar{u}_{\beta i} \\ \bar{v}_{\beta i} \\ \vdots \end{bmatrix} = \begin{bmatrix} 1 & & & & & 0 \\ & 1 & & & & \\ & & \ddots & & & \\ & & & 1 & & \\ & & & & \cos\beta & \sin\beta & \\ 0 & & & & -\sin\beta & \cos\beta & \\ & & & & & & 1 \\ & & & & & & & \ddots \end{bmatrix} \begin{bmatrix} \vdots \\ \vdots \\ \bar{u}_i \\ \bar{v}_i \\ \vdots \end{bmatrix} = T_\beta \bar{d} \ . \tag{4.32}$$

Aus (4.22) wird durch die Transformation (4.31) (vgl. Abschnitt 4.2.3.):

$$\bar{f}_\beta = \bar{K}_\beta \bar{d}_\beta \quad mit \quad \bar{K}_\beta = T_\beta \bar{K} T_\beta^T \ , \tag{4.33}$$

was in einem Rechenprogramm natürlich nicht durch die aufwendigen Matrizenmultiplikationen realisiert wird, da wegen des einfachen Aufbaus von T_β nur die zu $\bar{u}_i$ und $\bar{v}_i$ gehörenden Zeilen bzw. Spalten von $\bar{K}$ und $\bar{f}$ geändert werden. Dabei braucht jeweils nur eine Zeile bzw. Spalte tatsächlich verändert zu werden, da die Elemente der anderen Zeile und Spalte nach Einarbeitung der Randbedingung (z.B. $\bar{v}_{\beta i}=0$) bedeutungslos werden.

Wenn die Verschiebungen $\bar{u}_i$ und $\bar{v}_i$ im Vektor $\bar{d}$ auf den Positionen k bzw. l stehen, kann die Randbedingung $\bar{v}_{\beta i}=0$ (Bild 4.7) durch folgende Operationen realisiert werden:

$$\begin{aligned} \bar{k}_{\beta jk} &= \bar{k}_{\beta kj} = \bar{k}_{jk} \cos\beta + \bar{k}_{jl} \sin\beta \quad (j=1,2,\ldots,n,\ j\neq k,l), \\ \bar{k}_{\beta kk} &= \bar{k}_{kk} \cos^2\beta + 2\bar{k}_{kl} \sin\beta\cos\beta + \bar{k}_{ll} \sin^2\beta \ , \\ \bar{k}_{\beta kl} &= \bar{k}_{\beta lk} = \bar{k}_{kl} (\cos^2\beta - \sin^2\beta) + (\bar{k}_{ll} - \bar{k}_{kk}) \cos\beta\sin\beta \ , \end{aligned} \tag{4.34}$$

$$\bar{k}_{\beta ll} = M \qquad (M \gg \bar{k}_{ij} \text{ , sonst beliebig}) \text{ ,}$$
$$\bar{f}_{\beta k} = \bar{f}_k \cos\beta + \bar{f}_l \sin\beta \quad . \qquad (4.34)$$

Nach der Lösung des Gleichungssystems wird $\bar{\boldsymbol{d}}_\beta$ wieder rücktransformiert:

$$\bar{\boldsymbol{d}} = \boldsymbol{T}_\beta^T \, \bar{\boldsymbol{d}}_\beta \qquad (4.35)$$

bzw.

$$\bar{u}_i = \bar{d}_k = \bar{d}_{\beta k} \cos\beta - \bar{d}_{\beta l} \sin\beta \quad ,$$
$$\bar{v}_i = \bar{d}_l = \bar{d}_{\beta k} \sin\beta + \bar{d}_{\beta l} \cos\beta \quad . \qquad (4.36)$$

d) Gleichheit zweier Verschiebungen $\bar{d}_k=\bar{d}_l$

Diese Bedingung wird realisiert, indem in $\bar{\boldsymbol{K}}$ die l-te Zeile zur k-ten Zeile und die l-te Spalte zur k-ten Spalte und gleichzeitig in $\bar{\boldsymbol{f}}$ das Element $\bar{f}_l$ zum Element $\bar{f}_k$ addiert werden. Anschließend werden Zeile l und Spalte l aus $\bar{\boldsymbol{K}}$ sowie das Element $\bar{f}_l$ aus $\bar{\boldsymbol{f}}$ gestrichen. Dabei ist zu beachten, daß bei mehreren Bedingungen dieses Typs das Zeilen-Spalten-Streichen erst nach Ausführung des Aufaddierens für sämtliche Bedingungen ausgeführt werden darf.

Natürlich kann das Zeilen-Spalten-Streichen wieder durch $\bar{k}_{ll}=M$ $(M \gg \bar{k}_{ij})$ ersetzt werden. Dann muß allerdings beachtet werden, daß die Lösung des Gleichungssystems in diesem Fall die nicht sinnvolle Verschiebung $\bar{d}_l=0$ mitliefert.

Die Bedingung $\bar{d}_k=\bar{d}_l$ kann u. a. genutzt werden, um numerische Schwierigkeiten bei der Lösung des Gleichungssystems zu vermeiden, die durch die unterschiedliche Größenordnung der aus Biege- bzw. Dehnsteifigkeit hervorgehenden Matrixelemente entstehen können. Kann die durch Längskräfte hervorgerufene Verformung vernachlässigt werden, so können diese Anteile durch Gleichsetzen der entsprechenden Knotenverschiebungen aus der Systemsteifigkeitsbeziehung herausgefiltert werden.

In einem Programm können gelenkige (momentenfreie) Anschlüsse realisiert werden, indem die Verbindung erst durch das Gleichsetzen der Verschiebungskomponenten $\bar{u}_i=\bar{u}_j$ und $\bar{v}_i=\bar{v}_j$ der zunächst als getrennt betrachteten Knoten i und j (mit gleichen Koordinaten) hergestellt wird.

e) Diskrete Federn

Eine lineare diskrete Feder, die zwischen der Federkraft $\bar{f}_c$ und der Verschiebung $\bar{d}_k$ eine Beziehung der Art

$$\bar{f}_c = -c_k \, \bar{d}_k \qquad (4.37)$$

hervorruft, wird berücksichtigt, indem die (äußere) Kraft $-c_k \bar{d}_k$ über die Gleichgewichtsbedingung mit in den Kraftvektor einfließt. Gleichwertig damit (und natürlich empfehlenswert) ist die Addition von c_k zum Diagonalelement $\bar{k}_{kk}$.

4.2.8. Ein Beispiel

Das im Bild 4.8 dargestellte Tragwerk wird zunächst durch Reduktion der Linienlast (vgl. Tafel 4.1) in ein System mit ausschließlich diskreten Lasten überführt, für das sich die gleichen Knotenverschiebungen ergeben.

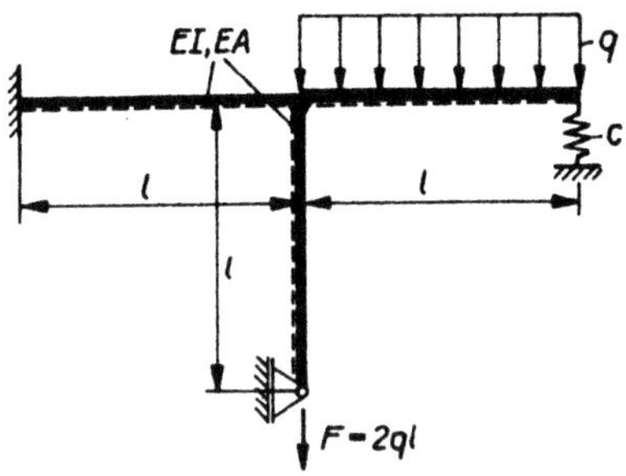

$$\frac{Al^2}{I} = \varkappa = 10^4$$

$$c = 100 \frac{EI}{l^3}$$

Bild 4.8

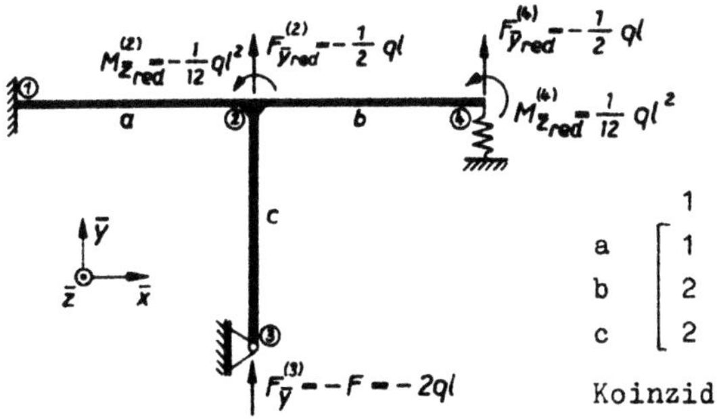

Reduziertes System

	1	2
a	1	2
b	2	4
c	2	3

Koinzidenzmatrix

Die Elementsteifigkeitsmatrizen der Elemente a, b und c sind gleich:

$$K_a = K_b = K_c = \bar{K}_a = \bar{K}_b = \frac{EI}{l^3}\begin{bmatrix} \varkappa & 0 & 0 & -\varkappa & 0 & 0 \\ & 12 & 6l & 0 & -12 & 6l \\ & & 4l^2 & 0 & -6l & 2l^2 \\ & & & \varkappa & 0 & 0 \\ & \text{(symm.)} & & & 12 & -6l \\ & & & & & 4l^2 \end{bmatrix} \tag{4.38}$$

K_c muß mit Hilfe der Transformationsmatrix T_c - vgl. Gleichung (4.11) mit $\alpha = -\frac{\pi}{2}$ - in das $\bar{x}$-$\bar{y}$-System transformiert werden:

$$\bar{K}_c = T_c K_c T_c^T = \frac{EI}{l^3}\begin{bmatrix} 12 & 0 & 6l & -12 & 0 & 6l \\ & \varkappa & 0 & 0 & -\varkappa & 0 \\ & & 4l^2 & -6l & 0 & 2l^2 \\ & & & 12 & 0 & -6l \\ & \text{(symm.)} & & & \varkappa & 0 \\ & & & & & 4l^2 \end{bmatrix} \tag{4.39}$$

Beim Aufbau der Systemsteifigkeitsbeziehung wird zu dimensionslosen Kraft- und Verschiebungsvektoren übergegangen, so daß auch die Elemente in $\bar{K}$ dimensionslos werden:

$$\frac{l^2}{EI}\begin{bmatrix} F_{\bar{x}}^{(1)} \\ F_{\bar{y}}^{(1)} \\ \frac{1}{l}M_z^{(1)} \\ F_{\bar{x}}^{(2)} \\ F_{\bar{y}}^{(2)} \\ \frac{1}{l}M_z^{(2)} \\ F_{\bar{x}}^{(3)} \\ F_{\bar{y}}^{(3)} \\ \frac{1}{l}M_z^{(3)} \\ F_{\bar{x}}^{(4)} \\ F_{\bar{y}}^{(4)} \\ \frac{1}{l}M_z^{(4)} \end{bmatrix} = \begin{bmatrix} \varkappa & 0 & 0 & -\varkappa & 0 & 0 & 0 & 0 & 0 & 0 & 0 & 0 \\ & 12 & 6 & 0 & -12 & 6 & 0 & 0 & 0 & 0 & 0 & 0 \\ & & 4 & 0 & -6 & 2 & 0 & 0 & 0 & 0 & 0 & 0 \\ & & & 2\varkappa+12 & 0 & 6 & -12 & 0 & 6 & -\varkappa & 0 & 0 \\ & & & & \varkappa+24 & 0 & 0 & -\varkappa & 0 & 0 & -12 & 6 \\ & & & & & 12 & -6 & 0 & 2 & 0 & -6 & 2 \\ & & & & & & 12 & 0 & -6 & 0 & 0 & 0 \\ & & & & & & & \varkappa & 0 & 0 & 0 & 0 \\ & & \text{(symmetrisch)} & & & & & & 4 & 0 & 0 & 0 \\ & & & & & & & & & \varkappa & 0 & 0 \\ & & & & & & & & & & 12 & -6 \\ & & & & & & & & & & & 4 \end{bmatrix} \begin{bmatrix} \bar{u}_1/l \\ \bar{v}_1/l \\ \bar{\chi}_1 \\ \bar{u}_2/l \\ \bar{v}_2/l \\ \bar{\chi}_2 \\ \bar{u}_3/l \\ \bar{v}_3/l \\ \bar{\chi}_3 \\ \bar{u}_4/l \\ \bar{v}_4/l \\ \bar{\chi}_4 \end{bmatrix} \tag{4.40}$$

Einarbeitung der Randbedingungen

$$\bar{u}_1 = \bar{v}_1 = \bar{u}_3 = 0 \quad , \quad \bar{\chi}_1 = 0 \tag{4.41}$$

durch Zeilen-Spalten-Streichen, Einsetzen der bekannten Knotenlasten und Berücksichtigung der Bedingung

$$\bar{f}_c = -c \cdot \bar{v}_4 \tag{4.42}$$

führt auf

$$\frac{ql^3}{EI}\begin{bmatrix} 0 \\ -0{,}5 \\ -\frac{1}{12} \\ -2 \\ 0 \\ 0 \\ -0{,}5 \\ \frac{1}{12} \end{bmatrix} = \begin{bmatrix} 20012 & 0 & 6 & 0 & 6 & -10000 & 0 & 0 \\ & 10024 & 0 & -10000 & 0 & 0 & -12 & 6 \\ & & 12 & 0 & 2 & 0 & -6 & 2 \\ & & & 10000 & 0 & 0 & 0 & 0 \\ & & & & 4 & 0 & 0 & 0 \\ & & & & & 10000 & 0 & 0 \\ & \text{(symmetrisch)} & & & & & 112 & -6 \\ & & & & & & & 4 \end{bmatrix} \begin{bmatrix} \bar{u}_2/l \\ \bar{v}_2/l \\ \bar{\chi}_2 \\ \bar{v}_3/l \\ \bar{\chi}_3 \\ \bar{u}_4/l \\ \bar{v}_4/l \\ \bar{\chi}_4 \end{bmatrix} = \tilde{K}\tilde{d} . \tag{4.43}$$

Die Lösung von (4.43) liefert die gesuchten Knotenverschiebungen. Damit können die Elementverschiebungsvektoren zusammengestellt werden, von denen $\bar{d}_c$ entsprechend $d_c = T_c^T \bar{d}_c$ in das Elementkoordinatensystem rücktransformiert wird:

$$\frac{EI}{ql^3}\tilde{d} = \begin{bmatrix} 0{,}0000220 \\ -0{,}1919758 \\ -0{,}0735114 \\ -0{,}1921758 \\ 0{,}0367226 \\ 0{,}0000220 \\ -0{,}0113734 \\ 0{,}3284926 \end{bmatrix} \tag{4.44}$$

$\frac{EI}{ql^3}\, d_a$	$\frac{EI}{ql^3}\, d_b$	$\frac{EI}{ql^3}\, d_c$
0	0,0000220 l	0,1919758 l
0	−0,1919758 l	0,0000220 l
0	−0,0735114	−0,0735114
0,0000220 l	0,0000220 l	0,1921758 l
−0,1919758 l	−0,0113734 l	0
−0,0735114	0,3284926	0,0367226

Die Elementknotenkräfte ergeben sich aus

$$f_a = K_a\, d_a \quad , \quad f_c = K_c\, d_c \quad , \quad f_b = K_b\, d_b - f_{b_{red}} \tag{4.45}$$

mit

$$f_{b_{red}} = \bar{f}_{b_{red}} = ql\left[0 \;\; -\frac{1}{2} \;\; -\frac{l}{12} \;\; 0 \;\; -\frac{1}{2} \;\; \frac{l}{12}\right]^T : \tag{4.46}$$

$$f_a = ql \begin{bmatrix} -0{,}220 \\ 1{,}8626 \\ 1{,}0048\, l \\ 0{,}220 \\ -1{,}8626 \\ 0{,}8578\, l \end{bmatrix}, \quad f_b = ql \begin{bmatrix} 0 \\ -0{,}13734 \\ -0{,}63734\, l \\ 0 \\ 1{,}13734 \\ 0 \end{bmatrix}, \quad f_c = ql \begin{bmatrix} -2{,}000 \\ -0{,}220 \\ -0{,}220\, l \\ 2{,}000 \\ 0{,}220 \\ 0 \end{bmatrix} . \qquad (4.47)$$

Mit der Definition der Schnittgrößen nach Bild 4.9 lassen sich diese aus den Elementknotenlasten ermitteln:

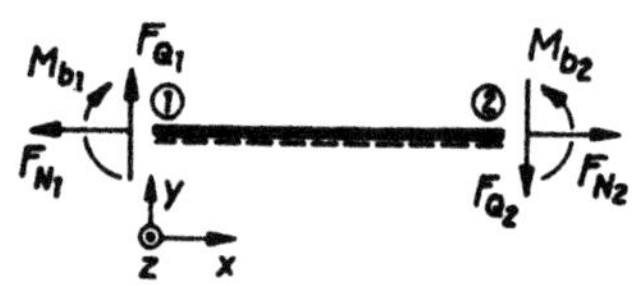

Bild 4.9

$$\begin{bmatrix} F_{N1} \\ F_{Q1} \\ M_{b1} \\ F_{N2} \\ F_{Q2} \\ M_{b2} \end{bmatrix} = \begin{bmatrix} -U_1 \\ V_1 \\ -M_1 \\ U_2 \\ -V_2 \\ M_2 \end{bmatrix} . \qquad (4.48)$$

Da die Schnittgrößen auch für die Knoten 1 und 3 anfallen, erübrigt sich die Berechnung der Lagerreaktionen mit Hilfe der aus (4.40) gestrichenen Gleichungen.

Die Vernachlässigung der Längsdehnung der Elemente, die durch die Bedingungen

$$\bar{u}_2 = \bar{u}_4 = \bar{u}_1 = 0 \quad , \quad \bar{v}_2 = \bar{v}_3 \qquad (4.49)$$

realisiert wird, vereinfacht das Gleichungssystem zu

$$\frac{ql^3}{EI} \begin{bmatrix} -2{,}5 \\ -\frac{1}{12} \\ 0 \\ -0{,}5 \\ \frac{1}{12} \end{bmatrix} = \begin{bmatrix} 24 & 0 & 0 & -12 & 6 \\ & 12 & 2 & -6 & 2 \\ & & 4 & 0 & 0 \\ & (\text{symm.}) & & 112 & -6 \\ & & & & 4 \end{bmatrix} \begin{bmatrix} \bar{v}_2/l \\ \bar{\chi}_2 \\ \bar{\chi}_3 \\ \bar{v}_4/l \\ \bar{\chi}_4 \end{bmatrix} . \qquad (4.50)$$

Dieses numerisch stabilere System liefert die nur unwesentlich von (4.44) abweichenden Verschiebungen

$$\frac{EI}{ql^3} \tilde{d} = \begin{bmatrix} -0{,}1919756 \\ -0{,}0735046 \\ 0{,}0367523 \\ -0{,}0113732 \\ 0{,}3284892 \end{bmatrix} . \qquad (4.51)$$

4.3. Grundlagen der Finite-Elemente-Methode

4.3.1. Finite-Elemente-Methode und RITZsches Verfahren

Die im Abschnitt 4.2. beschriebene Deformationsmethode der Stabstatik setzt nur die üblichen Hypothesen der linearen Biegetheorie voraus und liefert in diesem Rahmen exakte Ergebnisse. Der formalisierte Berechnungsablauf gestattet mit Hilfe elektronischer Rechenautomaten auch die Lösung umfangreicher Systeme, was schon sehr bald Veranlassung zu Versuchen war, das Verfahren für die Berechnung zwei- und dreidimensionaler Probleme zu modifizieren.

Hierbei ergaben sich eine Reihe zusätzlicher Probleme. Im Gegensatz zur Stabstatik ist keine "natürliche" Elementeinteilung gegeben, und für die Elemente ist i. a. eine exakte Lösung nicht möglich. Auch ist mit der Erfüllung der Kompatibilitäts- und Gleichgewichtsbedingungen an den diskreten Knotenpunkten deren Gültigkeit an den Elementgrenzen noch nicht gesichert.

Trotz dieser Schwierigkeiten wurde das "Finite-Elemente-Verfahren" bei den Ingenieuren sehr schnell populär, was wohl auch darin begründet liegt, daß die Näherungsannahmen weitgehend am physikalischen Modell gedeutet werden können. Es ist interessant, daß die mehr oder weniger intuitiv entwickelte Methode viele Jahre mit Erfolg auf eine große Zahl von Problemen angewendet wurde, ohne daß die Konsequenzen der getroffenen Näherungsannahmen in vollem Umfang bekannt waren.

Relativ spät erst konnte nachgewiesen werden, daß die Methode der finiten Elemente eine Modifikation des lange vorher bekannten RITZschen Verfahrens ist. Heute wird die Herleitung der Finite-Elemente-Beziehungen auf der Grundlage dieses Verfahrens bevorzugt. Diese Vorgehensweise ist übersichtlich und gestattet eindeutige Aussagen über die Konvergenz. Sie soll zunächst am einfachen Beispiel demonstriert werden.

Das sich aus dem Prinzip vom Minimum des elastischen Potentials (vgl. Abschnitt 3.3.) herleitende Variationsproblem

$$\Pi = \int_{(V)} f(v)\, dV \Longrightarrow \text{Minimum} \tag{4.52}$$

(gesucht: Verschiebungsfunktion v) wird nach dem "klassischen"

RITZ-Verfahren diskretisiert, indem für v(x) ein Näherungsansatz

$$v(x) = \sum_{i=1}^{n} a_i \varphi_i(x) = \boldsymbol{\varphi}^T \mathbf{a} \qquad (4.53)$$

gewählt wird. Hierin sind die φ_i kinematisch zulässige Ansatzfunktionen. Die für die Lösung von (4.52) zur Konkurrenz zugelassene Funktionsmenge ist nun durch (4.53) eingeschränkt. Der danach noch mögliche minimale Wert für Π wird durch die Festlegung der a_i durch die Bedingungen

$$\frac{\partial \Pi}{\partial a_i} = 0 \quad (i = 1,2,\ldots,n) \quad \text{bzw.} \quad \frac{\partial \Pi}{\partial \mathbf{a}} = \mathbf{o} \qquad (4.54)$$

garantiert.

Das Variationsproblem für die Biegung des geraden Balkens

$$\Pi = \frac{1}{2} \int_{(l)} (EI v''^2 - 2qv)\,dx - \sum_{(j)} (F_j v_j + M_j v_j') \Longrightarrow \text{Minimum} \qquad (4.55)$$

- vgl. Gleichung (3.106), hier ohne diskrete Federn - ergibt mit (4.53):

$$\begin{aligned}
\Pi &= \frac{1}{2} \int_{(l)} EI \Big(\sum_{i=1}^{n} a_i \varphi_i''\Big)^2 dx - \int_{(l)} q \sum_{i=1}^{n} a_i \varphi_i \, dx - \sum_{(j)} \Big[F_j \sum_{i=1}^{n} a_i \varphi_i(x_j) + M_j \sum_{i=1}^{n} a_i \varphi_i'(x_j)\Big] \\
&= \frac{1}{2} \int_{(l)} EI\, \mathbf{a}^T \boldsymbol{\varphi}'' \boldsymbol{\varphi}''^T \mathbf{a}\, dx - \int_{(l)} q \boldsymbol{\varphi}^T \mathbf{a}\, dx - \sum_{(j)} (F_j \boldsymbol{\varphi}_j^T \mathbf{a} + M_j \boldsymbol{\varphi}_j'^T \mathbf{a}) = \\
&= \frac{1}{2} \mathbf{a}^T \int_{(l)} \boldsymbol{\varphi}'' EI \boldsymbol{\varphi}''^T dx\, \mathbf{a} - \Big[\int_{(l)} q \boldsymbol{\varphi}^T dx + \sum_{(j)} (F_j \boldsymbol{\varphi}_j^T + M_j \boldsymbol{\varphi}_j'^T)\Big] \mathbf{a} \\
&= \frac{1}{2} \mathbf{a}^T \mathbf{K} \mathbf{a} - \mathbf{f}^T \mathbf{a}
\end{aligned} \qquad (4.56)$$

mit der "Steifigkeitsmatrix" $\mathbf{K}$ und dem "Belastungsvektor" $\mathbf{f}$. Die Forderung (4.54) liefert damit - vgl. die Differentiationsvorschriften (2.44) und (2.45) - :

$$\mathbf{K}\mathbf{a} - \mathbf{f} = \mathbf{o} \;, \qquad (4.57)$$

ein lineares Gleichungssystem zur Ermittlung der a_i, womit die Näherungslösung (4.53) bestimmt ist.

Im Gegensatz zur beschriebenen Vorgehensweise des "klassischen" RITZ-Verfahrens wird bei Anwendung der Finite-Elemente-Methode das Tragwerk in Elemente unterteilt, und ein Verschiebungsansatz entsprechend (4.53) wird für jedes Element gewählt. Als Ansatz-

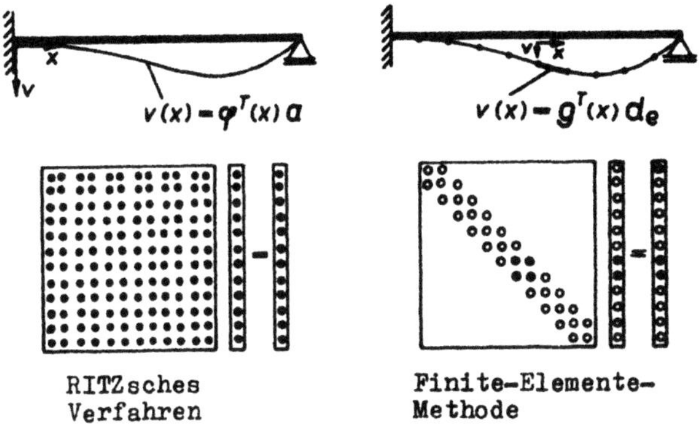

Bild 4.10

parameter (Vektor a) werden geeignete Verschiebungsparameter der Knotenpunkte (Vektor d_e, vgl. Bild 4.10) so gewählt, daß die kinematischen Kontinuitätsbedingungen zu den Nachbarelementen erfüllt sind. Das elastische Potential kann nun nach (4.56) elementweise aufgeschrieben und zum Gesamtpotential summiert werden. Dabei entstehen Systemsteifigkeitsmatrix K und Belastungsvektor f , mit denen das Gleichungssystem

$$Kd - f = o \tag{4.58}$$

gegeben ist, aus dem die unbekannten Verschiebungen d (Parameter der Elementverschiebungsansätze) berechnet werden können.

Die Vorteile dieser Vorgehensweise liegen auf der Hand. Die Schwierigkeiten beim RITZschen Verfahren, eine genügende Anzahl zulässiger Ansatzfunktionen zu finden, so daß der Ansatz (4.53) ausreichend anpassungsfähig an die exakte Lösung ist, werden umgangen, indem die Näherungsansätze elementweise aufgeschrieben werden. Innerhalb der Elemente können jeweils die gleichen Ansatzfunktionen gewählt werden, und die Anpassungsfähigkeit kann durch feinere Elementeinteilung praktisch beliebig erhöht werden. Infolge des "Knotenparameterkonzepts" der Finite-Elemente-Methode hat die symmetrische Steifigkeitsmatrix im Gegensatz zum klassischen RITZ-Verfahren eine bandförmige Struktur. Die Bandweite wird von der Differenz der zu einem Element gehörenden Knotennummern bestimmt. Zu diesen Vorteilen kommt die Möglichkeit, eine Struktur aus Standardelementen zusammenzusetzen, so daß multivalent nutzbare Rechenprogramme geschrieben werden können.

4.3.2. Grundgleichungen der Finite-Elemente-Methode

Im vorigen Abschnitt wurde gezeigt, daß das elastische Potential elementweise aufgeschrieben werden kann. Die dabei entstehenden Elementsteifigkeitsmatrizen K_e können dann nach der im Abschnitt 4.2.4. gegebenen Vorschrift zur Systemsteifigkeitsmatrix K zusammengesetzt werden, ohne daß die Gleichungen wie dort als Gleichgewichtsbedingungen interpretiert werden müssen. Die Methode der finiten Elemente ist also auf alle Aufgaben anwendbar, für die ein Variationsproblem existiert.

Auf gleiche Weise, wie eine Analogie zum RITZschen Verfahren hergestellt wurde, kann auch das GALERKINsche Verfahren mit dem Finite-Elemente-Konzept verknüpft werden. So wird die Anwendungsmöglichkeit der Finite-Elemente-Methode auf Probleme ausgedehnt, für die eine Variationsformulierung nicht bekannt ist. Hierzu wird auf die Spezialliteratur verwiesen (z.B. /35/).

Im folgenden werden die Grundgleichungen für die Ermittlung der Elementsteifigkeitsbeziehung angegeben, wobei als Ausgangspunkt das Prinzip vom Minimum des elastischen Potentials für das Gesamtsystem in der allgemeinen Form

$$\Pi = \frac{1}{2}\int_{(V)} \boldsymbol{e}^T \boldsymbol{s}\, dV - \int_{(V)} \boldsymbol{v}^T \boldsymbol{p}\, dV - \int \tilde{\boldsymbol{v}}^T \boldsymbol{q}\, dO - \sum_{(i)} \boldsymbol{v}_i^T \boldsymbol{f}_i \longrightarrow \text{Minimum} \qquad (4.59)$$

dient. Die Vektoren $\boldsymbol{e}$ und $\boldsymbol{s}$ enthalten die Verzerrungen bzw. Spannungen, die bei ein- oder zweidimensionalen Problemen durch äquivalente Größen (z.B. die Spannungen durch die Schnittgrößen) ersetzt werden können. $\boldsymbol{p}$ und $\boldsymbol{q}$ enthalten Volumen- bzw. Oberflächenlasten, $\boldsymbol{f}_i$ die diskreten Lasten des Knotens i. $\boldsymbol{v}$ ist der Vektor des Verschiebungsfeldes, in $\tilde{\boldsymbol{v}}$ stehen die Oberflächenverschiebungen, in $\boldsymbol{v}_i$ die Knotenverschiebungen des Knotens i.

Für das Verschiebungsfeld im Innern eines Elements wird der Ansatz

$$\boldsymbol{v}(x,y,z) = \boldsymbol{G}(x,y,z)\,\boldsymbol{d}_e \qquad (4.60)$$

gemacht mit den in $\boldsymbol{d}_e$ zusammengefaßten Verschiebungen der Elementknoten. Die Matrix der Ansatzfunktionen $\boldsymbol{G}$ muß also so aufgebaut sein, daß beim Einsetzen der Koordinaten eines Knotens i der Vektor $\boldsymbol{v}$ zum entsprechenden Knotenverschiebungsvektor $\boldsymbol{v}_i$ wird.

Gelingt es nicht, eine solche Matrix aufzuschreiben, so kann zunächst ein Verschiebungsansatz

$$\boldsymbol{v}(x,y,z)=\boldsymbol{N}(x,y,z)\,\boldsymbol{a} \tag{4.61}$$

mit allgemeinen Freiwerten a_i gewählt werden. Durch Einsetzen der Knotenkoordinaten in $\boldsymbol{N}$ entstehen die Knotenverschiebungsvektoren, die zum Vektor $\boldsymbol{d}_e$ zusammengestellt werden können:

$$\boldsymbol{d}_e=\begin{bmatrix} \boldsymbol{v}_i \\ \hdashline \boldsymbol{v}_j \\ \hdashline \vdots \end{bmatrix}=\begin{bmatrix} \boldsymbol{N}(x_i,y_i,z_i) \\ \hdashline \boldsymbol{N}(x_j,y_j,z_j) \\ \hdashline \vdots \end{bmatrix}\boldsymbol{a}=\boldsymbol{A}\boldsymbol{a}\ . \tag{4.62}$$

Die ausschließlich Knotenkoordinaten enthaltende Matrix $\boldsymbol{A}$ wird invertiert, und aus

$$\boldsymbol{a}=\boldsymbol{A}^{-1}\boldsymbol{d}_e \tag{4.63}$$

wird im Zusammenhang mit (4.61) und (4.60):

$$\boldsymbol{G}(x,y,z)=\boldsymbol{N}(x,y,z)\boldsymbol{A}^{-1}\ . \tag{4.64}$$

Es ist evident, daß die Anzahl der Ansatzfunktionen (Spaltenzahl in $\boldsymbol{G}$ bzw. $\boldsymbol{N}$) gleich sein muß mit der Anzahl der Knotenverschiebungen in $\boldsymbol{d}_e$ (Elementfreiheitsgrade).

Die elastischen Verzerrungen $\boldsymbol{e}$ sind mit den Verschiebungen durch eine Beziehung

$$\boldsymbol{e}(x,y,z)=\boldsymbol{D}\boldsymbol{v}(x,y,z)-\boldsymbol{e}_0(x,y,z) \tag{4.65}$$

verknüpft. Hierin ist $\boldsymbol{D}$ ein Matrixdifferentialoperator - vgl. Abschnitt 2.1.6., in Gleichung (2.42) ist $\boldsymbol{D}$ für den ebenen Spannungszustand angegeben -. $\boldsymbol{e}_0$ sind Anfangsverzerrungen, wie sie z. B. durch Temperaturänderung hervorgerufen werden. Mit (4.60) entsteht

$$\boldsymbol{e}=\boldsymbol{D}\boldsymbol{G}\boldsymbol{d}_e-\boldsymbol{e}_0=\boldsymbol{D}_G\boldsymbol{d}_e-\boldsymbol{e}_0 \quad mit \quad \boldsymbol{D}_G=\boldsymbol{D}\boldsymbol{G}\ . \tag{4.66}$$

Die Materialeigenschaften gehen über ein Stoffgesetz ein, das einen Zusammenhang zwischen Verzerrungen und Spannungen herstellt (z.B. HOOKEsches Gesetz oder die Schnittgrößen-Krümmungs-Beziehungen der KIRCHHOFFschen Plattentheorie):

$$\boldsymbol{s}(x,y,z)=\boldsymbol{H}(x,y,z)\,\boldsymbol{e}(x,y,z) \tag{4.67}$$

(H ist symmetrisch), woraus sich mit (4.66) die Gleichung

$$s = H(D_G d_e - e_o) \tag{4.68}$$

ergibt, die nach der Verschiebungsberechnung zur Ermittlung der Spannungen dient.

Mit (4.60), (4.66) und (4.68) läßt sich das elastische Potential für ein Element folgendermaßen aufschreiben:

$$\begin{aligned}\Pi_e = &\frac{1}{2}\int_{(V)}(d_e^T D_G^T - e_o^T) H (D_G d_e - e_o)\, dV \\ &-\int_{(V)} d_e^T G^T p\, dV - \int_{(O)} d_e^T \tilde{G}^T q\, dO - \sum_{(i)} d_e^T G_i^T f_i \\ = &\frac{1}{2} d_e^T \int_{(V)} D_G^T H D_G\, dV\, d_e - d_e^T \int_{(V)} D_G^T H e_o\, dV + \frac{1}{2}\int_{(V)} e_o^T H e_o\, dV \\ &- d_e^T \Big(\int_{(V)} G^T p\, dV + \int_{(O)} \tilde{G}^T q\, dO + \sum_{(i)} G_i^T f_i\Big).\end{aligned} \tag{4.69}$$

Die Bedingung für das Minimum des Gesamtpotentials

$$\frac{\partial \Pi}{\partial d} = 0$$

(d enthält sämtliche Knotenverschiebungen des Systems) liefert für das Element e den Anteil

$$\frac{\partial \Pi}{\partial d_e} = 0 \longrightarrow K_e d_e = f_e \tag{4.70}$$

mit der Elementsteifigkeitsmatrix

$$K_e = \int_{(V)} D_G^T H D_G\, dV \tag{4.71}$$

und dem Kraftvektor

$$f_e = f_o + f_p + f_q + f_K \tag{4.72}$$

mit

$$f_o = \int_{(V)} D_G^T H e_o\, dV \tag{4.73}$$
(Lastvektor infolge Anfangsverzerrungen),

$$f_p = \int_{(V)} G^T p\, dV \tag{4.74}$$
(Lastvektor infolge der Volumenkräfte),

$$f_q = \int_{(O)} \tilde{G}^T q\, dO \tag{4.75}$$
(Lastvektor infolge der Oberflächenkräfte),

$$f_K = \sum_{(i)} G_i^T f_i \qquad \text{(Lastvektor infolge der Knoteneinzelkräfte),} \qquad (4.76)$$

wobei f_K nicht durch die Multiplikation $G_i^T f_i$ berechnet zu werden braucht, da diese nur der Verteilung der f_i -Komponenten auf die entsprechenden Positionen in f_K entspricht.

Bei der Behandlung dynamischer Probleme wird als Ausgangspunkt zweckmäßig das HAMILTONsche Prinzip

$$\int_{t_1}^{t_2} L\,dt \longrightarrow \text{stationär} \qquad (4.77)$$

gewählt: Zwischen zwei Zeitpunkten t_1 und t_2 verläuft die Bewegung eines Massensystems so, daß das Zeitintegral (4.77) über die LAGRANGEsche Funktion

$$L = T - \Pi \qquad (4.78)$$

einen stationären Wert annimmt. T ist die kinetische Energie des Systems, die sich für ein Element nach

$$T_e = \frac{1}{2} \int_{(V)} \varrho\, \dot{v}^T \dot{v}\, dV \qquad (4.79)$$

ergibt (ϱ (x,y,z) - Dichte, $\dot{v}$ (x,y,z) - Geschwindigkeitsfeld), Π ist die potentielle Energie entsprechend (4.59).

Mit dem Verschiebungsansatz (4.60) und dem entsprechenden Ansatz für das Geschwindigkeitsfeld

$$\dot{v}(x,y,z) = G(x,y,z)\, \dot{d}_e \qquad (4.80)$$

erhält man Π_e in der Form (4.69), was mit (4.70) bis (4.76) in der abgekürzten Form

$$\Pi_e = \frac{1}{2} d_e^T K_e d_e - d_e^T f_e \qquad (4.81)$$

geschrieben werden kann, und für die kinetische Energie des Elements ergibt sich:

$$T_e = \frac{1}{2} \dot{d}_e^T \int_{(V)} \varrho\, G^T G\, dV\, \dot{d}_e = \frac{1}{2} \dot{d}_e^T M_e \dot{d}_e \quad . \qquad (4.82)$$

Mit der nunmehr diskretisierten LAGRANGEschen Funktion für das Element e

$$L_e = \frac{1}{2} \dot{d}_e^T M_e \dot{d}_e - \frac{1}{2} d_e^T K_e d_e + d_e^T f_e \qquad (4.83)$$

liefern die zum Variationsproblem (4.77) gehörenden EULERschen

Differentialgleichungen

$$\frac{d}{dt}\left(\frac{\partial L}{\partial \dot{d}_e}\right) - \frac{\partial L}{\partial d_e} = 0 \qquad (4.84)$$

(LAGRANGEsche Bewegungsgleichungen 2. Art) das Differentialgleichungssystem

$$M_e \ddot{d}_e + K_e d_e = f_e \; . \qquad (4.85)$$

Hierin sind K_e und f_e die in (4.71) bzw. (4.72) definierten Größen, die Massenmatrix ergibt sich - vgl. (4.82) - aus

$$M_e = \int_{(V)} \varrho\, G^T G \, dV \, . \qquad (4.86)$$

Auch hier sind die Überlegungen zunächst für ein Element angestellt worden. Das Zusammensetzen der Elementmassenmatrizen zur Systemmassenmatrix erfolgt nach dem gleichen Algorithmus wie für die Steifigkeitsmatrizen, wobei auch die Beziehungen für eine eventuell vorzunehmende Transformation in ein globales Koordinatensystem übernommen werden können. Diskrete Massen an den Knoten werden einfach auf die entsprechenden Positionen addiert.

Im Gegensatz zu elastostatischen Problemen entsteht bei dynamischen Problemen ein Differentialgleichungssystem:

$$M \ddot{d} + K d = f \qquad (4.87)$$

Wenn die freien Schwingungen eines Systems berechnet werden sollen ($f = 0$), führt der Lösungsansatz

$$d = d_0 \cos \omega t \qquad (\ddot{d} = -\omega^2 d_0 \cos \omega t) \qquad (4.88)$$

auf das allgemeine symmetrische Matrizeneigenwertproblem

$$(K - \omega^2 M)\, d_0 = 0 \qquad (4.89)$$

(vgl. Abschnitt 2.4.). Um ein mit weniger Aufwand lösbares spezielles Eigenwertproblem zu bekommen, wird häufig auf die Ermittlung der Massenmatrizen nach (4.86) verzichtet und die Masse auf sinnvolle Art in den Knotenpunkten konzentriert, wodurch M zur Diagonalmatrix wird. Zur Demonstration dieser Vorgehensweise und der Möglichkeit, eventuell sogar noch die Anzahl der Freiheitsgrade zu reduzieren, wird auf das Beispiel im Abschnitt 4.4.2. verwiesen. Ziel solcher Überlegungen ist es, den u. U. erheblichen Aufwand zur Lösung von (4.89) zu reduzieren.

Wenn die Lösung des Eigenwertproblems (4.89) bekannt ist, können die Differentialgleichungen des Systems (4.87) durch "Entwicklung nach den Eigenfunktionen" entkoppelt werden. Mit der "Modalmatrix" X der Eigenvektoren führt die Transformation

$$d = X d^* \quad (\ddot{d} = X \ddot{d}^*) \tag{4.90}$$

und anschließende Linksmultiplikation mit X^T auf

$$X^T M X \ddot{d}^* + X^T K X d^* = X^T f \ . \tag{4.91}$$

Wegen (2.127) und (2.128) ergibt sich

$$D \ddot{d}^* + D^* d^* = f^* \tag{4.92}$$

mit den Diagonalmatrizen

$$D = X^T M X \ , \quad D^* = X^T K X = \Lambda D \tag{4.93}$$

(Λ - Spektralmatrix der Eigenwerte) und

$$f^* = X^T f \ . \tag{4.94}$$

Die Gleichungen in (4.92) sind entkoppelt und können einzeln (u.U. numerisch) integriert werden. Es sei noch darauf hingewiesen, daß die Transformation (4.90) nicht mit allen Eigenvektoren aufgeschrieben werden muß. Eine Rechteckmatrix X (Zeilenzahl größer als Spaltenzahl), z. B. mit den Eigenvektoren der Grundschwingungen, führt zu einer Näherungslösung mit reduzierter Freiheitsgradanzahl.

Wenn der Kraftvektor in (4.87) periodische Erregerkräfte der Form

$$f = f_0 \cos \Omega t \tag{4.95}$$

enthält, führt der Ansatz

$$d = d_{st} \cos \Omega t \quad (\ddot{d} = - \Omega^2 d_{st} \cos \Omega) \tag{4.96}$$

auf das Gleichungssystem

$$(K - \Omega^2 M) d_{st} = f_0 \ , \tag{4.97}$$

aus dem die Amplituden d_{st} der stationären Lösung (4.96) ermittelt werden können.

Zusätzlich zu den beschriebenen Lösungsmöglichkeiten von (4.87) wird auf die numerische Integration von Differentialgleichungssystemen (Abschnitt 6.) verwiesen.

4.3.3. Bedingungen für die Ansatzfunktionen, Konvergenz

Die Qualität der mit der Finite-Elemente-Methode zu erzielenden Ergebnisse ist offensichtlich von der Wahl der Ansatzfunktionen G und der Feinheit der Diskretisierung abhängig. Die Analogie zum RITZschen Verfahren verdeutlicht, welche Forderungen an die Ansatzfunktionen zu stellen sind. Dies ist in erster Linie die Erfüllung der kinematischen Randbedingungen, eine Forderung, die auf die Übergangsbedingungen zwischen benachbarten Elementen ausgedehnt werden muß.

- Die Ansatzfunktionen G müssen an den Elementgrenzen die Stetigkeit der Funktionen v und ihrer Ableitungen bis zu der Ordnung garantieren, die um eins kleiner ist als die höchste in Π vorkommende Ableitung (Kontinuitätsbedingung). Dies gilt insbesondere bei zwei- und dreidimensionalen Problemen, bei denen die Erfüllung dieser Bedingungen allein durch das Gleichsetzen der Knotenparameter noch nicht garantiert wird.

Auch ohne Beweis sollen noch folgende Bedingungen für die Ansatzfunktionen genannt werden:

- Wenn die Knotenverschiebungen denjenigen einer Starrkörperverschiebung entsprechen, darf im Element keine Dehnung hervorgerufen werden (Starrkörperbedingung).
- Wenn die Knotenverschiebungen denjenigen eines konstanten Dehnungszustandes entsprechen, muß dieser vom Element exakt wiedergegeben werden.
- Die Ansatzfunktionen sollen bezüglich Verschiebung und Verdrehung des Koordinatensystems invariant sein.

Diese drei Forderungen werden z. B. von vollständigen Polynomansätzen erfüllt. Im Zusammenhang mit der o. g. Stetigkeitsforderung sind dies die Bedingungen für die Konvergenz gegen die exakte Lösung bei feiner werdender Diskretisierung. Bei zwei- und dreidimensionalen Problemen ist zu beachten, daß dabei alle Elementabmessungen (möglichst gleichmäßig) kleiner werden. Eine tiefergehende Erörterung dieser Fragen findet sich z. B. in /36/.

4.4. Ergänzungen zum eindimensionalen Problem

4.4.1. Stabknickung

Zur Differentialgleichung der Stabknickung (3.43) mit $q_y=0$ gehört - vgl. (3.118) und (3.119) - das Variationsproblem

$$\Pi = \frac{1}{2}\int_{(l)}\left[EI(x)\,v''^2(x)+F_N(x)\,v'^2(x)\right]dx \rightarrow \text{Minimum} \quad . \qquad (4.98)$$

$F_N(x)$ sei vorab ermittelt worden, ansonsten sind die Elemente lastfrei (Bild 4.11).

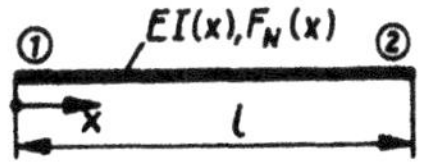

$$\boldsymbol{d}_e = \begin{bmatrix} v_1 \\ \chi_1 \\ v_2 \\ \chi_2 \end{bmatrix}$$

Bild 4.11
Element eines Knickstabs

Gleichung (4.98) lautet in Matrixschreibweise:

$$\Pi = \frac{1}{2}\int_{(l)}\left[v''\;v'\right]\begin{bmatrix} EI & 0 \\ 0 & F_N \end{bmatrix}\begin{bmatrix} v'' \\ v' \end{bmatrix} dx \rightarrow \text{Minimum} \quad . \qquad (4.99)$$

Für die Verschiebung wird der Ansatz

$$v(x) = \boldsymbol{g}^T(x)\,\boldsymbol{d}_e = \left[g_1\; g_2\; g_3\; g_4\right]\boldsymbol{d}_e$$

$$= \left[1-3\frac{x^2}{l^2}+2\frac{x^3}{l^3} \quad x-2\frac{x^2}{l}+\frac{x^3}{l^2} \quad 3\frac{x^2}{l^2}-2\frac{x^3}{l^3} \quad -\frac{x^2}{l}+\frac{x^3}{l^2}\right]\begin{bmatrix} v_1 \\ \chi_1 \\ v_2 \\ \chi_2 \end{bmatrix} \qquad (4.100)$$

gemacht, der aus dem allgemeinen Ansatz

$$v(x) = \boldsymbol{n}^T(x)\,\boldsymbol{a} = \left[1\;\; x\;\; x^2\; x^3\right]\boldsymbol{a} \qquad (4.101)$$

über

$$\boldsymbol{d}_e = \begin{bmatrix} v_1 \\ \chi_1 \\ v_2 \\ \chi_2 \end{bmatrix} = \begin{bmatrix} v(0) \\ v'(0) \\ v(l) \\ v'(l) \end{bmatrix} = \begin{bmatrix} 1 & 0 & 0 & 0 \\ 0 & 1 & 0 & 0 \\ 1 & l & l^2 & l^3 \\ 0 & 1 & 2l & 3l^2 \end{bmatrix}\begin{bmatrix} a_1 \\ a_2 \\ a_3 \\ a_4 \end{bmatrix} = \boldsymbol{A}\boldsymbol{a} \qquad (4.102)$$

nach

$$\boldsymbol{g}^T(x) = \boldsymbol{n}^T(x)\,\boldsymbol{A}^{-1} \qquad (4.103)$$

- vgl. Gleichung (4.64) - ermittelt werden kann.

Mit (4.100) wird aus (4.99):

$$\Pi = \frac{1}{2} \mathbf{d}_e^T \int_{(l)} [\mathbf{g}'' \; \mathbf{g}'] \begin{bmatrix} EI & 0 \\ 0 & F_N \end{bmatrix} \begin{bmatrix} \mathbf{g}''^T \\ \mathbf{g}'^T \end{bmatrix} dx \, \mathbf{d}_e \longrightarrow \text{Minimum} \quad . \qquad (4.104)$$

$\frac{\partial \Pi}{\partial \mathbf{d}_e} = \mathbf{0}$ liefert

$$\int_{(l)} [\mathbf{g}'' \; \mathbf{g}'] \begin{bmatrix} EI & 0 \\ 0 & F_N \end{bmatrix} \begin{bmatrix} \mathbf{g}''^T \\ \mathbf{g}'^T \end{bmatrix} dx \, \mathbf{d}_e = \mathbf{0} \qquad (4.105)$$

bzw.

$$\left(\int_{(l)} EI \, \mathbf{g}'' \mathbf{g}''^T dx - \lambda \int_{(l)} \bar{F}_N \mathbf{g}' \, \mathbf{g}'^T dx\right) \mathbf{d}_e$$

$$= (\mathbf{K}_e - \lambda \mathbf{K}_e^{(z)}) \mathbf{d}_e = \mathbf{0} \qquad (4.106)$$

mit

$$F_N(x) = -\lambda \bar{F}(x) \qquad (\lambda \text{ - geeigneter Parameter})$$

$$\mathbf{K}_e = \int_{(l)} EI \, \mathbf{g}'' \, \mathbf{g}''^T dx \quad , \quad \mathbf{K}_e^{(z)} = \int_{(l)} \bar{F}_N \mathbf{g}' \, \mathbf{g}'^T dx \, . \qquad (4.107)$$

Die Elemente der beiden Steifigkeitsmatrizen $\mathbf{K}_e$ bzw. $\mathbf{K}_e^{(z)}$ errechnen sich also nach den Formeln

$$k_{ij} = \int_{(l)} EI(x) \, g_i''(x) \, g_j''(x) dx \, ,$$
$$k_{ij}^{(z)} = \int_{(l)} \bar{F}_N(x) g_i'(x) \, g_j'(x) \, dx \, . \qquad (4.108)$$

Für konstante Biegesteifigkeit EI und konstante Normalkraft F_N ergibt sich (4.106) folgendermaßen:

$$\left(\frac{EI}{l^3} \begin{bmatrix} 12 & 6l & -12 & 6l \\ & 4l^2 & -6l & 2l^2 \\ & & 12 & -6l \\ (symm.) & & & 4l^2 \end{bmatrix} + \frac{F_N}{30l} \begin{bmatrix} 36 & 3l & -36 & 3l \\ & 4l^2 & -3l & -l^2 \\ & & 36 & -3l \\ (symm.) & & & 4l^2 \end{bmatrix} \right) \begin{bmatrix} v_1 \\ \chi_1 \\ v_2 \\ \chi_2 \end{bmatrix} = \mathbf{0} \, . \qquad (4.109)$$

In der Steifigkeitsmatrix $\mathbf{K}_e$ stehen in diesem Fall die gleichen Elemente wie in Gleichung (4.6), weil die Biegelinie eines lastfreien Balkenstücks mit konstanter Biegesteifigkeit ein Polynom dritten Grades ist, das durch den Ansatz (4.100) bzw. (4.101) exakt wiedergegeben werden kann. Trotzdem liefert (4.109) im Gegensatz zu (4.6) nur eine Näherungslösung, da die Eigenfunktionen des Knickstabs i. a. nicht durch endliche Polynome dargestellt werden können.

<u>Beispiel:</u> Für den im Bild 3.8 (Abschnitt 3.1.7.) dargestellten Knickstab ist die kritische Last zu ermitteln.

Der Stab wird (sehr grob) in zwei Elemente gleicher Länge eingeteilt. Die Elementsteifigkeitsbeziehungen unterscheiden sich nur durch das Trägheitsmoment. Da die Elemente gleiche Länge haben, empfiehlt es sich, in $\mathbf{d}_e$ die Parameter χ_1 und χ_2 durch $\chi_1 l_1$ bzw. $\chi_2 l_1$ zu ersetzen ($l_1 = 0{,}5\,l$). Wenn dann die Gleichungen 2 und 4 in (4.109) noch durch l_1 dividiert werden, enthalten die Matrizen $\boldsymbol{K}_e$ und $\boldsymbol{K}_e^{(z)}$ dimensionslose Elemente. Für das behandelte Beispiel ergibt sich folgende Beziehung:

$$\left(\begin{bmatrix} 12 & 6 & -12 & 6 & 0 & 0 \\ & 4 & -6 & 2 & 0 & 0 \\ & & 36 & 6 & -24 & 12 \\ & & & 12 & -12 & 4 \\ & (symm.) & & & 24 & -12 \\ & & & & & 8 \end{bmatrix} - \bar{\lambda} \begin{bmatrix} 36 & 3 & -36 & 3 & 0 & 0 \\ & 4 & -3 & -1 & 0 & 0 \\ & & 72 & 0 & -36 & 3 \\ & & & 8 & -3 & -1 \\ & (symm.) & & & 36 & -3 \\ & & & & & 4 \end{bmatrix}\right) \begin{bmatrix} v_1 \\ \chi_1 l_1 \\ v_2 \\ \chi_2 l_1 \\ v_3 \\ \chi_3 l_1 \end{bmatrix} = \mathbf{0} \qquad (4.110)$$

mit

$$\bar{\lambda} = \frac{F l^2}{120 EI} \quad . \qquad (4.111)$$

Die Randbedingungen werden berücksichtigt, indem die Gleichungen 1, 5, 6 und die zugehörigen Matrixspalten gestrichen werden:

$$\left(\begin{bmatrix} 4 & -6 & 2 \\ -6 & 36 & 6 \\ 2 & 6 & 12 \end{bmatrix} - \bar{\lambda} \begin{bmatrix} 4 & -3 & -1 \\ -3 & 72 & 0 \\ -1 & 0 & 8 \end{bmatrix}\right) \begin{bmatrix} \chi_1 l_1 \\ v_2 \\ \chi_2 l_1 \end{bmatrix} = \mathbf{0} \qquad (4.112)$$

liefert als kleinsten Eigenwert $\bar{\lambda}_1 = 0{,}219304$ bzw.

$$F_{k_1} = 26{,}32 \, \frac{EI}{l^2} \quad . \qquad (4.113)$$

Bei Einteilung des Knickstabs in vier Elemente ergibt sich aus einem Eigenwertproblem mit 7 Gleichungen:

$$F_{k_1} = 25{,}25 \frac{EI}{l^2} \quad . \tag{4.114}$$

Die recht guten Näherungen (4.113) und (4.114) liegen beide über dem exakten Wert (3.52), was in der Natur des RITZschen Verfahrens und damit der Finite-Elemente-Methode liegt (physikalische Deutung: Die Einschränkung der Freiheitsgrade des mechanischen Systems infolge der Beschränkung der zur Konkurrenz zugelassenen Vergleichsfunktionen auf die Ansatzfunktionen macht das System steifer, was zu höheren Knicklasten führt).

4.4.2. Balkenschwingungen

Für die Berechnung der Biegungs- und Längsschwingungen eines Balkensystems wird unter Beibehaltung der Definition des Elementverschiebungsvektors aus Abschnitt 4.2.2. - Bild 4.2, Gleichung (4.6) - der Verschiebungsansatz

$$\boldsymbol{v}(x) = \begin{bmatrix} u(x) \\ v(x) \end{bmatrix} = \boldsymbol{G}(x)\boldsymbol{d}_e = \begin{bmatrix} \boldsymbol{g}_u^T(x) \\ \boldsymbol{g}_v^T(x) \end{bmatrix} \boldsymbol{d}_e$$

$$= \begin{bmatrix} 1-\frac{x}{l} & 0 & 0 & \frac{x}{l} & 0 & 0 \\ 0 & 1-3\frac{x^2}{l^2}+2\frac{x^3}{l^3} & x-2\frac{x^2}{l}+\frac{x^3}{l^2} & 0 & 3\frac{x^2}{l^2}-2\frac{x^3}{l^3} & -\frac{x^2}{l}+\frac{x^3}{l^2} \end{bmatrix} \begin{bmatrix} u_1 \\ v_1 \\ \chi_1 \\ u_2 \\ v_2 \\ \chi_2 \end{bmatrix} \tag{4.115}$$

gewählt. Die LAGRANGEsche Funktion (4.78) wird mit

$$T = \frac{1}{2} \int_{(l)} \varrho A(x) \dot{\boldsymbol{v}}^T \dot{\boldsymbol{v}} \, dx \tag{4.116}$$

(Vernachlässigung der Rotationsträgheit) und

$$\Pi = \frac{1}{2} \int_{(l)} \left[EI(x) v''^2(x) + EA(x) u'^2(x) \right] dx$$

$$= \frac{1}{2} \int_{(l)} \begin{bmatrix} u' & v'' \end{bmatrix} \begin{bmatrix} EA & 0 \\ 0 & EI \end{bmatrix} \begin{bmatrix} u' \\ v'' \end{bmatrix} dx$$

aufgeschrieben:

$$L = \frac{1}{2}\dot{d}_e^T \int_{(l)} G^T \varrho A G\,dx\,\dot{d}_e - \frac{1}{2} d_e^T \int_{(l)} \left[g'_u \;\; g''_v \right] \begin{bmatrix} EA & 0 \\ 0 & EI \end{bmatrix} \begin{bmatrix} g_u'^T \\ g_v''^T \end{bmatrix} dx\, d_e$$

$$= \frac{1}{2}\dot{d}_e^T M_e \dot{d}_e - \frac{1}{2} d_e^T \int_{(l)} D_G^T H D_G\, dx\, d_e$$

$$= \frac{1}{2}\dot{d}_e^T M_e \dot{d}_e - \frac{1}{2} d_e^T K_e d_e \quad . \tag{4.117}$$

Dann können K_e und M_e nach (4.71) bzw. (4.86) berechnet werden.

Für ein Balkenelement mit konstantem Querschnitt ergibt sich die Elementsteifigkeitsmatrix wie in Gleichung (4.6). Für die Längsverschiebungen kann das leicht nachgewiesen werden, für die Biegungsanteile wurde dies bereits im Abschnitt 4.4.1. gezeigt.

Für die Massenmatrix bei konstantem Balkenquerschnitt erhält man:

$$M_e = \varrho A \int_{(l)} G^T G\, dx = \frac{\varrho A l}{420} \begin{bmatrix} 140 & 0 & 0 & 70 & 0 & 0 \\ & 156 & 22l & 0 & 54 & -13l \\ & & 4l^2 & 0 & 13l & -3l^2 \\ & & & 140 & 0 & 0 \\ & \text{(symmetrisch)} & & & 156 & -22l \\ & & & & & 4l^2 \end{bmatrix} \quad . \tag{4.118}$$

<u>Beispiel:</u> Für den im Bild 4.12 dargestellten massebelegten Balken mit konstantem Querschnitt sind die Eigenfrequenzen der Biegeschwingungen bei verschieden feiner Elementeinteilung zu ermitteln und mit der exakten Lösung zu vergleichen. Außerdem ist der Verlauf der erzwungenen Schwingungen infolge der periodischen Erregerkraft $F(t) = F_0 \cos \Omega t$ zu berechnen.

Da nur die Biegeschwingungen interessieren, können die Zeilen und Spalten 1 und 4 aus den Elementmatrizen K_e und M_e gestrichen werden. Bei einer Einteilung in vier Elemente ($l = 0{,}25L$) ergibt sich nach Aufbau der Systemmatrizen und Einarbeitung der Randbedingungen durch Zeilen-Spalten-Streichen für die Berechnung der freien Schwingungen folgendes Eigenwertproblem:

$$\left(\begin{bmatrix} 24 & 0 & -12 & 6 & 0 & 0 & 0 \\ & 8 & -6 & 2 & 0 & 0 & 0 \\ & & 24 & 0 & -12 & 6 & 0 \\ & & & 8 & -6 & 2 & 0 \\ & & & & 24 & 0 & 6 \\ & (symm.) & & & & 8 & 2 \\ & & & & & & 4 \end{bmatrix} - \lambda \begin{bmatrix} 312 & 0 & 54 & -13 & 0 & 0 & 0 \\ & 8 & 13 & -3 & 0 & 0 & 0 \\ & & 312 & 0 & 54 & -13 & 0 \\ & & & 8 & 13 & -3 & 0 \\ & & & & 312 & 0 & -13 \\ & (symm.) & & & & 8 & -3 \\ & & & & & & 4 \end{bmatrix} \right) \begin{bmatrix} v_2/l \\ \chi_2 \\ v_3/l \\ \chi_3 \\ v_4/l \\ \chi_4 \\ \chi_5 \end{bmatrix} = \mathbf{o}$$

$$(K - \lambda M)\, \mathbf{d} = \mathbf{o} \qquad (4.119)$$

$$\text{mit} \qquad \lambda = \frac{\varrho A L^4}{107520\, EI}\, \omega^2 \quad .$$

In der Tafel 4.2 sind für verschieden feine Diskretisierungen die drei kleinsten Eigenfrequenzen angegeben.

Ele-mente	2	4	8	4	8	exakt
	verteilte Masse			Punktmassen		
$\varkappa_1$	15,561	15,428	15,419	15,402	15,417	15,418
$\varkappa_2$	58,406	50,277	49,986	49,054	49,936	49,965
$\varkappa_3$	155,639	106,597	104,432	91,530	103,919	104,248

$$\varkappa = \omega \sqrt{\frac{\varrho A L^4}{EI}}$$

Tafel 4.2

Wird die Balkenmasse als Punktmassen in den Knoten konzentriert (Bild 4.12c), degeneriert die Systemmassenmatrix zur Diagonalmatrix, und die Lösung des Eigenwertproblems vereinfacht sich. In diesem Fall kann die Anzahl der Freiheitsgrade reduziert werden, wie am Beispiel der Einteilung in vier Elemente gezeigt werden soll. Nach Umordnung der Gleichungen erhält man:

$$\left(\begin{bmatrix} K_1 & K_2 \\ K_2^T & K_3 \end{bmatrix} - \lambda^* \begin{bmatrix} E & 0 \\ 0 & 0 \end{bmatrix} \right) \begin{bmatrix} v \\ \chi \end{bmatrix} = \begin{bmatrix} o \\ o \end{bmatrix} , \quad \lambda^* = \frac{\varrho A L^4}{256 EI}\, \omega^2 \qquad (4.120)$$

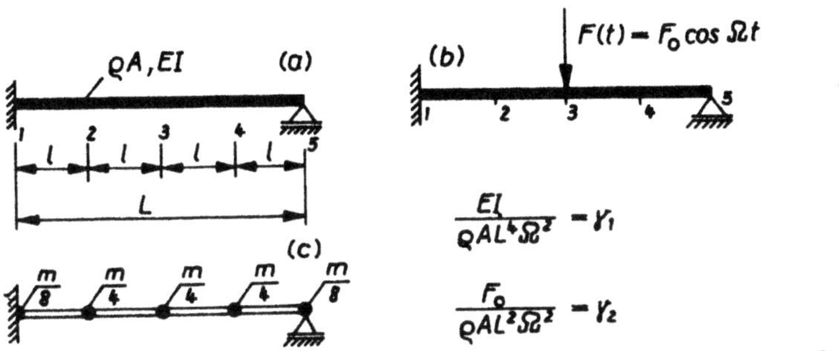

Bild 4.12

Freie und erzwungene Schwingungen eines massebelegten Balkens

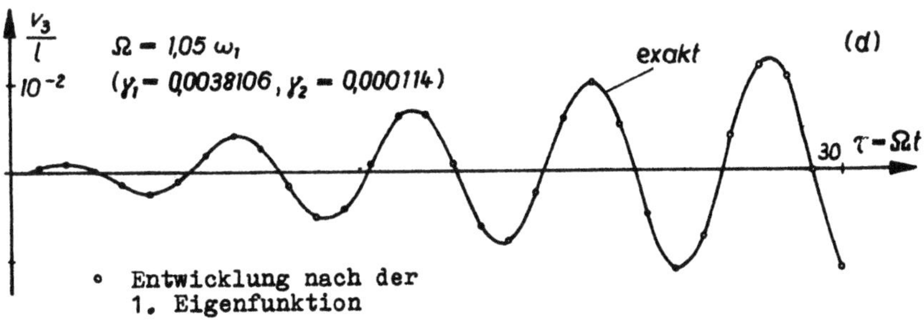

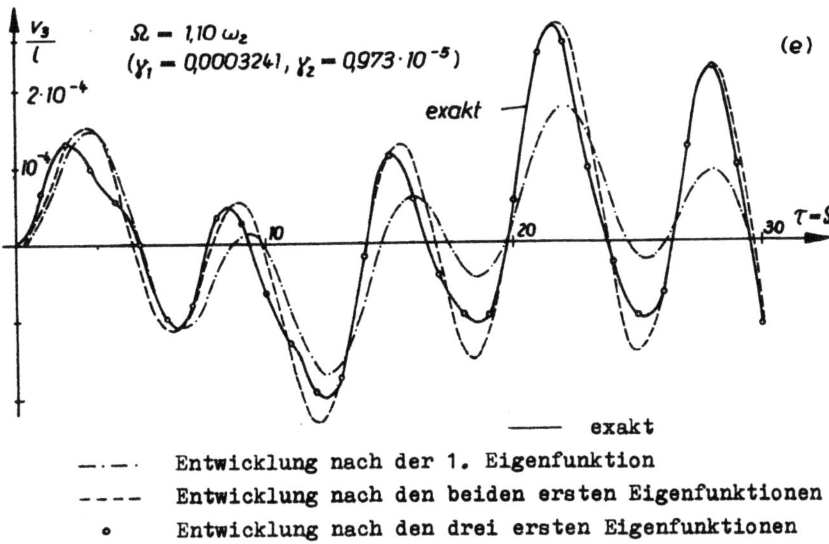

mit

$$K_1 = \begin{bmatrix} 24 & -12 & 0 \\ & 24 & -12 \\ (symm) & & 24 \end{bmatrix} \; , \; K_2 = \begin{bmatrix} 0 & 6 & 0 & 0 \\ -6 & 0 & 6 & 0 \\ 0 & -6 & 0 & 6 \end{bmatrix} \; , \; K_3 = \begin{bmatrix} 8 & 2 & 0 & 0 \\ & 8 & 2 & 0 \\ & & 8 & 2 \\ (symm) & & & 4 \end{bmatrix} \; .$$

(4.120) wird aufgelöst:

$$K_1 v + K_2 \chi - \lambda^* v = o \; ,$$
$$K_2^T v + K_3 \chi = o \quad (\chi = -K_3^{-1} K_2^T v).$$

Hieraus kann das spezielle Eigenwertproblem

$$(K^* - \lambda^* E) v = o$$

mit

$$K^* = K_1 - K_2 K_3^{-1} K_2^T = \begin{bmatrix} 18{,}804 & -11{,}814 & 4{,}4536 \\ & 14{,}351 & -9{,}5876 \\ (symm.) & & 9{,}8969 \end{bmatrix}$$

hergeleitet werden.

Die Tafel 4.2 weist aus, daß die vereinfachte Reduktion der Masse auch gute Ergebnisse ergibt. In diesem Fall kann die Annäherung an die exakten Eigenwerte im Gegensatz zur Massenreduktion nach (4.118) jedoch von oben oder von unten erfolgen.

Für die Berechnung der erzwungenen Schwingungen infolge F(t) (Bild 4.12b) ergibt sich bei Einteilung in vier Elemente das Differentialgleichungssystem

$$M\ddot{d} + \frac{107520\, EI}{\varrho A L^4 \Omega^2} K d = \frac{6720\, F_0}{\varrho A L^3 \Omega^2} f \qquad (4.121)$$

mit $f^T = [0 \;\; 0 \;\; \cos\tau \;\; 0 \;\; 0 \;\; 0]$,

der dimensionslosen Zeit $\tau = \Omega t$ und M , K und d wie in (4.119). Die Punkte über d deuten Ableitungen nach τ an.

Mit Hilfe des JACOBI-Verfahrens (Abschnitt 2.4.3.) werden die sieben Eigenwerte des Systems (4.119) und die zugehörigen Eigenvektoren berechnet, die zur Modalmatrix $\boldsymbol{X}$ (spaltenweise) zusammengestellt werden. Die Transformation (4.90) führt entsprechend (4.91) bis (4.94) zu einem System entkoppelter Differentialgleichungen (es wurden die speziellen Werte $\gamma_1 = 0{,}0038106$ und $\gamma_2 = 0{,}000114$ verwendet):

$$\begin{aligned}
\ddot{d}_1^* + 0{,}9070\ d_1^* &= 0{,}001853 \cos\tau\ ,\\
\ddot{d}_2^* + 9{,}632\ d_2^* &= -0{,}001108 \cos\tau\ ,\\
\ddot{d}_3^* + 43{,}30\ d_3^* &= 0{,}003479 \cos\tau\ ,\\
\ddot{d}_4^* + 152{,}7\ d_4^* &= 0{,}003126 \cos\tau\ ,\\
\ddot{d}_5^* + 405{,}9\ d_5^* &= -0{,}008206 \cos\tau\ ,\\
\ddot{d}_6^* + 1035\ d_6^* &= -0{,}007057 \cos\tau\ ,\\
\ddot{d}_7^* + 2169\ d_7^* &= 0{,}005953 \cos\tau\ .
\end{aligned} \tag{4.122}$$

Mit den Anfangsbedingungen

$$d_i^*(\tau = 0) = 0\ ,\quad \dot{d}_i^*(\tau = 0) = 0 \quad (i = 1,2,\ldots,7)$$

ergibt sich die Lösung einer Differentialgleichung

$$\ddot{d}_i^* + p_i^2 d_i^* = q_i \cos\tau$$

in der Form

$$d_i^* = \frac{q_i}{p_i^2 - 1} (\cos\tau - \cos p_i\tau) \tag{4.123}$$

Aus dem Vektor $\boldsymbol{d}^*$ kann dann entsprechend

$$\boldsymbol{d} = \boldsymbol{X}\boldsymbol{d}^*$$

der gesuchte Verschiebungsvektor $\boldsymbol{d}$ ermittelt werden, der für das mathematische Modell (4.121) des untersuchten Systems die exakte Lösung darstellt.

Im Bild 4.12d ist die Verschiebung des Kraftangriffspunktes (3. Komponente in $\boldsymbol{d}$) für $\tau = 0\ldots30$ dargestellt. Die Lösung ist kaum verschieden von derjenigen, die sich bei der Transformation $\boldsymbol{d} = \boldsymbol{x}_1 d_1^*$ ($\boldsymbol{x}_1$ - Eigenvektor der Grundschwingung) ergibt. Dabei fällt nur die erste Gleichung von (4.122) an. Der Koeffizient $q_i(p_i^2-1)^{-1}$ in (4.123) verdeutlicht, warum die aus den übrigen Eigenfunktionen entstehenden Gleichungen (4.122) keinen nennenswerten Einfluß haben. Der physikalische Grund dafür ist, daß der angenommene Wert γ_1 entsprechend

$$\Omega = \sqrt{\frac{EI}{\varrho A L^4 \gamma_1}} = \frac{1}{\varkappa\sqrt{\gamma_1}}\,\omega = \frac{1}{\varkappa_1\sqrt{\gamma_1}}\,\omega = 1{,}05\,\omega_1$$

einer Erregerfrequenz in unmittelbarer Nähe der ersten Eigenfrequenz entspricht. Im Bild 4.12e ist der Schwingungsverlauf für $\gamma_1 = 0{,}0003241$ ($\Omega = 1{,}10\,\omega_2$), $\gamma_2 = 0{,}973 \cdot 10^{-5}$ aufgetragen. Hier genügt erst die Entwicklung nach den ersten drei Eigenfunktionen höheren Genauigkeitsansprüchen.

Das Beispiel nach Bild 4.12b wird im Abschnitt 6.7. noch einmal mit Hilfe numerischer Integration des Systems (4.121) behandelt.

4.5. Zweidimensionale Probleme

An einigen zweidimensionalen Problemen soll die Herleitung von Elementsteifigkeitsbeziehungen auf der Basis der im Abschnitt 4.3.2. gegebenen Grundgleichungen demonstriert werden. Bis auf das Dreieckselement zur Plattenberechnung im Abschnitt 4.5.4. wurden dafür relativ einfache Elemente ausgewählt. Es wird deshalb schon hier auf die verbesserten Elemente hingewiesen, die auf der Basis der im Abschnitt 4.6. beschriebenen "natürlichen" Koordinaten und des isoparametrischen Konzepts entwickelt werden können.

Für ebene Probleme werden Dreieckselemente bevorzugt, da sie eine gute Anpassung auch an relativ komplizierte Randkonturen ermöglichen. Rechteckelemente, die i. a. bessere Konvergenzeigenschaften aufweisen, werden eingesetzt, wenn es die Geometrie des zu berechnenden Objekts gestattet oder in Verbindung mit Dreieckselementen.

Weitere Elementformen (allgemeines Viereck, Elemente mit gekrümmten Rändern) werden im Abschnitt 4.6. behandelt.

4.5.1. Dreieckselement SD6 zur Scheibenberechnung

In der Theorie der ebenen Scheiben wird vorausgesetzt, daß durch die in der Scheibenebene wirkende Belastung nur die Spannungen σ_x , σ_y , τ_{xy} hervorgerufen werden (Bild 4.13). Der Verschiebungs-

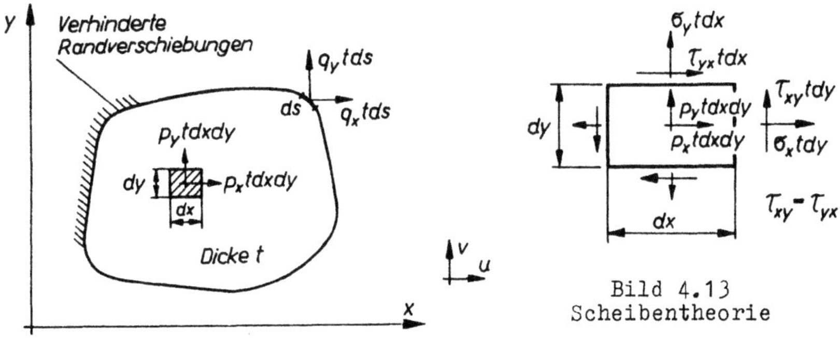

Bild 4.13
Scheibentheorie

zustand wird durch die Funktionen u(x,y) und v(x,y) beschrieben, woraus sich unter Voraussetzung kleiner Verzerrungen ε_x , ε_y , γ_{xy} folgende Beziehungen ableiten lassen:

$$\varepsilon_x = \frac{\partial u}{\partial x} , \quad \varepsilon_y = \frac{\partial v}{\partial y} , \quad \gamma_{xy} = \frac{\partial u}{\partial y} + \frac{\partial v}{\partial x} . \tag{4.124}$$

Die Verzerrungen sind mit den Spannungen über das HOOKEsche Gesetz verknüpft.

Die Vektoren im Ausdruck für das elastische Potential (4.59) werden für das Scheibenproblem folgendermaßen spezifiziert:

$$\mathbf{e} = \begin{bmatrix} \varepsilon_x \\ \varepsilon_y \\ \gamma_{xy} \end{bmatrix} , \quad \mathbf{s} = \begin{bmatrix} \sigma_x \\ \sigma_y \\ \tau_{xy} \end{bmatrix} , \quad \mathbf{v} = \begin{bmatrix} u \\ v \end{bmatrix} , \quad \mathbf{p} = \begin{bmatrix} p_x \\ p_y \end{bmatrix} , \quad \mathbf{q} = \begin{bmatrix} q_x \\ q_y \end{bmatrix} . \tag{4.125}$$

Für die Verschiebung im Innern des im Bild 4.14 skizzierten Elements wird der Ansatz

$$\mathbf{v}(x,y) = \begin{bmatrix} u(x,y) \\ v(x,y) \end{bmatrix} = \mathbf{N}(x,y)\,\mathbf{a} = \begin{bmatrix} 1 & x & y & 0 & 0 & 0 \\ 0 & 0 & 0 & 1 & x & y \end{bmatrix} \begin{bmatrix} a_1 \\ a_2 \\ a_3 \\ a_4 \\ a_5 \\ a_6 \end{bmatrix} \tag{4.126}$$

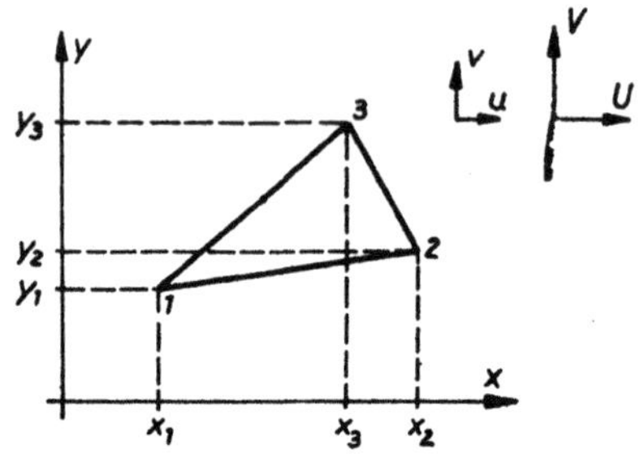

Bild 4.14
Scheibenelement SD6

gewählt. Dies ist der einfachste Ansatz, der die im Abschnitt 4.3.3. formulierten Bedingungen erfüllt.

Entsprechend den 6 Freiwerten in (4.126) werden die beiden Verschiebungen u_i und v_i eines jeden Elementknotens als Elementfreiheitsgrade gewählt. Mit (4.126) erhält man für den Elementverschiebungsvektor

$$\mathbf{d}_e = \begin{bmatrix} u_1 \\ v_1 \\ u_2 \\ v_2 \\ u_3 \\ v_3 \end{bmatrix} = \begin{bmatrix} 1 & x_1 & y_1 & 0 & 0 & 0 \\ 0 & 0 & 0 & 1 & x_1 & y_1 \\ 1 & x_2 & y_2 & 0 & 0 & 0 \\ 0 & 0 & 0 & 1 & x_2 & y_2 \\ 1 & x_3 & y_3 & 0 & 0 & 0 \\ 0 & 0 & 0 & 1 & x_3 & y_3 \end{bmatrix} \begin{bmatrix} a_1 \\ a_2 \\ a_3 \\ a_4 \\ a_5 \\ a_6 \end{bmatrix} = \mathbf{A}\mathbf{a}\,, \qquad (4.127)$$

woraus

$$\mathbf{a} = \mathbf{A}^{-1}\mathbf{d}_e \qquad (4.128)$$

errechnet werden kann. Damit kann der Ansatz in der Form

$$\mathbf{v} = \mathbf{N}\mathbf{A}^{-1}\mathbf{d}_e = \mathbf{G}\mathbf{d}_e \quad mit \quad \mathbf{G} = \mathbf{N}\mathbf{A}^{-1} \qquad (4.129)$$

geschrieben werden.

Die Verzerrungs-Verschiebungsbeziehung (4.65) lautet unter Beachtung von (4.124):

$$\mathbf{e}(x,y) = \begin{bmatrix} \varepsilon_x \\ \varepsilon_y \\ \gamma_{xy} \end{bmatrix} = \begin{bmatrix} \frac{\partial}{\partial x} & 0 \\ 0 & \frac{\partial}{\partial y} \\ \frac{\partial}{\partial y} & \frac{\partial}{\partial x} \end{bmatrix} \begin{bmatrix} u \\ v \end{bmatrix} - \begin{bmatrix} \varepsilon_{xo} \\ \varepsilon_{yo} \\ \gamma_{xyo} \end{bmatrix} = \begin{bmatrix} 0 & 1 & 0 & 0 & 0 & 0 \\ 0 & 0 & 0 & 0 & 0 & 1 \\ 0 & 0 & 1 & 0 & 1 & 0 \end{bmatrix} \mathbf{a} - \mathbf{e}_o \qquad (4.130)$$

$$= \mathbf{B}\mathbf{a} - \mathbf{e}_o = \mathbf{B}\mathbf{A}^{-1}\mathbf{d}_e - \mathbf{e}_o = \mathbf{D}_G\,\mathbf{d}_e - \mathbf{e}_o\;.$$

Der einfache Verschiebungsansatz (4.126) führt also auf eine Matrix $\boldsymbol{D}_G$, deren Elemente nicht von den Koordinaten x und y abhängig sind, so daß die Verzerrungen und damit die Spannungen im Element konstant sind.

Für isotropes elastisches Material lautet das HOOKEsche Gesetz in Matrixschreibweise:

$$\boldsymbol{s}(x,y) = \begin{bmatrix} \sigma_x \\ \sigma_y \\ \tau_{xy} \end{bmatrix} = \frac{E}{1-\nu^2} \begin{bmatrix} 1 & \nu & 0 \\ \nu & 1 & 0 \\ 0 & 0 & \frac{1-\nu}{2} \end{bmatrix} \begin{bmatrix} \varepsilon_x \\ \varepsilon_y \\ \gamma_{xy} \end{bmatrix} = \boldsymbol{He} \ . \tag{4.131}$$

Damit stehen alle zum Aufbau der Elementsteifigkeitsmatrix $\boldsymbol{K}_e$ nach Gleichung (4.71) benötigten Matrizen bereit. Die Matrix $\boldsymbol{A}$ kann auf Grund ihres einfachen Aufbaus ohne Bezug auf spezielle Koordinatenwerte invertiert werden:

$$\boldsymbol{A}^{-1} = \frac{1}{2A} \begin{bmatrix} x_2y_3 - x_3y_2 & 0 & x_3y_1 - x_1y_3 & 0 & x_1y_2 - x_2y_1 & 0 \\ y_{23} & 0 & y_{31} & 0 & y_{12} & 0 \\ x_{32} & 0 & x_{13} & 0 & x_{21} & 0 \\ 0 & x_2y_3 - x_3y_2 & 0 & x_3y_1 - x_1y_3 & 0 & x_1y_2 - x_2y_1 \\ 0 & y_{23} & 0 & y_{31} & 0 & y_{12} \\ 0 & x_{32} & 0 & x_{13} & 0 & x_{21} \end{bmatrix} \tag{4.132}$$

mit den Abkürzungen:

$$x_{ij} = x_i - x_j \ , \quad y_{ij} = y_i - y_j \ ,$$
$$2A = x_{21}y_{31} - x_{31}y_{21} \ . \tag{4.133}$$

Damit ergibt sich $\boldsymbol{D}_G$ nach (4.130) zu

$$\boldsymbol{D}_G = \boldsymbol{B}\boldsymbol{A}^{-1} = \frac{1}{2A} \begin{bmatrix} y_{23} & 0 & y_{31} & 0 & y_{12} & 0 \\ 0 & x_{32} & 0 & x_{13} & 0 & x_{21} \\ x_{32} & y_{23} & x_{13} & y_{31} & x_{21} & y_{12} \end{bmatrix} , \tag{4.134}$$

und die Elementsteifigkeitsmatrix nach (4.71) kann berechnet werden:

$$K_e = \int_{(A)} D_G^T H D_G \, t \, dA \tag{4.135}$$

(A - Elementfläche, t - Elementdicke).

Bei konstanten Materialeigenschaften und konstanter Dicke entspricht die Integration einer Multiplikation mit der Elementfläche $|A|$. Für diesen Fall kann man die Elementsteifigkeitsmatrix K_e explizit aufschreiben:

$$K_e = \frac{Et}{4|A|(1-\nu^2)} \begin{bmatrix} \nu^* x_{32}^2 + y_{32}^2 & (\nu^* + \nu) x_{32} y_{23} & \nu^* x_{32} x_{13} + y_{32} y_{13} & \nu^* x_{32} y_{31} + \nu x_{31} y_{32} & \nu^* x_{32} x_{21} + y_{32} y_{21} & \nu^* x_{32} y_{12} + \nu x_{21} y_{23} \\ & x_{32}^2 + \nu^* y_{32}^2 & \nu x_{32} y_{31} + \nu^* x_{31} y_{32} & x_{32} x_{13} + \nu^* y_{32} y_{13} & \nu x_{32} y_{12} + \nu^* x_{21} y_{23} & x_{32} x_{21} + \nu^* y_{32} y_{21} \\ & & \nu^* x_{31}^2 + y_{31}^2 & (\nu^* + \nu) x_{31} y_{13} & \nu^* x_{21} x_{13} + y_{21} y_{13} & \nu x_{21} y_{31} + \nu^* x_{31} y_{21} \\ & & & x_{31}^2 + \nu^* y_{31}^2 & \nu^* x_{21} y_{31} + \nu x_{31} y_{21} & x_{21} x_{13} + \nu^* y_{21} y_{13} \\ & \text{(symmetrisch)} & & & \nu^* x_{21}^2 + y_{21}^2 & (\nu^* + \nu) x_{21} y_{12} \\ & & & & & x_{21}^2 + \nu^* y_{21}^2 \end{bmatrix} \tag{4.136}$$

$\nu^* = \frac{1}{2}(1-\nu)$, übrige Abkürzungen siehe (4.133).

An einigen Beispielen soll noch das Aufstellen von Belastungsvektoren gezeigt werden:

Anfangsverzerrungen infolge gleichmäßiger Temperaturerhöhung ΔT des Elements entsprechend

$$e_0 = e_{th} = \alpha \Delta T \begin{bmatrix} 1 \\ 1 \\ 0 \end{bmatrix} \tag{4.137}$$

(α - linearer Wärmeausdehnungskoeffizient) führen nach (4.73) auf

$$f_0 = f_{th} = \int_{(A)} D_G^T H e_0 \, t \, dA = \frac{E \alpha \Delta T \operatorname{sgn} A \, t}{2(1-\nu)} \begin{bmatrix} y_{23} & x_{32} & y_{31} & x_{13} & y_{12} & x_{21} \end{bmatrix}^T . \tag{4.138}$$

Die Volumenlast $\boldsymbol{p}$ wird nach (4.74) auf Knotenlasten reduziert:

$$\begin{aligned} \boldsymbol{f}_p &= \int_{(A)} \boldsymbol{G}^T \boldsymbol{p}\, t\, dA = \boldsymbol{A}^{-1^T} \int_{(A)} \boldsymbol{N}^T \boldsymbol{p}\, t\, dA \\ &= \boldsymbol{A}^{-1^T} \int_{(A)} \left[p_x \quad p_x x \quad p_x y \quad p_y \quad p_y x \quad p_y y \right]^T t\, dA\ . \end{aligned} \tag{4.139}$$

Das Eigengewicht entsprechend

$$\boldsymbol{p} = \begin{bmatrix} p_x \\ p_y \end{bmatrix} = -\varrho g \begin{bmatrix} 0 \\ 1 \end{bmatrix} \tag{4.140}$$

führt bei konstanter Elementdicke t über

$$\boldsymbol{f}_p = \boldsymbol{f}_\varrho = -\varrho g t\, \boldsymbol{A}^{-1^T} \int_{(A)} \left[0 \quad 0 \quad 0 \quad 1 \quad x \quad y \right]^T dA \tag{4.141}$$

mit Hilfe der Integrale

$$\int_{(A)} x\, dA = \frac{|A|}{3}(x_1 + x_2 + x_3) \quad , \quad \int_{(A)} y\, dA = \frac{|A|}{3}(y_1 + y_2 + y_3) \tag{4.142}$$

(statische Momente bezüglich y- bzw. x-Achse) auf

$$\boldsymbol{f}_\varrho = -\frac{1}{3}\varrho g |A| t \left[0 \quad 1 \quad 0 \quad 1 \quad 0 \quad 1 \right]^T . \tag{4.143}$$

Schließlich soll noch an einem Spezialfall die Reduzierung von Randlasten demonstriert werden. Die Dreiecksseite, die die Punkte 1 und 2 verbindet, möge auf der x-Achse liegen und sei durch die

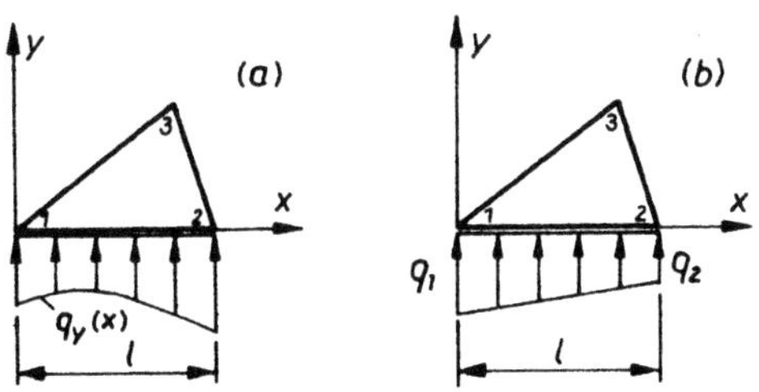

Bild 4.15
Reduzierung von
Randlasten

Randspannung $q_y(x)$ belastet. Gleichung (4.75) wird mit (4.129) zu

$$\boldsymbol{f}_q = \int_{x=0}^{l} \tilde{\boldsymbol{G}}^T \boldsymbol{q}\, t\, dx = \tilde{\boldsymbol{A}}^{-1^T} \int_{x=0}^{l} \tilde{\boldsymbol{N}}^T \boldsymbol{q}\, t\, dx\, , \tag{4.144}$$

wobei $\tilde{\boldsymbol{A}}^{-1^T}$ aus $\boldsymbol{A}^{-1^T}$ entsteht, indem $x_1 = y_1 = y_2 = 0$, $x_2 = l$ gesetzt wird (Bild 4.15a), und $\tilde{N}$ aus N mit y=0 (Gleichung der Dreiecksseite zwischen 1 und 2) hervorgeht. Mit

$$q = \begin{bmatrix} 0 \\ q_y \end{bmatrix} \tag{4.145}$$

ergibt sich bei konstantem t:

$$\begin{aligned} f_q &= \tilde{A}^{-1^T} t \int_{x=0}^{l} \begin{bmatrix} 0 & 0 & 0 & q_y & q_y x & 0 \end{bmatrix}^T dx \\ &= \frac{t}{l} \int_{x=0}^{l} \begin{bmatrix} 0 & q_y(l-x) & 0 & q_y x & 0 & 0 \end{bmatrix}^T dx \quad . \end{aligned} \tag{4.146}$$

Für eine Trapezlast

$$q_y(x) = (q_2 - q_1)\frac{x}{l} + q_1 \tag{4.147}$$

(Bild 4.15b) ergibt sich z. B.

$$f_q = \frac{tl}{6} \begin{bmatrix} 0 \\ 2q_1 + q_2 \\ 0 \\ q_1 + 2q_2 \\ 0 \\ 0 \end{bmatrix} . \tag{4.148}$$

Diese Beziehung ist auch gültig, wenn die Dreiecksseite nicht auf der x-Achse liegt. Die Wirkungslinie der reduzierten Lasten ist jedoch immer senkrecht zur entsprechenden Elementseite (Bild 4.16).

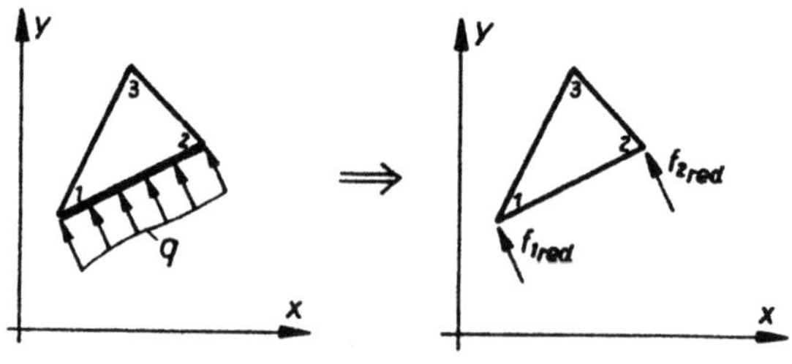

Bild 4.16

Der Aufbau der Systemsteifigkeitsbeziehung und die Berücksichtigung kinematischer Randbedingungen entspricht den in den Abschnitten 4.2.4. und 4.2.7. angegebenen Vorschriften.

Nach Berechnung der Knotenverschiebungen können die Spannungen in den Elementen nach Gleichung (4.68) ermittelt werden. Für das betrachtete Scheibenelement erhält man

$$s = HD_G d_e - He_o$$

$$= \begin{bmatrix} \sigma_x \\ \sigma_y \\ \tau_{xy} \end{bmatrix} = \frac{E}{2A(1-\nu^2)} \begin{bmatrix} y_{23} & \nu x_{32} & y_{31} & \nu x_{13} & y_{12} & \nu x_{21} \\ \nu y_{23} & x_{32} & \nu y_{31} & x_{13} & \nu y_{12} & x_{21} \\ \nu^* x_{32} & \nu^* y_{23} & \nu^* x_{13} & \nu^* y_{31} & \nu^* x_{21} & \nu^* y_{12} \end{bmatrix} \begin{bmatrix} u_1 \\ v_1 \\ u_2 \\ v_2 \\ u_3 \\ v_3 \end{bmatrix} - \frac{E\alpha\Delta T}{1-\nu} \begin{bmatrix} 1 \\ 1 \\ 0 \end{bmatrix}, \qquad (4.149)$$

wobei die durch gleichmäßige Temperaturerhöhung entstehenden Anfangsdehnungen nach (4.137) eingesetzt wurden.

Das Scheibendreieckselement mit 6 Freiheitsgraden (SD6) kann infolge des elementweise konstanten Spannungszustands nur bei relativ feiner Vernetzung brauchbare Ergebnisse liefern. Trotzdem ist es für viele Probleme erfolgreich eingesetzt worden, da der Aufbau der (direkt auf ein globales Koordinatensystem bezogenen) Elementsteifigkeitsmatrix nach (4.136) sehr einfach ist und Rechenprogramme, die einen ausgefeilten Algorithmus zur Lösung großer Bandgleichungssysteme nutzen, auch bei mehreren Tausend Elementen mit vertretbaren Rechenzeiten auskommen.

Im Bild 4.17 ist eine Kragscheibe dargestellt, die mit dem Element SD6 berechnet wurde /37/. Die exakte Lösung dieses Problems ist nicht bekannt. Nach der Biegetheorie des geraden Balkens unter Berücksichtigung der Schubverzerrung ergibt sich für den Punkt A eine Vertikalverschiebung

$$v_A = -\frac{Fl^3}{Eth^3}\left[4 + \frac{12}{5}(1+\nu)\frac{h^2}{l^2}\right] = -116{,}64\,\frac{F}{Et} \qquad (4.150)$$

und für den Punkt B eine Normalspannung

$$\sigma_{x_B} = 6\,\frac{Fl}{th^2} = 18\,\frac{F}{th} \;. \qquad (4.151)$$

Diese Werte sind näherungsweise bei ausreichend feiner Vernetzung zu erwarten. Die Verschiebungen nähern sich diesem Wert "von unten" (versteifende Wirkung infolge der Einschränkung der Ver-

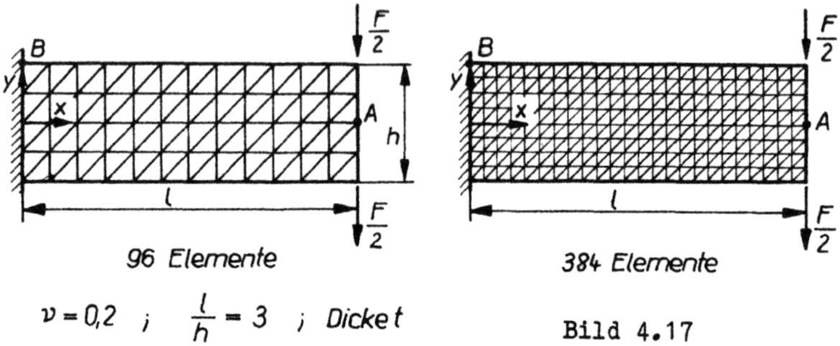

Bild 4.17

schiebungsmöglichkeiten durch die Ansatzfunktionen):

$$V_A^{(96)} = -96{,}2 \frac{F}{Et} \quad (\text{96 Elemente}) ,$$
$$V_A^{(384)} = -110 \frac{F}{Et} \quad (\text{384 Elemente}) . \tag{4.152}$$

Auch für die Spannungen ergibt erst die feinere Elementeinteilung befriedigende Ergebnisse:

$$\sigma_{x_B}^{(96)} = 14{,}7 \frac{F}{th} \quad (\text{96 Elemente}) ,$$
$$\sigma_{x_B}^{(384)} = 18{,}1 \frac{F}{th} \quad (\text{384 Elemente}) . \tag{4.153}$$

4.5.2. Modifikationen des Elements SD6 (Anisotropie, ebener Formänderungszustand)

Anisotropes Materialverhalten wird durch eine i. a. vollbesetzte (aber symmetrische) Matrix

$$H' = \begin{bmatrix} h_{11} & h_{12} & h_{13} \\ h_{12} & h_{22} & h_{23} \\ h_{13} & h_{23} & h_{33} \end{bmatrix} \tag{4.155}$$

beschrieben, die 6 unabhängige Parameter enthalten kann. In (4.131) kann H durch H' ersetzt werden, und die Ermittlung der Elementsteifigkeitsmatrix folgt der im Abschnitt 4.5.1. demonstrierten Vorgehensweise.

In einem Rechenprogramm wird zweckmäßig H' nach (4.155) verwendet.

Dann können folgende Sonderfälle behandelt werden:

- Orthotropes Material: $h_{13} = h_{23} = 0$. (4.156)
- Isotropes Material:

$$h_{11} = h_{22} = \frac{E}{1-\nu^2}\ ,\ h_{12} = \nu h_{11}\ ,\ h_{13} = h_{23} = 0,\ h_{33} = \frac{E}{2(1+\nu)}\ . \tag{4.157}$$

- Ebener Formänderungszustand:

$$h_{11} = h_{22} = \frac{E(1-\nu)}{(1+\nu)(1-2\nu)}\ ;\ h_{12} = \frac{E\nu}{(1+\nu)(1-2\nu)}\ ;$$
$$h_{13} = h_{23} = 0\ ;\ h_{33} = \frac{E}{2(1+\nu)}\ . \tag{4.158}$$

Für die Berechnung des ebenen Formänderungszustands sind noch folgende Besonderheiten zu beachten: Aus der Verhinderung der Dehnung in z-Richtung ($\varepsilon_z = 0$) resultiert eine zusätzliche Spannung, die sich nach

$$\sigma_z = \nu(\sigma_x + \sigma_y) \tag{4.159}$$

berechnen läßt. Aus dem gleichen Grund sind bei gleichmäßiger Temperaturerhöhung ΔT die Anfangsdehnungen nach (4.137) durch

$$\mathbf{e}_0' = \mathbf{e}_{th}' = (1+\nu)\alpha\Delta T \begin{bmatrix} 1 \\ 1 \\ 0 \end{bmatrix} \tag{4.160}$$

zu ersetzen, was entsprechende Änderungen in (4.138) und (4.149) nach sich zieht.

4.5.3. Dreiecksringelement DR6

Für die Berechnung von Bauteilen mit rotationssymmetrischer Geometrie und Belastung werden ringförmige Elemente benutzt. Bild 4.18 zeigt ein solches Element mit dreieckigem Querschnitt. Für die Verschiebung in einer Ebene φ=konst. wird der Ansatz

$$\mathbf{v}(r,z) = \begin{bmatrix} u(r,z) \\ w(r,z) \end{bmatrix} = \mathbf{N}(r,z)\mathbf{a} = \begin{bmatrix} 1 & r & z & 0 & 0 & 0 \\ 0 & 0 & 0 & 1 & r & z \end{bmatrix} \begin{bmatrix} a_1 \\ a_2 \\ a_3 \\ a_4 \\ a_5 \\ a_6 \end{bmatrix} \tag{4.161}$$

gewählt.

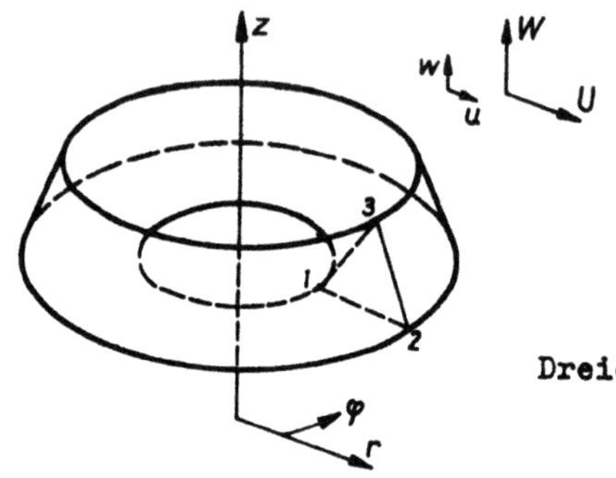

Bild 4.18
Dreieckseringelement DR6

Analog zu den Gleichungen (4.126) bis (4.129) wird eine Matrix G ermittelt, die das Verschiebungsfeld v mit dem Elementverschiebungsvektor d_e (6 Komponenten) verknüpft.

Wie für das Element SD6 erhält man eine (6×6)-Elementsteifigkeitsmatrix, obwohl der rotationssymmetrische Spannungszustand durch vier von Null verschiedene Spannungen (bzw. Dehnungen) beschrieben wird:

$$e(r,z) = \begin{bmatrix} \varepsilon_r \\ \varepsilon_\varphi \\ \varepsilon_z \\ \gamma_{rz} \end{bmatrix} = \begin{bmatrix} \frac{\partial}{\partial r} & 0 \\ \frac{1}{r} & 0 \\ 0 & \frac{\partial}{\partial z} \\ \frac{\partial}{\partial z} & \frac{\partial}{\partial r} \end{bmatrix} \begin{bmatrix} u \\ w \end{bmatrix} - \begin{bmatrix} \varepsilon_{r0} \\ \varepsilon_{\varphi 0} \\ \varepsilon_{z0} \\ \gamma_{rz0} \end{bmatrix} = \begin{bmatrix} 0 & 1 & 0 & 0 & 0 & 0 \\ \frac{1}{r} & 1 & \frac{z}{r} & 0 & 0 & 0 \\ 0 & 0 & 0 & 0 & 0 & 1 \\ 0 & 0 & 1 & 0 & 1 & 0 \end{bmatrix} a - e_0 \quad (4.162)$$

$$= Ba - e_0 = BA^{-1} d_e - e_0 = D_G d_e - e_0 \;,$$

$$s(r,z) = \begin{bmatrix} \sigma_r \\ \sigma_\varphi \\ \sigma_z \\ \tau_{rz} \end{bmatrix} = \frac{E}{(1+\nu)(1-2\nu)} \begin{bmatrix} 1-\nu & \nu & \nu & 0 \\ & 1-\nu & \nu & 0 \\ & (\text{symm.}) & 1-\nu & 0 \\ & & & \frac{1}{2}(1-2\nu) \end{bmatrix} \begin{bmatrix} \varepsilon_r \\ \varepsilon_\varphi \\ \varepsilon_z \\ \gamma_{rz} \end{bmatrix} = He \,. \quad (4.163)$$

Die Matrix A hat den gleichen Aufbau wie in (4.127), ihre Inverse A^{-1} entspricht (4.132). Mit den nach (4.162) bzw. (4.163) definierten Matrizen D_G und H erhält man die Elementsteifigkeitsmatrix aus

$$K_e = 2\pi \int_{(A)} D_G^T H D_G \, r dA \quad . \tag{4.164}$$

Die Ringdehnung ε_φ bewirkt, daß die Matrix B in (4.162) und damit der Integrand in (4.164) von den Koordinaten r und z abhängig sind. Die Berechnung von K_e ist also etwas komplizierter als für das Element SD6. Sie findet sich gemeinsam mit der Angabe der wichtigsten Belastungsvektoren (Temperatur, Fliehkraft, Oberflächenkräfte) z. B. in /38/. Dort erfolgt die Auswertung der Integrale über die Dreiecksfläche exakt (als Integranden treten 1 , r , z , r^{-1} , zr^{-1} , z^2r^{-1} auf), was zur Beachtung einiger Sonderfälle zwingt, so z. B., wenn ein Knotenkreisradius Null ist oder bei Gleichheit zweier Radien.

Schon für diesen einfachen Elementtyp bietet sich deshalb die numerische Integration bei der Berechnung der Elemente von K_e an. Da der in den Ergebnissen der exakten Integration vorkommende natürliche Logarithmus vom Rechenautomaten mit Hilfe einer Potenzreihe berechnet wird, die für bestimmte Argumente nur schlecht konvergiert, kann man damit nicht nur einer Reihe zusätzlicher Probleme aus dem Weg gehen, sondern häufig sogar einen Genauigkeitsgewinn erzielen.

Geeignete Formeln für die numerische Integration sind im Abschnitt 5.2. angegeben. Dem einfachen Verschiebungsansatz, der befriedigende Ergebnisse ohnehin nur bei einer sehr feinen Vernetzung liefern kann, erscheint eine einfache Näherungsformel angemessen zu sein, so daß bereits das Ersetzen der Variablen r und z durch die Schwerpunktskoordinaten des Elements ausreichend ist.

Bei der Spannungsrechnung muß beachtet werden, daß die Ringdehnung ε_φ für r=0 nicht nach (4.162) berechnet werden kann. Wegen u=0 für r=0 erhält man für diese Punkte

$$\varepsilon_\varphi(r=0) = \varepsilon_r(r=0) \quad . \tag{4.165}$$

4.5.4. Dreieckselement PD21 zur Plattenberechnung

4.5.4.1. KIRCHHOFFsche Plattentheorie und Finite-Elemente-Methode

Nach der KIRCHHOFFschen Theorie kann der Verschiebungszustand einer dünnen Platte durch die Angabe der Verschiebung w der Plattenmittelfläche beschrieben werden (vgl. Abschnitt 3.2.3.1.). Diese Theorie enthält die Annahme, daß alle Punkte auf einer Normalen zur Plattenebene auch nach der Verformung noch auf einer Geraden liegen, die dann senkrecht zur verformten Plattenmittelfläche steht. Daraus folgt, daß wegen der im Abschnitt 4.3.3. geforderten Verschiebungskontinuität der Verschiebungsansatz die Stetigkeit von w und der ersten Ableitungen von w garantieren muß - vgl. auch die Variationsformulierung des Plattenproblems (3.120), die Ableitungen bis zur zweiten Ordnung enthält -.

Das elastische Potential der Platte kann in der Form

$$\Pi = \frac{1}{2} \int_{(A)} \mathbf{c}^T \mathbf{m} \, dA - \int_{(A)} p_z \, w \, dA \Longrightarrow Minimum \qquad (4.166)$$

aufgeschrieben werden. Hierin ist

$$\mathbf{c}^T = \left[\frac{\partial^2 w}{\partial x^2} \quad \frac{\partial^2 w}{\partial y^2} \quad 2\frac{\partial^2 w}{\partial x \, \partial y} \right] = \left[w_{,xx} \quad w_{,yy} \quad 2w_{,xy} \right] \qquad (4.167)$$

der "Vektor der Krümmungen", wobei die Aufschreibung der partiellen Ableitungen durch Angabe von Indizes nach einem Komma vereinfacht wurde. p_z , w und

$$\mathbf{m} = \begin{bmatrix} m_x \\ m_y \\ m_{xy} \end{bmatrix} = -K \begin{bmatrix} 1 & \nu & 0 \\ \nu & 1 & 0 \\ 0 & 0 & \frac{1-\nu}{2} \end{bmatrix} \begin{bmatrix} w_{,xx} \\ w_{,yy} \\ 2w_{,xy} \end{bmatrix} = \mathbf{Hc} \qquad (4.168)$$

sind die im Bild 3.13 definierten Größen mit der Plattensteifigkeit K nach (3.83). Wird (4.168) in (4.166) eingesetzt, entsteht der im Abschnitt 3.3.2. benutzte Ausdruck (3.120).

In zahlreichen Publikationen wurden mit relativ einfachen Ansatzfunktionen, die die Bedingungen der Verschiebungskontinuität zwar in den Knotenpunkten, nicht aber am gesamten Elementrand erfüllen, Elementsteifigkeitsbeziehungen hergeleitet. Für ausgewählte Probleme wurden damit z. T. sogar recht gute Ergebnisse erzielt.

Für praktische Probleme sind solche Elemente i. a. jedoch nicht tauglich, da eine feiner werdende Diskretisierung nicht in jedem Fall zur Konvergenz gegen die exakte Lösung von (4.166) führt.

In den letzten Jahren hat sich ein von verschiedenen Autoren (offensichtlich unabhängig voneinander) entwickeltes Dreieckselement mit 21 Freiheitsgraden ausgezeichnet bewährt. Der Aufwand, der mit der Aufstellung der Elementsteifigkeitsmatrix dieses die Verschiebungskontinuität am gesamten Elementrand garantierenden Elements verbunden ist, wird durch die guten Ergebnisse schon bei relativ grober Vernetzung und die gesicherte Konvergenz gerechtfertigt.

4.5.4.2. Das Dreieckselement PD21

Für ein Dreieckselement mit den Eckpunkten 1,2,3 im globalen $\bar{x}$-$\bar{y}$-Koordinatensystem wird ein parallelverschobenes x-y-System

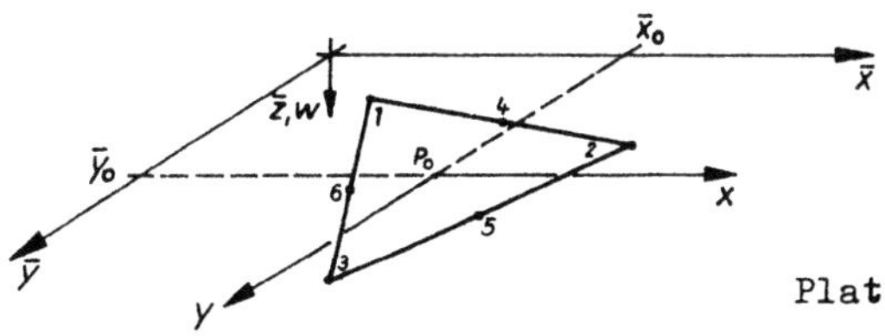

Bild 4.19
Plattenelement PD21

definiert (Bild 4.19). In diesem System haben die Ecken des Dreiecks die Koordinaten

$$\begin{aligned} x_1 &= \bar{x}_1 - \bar{x}_0 , \quad x_2 = \bar{x}_2 - \bar{x}_0 , \quad x_3 = \bar{x}_3 - \bar{x}_0 , \\ y_1 &= \bar{y}_1 - \bar{y}_0 , \quad y_2 = \bar{y}_2 - \bar{y}_0 , \quad y_3 = \bar{y}_3 - \bar{y}_0 . \end{aligned} \tag{4.169}$$

Durch geeignete Festlegung von $\bar{x}_0$ und $\bar{y}_0$ kann später die Integration bei der Berechnung der Elementsteifigkeitsmatrix vereinfacht werden. Eine Transformation der Elementsteifigkeitsbeziehungen auf das globale System beim Aufbau der Systemsteifigkeitsmatrix ist trotzdem nicht erforderlich, da die Elementsteifigkeitsmatrix gegen Parallelverschiebung des Koordinatensystems invariant ist.

Als Verschiebungsansatz wird das komplette Polynom 5. Grades gewählt:

$$w(x,y) = \left[1 \; x \; y \; x^2 \; xy \; y^2 \; x^3 \; x^2y \; xy^2 \; y^3 \; x^4 \; x^3y \; \ldots \right. \\ \left. \ldots \; x^2y^2 \; xy^3 \; y^4 \; x^5 \; x^4y \; x^3y^2 \; x^2y^3 \; xy^4 \; y^5 \right] \begin{bmatrix} a_1 \\ a_2 \\ \vdots \\ a_{21} \end{bmatrix} \tag{4.170}$$

$$= n^T (x,y)\, a \quad .$$

Dementsprechend werden 21 Knotenverschiebungen als Elementfreiheitsgrade definiert. An den Eckknoten 1,2,3 werden die Verschiebung w, die beiden ersten Ableitungen $w_{,x}$, $w_{,y}$ und die drei zweiten Ableitungen $w_{,xx}$, $w_{,xy}$, $w_{,yy}$ gewählt und an den Seitenmittenknoten 4,5,6 die Ableitung in Normalenrichtung $w_{,n}$. Die positive Richtung der Normalen wird so festgelegt, daß diese mit der x-Achse einen Winkel

$$0 \leq \beta < \pi \tag{4.171}$$

einschließt (Bild 4.20).

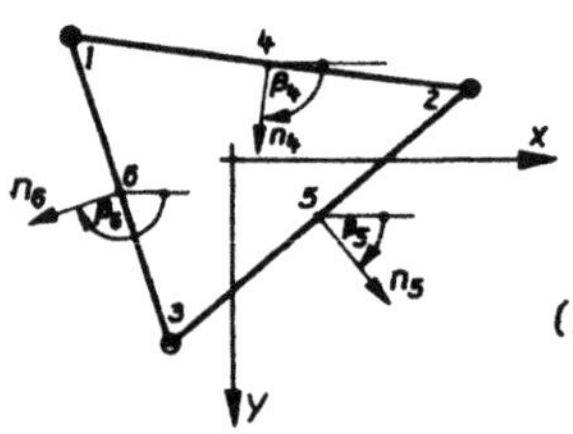

$$v_i = \begin{bmatrix} w_i \\ w_{i,x} \\ w_{i,y} \\ w_{i,xx} \\ w_{i,xy} \\ w_{i,yy} \end{bmatrix} \quad (i = 1,2,3) \qquad d_e = \begin{bmatrix} v_1 \\ v_2 \\ v_3 \\ w_{4,n_4} \\ w_{5,n_5} \\ w_{6,n_6} \end{bmatrix}$$

Bild 4.20

Der Zusammenhang zwischen dem im Bild 4.20 definierten Elementverschiebungsvektor d_e und den 21 Ansatzparametern in a ist durch die Matrix A gegeben:

$$d_e = \begin{bmatrix} v_1 \\ v_2 \\ v_3 \\ w_{4,n_4} \\ w_{5,n_5} \\ w_{6,n_6} \end{bmatrix} = \begin{bmatrix} A_1 \\ A_2 \\ A_3 \\ a_4^T \\ a_5^T \\ a_6^T \end{bmatrix} a = A a \quad . \tag{4.172}$$

Zur Ermittlung der (6×21)-Untermatrizen A_1 , A_2, A_3 werden die beiden ersten und die drei zweiten Ableitungen der Ansatzfunktion w(x,y) benötigt, in die dann die entsprechenden Knotenkoordinaten eingesetzt werden. Für die Berechnung der Elemente der Zeilenvektoren a_4^T , a_5^T , a_6^T werden die Ableitungen in Normalenrichtung gebildet. Aus Bild 4.21 liest man ab:

$$w_{,n} = -w_{,x} \sin\bar{\beta} + w_{,y} \cos\bar{\beta} \,, \qquad \bar{\beta} = \beta - \frac{\pi}{2} \quad \left(-\frac{\pi}{2} \le \bar{\beta} < \frac{\pi}{2}\right) \,. \tag{4.173}$$

Die Winkel $\bar{\beta}$ werden aus den Koordinaten der Eckknoten berechnet:

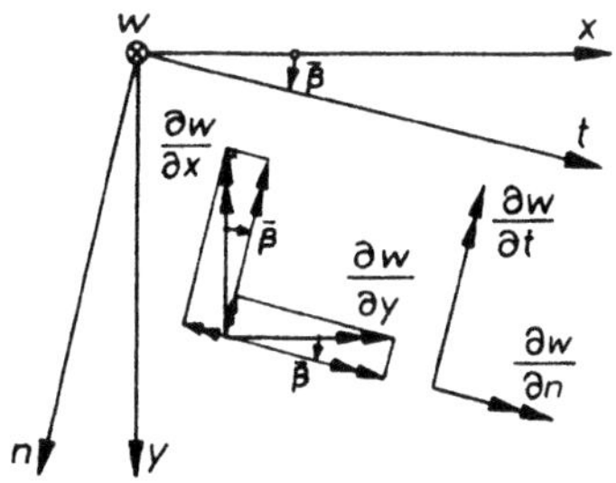

Bild 4.21

$$\bar{\beta}_4 = \arctan \frac{y_2 - y_1}{x_2 - x_1} \,, \qquad \bar{\beta}_5 = \arctan \frac{y_3 - y_2}{x_3 - x_2} \,, \qquad \bar{\beta}_6 = \arctan \frac{y_1 - y_3}{x_1 - x_3} \,. \tag{4.174}$$

Entsprechend dem Definitionsbereich für $\bar{\beta}$ nach (4.173) muß jeweils der Hauptwert der arctan-Funktion genommen werden, bei gleichen x-Koordinaten wird $\bar{\beta} = -\frac{\pi}{2}$ gesetzt. Die nach dem Aufschreiben der Normalenableitungen einzusetzenden Koordinaten der Punkte 4,5,6 werden aus den Eckpunktkoordinaten ermittelt:

$$x_4 = \tfrac{1}{2}(x_1+x_2) \,, \quad x_5 = \tfrac{1}{2}(x_2+x_3) \,, \quad x_6 = \tfrac{1}{2}(x_3+x_1) \,,$$
$$y_4 = \tfrac{1}{2}(y_1+y_2) \,, \quad y_5 = \tfrac{1}{2}(y_2+y_3) \,, \quad y_6 = \tfrac{1}{2}(y_3+y_1) \,. \tag{4.175}$$

Natürlich kann die Inverse der (21×21)-Matrix A nicht explizit angegeben werden. Deshalb wird mit

$$c = \begin{bmatrix} w_{,xx} \\ w_{,yy} \\ 2w_{,xy} \end{bmatrix} = \begin{bmatrix} n_{,xx}^T \\ n_{,yy}^T \\ 2n_{,xy}^T \end{bmatrix} a = Ba = BA^{-1} d_e \tag{4.176}$$

und (4.168) das elastische Potential in der Form

$$\Pi = \frac{1}{2} \mathbf{d}_e^T \mathbf{A}^{-1^T} \int_{(A)} \mathbf{B}^T \mathbf{H} \mathbf{B} \, dA \, \mathbf{A}^{-1} \mathbf{d}_e - \int_{(A)} p_z \mathbf{n}^T dA \, \mathbf{A}^{-1} \mathbf{d}_e \tag{4.177}$$

aufgeschrieben, und die Minimalforderung (4.70) liefert die Elementsteifigkeitsmatrix

$$\mathbf{K}_e = \mathbf{A}^{-1^T} \int_{(A)} \mathbf{B}^T \mathbf{H} \mathbf{B} \, dA \, \mathbf{A}^{-1} \tag{4.178}$$

und den Kraftvektor

$$\mathbf{f}_e = \mathbf{A}^{-1^T} \int_{(A)} p_z \mathbf{n} \, dA \, . \tag{4.179}$$

Die Elemente der symmetrischen (21×21)-Matrix

$$\mathbf{K}_e^* = \int_{(A)} \mathbf{B}^T \mathbf{H} \mathbf{B} \, dA \tag{4.180}$$

lassen sich in der Form

$$k_{ij}^* = \int_{(A)} K(x,y) \sum_{(m)} k_{ijm} \, x^{r_m} y^{s_m} \, dA \tag{4.181}$$

aufschreiben, wobei m maximal 3 ist. Bei konstanter Plattensteifigkeit K sind dabei Integrale der Form

$$I_{rs} = \int_{(A)} x^r y^s \, dA \tag{4.182}$$

mit

$$r + s \leq 6$$

zu lösen. Hierfür wird auf die im Abschnitt 4.6.1. eingeführten Flächenkoordinaten verwiesen, die die Auswertung von (4.182) wesentlich erleichtern. Für die kleineren Exponenten r und s $(r+s \leq 5)$ ergeben sich besonders einfache Ergebnisse, wenn der Ursprung des lokalen Koordinatensystems im Schwerpunkt des Dreiecks

$$\bar{x}_0 = \frac{1}{3}(\bar{x}_1 + \bar{x}_2 + \bar{x}_3) \quad , \quad \bar{y}_0 = \frac{1}{3}(\bar{y}_1 + \bar{y}_2 + \bar{y}_3) \tag{4.183}$$

liegt (vgl. Bild 4.19). Man erhält dann

$$I_{rs} = c_{r+s} A (x_1^r y_1^s + x_2^r y_2^s + x_3^r y_3^s) \tag{4.184}$$

mit

$$c_0 = 1 \, , \; c_1 = 0 \, , \; c_2 = \frac{1}{12} \, , \; c_3 = c_4 = \frac{1}{30} \, , \; c_5 = \frac{2}{105} \; .$$

Für die größeren Exponenten können die I_{rs} (mit einiger Mühe) ermittelt, aber i. a. nicht in so einfacher Form aufgeschrieben werden. In /39/ sind die k_{ij}^{*} und die benötigten Integrale bis r+s=6 angegeben.

Bei linear veränderlicher Plattensteifigkeit entsprechend

$$K(x,y) = K_o + K_1 x + K_2 y \tag{4.185}$$

werden die k_{ij}^{*} nach (4.181) zweckmäßig aus der Summe

$$\begin{aligned} k_{ij}^{*} = K_0 \sum_{(m)} k_{ijm} x^{r_m} y^{s_m} \\ + K_1 \sum_{(m)} k_{ijm} x^{r_m+1} y^{s_m} + K_2 \sum_{(m)} k_{ijm} x^{r_m} y^{s_m+1} \end{aligned} \tag{4.186}$$

ermittelt, wobei die Berechnung des ersten Summanden dem Algorithmus für konstante Plattensteifigkeit entspricht, während beim zweiten Summanden der Exponent von x und beim dritten Summanden der Exponent von y in allen Integralen I_{rs} um 1 zu erhöhen sind. Diese bequem programmierbare Vorgehensweise kann leicht auf Funktionen K(x,y) höherer Ordnung ausgedehnt werden. Die dafür benötigten Integrale können dann natürlich nicht mehr als Formeln im Programm stehen, sondern werden entweder numerisch ausgewertet (vgl. Abschnitt 5.3.) oder mit Hilfe der einfach programmierbaren Formel (4.217) berechnet. Die letztgenannte Möglichkeit erfordert, daß ein Eckknoten (z.B. Knoten 1) in den Ursprung des Elementkoordinatensystems gelegt wird:

$$\bar{x}_o = \bar{x}_1 \quad , \quad \bar{y}_o = \bar{y}_1 \quad .$$

Nach der Berechnung von K_e^{*} kann die Elementsteifigkeitsmatrix

$$K_e = A^{-1^T} K_e^{*} A^{-1} \tag{4.187}$$

ermittelt werden. Für das Invertieren der nicht symmetrischen Matrix A kann z. B. das Unterprogramm GAJO (Abschnitt 2.3.3.) genutzt werden, für die Matrizenmultiplikation kann mit einem speziellen Unterprogramm, das die Symmetrie der entstehenden Matrix K_e nutzt, der Aufwand gegenüber der Verwendung der Subroutine MAMU (Abschnitt 2.1.3.) noch verringert werden.

Die bei der Berechnung des Elementkraftvektors nach (4.179) anfallenden Integrale sind ebenfalls vom Typ (4.182). Für konstante

Flächenlast kommt man mit den Formeln (4.184) aus, für veränderliche Flächenlast muß auf die bereits genannten Integrationsmöglichkeiten zurückgegriffen werden.

Im Vektor f_e entstehen auf den Positionen, die den Verschiebungen w in d_e entsprechen, Einzelkräfte, auf den Positionen, die den ersten Ableitungen von w entsprechen, Einzelmomente. An den Knoten angreifende diskrete Lasten können durch Addition hinzugefügt werden.

Die den zweiten Ableitungen von w in d_e entsprechenden "Kräfte" in f_e können nicht als diskrete Lasten im herkömmlichen Sinne interpretiert werden.

Die guten Approximationseigenschaften des Elements PD21 werden unterstützt durch die Möglichkeit, auch die Randbedingungen mit Hilfe der zweiten Verschiebungsableitungen (Biegemomente m_x und m_y) berücksichtigen zu können.

4.5.4.3. Element PD21 zur Berechnung von Beulproblemen

Das Problem der Plattenbeulung wird durch die Variationsaufgabe

$$\Pi = \frac{1}{2} \int_{(A)} (\mathbf{c}^T \mathbf{H} \mathbf{c} + n_x w_{,x}^2 + n_y w_{,y}^2 + 2 n_{xy} w_{,x} w_{,y})\, dA \Rightarrow Minimum \qquad (4.188)$$

beschrieben. Hierin ist $\mathbf{c}$ der durch Gleichung (4.167) definierte Vektor, $\mathbf{H}$ die in (4.168) angegebene Matrix, n_x, n_y und n_{xy} sind die Schnittgrößen des Scheibenproblems (Grundspannungszustand):

$$n_x = \sigma_x t \quad , \quad n_y = \sigma_y t \quad , \quad n_{xy} = \tau_{xy} t \qquad (4.189)$$

(t - Scheibendicke). Diese müssen vorab, gegebenenfalls auch mit Hilfe der Finite-Elemente-Methode, ermittelt werden.

Gleichung (4.188) lautet in Matrixschreibweise:

$$\begin{aligned} \Pi &= \frac{1}{2} \int_{(A)} \left(\mathbf{c}^T \mathbf{H} \mathbf{c} + \begin{bmatrix} w_{,x} & w_{,y} \end{bmatrix} \begin{bmatrix} n_x & n_{xy} \\ n_{xy} & n_y \end{bmatrix} \begin{bmatrix} w_{,x} \\ w_{,y} \end{bmatrix} \right) dA \\ &= \frac{1}{2} \int_{(A)} (\mathbf{c}^T \mathbf{H} \mathbf{c} + \mathbf{c}^{oT} \mathbf{H}^o \mathbf{c}^o)\, dA \Rightarrow Minimum . \end{aligned} \qquad (4.190)$$

Für die Verschiebung w wird wieder der Verschiebungsansatz (4.170) gewählt. c kann dann nach (4.176) ersetzt werden, für c° ergibt sich analog dazu:

$$c_0 = \begin{bmatrix} w_{,x} \\ w_{,y} \end{bmatrix} = \begin{bmatrix} n_{,x}^T \\ n_{,y}^T \end{bmatrix} a = B^{\circ} a = B^{\circ} A^{-1} d_e \ . \tag{4.191}$$

Dies wird in (4.190) eingesetzt:

$$\Pi = \frac{1}{2} d_e^T A^{-1^T} \int_{(A)} (B^T H B - B^{\circ^T} \lambda \bar{H}^{\circ} B^{\circ}) \, dA \, A^{-1} d_e \Rightarrow Minimum \, , \tag{4.192}$$

wobei mit λ ein geeigneter Proportionalitätsfaktor aus dem Grundspannungszustand herausgezogen wurde:

$$H^{\circ} = -\lambda \bar{H}^{\circ}. \tag{4.193}$$

Die Minimalbedingung (4.70) liefert

$$(K_e - \lambda K_e^{(z)}) \, d_e = 0 \tag{4.194}$$

mit der Elementsteifigkeitsmatrix K_e nach (4.178) und

$$K_e^{(z)} = A^{-1^T} \int_{(A)} B^{\circ^T} \bar{H}^{\circ} B^{\circ} \, dA \, A^{-1} \ . \tag{4.195}$$

Für die Berechnung von $K_e^{(z)}$ ist zu empfehlen, $\bar{H}^{\circ}$ entsprechend

$$\bar{H}^{\circ} = n_x \begin{bmatrix} 1 & 0 \\ 0 & 0 \end{bmatrix} + n_y \begin{bmatrix} 0 & 0 \\ 0 & 1 \end{bmatrix} + n_{xy} \begin{bmatrix} 0 & 1 \\ 1 & 0 \end{bmatrix} = n_x \bar{H}_x^{\circ} + n_y \bar{H}_y^{\circ} + n_{xy} \bar{H}_{xy}^{\circ} \tag{4.196}$$

in drei Summanden zu zerlegen. Aus (4.195) wird damit

$$\begin{aligned} K_e^{(z)} &= A^{-1^T} \int_{(A)} (n_x B^{\circ^T} \bar{H}_x^{\circ} B^{\circ} + n_y B^{\circ^T} \bar{H}_y^{\circ} B^{\circ} + n_{xy} B^{\circ^T} \bar{H}_{xy}^{\circ} B^{\circ}) \, dA \, A^{-1} \\ &= A^{-1^T} \int_{(A)} [n_x n_{,x} n_{,x}^T + n_y n_{,y} n_{,y}^T + n_{xy} (n_{,x} n_{,y}^T + n_{,y} n_{,x}^T)] \, dA \, A^{-1} \, . \end{aligned} \tag{4.197}$$

Die drei Matrizen unter dem Integral können gesondert berechnet werden. Die Schnittgrößen des Grundspannungszustands sind dabei wie die Plattensteifigkeit K bei der Ermittlung der Elementsteifigkeitsmatrix K_e jeweils Faktoren aller Elemente einer Matrix, so daß bei Abhängigkeit dieser Faktoren von den Koordinaten x und y die im vorigen Abschnitt beschriebene Vorgehensweise übernommen werden kann. Es muß beachtet werden, daß schon bei konstantem Grundspannungszustand Integrale der Form (4.182) mit $r+s \leq 8$ auftreten.

4.6. Interpolationsansätze, isoparametrisches Konzept

4.6.1. Natürliche Koordinaten

Vielfach ist es zweckmäßig, beim Aufbau der Elementsteifigkeitsbeziehungen mit speziellen lokalen (nur für das Element gültigen) Koordinaten zu arbeiten. Hierfür sind die sogenannten natürlichen Koordinaten besonders geeignet. Diese beschreiben die Lage eines Punktes innerhalb des Elements durch dimensionslose Größen, die auf geeignete Weise so normiert werden, daß ihr Wert zwischen -1 und +1 (bzw. 0 und +1) liegt.

Im folgenden werden einige natürliche Koordinatensysteme vorgestellt. Um sie für die Berechnung von Elementbeziehungen nutzen zu können, muß der Zusammenhang mit den globalen (kartesischen) Koordinaten bekannt sein. Die Ableitungen nach diesen Koordinaten müssen durch Ableitungen nach den natürlichen Koordinaten ausgedrückt werden, und es werden Formeln für die Integration (von Polynomen) über das Elementvolumen (bzw. die Elementfläche oder -länge) benötigt.

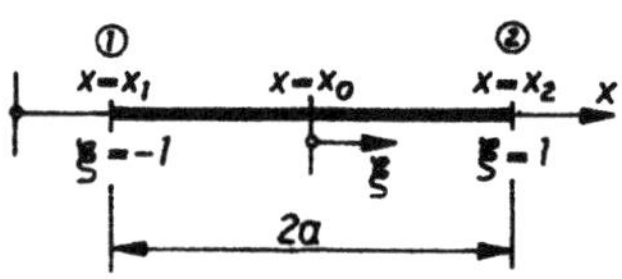

$x_0 = \frac{1}{2}(x_1 + x_2)$

Bild 4.22

Im Bild 4.22 sind die Koordinaten x und ξ für ein eindimensionales Element definiert. Der lineare Zusammenhang

$$x = a_1 \xi + a_2 \tag{4.198}$$

wird durch Einsetzen der Knotenkoordinaten zu

$$x = \frac{1}{2}(x_2 - x_1)\xi + \frac{1}{2}(x_1 + x_2) = a\xi + x_0 \,. \tag{4.199}$$

Die Integration einer Funktion $f(\xi)$ über die Trägerlänge wird in der Form

$$\int\limits_{(2a)} f(\xi)\,dx = a\int\limits_{-1}^{1} f(\xi)\,d\xi \tag{4.200}$$

ausgeführt, und aus der Umkehrung von (4.199)

$$\xi = \frac{1}{a}(x - x_0) \tag{4.201}$$

folgt die Differentiationsformel

$$\frac{d}{dx} = \frac{d}{d\xi}\frac{d\xi}{dx} = \frac{1}{a}\frac{d}{d\xi} \quad . \tag{4.202}$$

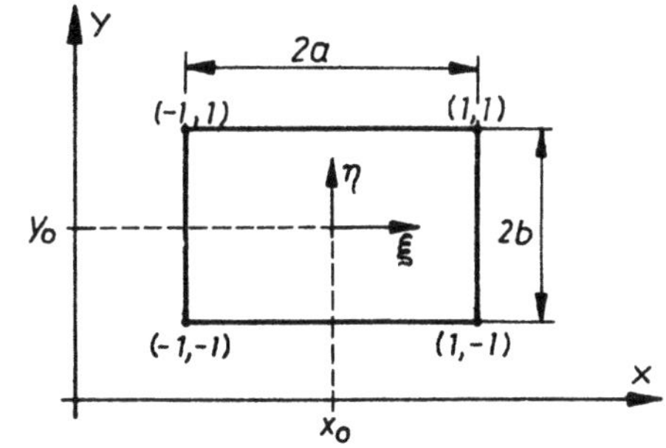

Bild 4.23
Natürliche Koordinaten
für ein Rechteck

Entsprechend definiert man für ein Rechteckelement (Bild 4.23):

$$x = a\xi + x_0 \quad , \qquad y = b\eta + y_0 \quad ,$$

$$\frac{\partial}{\partial x} = \frac{1}{a}\frac{\partial}{\partial \xi} \quad , \qquad \frac{\partial}{\partial y} = \frac{1}{b}\frac{\partial}{\partial \eta} \quad , \tag{4.203}$$

$$\int\limits_{(A)} f(\xi,\eta)\, dA = \int\limits_{-1}^{1}\int\limits_{-1}^{1} f(\xi,\eta)\, ab\, d\xi\, d\eta \; .$$

Besonders interessant sind die für Dreieckselemente verwendeten sogenannten "Flächenkoordinaten". Ein Punkt im Innern des Elements wird durch die Angabe der drei Koordinaten

$$L_1 = \frac{A_1}{A} \quad , \; L_2 = \frac{A_2}{A} \quad , \; L_3 = \frac{A_3}{A} \tag{4.204}$$

festgelegt, wobei A die Dreiecksfläche und A_1 , A_2 und A_3 die im Bild 4.24 definierten Teilflächen sind. Die Koordinaten L_1 , L_2 , L_3 sind nicht unabhängig voneinander; es gilt

$$L_1 + L_2 + L_3 = 1 \qquad (\text{wegen } A_1 + A_2 + A_3 = A) \; . \tag{4.205}$$

Man überzeugt sich leicht, daß die Eckpunkte durch die im Bild 4.24 angegebenen Koordinaten und die Dreiecksseiten durch die Gleichungen

$$L_1 = 0 \quad , \quad L_2 = 0 \quad , \quad L_3 = 0$$

beschrieben werden.

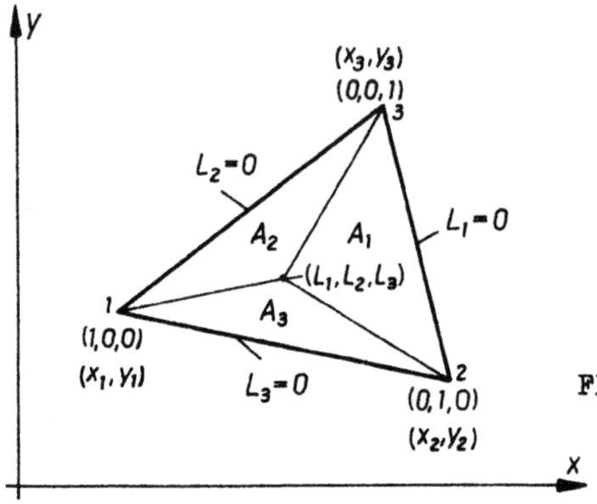

Bild 4.24
Flächenkoordinaten

Der lineare Zusammenhang, der zwischen den Flächenkoordinaten und den kartesischen Koordinaten bestehen muß, kann in der Form

$$x = a_1 L_1 + a_2 L_2 + a_3 L_3 \quad ,$$

$$y = b_1 L_1 + b_2 L_2 + b_3 L_3$$

angesetzt werden, woraus durch Einsetzen der Eckpunktkoordinaten

$$\begin{bmatrix} x \\ y \\ 1 \end{bmatrix} = \begin{bmatrix} x_1 & x_2 & x_3 \\ y_1 & y_2 & y_3 \\ 1 & 1 & 1 \end{bmatrix} \begin{bmatrix} L_1 \\ L_2 \\ L_3 \end{bmatrix} \tag{4.206}$$

entsteht. Als dritte Zeile ist dabei die Gleichung (4.205) hinzugefügt worden.

Um eindeutige Differentiationsregeln zu bekommen, wird vereinbart, daß nur L_1 und L_2 als unabhängige Variable betrachtet werden, während

$$L_3 = 1 - L_1 - L_2$$

gilt. Dann erhält man z. B.

$$\frac{\partial}{\partial L_1} = \frac{\partial}{\partial x}\frac{\partial x}{\partial L_1} + \frac{\partial}{\partial y}\frac{\partial y}{\partial L_1} \tag{4.207}$$

mit

$$x = x_1 L_1 + x_2 L_2 + x_3 (1 - L_1 - L_2) \quad ,$$

$$y = y_1 L_1 + y_2 L_2 + y_3 (1 - L_1 - L_2)$$

zu
$$\frac{\partial}{\partial L_1} = (x_1 - x_3)\frac{\partial}{\partial x} + (y_1 - y_3)\frac{\partial}{\partial y} \quad . \tag{4.208}$$

Eine entsprechende Beziehung ergibt sich für die Ableitung nach L_2 , die mit (4.208) zusammengefaßt wird:

$$\begin{bmatrix} \frac{\partial}{\partial L_1} \\ \frac{\partial}{\partial L_2} \end{bmatrix} = \begin{bmatrix} \frac{\partial x}{\partial L_1} & \frac{\partial y}{\partial L_1} \\ \frac{\partial x}{\partial L_2} & \frac{\partial y}{\partial L_2} \end{bmatrix} \begin{bmatrix} \frac{\partial}{\partial x} \\ \frac{\partial}{\partial y} \end{bmatrix} = \begin{bmatrix} x_{13} & y_{13} \\ x_{23} & y_{23} \end{bmatrix} \begin{bmatrix} \frac{\partial}{\partial x} \\ \frac{\partial}{\partial y} \end{bmatrix} = \mathbf{J} \begin{bmatrix} \frac{\partial}{\partial x} \\ \frac{\partial}{\partial y} \end{bmatrix} , \tag{4.209}$$

$$x_{ij} = x_i - x_j \quad , \quad y_{ij} = y_i - y_j \quad .$$

Die sogenannte JACOBIsche Matrix $\mathbf{J}$ wird invertiert, und man erhält:

$$\begin{bmatrix} \frac{\partial}{\partial x} \\ \frac{\partial}{\partial y} \end{bmatrix} = \mathbf{J}^{-1} \begin{bmatrix} \frac{\partial}{\partial L_1} \\ \frac{\partial}{\partial L_2} \end{bmatrix} = \frac{1}{2A} \begin{bmatrix} y_{23} & y_{31} \\ x_{32} & x_{13} \end{bmatrix} \begin{bmatrix} \frac{\partial}{\partial L_1} \\ \frac{\partial}{\partial L_2} \end{bmatrix} \tag{4.210}$$

mit $2A = x_{21}y_{31} - x_{31}y_{21}$ (A - Dreiecksfläche) .

Der besondere Vorteil der Flächenkoordinaten liegt darin, daß sich Integrale der Form

$$I_{mnp} = \int_{(A)} L_1^m L_2^n L_3^p \, dA = \int_{(A)} L_1^m L_2^n (1 - L_1 - L_2)^p \, dA \tag{4.211}$$

relativ einfach berechnen lassen. Aus Bild 4.25 liest man für das Flächenelement dA ab:

$$\begin{aligned} dA &= gh \, dL_1 \, dL_2 \\ &= 2A \, dL_1 \, dL_2 \\ &= \det \mathbf{J} \, dL_1 \, dL_2 \quad . \end{aligned} \tag{4.212}$$

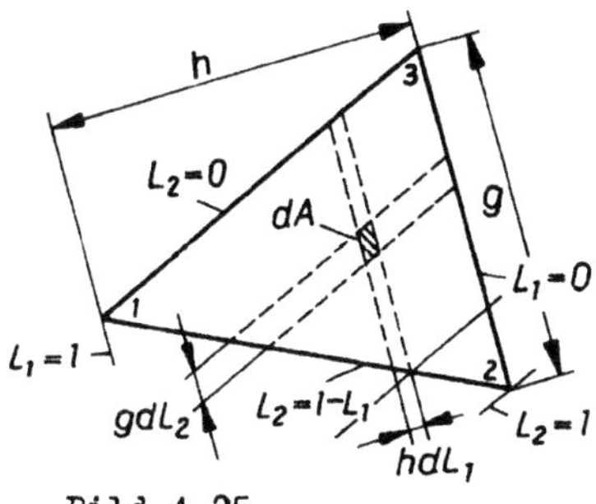

Bild 4.25

Es kann gezeigt werden (vgl. z. B. /40/), daß das Flächenelement (bzw. Volumenelement) allgemein bei Koordinatentransformation mit Hilfe der Determinante der JACOBIschen Matrix transformiert wird.

Mit (4.212) erhält man das Integral

$$I_{mnp} = 2A \int\limits_{L_1=0}^{1} \Big[\int\limits_{L_2=0}^{1-L_1} L_2^n (1-L_1-L_2)^p dL_2 \Big] L_1^m dL_1 \ , \qquad (4.213)$$

das durch wiederholte partielle Integration gelöst wird:

$$I_{mnp} = \int\limits_{(A)} L_1^m L_2^n L_3^p \, dA = 2A \, \frac{m!\,n!\,p!}{(m+n+p+2)!} \ . \qquad (4.214)$$

Diese einfache Formel empfiehlt sich auch dann, wenn der Verschiebungsansatz in kartesischen Koordinaten aufgeschrieben wurde, für die Integration von Polynomen über die Dreiecksfläche. Für die Koordinatentransformation steht (4.206) zur Verfügung.

Beispiel:

$$\int\limits_{(A)} x^2 dA = \int\limits_{(A)} (x_1 L_1 + x_2 L_2 + x_3 L_3)^2 dA$$

$$= \int\limits_{(A)} (x_1^2 L_1^2 + x_2^2 L_2^2 + x_3^2 L_3^2 + 2x_1 x_2 L_1 L_2 + 2x_1 x_3 L_1 L_3 + 2x_2 x_3 L_2 L_3) \, dA$$

$$= \frac{A}{6} (x_1^2 + x_2^2 + x_3^2 + x_1 x_2 + x_1 x_3 + x_2 x_3) \ . \qquad (4.215)$$

Wenn der Ursprung des kartesischen Koordinatensystems im Schwerpunkt des Dreiecks liegt ($x_1+x_2+x_3=0$), vereinfacht sich (4.215) zu

$$\int\limits_{(A)} x^2 dA = \frac{A}{12} (x_1^2 + x_2^2 + x_3^2) \qquad (4.216)$$

- vgl. Integrationsformel (4.184) -.

Liegt der Knoten 1 im Ursprung des Koordinatensystems ($x_1=y_1=0$), so können die bereits im Abschnitt 4.5.4. benötigten Integrale (4.182) mit der entsprechend vereinfachten Transformation (4.206) aufgeschrieben werden:

$$I_{rs} = \int\limits_{(A)} x^r y^s \, dA = \int\limits_{(A)} (x_2 L_2 + x_3 L_3)^r (y_2 L_2 + y_3 L_3)^s \, dA$$

$$= \int\limits_{(A)} \sum_{i=0}^{r} \binom{r}{i} x_2^{r-i} L_2^{r-i} x_3^i L_3^i \ \sum_{j=0}^{s} \binom{s}{j} y_2^{s-j} L_2^{s-j} y_3^j L_3^j \ dA \ .$$

Daraus ergibt sich:

$$I_{rs} = \sum_{i=0}^{r}\sum_{j=0}^{s}\left[\binom{r}{i}\binom{s}{j} x_2^{r-i} x_3^{i} y_2^{s-j} y_3^{j} \int_{(A)} L_2^{r+s-i-j} L_3^{i+j}\, dA \right]$$
$$= 2A \frac{r!\,s!}{(r+s+2)!} \sum_{i=0}^{r}\sum_{j=0}^{s} \frac{(r+s-i-j)!\,(i+j)!}{i!\,j!\,(r-i)!\,(s-j)!}\, x_2^{r-i} x_3^{i} y_2^{s-j} y_3^{j} \,. \qquad (4.217)$$

Diese Formel ist für die Programmierung gut geeignet, wobei die möglicherweise auftretende Potenz $0^0 = 1$ gesetzt werden muß.

Alle Vorteile, die die Anwendung der natürlichen Koordinaten bietet, können jedoch erst dann genutzt werden, wenn schon der Elementverschiebungsansatz mit diesen Koordinaten aufgeschrieben wird. Hierzu werden im folgenden mehrere Beispiele gegeben.

4.6.2. Anwendungsbeispiel: Torsion des prismatischen Stabes

Zur POISSONschen Differentialgleichung (3.74) gehört das Variationsproblem

$$J\{\Phi\} = \int_{(A)} \left[\left(\frac{\partial \Phi}{\partial x}\right)^2 + \left(\frac{\partial \Phi}{\partial y}\right)^2 + 2\Phi\right] dA \rightarrow Minimum. \qquad (4.218)$$

Für die Funktion Φ innerhalb eines Dreieckselements (Bild 4.26)

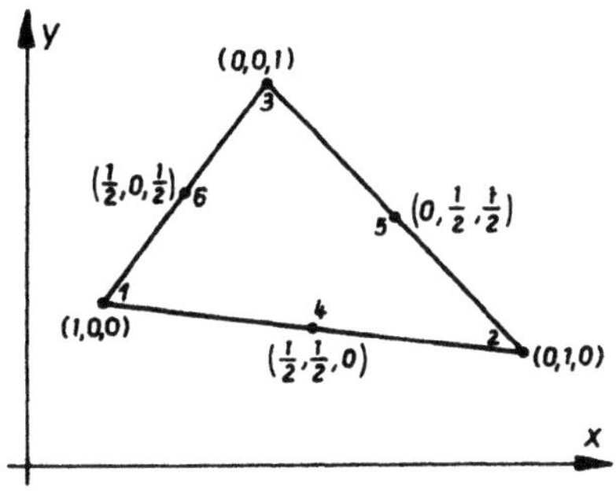

$$d_e = \begin{bmatrix} \Phi_1 \\ \Phi_2 \\ \Phi_3 \\ \Phi_4 \\ \Phi_5 \\ \Phi_6 \end{bmatrix}$$

Bild 4.26
Element TD6

wird ein quadratischer Ansatz in Flächenkoordinaten gewählt:

$$\Phi = n^T a = \begin{bmatrix} L_1 & L_2 & L_3 & L_1L_2 & L_1L_3 & L_2L_3 \end{bmatrix} \begin{bmatrix} a_1 \\ a_2 \\ \vdots \\ a_6 \end{bmatrix} . \qquad (4.219)$$

Die Matrix $\boldsymbol{A}$ verknüpft die Ansatzparameter $\boldsymbol{a}$ mit dem im Bild 4.26 definierten "Elementverschiebungsvektor" $\boldsymbol{d}_e$ (die Begriffe "Kraft", "Verschiebung", "Steifigkeit" usw. werden auch weiterhin benutzt, obwohl die Größen in diesem Fall natürlich nicht diese Bedeutungen haben):

$$\boldsymbol{d}_e = \boldsymbol{A}\boldsymbol{a} = \begin{bmatrix} 1 & 0 & 0 & 0 & 0 & 0 \\ 0 & 1 & 0 & 0 & 0 & 0 \\ 0 & 0 & 1 & 0 & 0 & 0 \\ \frac{1}{2} & \frac{1}{2} & 0 & \frac{1}{4} & 0 & 0 \\ 0 & \frac{1}{2} & \frac{1}{2} & 0 & 0 & \frac{1}{4} \\ \frac{1}{2} & 0 & \frac{1}{2} & 0 & \frac{1}{4} & 0 \end{bmatrix} \boldsymbol{a} \;, \quad \boldsymbol{A}^{-1} = \begin{bmatrix} 1 & 0 & 0 & 0 & 0 & 0 \\ 0 & 1 & 0 & 0 & 0 & 0 \\ 0 & 0 & 1 & 0 & 0 & 0 \\ -2 & -2 & 0 & 4 & 0 & 0 \\ -2 & 0 & -2 & 0 & 0 & 4 \\ 0 & -2 & -2 & 0 & 4 & 0 \end{bmatrix} . \qquad (4.220)$$

Damit kann der Ansatz (4.219) folgendermaßen umgeformt werden:

$$\begin{aligned} \Phi &= \boldsymbol{n}^T\boldsymbol{a} = \boldsymbol{n}^T\boldsymbol{A}^{-1}\boldsymbol{d}_e = \boldsymbol{g}^T\boldsymbol{d}_e \\ &= \left[L_1(2L_1-1) \quad L_2(2L_2-1) \quad L_3(2L_3-1) \quad 4L_1L_2 \quad 4L_2L_3 \quad 4L_1L_3 \right] \boldsymbol{d}_e \,. \end{aligned} \qquad (4.221)$$

Mit

$$\boldsymbol{c} = \begin{bmatrix} \frac{\partial \Phi}{\partial x} \\ \frac{\partial \Phi}{\partial y} \end{bmatrix} = \boldsymbol{J}^{-1} \begin{bmatrix} \frac{\partial \Phi}{\partial L_1} \\ \frac{\partial \Phi}{\partial L_2} \end{bmatrix} = \boldsymbol{J}^{-1}\boldsymbol{c}_L \qquad (4.222)$$

– $\boldsymbol{J}^{-1}$ siehe Gleichung (4.210) – und

$$\begin{aligned} \boldsymbol{c}_L = \begin{bmatrix} \frac{\partial \boldsymbol{g}^T}{\partial L_1} \\ \frac{\partial \boldsymbol{g}^T}{\partial L_2} \end{bmatrix} \boldsymbol{d}_e &= \begin{bmatrix} 4L_1-1 & 0 & 1-4L_3 & 4L_2 & -4L_2 & 4(L_3-L_1) \\ 0 & 4L_2-1 & 1-4L_3 & 4L_1 & 4(L_3-L_2) & -4L_1 \end{bmatrix} \boldsymbol{d}_e \\ &= \boldsymbol{D}_G\,\boldsymbol{d}_e \end{aligned} \qquad (4.223)$$

kann (4.218) für ein Element in der Form

$$\begin{aligned} J_e &= \int_{(A)} (\boldsymbol{c}^T\boldsymbol{c} + 2\boldsymbol{g}^T\boldsymbol{d}_e)\, dA \\ &= \boldsymbol{d}_e^T \int_{(A)} \boldsymbol{D}_G^T\, \boldsymbol{J}^{-1^T}\boldsymbol{J}^{-1}\, \boldsymbol{D}_G\, dA\, \boldsymbol{d}_e + 2\int_{(A)} \boldsymbol{g}^T dA \;\; \boldsymbol{d}_e \\ &= \boldsymbol{d}_e^T\boldsymbol{K}_e\,\boldsymbol{d}_e - 2\boldsymbol{f}_e^T\boldsymbol{d}_e \end{aligned} \qquad (4.224)$$

mit

$$K_e = \int_{(A)} D_G^T H D_G \, dA \qquad (H = J^{-1^T} J^{-1}) \quad ,$$
$$f_e = -\int_{(A)} g \, dA \tag{4.225}$$

aufgeschrieben werden. Nach (4.70) folgt daraus die "Elementsteifigkeitsbeziehung"

$$K_e \, d_e = f_e \, . \tag{4.226}$$

Mit

$$H = J^{-1^T} J^{-1} = \frac{1}{4A^2} \begin{bmatrix} x_{32}^2 + y_{23}^2 & y_{31}y_{23} + x_{13}x_{32} \\ y_{31}y_{23} + x_{13}x_{32} & x_{13}^2 + y_{31}^2 \end{bmatrix} = \frac{1}{4A^2} \begin{bmatrix} h_{11} & h_{12} \\ h_{12} & h_{22} \end{bmatrix} \tag{4.227}$$

und D_G nach (4.223) kann unter Ausnutzung der Integrationsformel (4.214) die "Elementsteifigkeitsmatrix" ermittelt werden:

$$K_e = \frac{1}{2A} \begin{bmatrix} \frac{1}{2} h_{11} & -\frac{1}{6} h_{12} & \frac{1}{6} h_1^* & \frac{2}{3} h_{12} & 0 & -\frac{2}{3} h_1^* \\ & \frac{1}{2} h_{22} & \frac{1}{6} h_2^* & \frac{2}{3} h_{12} & -\frac{2}{3} h_2^* & 0 \\ & & \frac{1}{2}(h_1^* + h_2^*) & 0 & -\frac{2}{3} h_2^* & -\frac{2}{3} h_1^* \\ & & & \frac{4}{3}(h_1^* + h_{22}) & -\frac{4}{3} h_1^* & -\frac{4}{3} h_2^* \\ & (symmetrisch) & & & \frac{4}{3}(h_1^* + h_{22}) & \frac{4}{3} h_{12} \\ & & & & & \frac{4}{3}(h_1^* + h_{22}) \end{bmatrix} , \tag{4.228}$$

$$h_1^* = h_{11} + h_{12} \quad , \quad h_2^* = h_{12} + h_{22} \, .$$

Der "Kraftvektor" f_e ergibt sich zu

$$f_e^T = -\frac{A}{3} \begin{bmatrix} 0 & 0 & 0 & 1 & 1 & 1 \end{bmatrix} . \tag{4.229}$$

Aus den Elementsteifigkeitsbeziehungen, in die ausschließlich die Koordinaten der Eckpunkte eingehen, wird nach der bekannten Vorschrift eine Systemsteifigkeitsmatrix aufgebaut. Nach Einarbeitung der Randbedingungen und Lösung des Gleichungssystems sind die ϕ -Werte sämtlicher Knoten bekannt und bei Bedarf können damit nach (4.221) auch die Funktionswerte im Innern der Elemente errechnet werden.

Bei der Anwendung von (4.218) zur Lösung des Torsionsproblems prismatischer Stäbe wird für einfach zusammenhängende Querschnitte auf dem Rand $\Phi = 0$ gesetzt (vgl. Abschnitt 3.2.2.). Die Torsionssteifigkeit nach (3.78) kann aus den Werten der Torsionsfunktion an den Knoten ermittelt werden, wobei über alle Elemente zu summieren ist:

$$
\begin{aligned}
GI_t &= 4G \sum_{i=1}^{n} \Big(\int_{(A)} \mathbf{g}^T dA\, \mathbf{d}_e \Big)_i = 4G \sum_{i=1}^{n} (\mathbf{f}_e^T \mathbf{d}_e)_i \\
&= \frac{4G}{3} \sum_{i=1}^{n} \big[A(\Phi_4 + \Phi_5 + \Phi_6) \big]_i
\end{aligned}
\qquad (4.230)
$$

(n - Anzahl der Elemente).

Schließlich können auch die Schubspannungen (3.79) errechnet werden:

$$
\begin{bmatrix} \tau_{zy} \\ -\tau_{zx} \end{bmatrix} = 2G\vartheta \begin{bmatrix} \dfrac{\partial \Phi}{\partial x} \\[2mm] \dfrac{\partial \Phi}{\partial y} \end{bmatrix} = 2G\vartheta\, \mathbf{C} = 2G\vartheta\, \mathbf{J}^{-1} \mathbf{D}_G \mathbf{d}_e \,. \qquad (4.231)
$$

4.6.3. Interpolationsansätze

Wenn für das Verschiebungsfeld im Innern eines Elements entsprechend Gleichung (4.60) ein Ansatz

$$
\mathbf{v} = \begin{bmatrix} u \\ v \\ w \end{bmatrix} = \left[\begin{array}{c|c|c} \mathbf{g}_u^T & \mathbf{o}^T & \mathbf{o}^T \\ \hline \mathbf{o}^T & \mathbf{g}_v^T & \mathbf{o}^T \\ \hline \mathbf{o}^T & \mathbf{o}^T & \mathbf{g}_w^T \end{array} \right] \left[\begin{array}{c} \mathbf{d}_u \\ \hline \mathbf{d}_v \\ \hline \mathbf{d}_w \end{array} \right] = \mathbf{G}\mathbf{d}_e \qquad (4.232)
$$

mit den Ansatzvektoren $\mathbf{g}_u$, $\mathbf{g}_v$, $\mathbf{g}_w$ aufgeschrieben werden kann, so daß als Ansatzparameter unmittelbar die Komponenten des Elementverschiebungsvektors benutzt werden, dann ist eine Matrixinversion beim Aufbau der Elementsteifigkeitsbeziehung nicht erforderlich. In der Regel werden für die Verschiebungen u,v,w gleichartige Ansätze gewählt ($g_u = g_v = g_w = g$). Deshalb wurde eine für die nachfolgende Verwendung der Elementsteifigkeitsmatrix ungünstige Anordnung der Knotenverschiebungen im Vektor d_e in (4.232) festgelegt, die in der Elementsteifigkeitsbeziehung durch Zeilen- und Spaltentausch auf knotenweise Anordnung geändert werden kann.

Die folgenden Betrachtungen beschränken sich dementsprechend auf die Verschiebung u, für die ein Interpolationsansatz

$$u = \boldsymbol{g}^T \boldsymbol{d}_u = \begin{bmatrix} g_1 & g_2 & \cdots & g_i & \cdots \end{bmatrix} \begin{bmatrix} u_1 \\ u_2 \\ \vdots \\ u_i \\ \vdots \end{bmatrix} \tag{4.233}$$

gesucht ist, der als Stützwerte die Verschiebungen $u_1, u_2, .., u_i, ..$ an den Knoten 1,2,..,i,.. benutzt. Eine Ansatzfunktion g_i kann also dem Knoten i zugeordnet werden, und wegen

$$u(x_i, y_i, z_i) = u_i \tag{4.234}$$

muß gelten:

$$\begin{aligned} g_i(x_i, y_i, z_i) &= 1 \quad, \\ g_j(x_i, y_i, z_i) &= 0 \qquad (j = 1, 2, \ldots, j \neq i). \end{aligned} \tag{4.235}$$

Der im Abschnitt 4.4.2. bereits für ein eindimensionales Element verwendete Ansatz

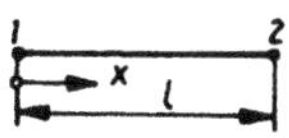

$$u = \begin{bmatrix} 1 - \frac{x}{l} & \frac{x}{l} \end{bmatrix} \begin{bmatrix} u_1 \\ u_2 \end{bmatrix} \tag{4.236}$$

ist ein einfaches Beispiel. Für kompliziertere Elemente werden Interpolationsansätze zweckmäßig mit Hilfe der natürlichen Koordinaten formuliert.

Die kompletten linearen, quadratischen und kubischen Ansätze für zweidimensionale Probleme bestehen aus 3, 6 bzw. 10 Termen. Dementsprechend werden für Dreieckselemente die Knotenpunktanordnungen nach Bild 4.27 gewählt. Unter Verwendung der im Abschnitt 4.6.1. definierten Flächenkoordinaten lautet der lineare Interpolationsansatz:

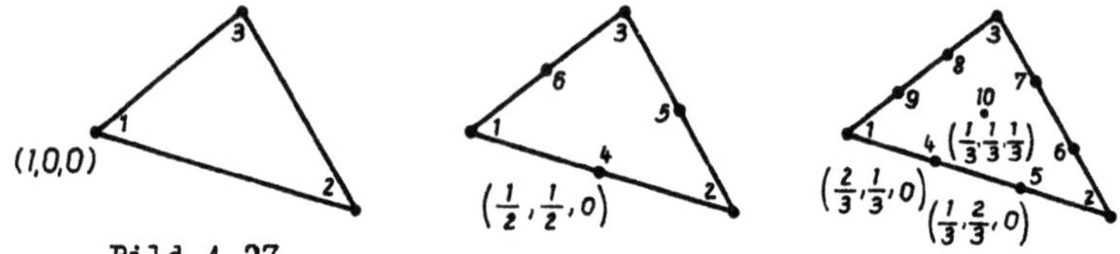

Bild 4.27

$$u = \begin{bmatrix} L_1 & L_2 & L_3 \end{bmatrix} \begin{bmatrix} u_1 \\ u_2 \\ u_3 \end{bmatrix} . \tag{4.237}$$

Der quadratische Ansatz

$$u = \left[L_1(2L_1 - 1) \quad \ldots \quad \ldots \quad 4L_1L_2 \ldots \quad \ldots \right] \mathbf{d}_u \tag{4.238}$$

wurde bereits im Abschnitt 4.6.2. verwendet, wo auch die Herleitung dieses Ausdrucks demonstriert wurde. Der kubische Interpolationsansatz

$$u = \Big[\frac{L_1}{2}(3L_1-1)(3L_1-2) \quad \ldots \quad \ldots \quad \frac{9}{2}L_1L_2(3L_1-1) \quad \frac{9}{2}L_1L_2(3L_2-1) \tag{4.239}$$
$$\ldots \quad \ldots \quad \ldots \quad \ldots \quad 27L_1L_2L_3 \Big] \mathbf{d}_u$$

bezieht sich auf die 3 Eckknoten, 6 Seitenknoten, die die Dreiecksseiten gleichmäßig teilen, und einen inneren Knoten (Schwerpunkt: $L_1=L_2=L_3=1/3$). In (4.238) und (4.239) wurden jeweils nur die Funktionen für die Knoten einer Seite angegeben. Die übrigen Funktionen findet man durch zyklische Indexvertauschung.

Durch Einsetzen der Knotenkoordinaten überzeugt man sich leicht, daß die Ansätze (4.237) bis (4.239) die Bedingung (4.235) erfüllen. Sie genügen außerdem den im Abschnitt 4.3.3. für die Ansatzfunktionen formulierten Kriterien.

Die im Bild 4.28 dargestellten Rechteckelemente besitzen 4 bzw. 8 Knoten, so daß neben dem kompletten linearen bzw. quadratischen Ansatz jeweils zusätzlich Terme höherer Ordnung vorkommen, die so gewählt werden, daß keine Koordinatenrichtung bevorzugt wird. Für Element (a) werden vier Funktionen

$$g_i = \frac{1}{4}(1 + \xi_i \xi)(1 + \eta_i \eta) \tag{4.240}$$

zum Vektor $\mathbf{g}$ zusammengefaßt, wobei ξ_i und η_i die Koordinaten des zugehörigen Knotens sind. Für Element (b) verwendet man die

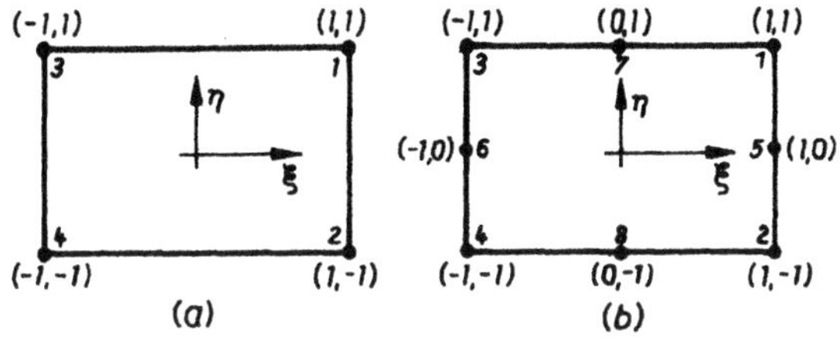

Bild 4.28

Ansatzfunktionen:

$$g_i = \frac{1}{4}(1+\xi_i\xi)(1+\eta_i\eta)(\xi_i\xi+\eta_i\eta-1) \qquad (i=1,2,3,4) \ ,$$

$$g_i = \frac{1}{2}(1+\xi_i\xi)(1-\eta^2) \qquad (i=5,6) \ , \qquad (4.241)$$

$$g_i = \frac{1}{2}(1+\eta_i\eta)(1-\xi^2) \qquad (i=7,8) \ .$$

Für Elemente mit größerer Freiheitsgradanzahl bietet sich neben der Erhöhung der Knotenzahl noch die Möglichkeit an, auch die Verschiebungsableitungen als Knotenparameter zu verwenden, wie dies bereits für die Balkenelemente und das Plattenelement PD21 (Abschnitt 4.5.4.2.) gezeigt wurde. Solche Elemente sind günstiger, da sich die Zahl der weniger effektiven Knoten auf den Elementseiten, die in einer Struktur zu maximal zwei Elementen gehören, zugunsten der Eckknoten reduziert.

Bild 4.29 zeigt zwei Strukturen, die jeweils mit 12-Freiheitsgrade-Rechteckelementen vernetzt wurden. Der Unterschied im Aufwand für die Lösung des Gleichungssystems ist erheblich:

Variante (a) : Variante (b) = 2,3 : 1 .

Wenn für solche Elemente Interpolationsansätze verwendet werden sollen, müssen HERMITEsche Polynome benutzt werden, die neben den Funktionswerten auch deren Ableitungen als Stützwerte benutzen (vgl. z. B. /11/). Ein einfaches Beispiel dafür ist der bereits im Abschnitt 4.4.1. für das eindimensionale Problem verwendete Ansatz (4.100). Bezogen auf das natürliche Koordinatensystem nach Bild 4.22 lautet das entsprechende HERMITE-Polynom:

$$u = \left[\tfrac{1}{4}(1-\xi)^2(2+\xi) \quad \tfrac{1}{4}(1+\xi)^2(2-\xi) \quad \tfrac{1}{4}(1-\xi)^2(1+\xi) \quad -\tfrac{1}{4}(1+\xi)^2(1-\xi) \right] \begin{bmatrix} u_1 \\ u_2 \\ u_{1,\xi} \\ u_{2,\xi} \end{bmatrix}$$

$$= g_1(\xi)\,u_1 + g_2(\xi)\,u_2 + g_3(\xi)\,u_{1,\xi} + g_4(\xi)\,u_{2,\xi} \; . \qquad (4.242)$$

Durch Einsetzen der Knotenkoordinaten überzeugt man sich, daß $g_1(-1) = 1$ bzw. $g_2(1) = 1$ ist, während alle übrigen g_i an diesen Punkten verschwinden, und daß $g_3'(-1) = 1$ und $g_4'(1) = 1$ gilt, während die Ableitungen g_i' der übrigen Funktionen dort gleich Null sind.

Für Rechteckelemente erhält man entsprechende Interpolationsansätze durch sinnvolle Produkte von jeweils zwei Funktionen. Für das Element (b) in Bild 4.29 kann mit Hilfe der Funktionen (4.242) unter Bezug auf die Koordinaten nach Bild 4.23 folgender Ansatz aufgeschrieben werden:

$$u = g_{22}u_1 + g_{42}u_{1,\xi} + g_{24}u_{1,\eta} + g_{21}u_2 + g_{41}u_{2,\xi} + g_{23}u_{2,\eta}$$
$$+ g_{12}u_3 + g_{32}u_{3,\xi} + g_{14}u_{3,\eta} + g_{11}u_4 + g_{31}u_{4,\xi} + g_{13}u_{4,\eta} \qquad (4.243)$$

mit $\quad g_{ij} = g_i(\xi)\, g_j(\eta)$.

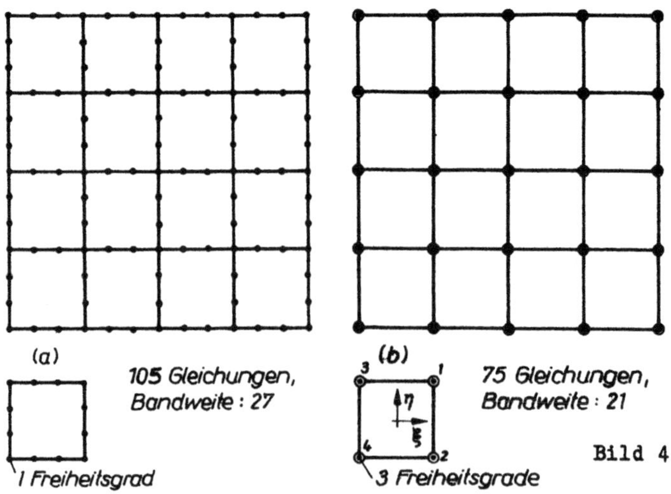

Bild 4.29

Eine ausführliche Darstellung der Theorie der Interpolation mit direktem Bezug auf die Finite-Elemente-Methode ist in /36/ enthalten, Zusammenstellungen häufig verwendeter Interpolationsansätze finden sich z. B. in /37/ und /41/.

4.6.4. Rechteckelement PR16 zur Plattenberechnung

Bei der Behandlung von Plattenproblemen ist Verschiebungskontinuität entlang des gesamten Elementrandes allein durch das Vorschreiben der Mittelflächenverschiebung w und der ersten Ableitungen $w_{,x}$ und $w_{,y}$ in den Eckknoten nicht zu erreichen. Deshalb ist ein Verschiebungsansatz entsprechend (4.243) nur bedingt tauglich.

Es kann gezeigt werden, daß das im Bild 4.30 dargestellte Element, das als zusätzliche Knotenparameter die gemischten zweiten Ableitungen $w_{,xy}$ benutzt, die im Abschnitt 4.3.3. geforderte

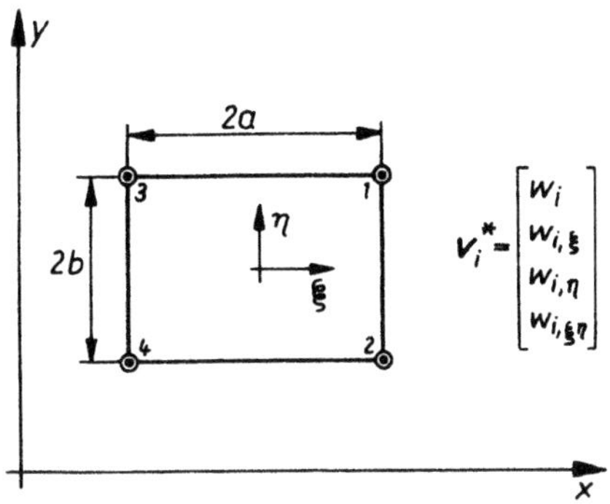

$$v_i^* = \begin{bmatrix} w_i \\ w_{i,\xi} \\ w_{i,\eta} \\ w_{i,\xi\eta} \end{bmatrix}, \quad d_e^* = \begin{bmatrix} v_1^* \\ v_2^* \\ v_3^* \\ v_4^* \end{bmatrix}$$

Bild 4.30
Plattenelement PR16

Verschiebungskontinuität garantiert /42/. Unter Verwendung der durch die Gleichungen (4.242) und (4.243) definierten Funktionen wird der Verschiebungsansatz

$$w = \begin{bmatrix} g_{22} & g_{42} & g_{24} & g_{44} & g_{21} & g_{41} & g_{23} & g_{43} \\ g_{12} & g_{32} & g_{14} & g_{34} & g_{11} & g_{31} & g_{13} & g_{33} \end{bmatrix} d_e^* \tag{4.244}$$

festgelegt. Bei der Entwicklung der Elementsteifigkeitsbeziehung nach der KIRCHHOFFschen Plattentheorie (Abschnitt 4.5.4.1.) ist zu beachten, daß der Vektor der Krümmungen $\mathbf{c}$ – Gleichung (4.167) – zweckmäßig durch

$$\mathbf{c} = \begin{bmatrix} w_{,xx} \\ w_{,yy} \\ 2w_{,xy} \end{bmatrix} = diag\begin{bmatrix} \frac{1}{a^2} & \frac{1}{b^2} & \frac{1}{ab} \end{bmatrix} \begin{bmatrix} w_{,\xi\xi} \\ w_{,\eta\eta} \\ 2w_{,\xi\eta} \end{bmatrix} = \mathbf{C}^* \mathbf{c}^* \qquad (4.245)$$

ersetzt wird. Wenn nicht alle Elemente der Struktur gleiche Abmessungen haben, ist es vorteilhaft, auf entsprechende Weise die Knotenverschiebungsvektoren $\mathbf{v}_i^*$ schon bei der Elementbetrachtung durch

$$\mathbf{v}_i^T = \begin{bmatrix} w_i & w_{i,x} & w_{i,y} & w_{i,xy} \end{bmatrix} = \begin{bmatrix} w_i & \frac{1}{a} w_{i,\xi} & \frac{1}{b} w_{i,\eta} & \frac{1}{ab} w_{i,\xi\eta} \end{bmatrix} ,$$
$$\mathbf{v}_i = diag\begin{bmatrix} 1 & \frac{1}{a} & \frac{1}{b} & \frac{1}{ab} \end{bmatrix} \mathbf{v}_i^* \qquad (4.246)$$

zu ersetzen.

4.6.5. Das isoparametrische Konzept

Die Verwendung elementspezifischer Koordinatensysteme macht deren Transformation in ein globales System erforderlich. Die Transformationsbeziehungen brauchen nun durchaus nicht, wie für die natürlichen Koordinaten im Abschnitt 4.6.1., linear zu sein. Krummlinige Elementkoordinaten, die zu nichtlinearen Transformationsgleichungen führen, gestatten die Beschreibung von Elementen mit gekrümmten Rändern, deren Anwendungsbreite natürlich besonders groß ist.

Der Zusammenhang zwischen den kartesischen Koordinaten x,y für ein zweidimensionales Problem und den Elementkoordinaten kann in der Form

$$x = \tilde{\mathbf{g}}^T \begin{bmatrix} x_1 \\ x_2 \\ \vdots \end{bmatrix} = \tilde{\mathbf{g}}^T \mathbf{x} \quad , \quad y = \tilde{\mathbf{g}}^T \begin{bmatrix} y_1 \\ y_2 \\ \vdots \end{bmatrix} = \tilde{\mathbf{g}}^T \mathbf{y} \qquad (4.247)$$

geschrieben werden. Für die Flächenkoordinaten nach Bild 4.24

lauten diese Beziehungen z. B.

$$x = \begin{bmatrix} L_1 & L_2 & L_3 \end{bmatrix} \begin{bmatrix} x_1 \\ x_2 \\ x_3 \end{bmatrix} \quad , \quad y = \begin{bmatrix} L_1 & L_2 & L_3 \end{bmatrix} \begin{bmatrix} y_1 \\ y_2 \\ y_3 \end{bmatrix} \qquad (4.248)$$

- vgl. Gleichung (4.206) -. Sie haben prinzipiell den gleichen Aufbau wie der lineare Interpolationsansatz (4.237) für die Verschiebung im Element.

Es ist naheliegend, auch bei komplizierten Verschiebungsansätzen die gleichen Funktionen für die Koordinatentransformation zu benutzen. Solche Elemente mit $\mathbf{g} = \tilde{\mathbf{g}}$ werden isoparametrisch genannt. Enthält der Vektor $\mathbf{x}$ (bzw. $\mathbf{y}$) mehr Elemente als der Vektor der Ansatzparameter $\mathbf{d}_e$, spricht man von superparametrischen, im umgekehrten Fall von subparametrischen Elementen.

Das Dreieckselement TD6 (Bild 4.26) mit dem quadratischen "Verschiebungsansatz" (4.221) und der linearen Koordinatentransformation (4.248) ist ein Beispiel für ein subparametrisches Element. Wird (4.248) durch die Transformationsbeziehungen

$$x = \mathbf{g}^T \begin{bmatrix} x_1 \\ x_2 \\ \vdots \\ x_6 \end{bmatrix} \quad , \quad y = \mathbf{g}^T \begin{bmatrix} y_1 \\ y_2 \\ \vdots \\ y_6 \end{bmatrix} \qquad (4.249)$$

mit

$$\mathbf{g}^T = \begin{bmatrix} L_1(2L_1-1) & L_2(2L_2-1) & L_3(2L_3-1) & 4L_1L_2 & 4L_2L_3 & 4L_1L_3 \end{bmatrix} \qquad (4.250)$$

unter Beibehaltung von

$$\phi = \mathbf{g}^T \mathbf{d}_e = \mathbf{g}^T \begin{bmatrix} \phi_1 \\ \phi_2 \\ \vdots \\ \phi_6 \end{bmatrix} \qquad (4.251)$$

ersetzt, so definieren diese Beziehungen ein isoparametrisches Element. Das durch die Gleichungen der Dreiecksseiten $L_1=0$, $L_2=0$ und $L_3=0$ festgelegte Element kann in der x-y-Ebene gekrümmte Seiten besitzen, die entsprechend (4.249) und (4.250) einer quadratischen Funktion folgen (Bild 4.31).

Besondere Bedeutung hat die Verzerrung von Rechteckelementen, so

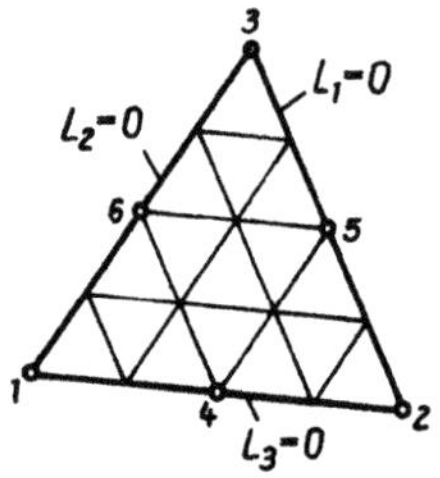

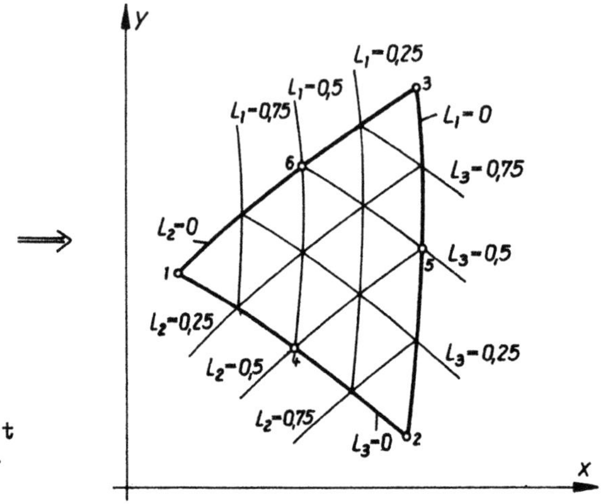

Bild 4.31
Dreieckselement mit
gekrümmten Rändern

daß auch mit diesen Elementen komplizierte Berandungen nachgebildet werden können. Wird der einfachste Interpolationsansatz für ein Rechteckelement mit vier Knoten - Gleichung (4.240) - auch für die Koordinatentransformation genutzt, so wird durch

$$x = \frac{1}{4}\begin{bmatrix}(1+\xi)(1+\eta) & (1+\xi)(1-\eta) & (1-\xi)(1+\eta) & (1-\xi)(1-\eta)\end{bmatrix}\begin{bmatrix}x_1\\x_2\\x_3\\x_4\end{bmatrix}$$

$$= g^T\begin{bmatrix}x_1\\x_2\\x_3\\x_4\end{bmatrix} \quad , \quad y = g^T\begin{bmatrix}y_1\\y_2\\y_3\\y_4\end{bmatrix} \qquad (4.252)$$

ein von den Geraden $\xi = \pm 1$ und $\eta = \pm 1$ gebildetes Quadrat in ein allgemeines geradlinig berandetes Viereck in der x-y-Ebene transformiert (Bild 4.32). Transformationsfunktionen höheren Grades - z. B. die Interpolationsfunktionen (4.241) - ergeben auch hier Elemente mit krummliniger Berandung.

Wenn die Ansatzfunktionen die im Abschnitt 4.3.3. formulierten Stetigkeitsbedingungen erfüllen, so wird durch die Elementverzerrung in der beschriebenen Weise daran nichts geändert. Es kann weiter gezeigt werden (vgl. z. B. /35/), daß die Bedingungen der Starrkörperverschiebung und des konstanten Dehnungszu-

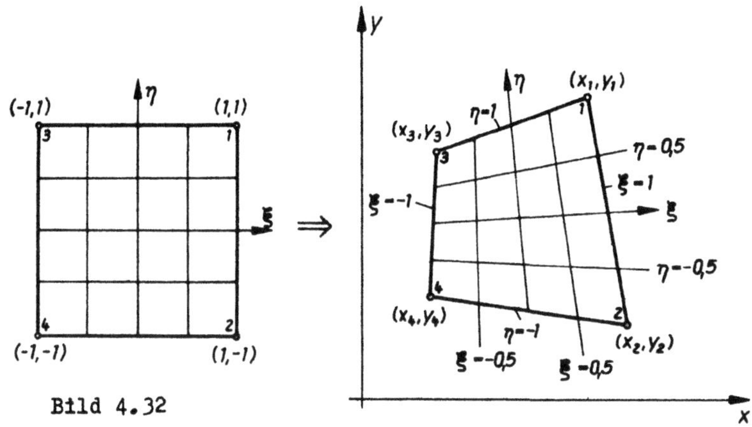

Bild 4.32

standes für die isoparametrischen Elemente erfüllt sind, wenn

$$\sum_{(i)} g_i = 1 \tag{4.253}$$

gilt. Diese Bedingung wird von den im Abschnitt 4.6.3. angegebenen Interpolationsansätzen (4.237) bis (4.241) erfüllt.

Formal treten beim Aufstellen der Elementsteifigkeitsbeziehung nach dem isoparametrischen Konzept die gleichen Probleme auf wie bei der Verwendung natürlicher Koordinaten mit linearer Transformation (Abschnitt 4.6.1.). Die Ableitungen der Ansatzfunktionen nach den elementbezogenen Koordinaten werden mit Hilfe der JACOBIschen Matrix $\mathbf{J}$ durch die Ableitungen nach x und y ausgedrückt, und das Verhältnis der differentiellen Flächenelemente ist gleich der Determinante dieser Matrix. Für die ξ-η-Koordinaten (vgl. z. B. Bild 4.32) gilt bei beliebiger Transformation

$$x = \mathbf{g}^T(\xi,\eta)\,\mathbf{x} \quad , \quad y = \mathbf{g}^T(\xi,\eta)\,\mathbf{y}$$

nach den Regeln der partiellen Differentiation

$$\begin{bmatrix} \frac{\partial}{\partial \xi} \\ \frac{\partial}{\partial \eta} \end{bmatrix} = \begin{bmatrix} \frac{\partial x}{\partial \xi} & \frac{\partial y}{\partial \xi} \\ \frac{\partial x}{\partial \eta} & \frac{\partial y}{\partial \eta} \end{bmatrix} \begin{bmatrix} \frac{\partial}{\partial x} \\ \frac{\partial}{\partial y} \end{bmatrix} = \mathbf{J} \begin{bmatrix} \frac{\partial}{\partial x} \\ \frac{\partial}{\partial y} \end{bmatrix} \tag{4.254}$$

mit

$$\mathbf{J} = \begin{bmatrix} \mathbf{g}^T_{,\xi} \\ \mathbf{g}^T_{,\eta} \end{bmatrix} \begin{bmatrix} \mathbf{x} & \mathbf{y} \end{bmatrix} \quad , \tag{4.255}$$

und die Integration über die Elementfläche vereinfacht sich folgendermaßen:

$$\int_{(A)} f(x,y)\, dA = \int_{-1}^{1}\int_{-1}^{1} f(\xi,\eta) \det \mathbf{J}\, d\eta\, d\xi . \tag{4.256}$$

Allerdings kann die JACOBI-Matrix nur für sehr einfache Transformationen in allgemeiner Form invertiert werden. Damit wird ein explizites Aufschreiben des Integranden unmöglich, und es muß numerisch integriert werden. Bei Verwendung leistungsfähiger Integrationsformeln ist dies kaum ein Nachteil, bei komplizierten Elementen umgeht man damit sogar u. U. eine Reihe numerischer Schwierigkeiten und Fehlerquellen. Geeignete Formeln für die numerische Integration werden im Abschnitt 5.3. angegeben, besonders empfehlenswert sind die GAUSSschen Quadraturformeln. Der Algorithmus für die Ermittlung der Elementsteifigkeitsmatrix nach dem isoparametrischen Konzept wird im folgenden Abschnitt an einem Beispiel demonstriert.

Die beschriebene Vorgehensweise für die Verzerrung des Einheitsquadrats ist auch gültig für Dreieckselemente, wenn die im Abschnitt 4.6.1. bereits erläuterten Besonderheiten für Differentiation und Integration bei Verwendung von Flächenkoordinaten beachtet werden.

4.6.6. Ein Beispiel: Isoparametrische Viereckselemente zur Scheibenberechnung

Das Verschiebungsfeld in einem Scheibenelement

$$\mathbf{v}(\xi,\eta) = \begin{bmatrix} u(\xi,\eta) \\ v(\xi,\eta) \end{bmatrix} = \mathbf{G}(\xi,\eta)\, \mathbf{d}_e = \left[\begin{array}{c|c} \mathbf{g}^T(\xi,\eta) & \mathbf{o}^T \\ \hline \mathbf{o}^T & \mathbf{g}^T(\xi,\eta) \end{array}\right] \mathbf{d}_e \tag{4.257}$$

sei durch den Vektor $\mathbf{g}(\xi,\eta)$ definiert, der aus den Interpolationsfunktionen des Rechteckelements - z.B. (4.240) oder (4.241) - besteht. Die Geometrie des isoparametrischen Elements wird durch den gleichen Vektor festgelegt:

$$\begin{bmatrix} x \\ y \end{bmatrix} = \begin{bmatrix} \mathbf{g}^T(\xi,\eta) & \mathbf{o}^T \\ \mathbf{o}^T & \mathbf{g}^T(\xi,\eta) \end{bmatrix} \begin{bmatrix} \mathbf{x} \\ \mathbf{y} \end{bmatrix} . \tag{4.258}$$

Die Elementsteifigkeitsmatrix - vgl. Gleichung (4.135) -

$$K_e = \int_{(A)} D_G^T H D_G \, t \, dA = \int_{-1}^{1}\int_{-1}^{1} D_G^T H D_G \, t \det J \, d\eta \, d\xi \qquad (4.259)$$

wird auf der Basis der im Abschnitt 4.5.1. beschriebenen Theorie der ebenen Scheiben aufgestellt. H ist für isotropes Material durch (4.131) gegeben, $D_G = DG$ - Gleichung (4.66) - wird von den Beziehungen (4.124) bestimmt:

$$D_G = \begin{bmatrix} \frac{\partial}{\partial x} & 0 \\ 0 & \frac{\partial}{\partial y} \\ \frac{\partial}{\partial y} & \frac{\partial}{\partial x} \end{bmatrix} \left[\begin{array}{c|c} g^T & o^T \\ \hline o^T & g^T \end{array}\right] = \begin{bmatrix} 1 & 0 & 0 & 0 \\ 0 & 0 & 0 & 1 \\ 0 & 1 & 1 & 0 \end{bmatrix} \begin{bmatrix} \frac{\partial}{\partial x} & 0 \\ \frac{\partial}{\partial y} & 0 \\ 0 & \frac{\partial}{\partial x} \\ 0 & \frac{\partial}{\partial y} \end{bmatrix} \left[\begin{array}{c|c} g^T & o^T \\ \hline o^T & g^T \end{array}\right] \qquad (4.260)$$

$$= \begin{bmatrix} 1 & 0 & 0 & 0 \\ 0 & 0 & 0 & 1 \\ 0 & 1 & 1 & 0 \end{bmatrix} \left[\begin{array}{c|c} J^{-1} & 0 \\ \hline 0 & J^{-1} \end{array}\right] \begin{bmatrix} \frac{\partial}{\partial \xi} & 0 \\ \frac{\partial}{\partial \eta} & 0 \\ 0 & \frac{\partial}{\partial \xi} \\ 0 & \frac{\partial}{\partial \eta} \end{bmatrix} \left[\begin{array}{c|c} g^T & o^T \\ \hline o^T & g^T \end{array}\right] = \begin{bmatrix} 1 & 0 & 0 & 0 \\ 0 & 0 & 0 & 1 \\ 0 & 1 & 1 & 0 \end{bmatrix} \left[\begin{array}{c|c} J^{-1} & 0 \\ \hline 0 & J^{-1} \end{array}\right] \left[\begin{array}{c|c} g_{,\xi}^T & o^T \\ \hline g_{,\eta}^T & o^T \\ \hline o^T & g_{,\xi}^T \\ \hline o^T & g_{,\eta}^T \end{array}\right]$$

mit der JACOBI-Matrix J nach (4.255).

Unabhängig davon, welche Formel für die numerische Integration verwendet wird, kann dieser Schritt durch

$$\int_{-1}^{1}\int_{-1}^{1} f(\xi,\eta) \, d\eta \, d\xi \approx \sum_{(i)} W_i \, f(\xi_i, \eta_i) \qquad (4.261)$$

mit den "Gewichtskoeffizienten" W_i für die von den Quadraturformeln definierten Punkte (ξ_i, η_i) dargestellt werden.

Damit ist der Algorithmus zur Ermittlung der Elementsteifigkeitsmatrix gegeben:

a) $g_{,\xi}(\xi_i, \eta_i)$ und $g_{,\eta}(\xi_i, \eta_i)$ entsprechend der gewählten Ansatzfunktion durch Einsetzen der Koordinaten eines Integrationspunktes,

b) J nach (4.255), J^{-1} und $\det J$,

c) D_G nach (4.260),

d) $W_i D_G^T H D_G t \det J$ liefert einen Summanden der Integrationsformel,

e) Wiederholung ab a) für den folgenden Integrationspunkt.

Dabei wird ab Schritt b) jeweils mit den Werten am aktuellen Integrationspunkt (ξ_i, η_i) gerechnet. Da sämtliche Elemente auf das Einheitsquadrat transformiert werden, können nach Festlegung einer geeigneten Integrationsformel, die ihrerseits die Koordinaten der Integrationspunkte definiert, die Vektoren $g_{,\xi}(\xi_i, \eta_i)$ und $g_{,\eta}(\xi_i, \eta_i)$ als Zahlenkolonnen in einem Programm gespeichert werden, so daß Schritt a) entfallen kann. Die tatsächliche Elementform geht erst über die JACOBI-Matrix in die Rechnung ein.

Zu beachten ist, daß sich im Schritt d) eine Matrix ergibt, so daß der beschriebene Algorithmus bei Summierung dieser Matrizen direkt die gesamte Elementsteifigkeitsmatrix liefert.

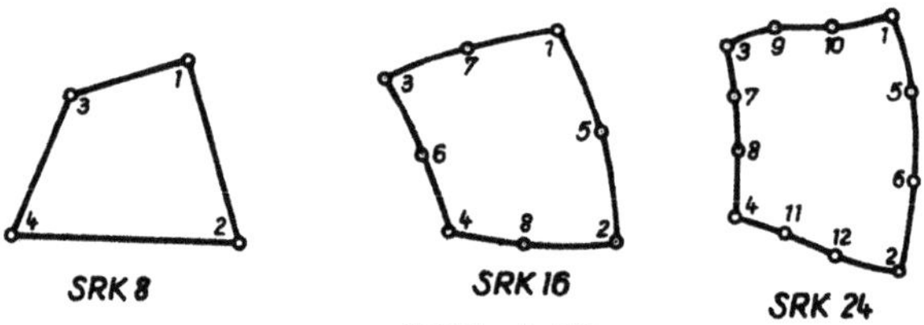

Bild 4.33
Viereckselemente zur Scheibenberechnung

Ein wesentlicher Vorteil der numerischen Integration ist, daß die Ansatzfunktion g ohne Schwierigkeiten durch eine andere ersetzt werden kann. So ist es möglich, ein Rechenprogramm für eine ganze Elementklasse zu schreiben (z.B. für die im Bild 4.33 dargestellten Elemente). Im Element veränderliche Parameter können berücksichtigt werden, indem auch für sie der gleiche Interpolationsansatz wie für die Verschiebungen und die Geometrie gemacht wird, z. B. für die Scheibendicke:

$$t(\xi, \eta) = g^T(\xi, \eta) \begin{bmatrix} t_1 \\ t_2 \\ \vdots \end{bmatrix} \qquad (4.262)$$

mit den Dicken $t_1, t_2, \ldots$ an den Elementknoten.

4.7. Ergänzungen, spezielle Probleme

4.7.1. Dreidimensionale Elemente

Obwohl sämtliche praktischen Gebilde dreidimensional sind, geht der Ingenieur nur in Ausnahmefällen vom ein- bzw. zweidimensionalen Berechnungsmodell ab. Der Grund dafür ist der wesentlich höhere Aufwand, der mit der Behandlung räumlicher Probleme verbunden ist. Selbst beim Einsatz moderner Großrechenanlagen sind die benötigten Rechenzeiten auch bei sorgfältiger Programmierung sehr groß.

Es ist daher verständlich, daß die ersten Anwendungen dreidimensionaler finiter Elemente an Objekten erfolgten, die die sehr hohen Kosten solcher Berechnungen rechtfertigten (Staudämme, Reaktorkessel). Die Entwicklung der elektronischen Rechentechnik machte jedoch solche Untersuchungen auch für andere Anwendungsbereiche interessant, zumal im Bauwesen (z.B. Fundamente) und ganz speziell im Maschinenbau zahlreiche Bauteile nur so mit ausreichender Genauigkeit berechnet werden können.

Neben ausgesprochen kompakten Gebilden sind es vor allem solche mit komplizierter Geometrie (z.B. Kolben im Motorenbau, räumlich gekrümmte Turbinenschaufeln), für die eine dreidimensionale Betrachtung angezeigt ist. Hinzu kommen Lasteinleitungsprobleme (z.B. an den Zähnen eines Zahnrades) und solche Aufgaben, bei denen die den klassischen Berechnungsmodellen (Stab, Balken, Scheibe, Platte, Schale) zugrunde liegenden Hypothesen fragwürdig werden und eine Erweiterung der Theorien einen beträchtlichen Mehraufwand bringen würde. In diese Kategorie fallen neben den dickwandigen Flächentragwerken auch Bauteile mit Verstärkungsrippen, Rohrverzweigungen usw.

Die durch die Finite-Elemente-Methode gegebene Möglichkeit, die komplizierte Geometrie solcher Gebilde zu berücksichtigen, hat in den letzten Jahren trotz des enormen Rechenaufwandes, der damit verbunden ist, zu zahlreichen Anwendungen mit unterschiedlichsten Elementtypen geführt. Hier kann nur ein kleiner Einblick in die Problematik gegeben werden.

Der guten Anpassungsfähigkeit des Dreieckselements bei der Vernetzung zweidimensionaler Gebiete entspricht bei dreidimensionalen Problemen das Tetraeder. Das einfachste Element dieser Art (T12) ist im Bild 4.34a dargestellt. Ein linearer Verschiebungsansatz

$$\mathbf{v}(x,y,z)=\begin{bmatrix} u(x,y,z) \\ v(x,y,z) \\ w(x,y,z) \end{bmatrix}=\left[\begin{array}{c|c|c} \mathbf{n}^T(x,y,z) & \mathbf{o}^T & \mathbf{o}^T \\ \hline \mathbf{o}^T & \mathbf{n}^T(x,y,z) & \mathbf{o}^T \\ \hline \mathbf{o}^T & \mathbf{o}^T & \mathbf{n}^T(x,y,z) \end{array}\right]\begin{bmatrix} a_1 \\ a_2 \\ \vdots \\ a_{12} \end{bmatrix} \tag{4.263}$$

mit

$$\mathbf{n}^T(x,y,z)=\begin{bmatrix} 1 & x & y & z \end{bmatrix} \tag{4.264}$$

enthält 12 Freiwerte, denen genau 12 Knotenverschiebungen (jeweils u_i, v_i, w_i am Knoten i; i=1,2,3,4) entsprechen.

Das Aufstellen der Elementsteifigkeitsbeziehung entspricht dem für das Scheibendreieckselement SD6 (Abschnitt 4.5.1.) demonstrierten Algorithmus. Dabei müssen die Verzerrungs-Verschiebungsbeziehung und das HOOKEsche Gesetz durch die entsprechenden Gleichungen für dreidimensionale Kontinua ersetzt werden:

$$\begin{gathered} \varepsilon_x=\frac{\partial u}{\partial x}, \qquad \varepsilon_y=\frac{\partial v}{\partial y}, \qquad \varepsilon_z=\frac{\partial w}{\partial z}, \\ \gamma_{xy}=\frac{\partial u}{\partial y}+\frac{\partial v}{\partial x}, \qquad \gamma_{yz}=\frac{\partial v}{\partial z}+\frac{\partial w}{\partial y}, \qquad \gamma_{zx}=\frac{\partial w}{\partial x}+\frac{\partial u}{\partial z}, \end{gathered} \tag{4.265}$$

$$\mathbf{s}(x,y,z)=\begin{bmatrix} \sigma_x \\ \sigma_y \\ \sigma_z \\ \tau_{xy} \\ \tau_{yz} \\ \tau_{zx} \end{bmatrix}=\frac{E}{(1+\nu)(1-2\nu)}\begin{bmatrix} 1-\nu & \nu & \nu & 0 & 0 & 0 \\ & 1-\nu & \nu & 0 & 0 & 0 \\ & & 1-\nu & 0 & 0 & 0 \\ & & & \frac{1-2\nu}{2} & 0 & 0 \\ & (\text{symm.}) & & & \frac{1-2\nu}{2} & 0 \\ & & & & & \frac{1-2\nu}{2} \end{bmatrix}\begin{bmatrix} \varepsilon_x \\ \varepsilon_y \\ \varepsilon_z \\ \gamma_{xy} \\ \gamma_{yz} \\ \gamma_{zx} \end{bmatrix}$$

$$= \mathbf{He}(x,y,z) \; . \tag{4.266}$$

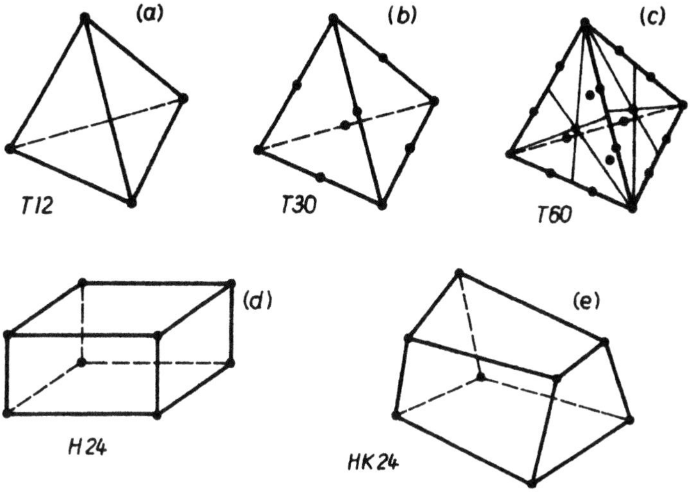

Bild 4.34

Auch Tetraederelemente höherer Genauigkeit sind vielfach verwendet worden. Hier bedient man sich mit Vorteil der sogenannten Volumenkoordinaten, die analog zu den Flächenkoordinaten für Dreieckselemente (Abschnitt 4.6.1.) definiert sind (z.B. /35/, /41/). Interpolationsansätze mit Hilfe dieser natürlichen Koordinaten haben die gleichen günstigen Eigenschaften wie bei den entsprechenden ebenen Problemen (z.B. die wesentlich vereinfachte Integration über das Elementvolumen). Zusätzliche Knoten können dabei sowohl auf den Elementkanten als auch auf den Begrenzungsflächen angeordnet sein (Bild 4.34).

Tetraederelemente haben den Nachteil, daß relativ viel Elemente benötigt werden, um das Berechnungsmodell nachzubilden (z.B. sind fünf Tetraeder erforderlich, um einen Quader auszufüllen). Hinzu kommt, daß hohe Anforderungen an das Vorstellungsvermögen des Ingenieurs gestellt werden, zumal die zweidimensionale Skizze eines in Tetraeder unterteilten Körpers wenig anschaulich ist.

Deshalb werden, soweit möglich, Hexaederelemente verwendet. Dabei kommt den isoparametrischen Hexaedern wegen ihrer hohen Anpassungsfähigkeit eine besondere Bedeutung zu.

Man überzeugt sich leicht, daß ein Ansatz mit den Funktionen

$$g_i = \frac{1}{8}(1+\xi_i\xi)(1+\eta_i\eta)(1+\zeta_i\zeta) \qquad (i = 1,2,\ldots,8), \qquad (4.267)$$

denen bei Erweiterung auf die dritte Dimension alle Definitionen zugrunde liegen, die für die entsprechenden ebenen Funktionen (4.240) galten, die Bedingungen für einen Interpolationsansatz erfüllt. Damit kann die Elementsteifigkeitsbeziehung für das Element H24 (Bild 4.34d) in übersichtlicher Form hergeleitet werden.

Wenn man nun nach dem isoparametrischen Konzept die Funktionen (4.267) auch zur Transformation der elementspezifischen Koordinaten ξ, η, ζ in das globale Koordinatensystem benutzt, so wird das verzerrte Element HK24 beschrieben. Dieses hat im allgemeinen keine ebenen Begrenzungsflächen mehr.

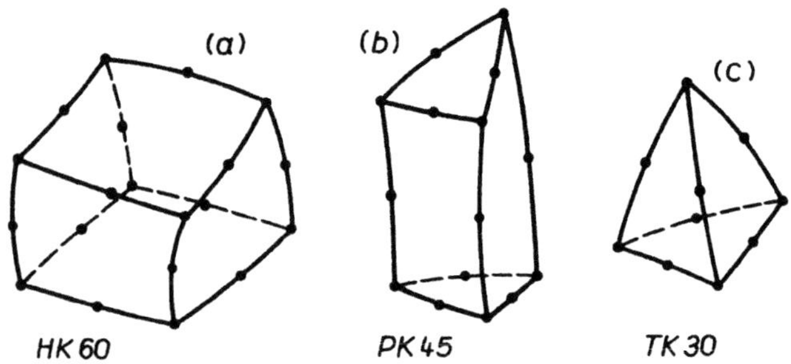

Bild 4.35

Das isoparametrische 20-Knoten-Hexaeder HK60 (Bild 4.35a) besitzt auch gekrümmte Kanten und stellt hinsichtlich der Anpassungsfähigkeit an die Geometrie und den Verschiebungszustand (quadratischer Ansatz unter Einbeziehung von Gliedern höherer Ordnung) bei noch zu bewältigendem Aufwand einen besonders günstigen Kompromiß dar. Um örtliche Netzverfeinerungen realisieren zu können, müssen jedoch auch die HK60-Elemente durch geeignete noch anpassungsfähigere Elemente ergänzt werden. Hierzu bieten sich das im Bild 4.35 dargestellte Pentaeder PK45 und das Tetraeder TK30 an.

Auch HERMITEsche Interpolationsansätze sind für dreidimensionale Elemente verwendbar. Das Element H96 (Bild 4.36) besitzt Knotenvektoren mit je 12 Parametern, den drei Verschiebungen u_i, v_i, w_i und den neun ersten Ableitungen dieser Verschiebungen ($u_{i,x}, u_{i,y}$,

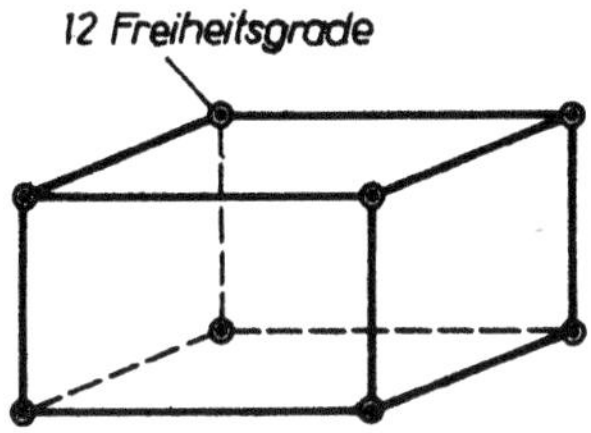

Bild 4.36
Element H96

$u_{i,z}, v_{i,x}, \ldots, w_{i,z}$). Dieses Element mit 96 Freiheitsgraden kann allerdings nur auf sehr leistungsfähigen Rechenautomaten eingesetzt werden.

Bei allen Vorteilen, die die dreidimensionalen Elemente bieten, sollte vor ihrer Anwendung immer überprüft werden, ob der zu erzielende Genauigkeitsgewinn gegenüber ebenen Modellen den hohen Rechenaufwand rechtfertigt. Bild 4.37 verdeutlicht den steigenden

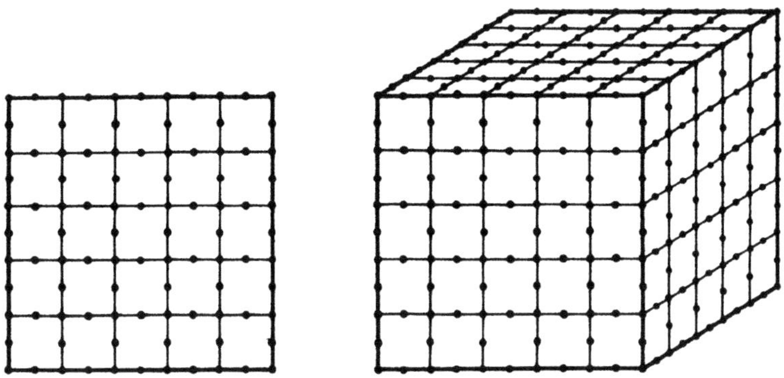

Bild 4.37

Aufwand am einfachen Beispiel. Das mit 25 Elementen SR16 (Scheibenrechteckelement mit 8 Knoten = 16 Freiheitsgraden) vernetzte Quadrat verlangt die Lösung eines Gleichungssystems mit 192 Gleichungen bei einer Bandweite von 40. Der mit den entsprechenden dreidimensionalen Elementen H60 vernetzte Würfel liefert 2268 Gleichungen bei einer Bandweite von 456. Ein Aufwandsvergleich nach Formel (2.66) - CHOLESKY-Verfahren unter Ausnutzung der Bandstruktur - zeigt, daß für diesen Fall das dreidimensionale

Modell etwa die 1500fache Rechenzeit allein bei der Gleichungssystemauflösung benötigt.

Eine Sonderstellung unter den dreidimensionalen Problemen nehmen die Körper mit rotationssymmetrischer Geometrie ein. Wenn zusätzlich auch die Belastung rotationssymmetrisch ist, entspricht der Aufwand dem des ebenen Problems (vgl. Abschnitt 4.5.3.). Bei allgemeiner Belastung wird mit Vorteil eine Zerlegung in mehrere quasi-ebene Teilaufgaben auf der Basis der FOURIER-Reihenentwicklung benutzt. Hierfür wird auf die Spezialliteratur verwiesen (z.B. /26/,/35/,/43/).

4.7.2. Substrukturtechnik, Superelemente

Bei der Berechnung komplizierter Strukturen, die in sehr viele Elemente zerlegt werden müssen, empfiehlt es sich, das Berechnungsmodell in sogenannte Substrukturen zu unterteilen. Bild 4.38 zeigt eine solche Zerlegung eines auf ein zweidimensionales Modell reduzierten Kastenträgers.

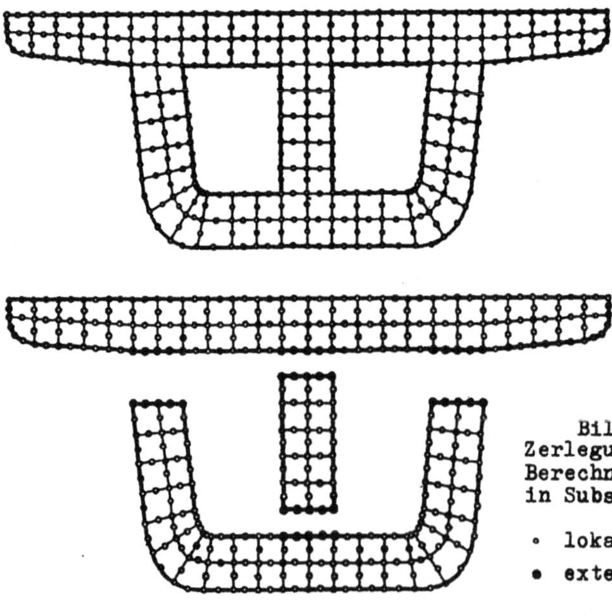

Bild 4.38
Zerlegung eines Berechnungsmodells in Substrukturen

∘ lokaler Knoten
• externer Knoten

Für jede Substruktur wird nach dem bekannten Algorithmus die Systemsteifigkeitsbeziehung aufgebaut, wobei die Freiheitsgrade der sogenannten externen Knoten (Index E), die Kontakt zu mehreren Substrukturen haben, von den lokalen Freiheitsgraden (Index L) separiert werden:

$$Kd = \left[\begin{array}{c|c} K_{LL} & K_{LE} \\ \hline K_{LE}^T & K_{EE} \end{array}\right] \left[\begin{array}{c} d_L \\ \hline d_E \end{array}\right] = \left[\begin{array}{c} f_L \\ \hline f_E \end{array}\right] = f \; . \tag{4.268}$$

In diese Beziehung müssen bereits alle Randbedingungen eingearbeitet worden sein, die sich auf Verschiebungen lokaler Knoten beziehen.

(4.268) wird in zwei Matrizengleichungen zerlegt:

$$K_{LL}\, d_L + K_{LE}\, d_E = f_L \quad , \tag{4.269}$$

$$K_{LE}^T d_L + K_{EE}\, d_E = f_E \quad . \tag{4.270}$$

Aus der ersten Gleichung wird

$$d_L = K_{LL}^{-1}\,(f_L - K_{LE}\, d_E) = R_L^{-1} R_L^{-1^T} f_L - R_L^{-1} R_L^{-1^T} K_{LE}\, d_E \tag{4.271}$$

mit Hilfe der CHOLESKY-Zerlegung

$$K_{LL} = R_L^T R_L \tag{4.272}$$

der symmetrischen Matrix K_{LL} ermittelt (vgl. Abschnitt 2.2.4.). Voraussetzung für (4.272) ist, daß K_{LL} positiv definit ist. Diese ist gegeben, wenn die in (4.268) bereits eingearbeiteten Randbedingungen gemeinsam mit den als verhindert angenommenen Verschiebungen der externen Freiheitsgrade eine Starrkörperbewegung der Substruktur ausschließen.

(4.271) wird in (4.270) eingesetzt, und man erhält mit

$$\left[K_{EE} - (R_L^{-1^T} K_{LE})^T (R_L^{-1^T} K_{LE})\right] d_E = f_E - (R_L^{-1^T} K_{LE})^T R_L^{-1^T} f_L \tag{4.273}$$

die Elementsteifigkeitsbeziehung eines "Superelements"

$$\bar{K}_E d_E = \bar{f}_E \tag{4.274}$$

mit der "Superelementsteifigkeitsmatrix"

$$\bar{K}_E = K_{EE} - (R_L^{-1^T} K_{LE})^T (R_L^{-1^T} K_{LE}) \tag{4.275}$$

und dem zugehörigen Kraftvektor

$$\bar{f}_E = f_E - (R_L^{-1^T} K_{LE})^T R_L^{-1^T} f_L \ . \tag{4.276}$$

Ein so definiertes Superelement wird in der weiteren Rechnung wie ein einfaches Element behandelt, als Elementfreiheitsgrade fungieren nur die im Vektor d_E zusammengefaßten Verschiebungen der externen Knoten.

Der Algorithmus zur Berechnung von $\bar{K}_E$ und $\bar{f}_E$ wird im folgenden unter Berücksichtigung besonders rationeller Matrizenoperationen zusammengestellt:

- Ermittlung der Matrizen K_{LL} , K_{LE} , K_{EE} , f_L und f_E , die die Systemsteifigkeitsbeziehung der Substruktur definieren. Dabei ist die Numerierung der <u>lokalen</u> Knoten möglichst so vorzunehmen, daß K_{LL} eine optimale Bandstruktur besitzt.
- CHOLESKY-Zerlegung $K_{LL} = R_L^T R_L$ unter Ausnutzung der Bandstruktur von K_{LL} .
- Das in (4.275) und (4.276) mehrmals vorkommende Produkt

$$R_L^{-1^T} K_{LE} = Z_{LE} \tag{4.277}$$

  wird aus der äquivalenten Beziehung

$$R_L^T Z_{LE} = K_{LE} \tag{4.278}$$

  durch "Vorwärtseinsetzen" berechnet (vgl. Abschnitt 2.2.4.). Dabei kann die Ermittlung von

$$R_L^{-1^T} f_L = f_L' \quad (R_L^T f_L' = f_L) \tag{4.279}$$

  gleich mit erledigt werden (Bild 4.39).

- $$\bar{K}_E = K_{EE} - Z_{LE}^T Z_{LE} \ , \tag{4.280}$$
- $$\bar{f}_E = f_E - Z_{LE}^T f_L' \ . \tag{4.281}$$

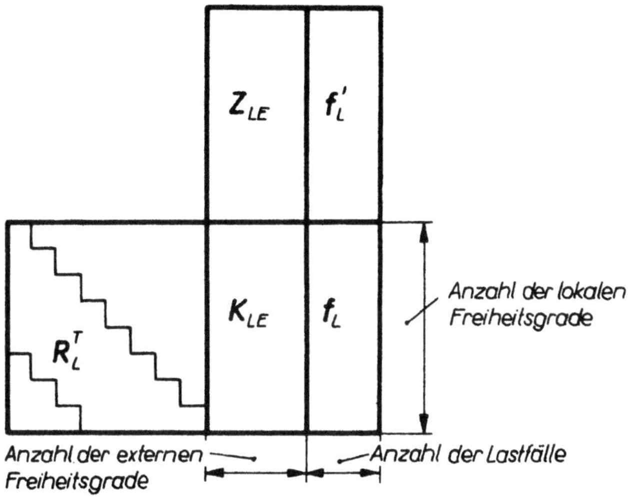

Bild 4.39
Berechnung von Z_{LE} und f_L' durch Vorwärtseinsetzen

Da die beschriebene Vorgehensweise eine Matrixinversion umgeht, kann auch bei Anwendung der Substrukturtechnik die Bandstruktur der Steifigkeitsmatrizen genutzt werden.

Beim Einbau eines Superelements in eine Struktur erhält man primär natürlich nur die Verschiebungen der externen Knoten. Die im allgemeinen (z.B. für die Berechnung der Spannungen in den Elementen) auch interessierenden Verschiebungen der lokalen Knoten können bei bekanntem Vektor d_E aus (4.271) bzw.

$$d_L = R_L^{-1} (f_L' - Z_{LE}\, d_E) = R_L^{-1} f'' \qquad (4.282)$$

ermittelt werden, was durch "Rückwärtseinsetzen" realisiert wird:

$$R_L\, d_L = f'' . \qquad (4.283)$$

Die Substruktur- bzw. Superelementtechnik benutzt also die gleichen effektiven Matrizenalgorithmen, die auch sonst in der Finite-Elemente-Methode angewendet werden. Auch der Speicherplatzbedarf im Rechenautomaten, der durch Ausnutzung von Symmetrie, Bandstruktur und der Möglichkeit des Überschreibens der Eingangsmatrizen durch Ergebnismatrizen (vgl. z.B. den CHOLESKY-

Algorithmus, Abschnitt 2.2.4.) rationell genutzt wird, bleibt minimal, wenn er folgendermaßen sequentiell belegt wird:

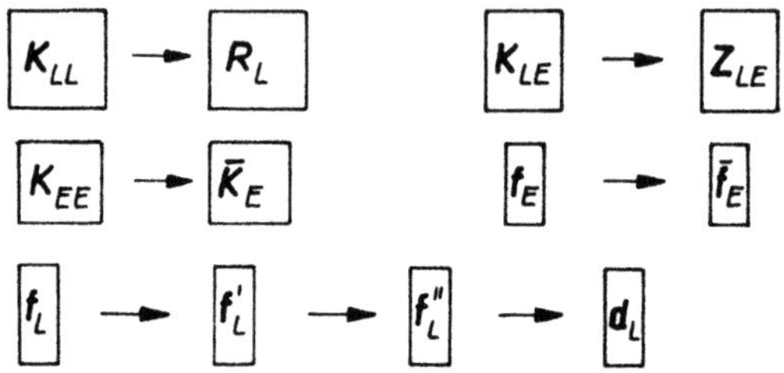

Die Vorteile bei der Anwendung der Substrukturtechnik für die Berechnung komplizierter Strukturen sind beträchtlich:

- Eine übersichtliche Beschreibung des Berechnungsmodells vermindert die Gefahr von Fehlern in den Eingabedaten für ein Rechenprogramm.
- Gleichartige Substrukturen brauchen nur einmal aufgebaut zu werden.
- Durch die Zusammenfassung von Elementen zu Superelementen kann der Elementkatalog eines Rechenprogramms fast beliebig erweitert werden.
- Das Substrukturkonzept kann mehrstufig angewendet werden, indem Superelemente wieder zu Substrukturen zusammengestellt werden.
- Die Untersuchung verschiedener Varianten einer Konstruktion kann rationell organisiert werden.
- Besonders aufwendige Berechnungen, die auf unverhältnismäßig große Rechenzeiten führen, können auf "natürliche" Weise auf verschiedene Rechnerläufe aufgeteilt werden.
- Die Bandweiten der Steifigkeitsmatrizen der Substrukturen sind relativ gering. Das im Bild 4.38 skizzierte Beispiel verdeutlicht, daß die einfache Topologie der Substrukturen die auf minimale Bandweiten führenden Numerierungen der lokalen Knoten wesentlich erleichtert. Die erheblich größere Bandweite der Gesamtstruktur kann nur durch eine sehr komplizierte (und schwierig zu ermittelnde) Knotennumerierung auf einen vertretbaren Wert gebracht werden (vgl. hierzu Abschnitt 4.8.2.).

4.7.3. Nichtlineares Stoffgesetz

Der allen bisherigen Betrachtungen zugrunde liegende lineare Zusammenhang zwischen den Verzerrungen und den Spannungen beschreibt das Verhalten verschiedener Materialien nicht ausreichend genau. Ein ausgeprägt nichtlineares (aber elastisches) Materialverhalten findet man bei einigen Kunststoffen, bei Metallen darf ein lineares Stoffgesetz nur bis zu einer bestimmten Grenze angenommen werden.

Trotz des wesentlich höheren Aufwandes bei der Berücksichtigung nichtlinearer Stoffgesetze hat sich gerade dieses Gebiet in den letzten Jahren besonders stark entwickelt. Dabei wurde der Vorteil genutzt, daß ein leistungsfähiges Rechenprogramm auf der Basis der linearen Elastizitätstheorie mit relativ geringem Aufwand für die Behandlung nichtlinearer Probleme modifiziert werden kann.

Einige typische Vorgehensweisen für die Berechnung eines Bauteils mit nichtlinearem Stoffgesetz sind am Zugstabmodell (einachsiger Spannungszustand) im Bild 4.40 dargestellt.

Bei der inkrementalen Methode wird die Last in mehreren Lastschritten aufgebracht. Die Steifigkeitsmatrix wird jeweils mit der Spannungs-Dehnungs-Beziehung aufgebaut, die für den Dehnungszustand am Ende des vorigen (bzw. Beginn des aktuellen) Lastschritts gültig ist. So wird das Problem stückweise linearisiert. Die sich dadurch zwangsläufig ergebenden Abweichungen von der exakten Lösung können (bis auf unbedeutende Fehler) verringert werden, wenn die Verletzung des Stoffgesetzes am Ende des Lastschrittes überprüft und dieser (gegebenenfalls mehrmals) mit entsprechend veränderter Steifigkeitsmatrix wiederholt wird.

Die inkrementale Methode kann für jede Art nichtlinearen Materialverhaltens angewendet werden und liefert Zwischenergebnisse während des gesamten Belastungsprogramms. Dem steht als Nachteil gegenüber, daß die Größe geeigneter Lastinkremente nur schwer vorauszubestimmen ist, was bei "vorsichtiger" Vorgehensweise zu sehr hohem Aufwand führt.

Bei Anwendung der iterativen Methode wird die volle Last F_o aufgebracht, und es werden die Verschiebungen ermittelt, die sich

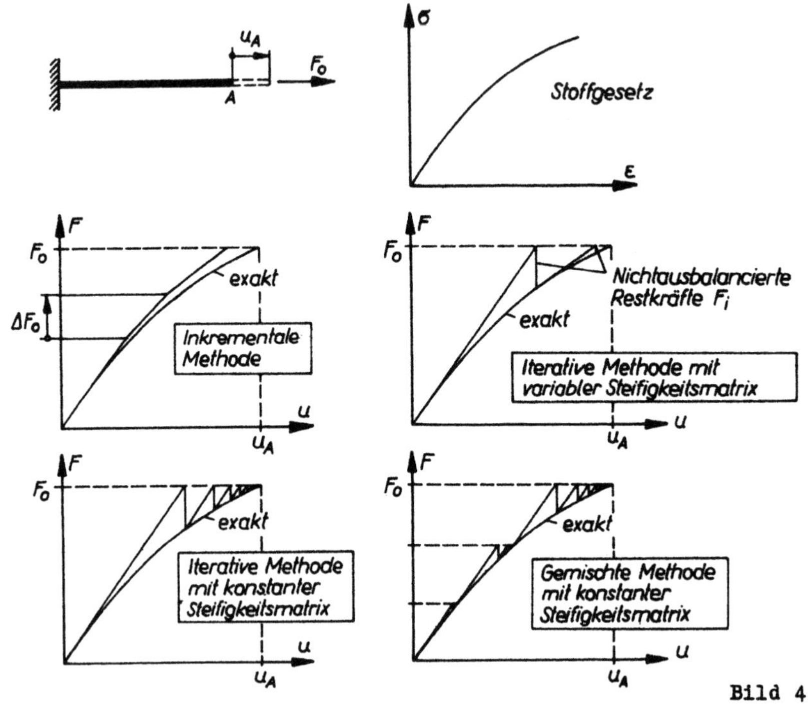

Bild 4.40

bei Annahme eines linearen Stoffgesetzes ergeben würden. Zu diesem Verschiebungs- bzw. Dehnungszustand gehören nach dem nichtlinearen Stoffgesetz jedoch Spannungen, die nur mit einem Teil der äußeren Last ein Gleichgewichtssystem bilden. Der nichtausbalancierte Rest F_i wird nun erneut aufgebracht, und diese Vorgehensweise wird wiederholt, bis die Restkräfte oder der Verschiebungszuwachs in einem Lastschritt unbedeutend klein werden. Dabei kann in jedem Schritt die dem erreichten Dehnungszustand entsprechende Steifigkeitsmatrix benutzt werden, das Verfahren konvergiert jedoch auch bei konstanter Steifigkeitsmatrix. Dies ist trotz der damit verbundenen größeren Anzahl von Iterationsschritten ein wesentlicher Vorteil, weil neben dem Neuaufbau auch die sehr aufwendige Zerlegung der Steifigkeitsmatrix nur einmal anfällt (wiederholte Lösung eines Gleichungssystems mit gleichbleibender Koeffizientenmatrix).

Den Vorteilen der leichteren Handhabung der iterativen Methode und des geringeren Aufwandes (bei konstanter Systemsteifigkeitsmatrix) steht der Nachteil gegenüber, daß man das Ergebnis nur für die volle Belastung des Systems erhält. Der entscheidende Mangel dieses Verfahrens liegt jedoch darin, daß nicht jedes Stoffgesetz realisiert werden kann. So kann z. B. bei elastisch-plastischem Materialverhalten die Entlastung einzelner Elemente (plastische Dehnung bleibt erhalten, elastischer Anteil ändert sich) nicht erfaßt werden.

Die gemischte Methode (inkrementales Aufbringen der Last, iterative Methode innerhalb des Lastschritts) vereinigt die Vorteile der beiden beschriebenen Verfahren bei gleichzeitiger Unterdrükkung der Nachteile, so daß diese Vorgehensweise zu empfehlen ist.

Besondere praktische Bedeutung kommt der Berücksichtigung elastisch-plastischen Materialverhaltens zu. Dabei werden in der Regel folgende Annahmen getroffen:

- Das Materialverhalten ist isotrop und zeitunabhängig.
- Die Dehnungen können in einen elastischen (im folgenden mit Index el) und einen plastischen Anteil (Index pl) aufgeteilt werden.
- Im plastischen Bereich kann die Volumenänderung vernachlässigt werden.
- Plastische Dehnungen bleiben auch bei Entlastung erhalten, so daß die Entlastung im Spannungs-Dehnungs-Diagramm auf einer Geraden mit dem Anstieg E (Elastizitätsmodul) erfolgt (Bild 4.41).

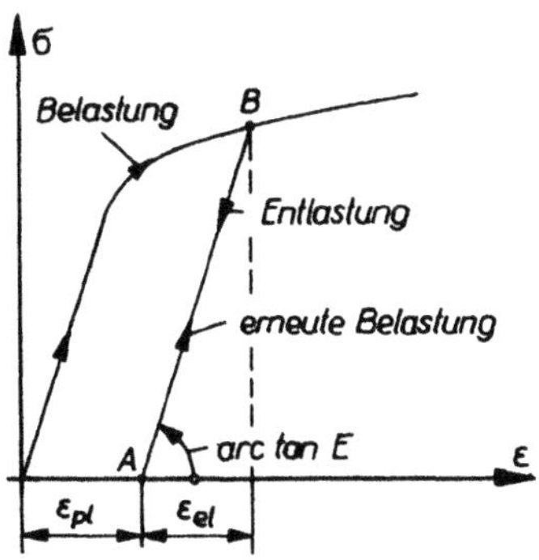

Bild 4.41

- Es gilt die Fließbedingung nach v.MISES: Das Material beginnt zu fließen, wenn

$$\bar{\sigma} = \sqrt{\sigma_x^2 + \sigma_y^2 + \sigma_z^2 - \sigma_x\sigma_y - \sigma_x\sigma_z - \sigma_{yz} + 3(\tau_{xy}^2 + \tau_{xz}^2 + \tau_{yz}^2)} \qquad (4.284)$$

gleich der Fließgrenze σ_F des einachsigen Spannungszustandes ist.

Unter diesen Voraussetzungen kann analog zur HOOKEschen Matrix H im elastischen Fall - vgl. Gleichungen (4.266) und (4.131) - eine Matrix H' angegeben werden, die die Spannungsänderungen mit den Dehnungsänderungen verknüpft (/35/,/44/,/45/). Für den ebenen Spannungszustand ergibt sich z. B.:

$$\begin{bmatrix} d\sigma_x \\ d\sigma_y \\ d\tau_{xy} \end{bmatrix} = \frac{E}{(1-\nu^2)\beta} \begin{bmatrix} 1+\gamma s_y^2 + \frac{2\gamma}{1+\nu}\tau_{xy}^2 & \nu - \gamma s_x s_y + \frac{2\nu\gamma}{1+\nu}\tau_{xy}^2 & -\frac{\gamma}{1+\nu}(s_x + \nu s_y)\tau_{xy} \\ & 1+\gamma s_x^2 + \frac{2\gamma}{1+\nu}\tau_{xy}^2 & -\frac{\gamma}{1+\nu}(s_y + \nu s_x)\tau_{xy} \\ \text{(symmetrisch)} & & \frac{1-\nu}{2} + \frac{\gamma}{2(1+\nu)}(s_x^2 + s_y^2 + 2\nu s_x s_y) \end{bmatrix} \begin{bmatrix} d\varepsilon_x \\ d\varepsilon_y \\ d\gamma_{xy} \end{bmatrix}$$

$$= H' \begin{bmatrix} d\varepsilon_x \\ d\varepsilon_y \\ d\gamma_{xy} \end{bmatrix} \qquad (4.285)$$

mit

$$\beta = 1 + \frac{\gamma}{1-\nu^2}(s_x + s_y)^2 + \frac{2\gamma}{1+\nu}(\tau_{xy}^2 - s_x s_y) \quad ,$$

$$\gamma = \frac{9}{4}\frac{E}{E_{pl}}\frac{1}{\bar{\sigma}^2} \quad ,$$

$$\bar{\sigma} = \sqrt{\sigma_x^2 + \sigma_y^2 - \sigma_x\sigma_y + 3\tau_{xy}^2} \quad , \qquad (4.286)$$

den Deviatorspannungen

$$s_x = \frac{1}{3}(2\sigma_x - \sigma_y) \quad , \quad s_y = \frac{1}{3}(2\sigma_y - \sigma_x) \qquad (4.287)$$

und dem Tangentenmodul E_{pl}, der aus dem $\sigma - \varepsilon_{pl}$-Diagramm (Bild 4.42) als Anstieg der Tangente an die Kurve $\sigma(\varepsilon_{pl})$ abgelesen

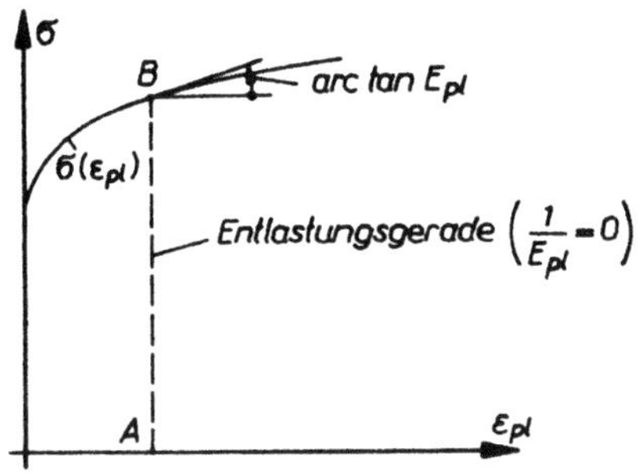

Bild 4.42

werden kann. Dabei ist zu beachten, daß die Funktion σ (ε_{pl}) aus dem Spannungs-Dehnungs-Diagramm σ (ε) unter Berücksichtigung von $\varepsilon_{pl} = \varepsilon - \varepsilon_{el}$ (ε - Gesamtdehnung) hervorgeht. Dadurch wird der Kurvenverlauf etwas steiler als im nichtlinearen Bereich der Funktion σ (ε).

Die aus dem Zugversuch mit einachsigem Spannungszustand ermittelten σ -ε- bzw. $\sigma - \varepsilon_{pl}$ -Diagramme können für den mehrachsigen Spannungszustand verwendet werden, indem der Wert für E_{pl} an der Stelle $\sigma = \bar{\sigma}$ abgelesen wird - $\bar{\sigma}$ nach (4.284) bzw. (4.286) -.

Mit einer das Verhalten des elastisch-plastischen Materials beschreibenden Matrix H', wie sie in (4.285) für den ebenen Spannungszustand angegeben wurde, kann unter der Voraussetzung, daß die nur für unendlich kleine Spannungs- bzw. Dehnungsänderungen geltende Beziehung auch bei genügend kleinen endlichen Spannungs- und Dehnungsinkrementen gilt, ein für elastische Berechnungen geschriebenes Rechenprogramm mit Hilfe der inkrementalen Methode leicht modifiziert werden. Für diejenigen Elemente, die die Fließgrenze erreicht haben, wird die Matrix H durch H' ersetzt, und mit den geänderten Elementsteifigkeitsmatrizen wird für das nächste Lastinkrement eine neue Systemsteifigkeitsmatrix aufgebaut. Auf die Nachteile dieser Vorgehensweise wurde bereits hingewiesen.

Es ist ratsam (und bei komplizierten Belastungsprogrammen unerläßlich), ständig zu kontrollieren, ob für einzelne Elemente eine Entlastung eintritt. Dazu kann die Änderung der sogenannten "plastischen Vergleichsdehnung" (auch: Umformgrad)

$$d\bar{\varepsilon}_{pl} = \frac{d\bar{\sigma}}{E_{pl}} \qquad (4.288)$$

herangezogen werden, die sich für den ebenen Fall mit $\bar{\sigma}$ nach (4.286) folgendermaßen ergibt:

$$d\bar{\varepsilon}_{pl} = \frac{3}{2\bar{\sigma}E_{pl}}(s_x\,d\sigma_x + s_y\,d\sigma_y + 2\tau_{xy}\,d\tau_{xy})\ . \tag{4.289}$$

Wird $d\bar{\varepsilon}_{pl}$ negativ, so entspricht dies einer Entlastung, und für das entsprechende Element muß wieder mit dem elastischen Stoffgesetz (Matrix H) gerechnet werden. Dies wird auch bei erneuter Belastung beibehalten (Gerade AB im Bild 4.41 bzw. Bild 4.42), bis $\bar{\sigma}$ nach (4.284) bzw. (4.286) wieder den Wert auf der Kurve $\sigma(\varepsilon_{pl})$ (Punkt B im Bild 4.42) erreicht hat.

Die plastische Vergleichsdehnung $\bar{\varepsilon}_{pl}$ als Integral über $d\bar{\varepsilon}_{pl}$, wobei von den nach (4.289) ermittelten Inkrementen nur die positiven zu summieren sind, ist das Äquivalent zur plastischen Dehnung ε_{pl} des einachsigen Zugversuchs.

Die nach jedem Lastschritt erforderliche Zerlegung der geänderten Systemsteifigkeitsmatrix ist der wesentliche Nachteil der inkrementalen Methode. Deshalb wird im allgemeinen auch bei elastisch-plastischem Materialverhalten der iterativen Vorgehensweise der Vorzug gegeben, die durch Beibehaltung eines inkrementalen Belastungsprogramms (gemischte Methode) auch universell anwendbar wird. Ihr entscheidender Vorteil ist die Möglichkeit, die Änderung der Systemsteifigkeit durch geeignete Anfangslasten zu simulieren, die auf das elastische System aufgebracht werden, so daß für jedes Belastungsinkrement und auch innerhalb eines Lastschrittes für jede Iteration immer die gleiche Steifigkeitsmatrix verwendet werden kann.

Dabei sind zwei alternative Möglichkeiten gegeben, die Abweichungen vom σ-ε-Diagramm iterativ zu korrigieren. Entweder werden die nach der elastischen Rechnung zu kleinen Dehnungen durch plastische Dehnungen ergänzt (Methode der Anfangsdehnungen), oder die zu großen Spannungen werden durch Aufbringen von Anfangsspannungen auf den entsprechenden Wert reduziert (Methode der Anfangsspannungen). Beide Vorgehensweisen sind im Bild 4.43 für das Zugstabmodell dargestellt. Sowohl die Anfangsdehnungen als auch die Anfangsspannungen werden durch äquivalente Knotenlasten - vgl. Gleichung (4.73) - ersetzt, die dann wieder auf das elastische

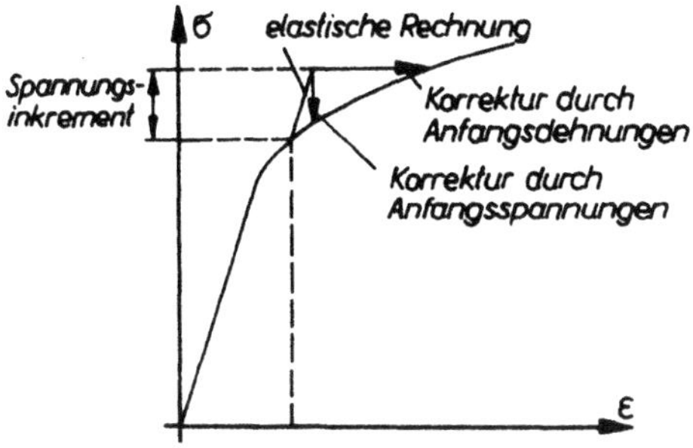

Bild 4.43

System aufgebracht werden.

Die Methode der Anfangsdehnungen versagt bei ideal-plastischem Materialverhalten. Im folgenden wird das Vorgehen nach der Anfangsspannungsmethode erläutert.

Für ein Lastinkrement Δf wird mit Hilfe der auf der Basis elastischen Materialverhaltens aufgebauten Systemsteifigkeitsmatrix K das Verschiebungsinkrement Δd berechnet, woraus die Dehnungen Δe ermittelt werden:

$$K\,\Delta d = \Delta f \quad , \qquad \Delta e = D_G\,\Delta d_e \tag{4.290}$$

(Δd_e - Elementverschiebungsvektor). Die zu Δe gehörenden Spannungen $H'\Delta e$ werden durch die Spannungen $H\Delta e$ der elastischen Struktur ersetzt:

$$H'\Delta e = H\Delta e + \Delta s_0 = H D_G \Delta d_e + \Delta s_0 \;. \tag{4.291}$$

Der Korrekturvektor

$$\Delta s_0 = (H' - H)\,\Delta e \tag{4.292}$$

enthält die Anfangsspannungen, die dem elastischen Simulationsmodell auferlegt werden müssen. Ein Vergleich der Gleichung (4.291) mit Gleichung (4.68) zeigt, daß die Anfangsspannungen Δs_0 durch gleichwertige Anfangsdehnungen Δe_0 ersetzt werden, wenn

$$\Delta s_0 = -H\Delta e_0 \tag{4.293}$$

gilt. Die Anfangsspannungen werden dementsprechend - vgl. Gleichung (4.73) - durch die Knotenlasten

$$\Delta f_o = - \int_{(V)} D_G^T \, \Delta s_o \, dV \qquad (4.294)$$

erfaßt. Mit diesen unausgeglichenen Restkräften wird die Rechnung ab (4.290) wiederholt, wobei sich die in jedem Iterationsschritt ergebenden Verschiebungsinkremente Δd zur Gesamtverschiebung für das Lastinkrement Δf summieren. Die Iteration wird abgebrochen, wenn die Knotenlasten Δf_0 genügend klein sind.

Der gegebene Einblick in die nichtlineare Theorie am Beispiel des nichtlinearen Stoffgesetzes konnte nur eine grobe Vorstellung von den dabei auftretenden Problemen vermitteln. Auf viele Einzelheiten, die gerade in diesem Teilgebiet bei der praktischen Realisierung eine wesentliche Rolle spielen, konnte nicht eingegangen werden. Einige sollen wenigstens noch genannt werden:

- Es ist möglich, den Fehler, der durch Verwendung des differentiellen Spannungs-Dehnungs-Gesetzes für endliche Inkremente entsteht, iterativ zu korrigieren.
- Innerhalb eines Lastinkrements kann ein Element von der elastischen in die plastische Zone übergehen.
- Die Grenze von elastischer und plastischer Zone kann durch ein Element hindurchgehen und sich während eines Lastinkrements verschieben.
- Die Konvergenz kann durch geeignete zusätzliche Maßnahmen wesentlich verbessert werden.
- Belastungen, die zur Plastizierung des Materials führen, rufen häufig auch große Verformungen hervor. Dadurch wird das Problem auch "geometrisch nichtlinear".
- Die Berücksichtigung komplizierter Stoffgesetze ist unter Verwendung der beschriebenen Lösungsstrategien möglich.
- Die Notwendigkeit, eine Reihe zusätzlicher Informationen für die plastizierten (bzw. teilweise plastizierten) Elemente zu speichern, erfordert eine sehr sorgfältige Programmierung (speziell eine rationelle dynamische Speicherplatzverwaltung).

Zu diesen und vielen anderen Fragen muß auf die Spezialliteratur verwiesen werden, z. B. /26/,/35/,/41/,/44/,/46/,/47/.

4.8. Programmierungsprobleme

Die rationelle Anwendung der Methode der finiten Elemente setzt die Benutzung eines Digitalrechners voraus. Selbst für relativ kleine Rechenautomaten können leistungsfähige Programme für ein- und zweidimensionale Probleme geschrieben werden, die allerdings auf spezielle Aufgabenklassen zugeschnitten werden müssen.

Andererseits konnten erst durch den Einsatz moderner Großrechenanlagen, für die multivalent anwendbare Programmsysteme mit hoher Nutzerfreundlichkeit geschrieben werden, alle Vorteile der Finite-Elemente-Methode genutzt werden. Der Trend zu umfangreichen Programmsystemen wurde verstärkt durch das Bestreben, auch dreidimensionale Modelle zu behandeln. Der Programmieraufwand, der für die Datengenerierung, Ergebnisauswertung, Organisation der Datenstrukturen und die Datenverwaltung dieser Probleme erforderlich ist, wird erst durch eine möglichst vielfältige Anwendbarkeit des Programms gerechtfertigt.

4.8.1. Typischer Programmablauf

Die Verformungs- und Spannungsberechnung für ein Bauteil (besonders häufige Aufgabenstellung) kann von einem Rechenprogramm in folgenden Hauptetappen realisiert werden:

- Dateneingabe, Generierung eines rechnerinternen Modells,
- Berechnung der Elementsteifigkeitsbeziehungen,
- Zusammenbau der Systemsteifigkeitsbeziehung,
- Einarbeitung der Randbedingungen,
- Lösung des Gleichungssystems,
- Ausgabe der Knotenverschiebungen,
- Spannungsberechnung (eventuell auch: Ermittlung von Lagerreaktionen),
- Ausgabe der Spannungswerte.

Die Algorithmen für diese Programmschritte wurden in den vorangegangenen Abschnitten beschrieben, eine Modifikation des Programmablaufs für die Behandlung spezieller Aufgabenstellungen (z.B. nichtlineare Probleme, Stabilitätsprobleme, dynamische Probleme) ist nicht schwierig.

Ein Berechnungsmodell ist durch folgende Angaben charakterisiert:

- Topologie des Finite-Elemente-Netzes (z.B. mit Hilfe einer Koinzidenzmatrix, eventuell zusätzlicher Angaben über die Elementtypen),
- Geometrie der Struktur (z.B. durch Festlegung sämtlicher Knotenkoordinaten),
- Materialeigenschaften,
- Randbedingungen einschließlich vorgeschriebener Verschiebungen,
- Belastungen.

Nutzerfreundliche Programme besitzen sogenannte Datengeneratoren, die das rechnerinterne Modell aus möglichst wenigen Eingabedaten aufbauen und weitgehend kontrollieren. Wenn dabei festgestellt wird, daß kein sinnvolles Berechnungsmodell beschrieben wurde, wird die nachfolgende Rechnung verhindert. Leistungsfähige Datengeneratoren übernehmen auch die Vernetzung der Struktur, wobei Elementanzahl, örtliche Netzverfeinerungen und die Geometrie der Berandung über die Eingabedaten festgelegt werden.

Ein besonderes Problem stellt die Kontrolle des vorgegebenen oder von einem Datengenerator erzeugten Netzes dar. Hierzu bedient man sich der graphischen Datenausgabe über Zeichentisch und Bildschirm. Bild 4.44 zeigt ein vom Zeichentisch Digigraph 1008 gezeichnetes ebenes Netz, das von einem Datengenerator durch Verzerrung einer Rechteckstruktur erzeugt wurde.

Die Berechnung der Elementsteifigkeitsbeziehungen und der Aufbau der Systemsteifigkeitsbeziehung können simultan erfolgen, wobei sich eine Einsparung von Speicherplätzen ergibt. Man sollte jedoch auch in diesem Fall die Gleichheit von Elementen ausnutzen. Der Nachteil einer solchen Vorgehensweise ist, daß der Programmbaustein "Zusammenbau der Systemsteifigkeitsbeziehung", der weitgehend unabhängig von den verwendeten Elementtypen geschrieben werden kann und daher auch für andere Probleme genutzt werden könnte, nicht zu separieren ist.

Die Randbedingungen sollten immer erst in die komplette Systemsteifigkeitsbeziehung eingearbeitet werden. Die im Abschn. 4.2.7.

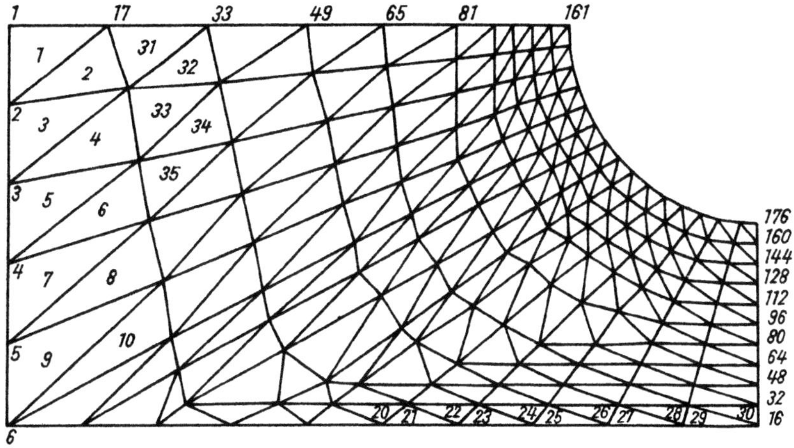

Bild 4.44
Vom Datengenerator "verzerrtes" Rechteckgrundnetz, gezeichnet vom Digigraph 1008

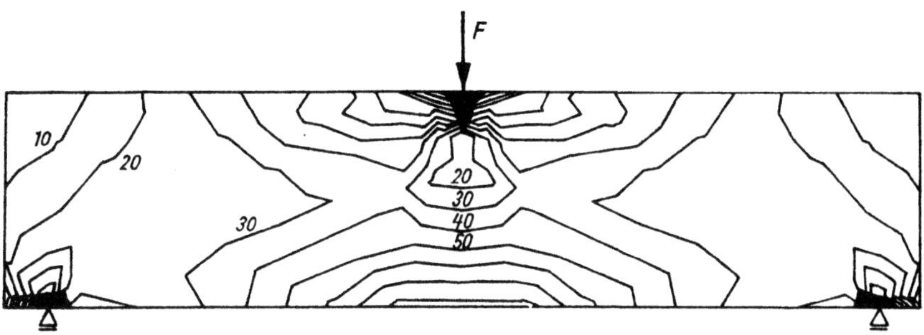

Bild 4.45
Darstellung einer Funktion zweier unabhängiger Variabler durch Höhenlinien (hier: Linien gleicher Hauptspannungsdifferenz für einen Vergleich mit spannungsoptischen Untersuchungen), gezeichnet vom Digigraph 1008

beschriebenen Methoden berücksichtigen eine bequeme programmtechnische Realisierung. Die nachfolgende Lösung des linearen Gleichungssystems wird im Abschnitt 4.8.2. gesondert behandelt.

Die Spannungsberechnung ist nicht sehr aufwendig. Die Spannungen werden üblicherweise für die Knotenpunkte (eventuell auch für weitere Punkte im Element) ermittelt, wobei die sich ergebenden Knotenspannungen aller an einem Knoten angeschlossenen Elemente gemittelt werden. Die Berechnung von Hauptspannungen, Hauptspannungsrichtungen und Vergleichsspannungen ist einfach und nützlich. In diesen Programmteil gehört auch die Bestimmung der Lagerkräfte für Knoten mit diskreten Federn bzw. verhinderten oder vorgeschriebenen Verschiebungen.

Die Spannungen werden in Tabellenform gedruckt. Ein einfaches Unterprogramm, das die Höhenlinien einer Funktion zweier unabhängiger Variablen darstellt, kann für eine übersichtliche Darstellung der Spannungen eines ebenen Problems bzw. in einem ebenen Schnitt eines dreidimensionalen Problems genutzt werden. Bild 4.45 zeigt ein Beispiel /48/.

4.8.2. Lösung des Gleichungssystems

Die Grenzen der Methode der finiten Elemente werden in erster Linie vom Aufwand für die Lösung des linearen Gleichungssystems (bzw. Matrizeneigenwertproblems) bestimmt. Zahlreiche Untersuchungen wurden deshalb der Entwicklung optimaler Lösungsstrategien gewidmet.

Recht eindeutig erwiesen sich dabei die Eliminationsverfahren zur Lösung linearer Gleichungssysteme und die iterativen Methoden für die Matrizeneigenwertprobleme als günstigste Vorgehensweisen.

Der für die Eliminationsalgorithmen erforderliche Aufwand kann exakt ermittelt werden, und es läßt sich zeigen, daß für die im Abschnitt 2.2. beschriebenen Verfahren die Anzahl der erforderlichen Operationen von keinem anderen Verfahren unterboten werden kann, sofern nicht spezielle Eigenschaften der Matrizen genutzt werden. Neben der selbstverständlichen Ausnutzung der Symmetrieeigenschaft sind es im wesentlichen drei Kriterien, nach denen

Programme zur Lösung linearer Gleichungssysteme beurteilt werden:

- Da die Koeffizientenmatrix großer Gleichungssysteme nur auf externen Speichern untergebracht werden kann, ist ein Algorithmus vorteilhaft, der möglichst wenig Datentransfer zwischen Extern- und Operativspeicher erfordert.
- Die Anzahl der auszuführenden arithmetischen Operationen kann sich nur verringern, wenn Multiplikationen und Additionen, bei denen ein Operand gleich Null ist, vermieden werden. Da dies nicht vor jeder Operation abgefragt werden kann (der Aufwand dafür wäre größer als der für die Operation selbst), müssen ganze Gruppen solcher Operationen, die infolge spezieller Matrixstruktur vorausbestimmt werden können, ausgeschlossen werden.
- Die Auswirkungen der unvermeidlichen Rundungsfehler auf das Ergebnis müssen mit angemessenem Aufwand kontrolliert werden können. Die Berechnung einer Konditionszahl (vgl. Abschnitt 2.2.6.) ist nützlich, es ist jedoch auch eine sehr wirksame "physikalische Kontrolle" der Gesamtrechnung möglich (z.B. die Überprüfung der Erfüllung von Gleichgewichtsbedingungen unter Einbeziehung berechneter Kräfte bzw. Spannungen).

Auch bei modernen Betriebssystemen, die den Datentransfer autonom ablaufen lassen, während die Steuerung einem anderen Programm übertragen wird, behält der erste Punkt seine Bedeutung. Das im Abschnitt 2.5.2. vorgestellte "Block"-CHOLESKY-Verfahren erfüllt die genannte Forderung.

Die Ausnutzung der Bandstruktur der Koeffizientenmatrix (Abschnitt 2.2.5.) ist eine besonders effektive Möglichkeit zur Ausschaltung von Null-Operationen. Da der erforderliche Aufwand zur Lösung des Gleichungssystems etwa proportional mit dem Quadrat der Bandweite ansteigt, wurden zahlreiche Untersuchungen der Bandweitenminimierung gewidmet.

Die größte Differenz d_{max} der zu einem Element gehörenden Knotennummern bestimmt die Bandweite. Im Bild 4.46 sind für einige einfache Strukturen mögliche optimale Numerierungen angegeben. Für kompliziertere Strukturen kann das Auffinden einer günstigen

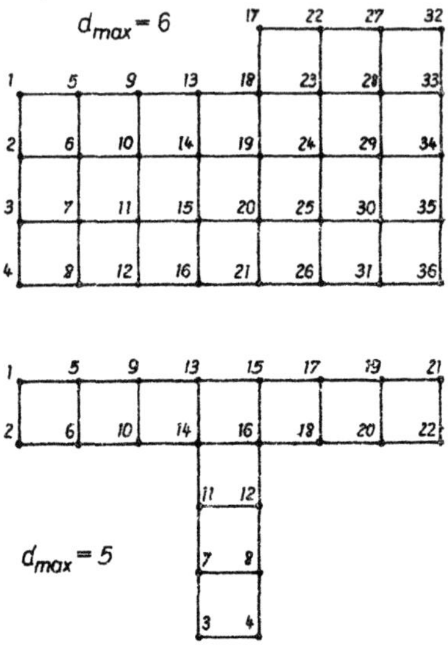

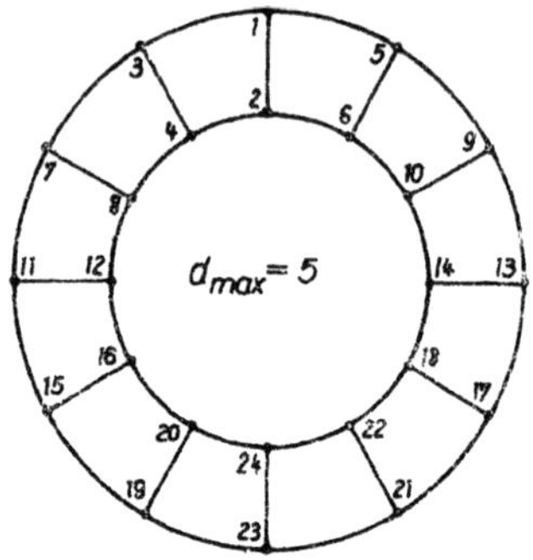

Bild 4.46
Optimale Numerierungen
einfacher Strukturen

Knotennumerierung sehr schwierig sein. Man versuche zum Beispiel, für die Gesamtstruktur im Bild 4.38 die 403 Knotenpunkte geeignet zu numerieren (d_{max}=29 ist möglich).

Rechenprogramme, die durch Vertauschen der Knotennummern eine Verringerung der **Bandweite** anstreben, arbeiten i. a. auch dann unangemessen aufwendig, wenn der verwendete Algorithmus das Auffinden einer optimalen Numerierung nicht garantiert.

Die im Abschnitt 4.7.2. beschriebene Substrukturtechnik, die eine Zerlegung in topologisch einfache Strukturen gestattet, ist eine geeignete Möglichkeit, schwierig zu numerierende Strukturen zu vermeiden. In welchem Maße dabei auch der Aufwand verringert werden kann, zeigt das Beispiel im Bild 4.38, bei dem die drei Substrukturen mit d_{max}=10 (einfach und übersichtlich) numeriert werden können.

Eine Ausnutzung der zahlreichen Nullelemente innerhalb des Bandes ist nur bedingt möglich, da diese während des Eliminationsprozesses verschwinden. Allerdings bleibt eine vertikale Kluft erhalten (Bild 4.47), ein Vorteil, dessen Nutzung sich nur bei sehr großen Systemen lohnt.

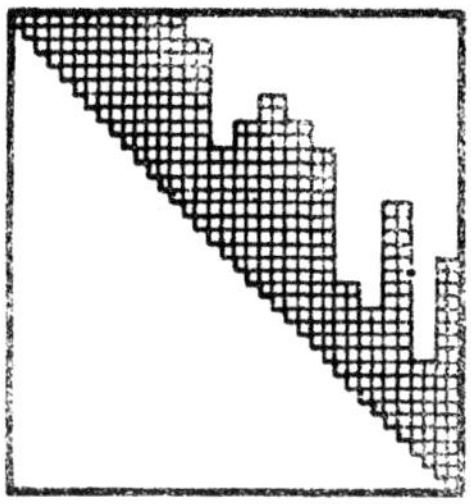

Bild 4.47
Bandstruktur mit "Klüften"

Eine Alternative zur beschriebenen Ausschaltung der Null-Operationen bietet die von IRONS /49/ speziell für Finite-Elemente-Probleme entwickelte Front-Lösungs-Strategie ("frontal solution"). Dieses Verfahren setzt aber eine spezielle Speicherungsform der Systemsteifigkeitsmatrix voraus.

4.9. Zusammenfassung

4.9.1. Empfehlungen zur Elementauswahl

Während der Nutzer eines umfangreichen Programmsystems aus einem Elementkatalog die für seine Aufgabenstellung geeigneten Elemente auswählen kann, sind Finite-Elemente-Programme für spezielle Anwendungsbereiche i. a. nur mit ein oder zwei Elementtypen ausgestattet. Die Erfahrung zeigt, daß bei gleichem Rechenaufwand eine geringere Anzahl anpassungsfähiger Elemente (Elemente mit vielen Freiheitsgraden) der entsprechend größeren Zahl einfacher Elemente überlegen ist. Diese Aussage gilt natürlich nur in gewissen Grenzen, speziell dann, wenn der Aufbau der Elementsteifigkeitsbeziehung des komplizierteren Elements qualitativ neue Probleme schafft (z.B. die Notwendigkeit der numerischen Integration oder die Segmentierung und externe Speicherung der Elementsteifigkeitsmatrix). Im folgenden werden trotz der eingeschränkten Allgemeingültigkeit solcher Aussagen einige Empfehlungen gegeben.

Balkenprobleme werden im Rahmen der üblichen linearen Theorie (bei elementweise konstanten Querschnitten) von dem im Bild 4.3 dargestellten Element exakt erfaßt. Gegebenenfalls ist zu überprüfen, ob ein Element mit stetig veränderlichem Querschnitt vorteilhafter ist als mehrere Elemente mit konstantem Querschnitt, die zu einem Superelement zusammengefaßt werden können. Die Erfassung spezieller Effekte (Wölbkrafttorsion, exzentrischer Anschluß benachbarter Elemente) ist Sonderelementen vorbehalten.

Die vielfach praktizierte Berechnung ebener Scheiben (ebener Spannungszustand, die Aussagen gelten aber auch für den ebenen Formänderungszustand) mit dem Dreieckselement SD6 (Bild 4.14) ist trotz des einfachen Aufbaus der Elementsteifigkeitsmatrix nicht empfehlenswert. Wesentlich günstiger sind Dreiecks- oder Viereckselemente mit quadratischem Verschiebungsansatz, die nach dem isoparametrischen Konzept auch gekrümmte Ränder haben können (z.B. das Element SRK16 im Bild 4.33). Besonders zu empfehlen sind jedoch Elemente, die unter Einbeziehung der Verschiebungsableitungen die Knotenparameter in den Eckpunkten konzentrieren (vgl. Bild 4.29). Das häufig verwendete Dreieckselement SD20 (Bild 4.48) garantiert schon bei relativ geringem Rechenaufwand

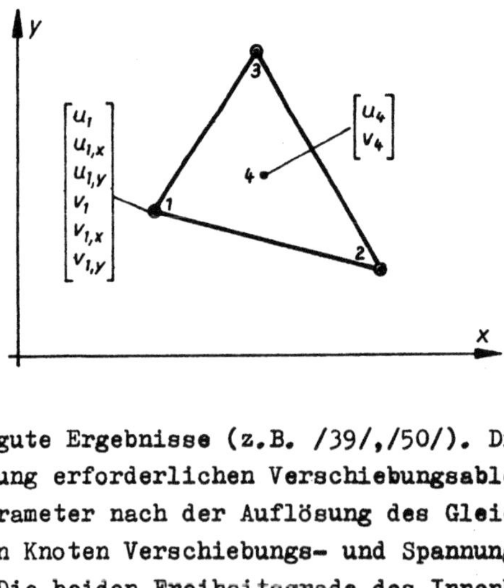

Bild 4.48
Scheibenelement SD20

sehr gute Ergebnisse (z.B. /39/,/50/). Die für die Spannungsberechnung erforderlichen Verschiebungsableitungen liegen als Knotenparameter nach der Auflösung des Gleichungssystems vor, so daß an den Knoten Verschiebungs- und Spannungskontinuität gegeben ist. Die beiden Freiheitsgrade des Innenknotens werden nach dem Superelementkonzept (Abschnitt 4.7.2.) vor dem Aufbau der Systemsteifigkeitsmatrix eliminiert.

Bei der Behandlung von Plattenproblemen muß vor dem Einsatz nichtkonformer Elemente trotz der aus der Literatur bekannten erfolgreichen Nutzung dieser Elemente (immer aber nur für spezielle

Aufgaben) gewarnt werden. Die in den Abschnitten 4.5.4.2. und 4.6.4. vorgestellten Elemente PD21 und PR16 erfüllen die Bedingung der Verschiebungskontinuität entlang des gesamten Elementrandes, besitzen sehr gute Approximationseigenschaften und sind deshalb für die Anwendung zu empfehlen. Bei dem Dreieckselement ist eine Elimination der Seitenmittenparameter möglich (/39/, /50/). Das dabei entstehende Element PD18 besitzt ausschließlich Eckknoten und hat ähnlich gute Eigenschaften wie PD21 bei insgesamt verringertem Rechenaufwand.

Die Berechnung gekrümmter Flächentragwerke (Schalen) ist prinzipiell mit den beschriebenen ebenen Scheiben- und Plattenelementen möglich. Dabei tritt eine Kopplung des Membran- bzw. Biegezustandes, die innerhalb des Elements getrennt sind, erst durch die Transformation der Knotenkräfte ein. Mit Hilfe von Rechteckelementen können Zylinderschalen, unter Benutzung von Dreieckselementen beliebige Schalen facettenartig angenähert werden. Diese für einfache Probleme erfolgreiche Vorgehensweise ist mit verschiedenen Nachteilen verbunden. So rufen Flächenlasten auch dann Biegewirkungen in den ebenen Elementen hervor, wenn sie in einer Schale zu einem reinen Membranspannungszustand führen würden. Außerdem sind der Verwendung höherer Verschiebungsansätze (mehr Knotenparameter) dadurch Grenzen gesetzt, daß eine gewisse Mindestanzahl an Elementen immer erforderlich ist, um die Geometrie anzunähern. Aus diesen Gründen wurden in immer stärkerem Maße gekrümmte Schalenelemente eingesetzt (z.B. /26/,/51/). Neben der recht komplizierten Aufstellung der Elementsteifigkeitsbeziehungen erwies sich dabei das Problem, die im Abschnitt 4.3.3. formulierte Starrkörperbedingung zu erfüllen, als sehr schwierig.

Deshalb wurden in zahlreichen Anwendungen dreidimensionale isoparametrische Elemente zur Berechnung von Schalen verwendet. Da die zu berechnenden Objekte vielfach die Voraussetzungen der klassischen Schalentheorie ohnehin nur unbefriedigend erfüllen, erfreut sich diese Vorgehensweise immer größerer Beliebtheit, zumal so auch besonders interessierende Stellen (Verstärkungen, Verzweigungen u.a.) mit ausreichender Genauigkeit erfaßt werden. Die dabei möglichen numerischen Schwierigkeiten und der hohe Aufwand können reduziert werden, indem einzelne Freiheitsgrade des dreidimensionalen Elements gekoppelt bzw. unterdrückt werden (z.B. unter Beibehaltung der Normalenhypothese).

Die zur Schalentheorie gemachten Aussagen gelten nicht für Rotationsschalen mit rotationssymmetrischer Belastung. Für diese quasi-eindimensionalen Aufgaben stehen leistungsfähige Ringelemente zur Verfügung (vgl. z. B. /35/).

Bei der Elementauswahl für dreidimensionale Probleme muß stets die Speicherkapazität des Rechenautomaten mit berücksichtigt werden. Die begrenzte Anwendbarkeit des Hexaeders H24 (Bild 4.34) und die große Elementzahl bei Benutzung von Tetraedern geben hier recht eindeutig den Ausschlag zugunsten isoparametrischer Elemente. Für kleinere Rechner bietet sich das Element HK24 an. Da die relativ hohen Rechenzeiten für dreidimensionale Probleme ohnehin einen schnellen Rechenautomaten voraussetzen, der i. a. auch mit entsprechender Speicherkapazität ausgestattet ist, kann das isoparametrische Element HK60 (Bild 4.35) besonders empfohlen werden. Die Steifigkeitsmatrix dieses Elements (1830 Matrixelemente bei Ausnutzung der Symmetrie) kann im Operativspeicher untergebracht werden, und es besitzt eine gute Anpassungsfähigkeit auch an komplizierte Berandungen.

Für rotationssymmetrische Gebilde mit rotationssymmetrischer Belastung gelten die für Scheibenprobleme gemachten Aussagen. Bei nichtrotationssymmetrischer Belastung ist die Entwicklung sämtlicher Zustandsgrößen in FOURIER-Reihen und die anschließende Lösung mehrerer quasi-ebener Probleme meist günstiger als eine allgemeine dreidimensionale Behandlung.

4.9.2. Einschätzung der Finite-Elemente-Methode, Vergleich mit dem Differenzenverfahren

Mit Hilfe der Methode der finiten Elemente werden Probleme der Kontinuumsmechanik auf diskrete Modelle mit einer endlichen Anzahl von Freiheitsgraden zurückgeführt. Das gleiche Ziel, wenn auch auf anderem Wege, wird von dem im Abschnitt 3. beschriebenen Differenzenverfahren erreicht. In beiden Fällen wird das mathematische Modell durch Matrizenbeziehungen (z.B. ein lineares Gleichungssystem) beschrieben.

Die ursprünglich zur Behandlung von elastostatischen Problemen konzipierte Finite-Elemente-Methode besitzt heute die gleiche Anwendungsbreite wie das Differenzenverfahren. Sie wird zur Untersuchung elastischer Strukturen mit dynamischer Belastung genauso verwendet wie für plastische oder viskoelastische und viskoplastische Materialien. Zahlreiche Anwendungen aus der Strömungsmechanik, der Thermodynamik, der elektrischen und magnetischen Feldtheorie sind bekannt (eine gute Übersicht findet man in /35/).

Im Vergleich mit dem Differenzenverfahren ist die Anwendbarkeit der Methode der finiten Elemente in stärkerem Maße von der Nutzung eines elektronischen Digitalrechners abhängig. Andererseits macht es ihre gute Programmierbarkeit möglich, dem Ingenieur den gesamten Berechnungsablauf abzunehmen. Er braucht nur das durch Daten zu beschreibende Berechnungsmodell einzugeben, wobei weitgehend beliebige Berandung und Belastung, örtliche Netzverfeinerungen usw. ohne Schwierigkeiten realisiert werden können.

Eine Kombination von Hand- und Automatenrechnung, wie sie für das Differenzenverfahren empfohlen wurde (Abschnitt 3.4.2.), ist für die Finite-Elemente-Methode i. a. nicht zweckmäßig. Wenn für eine Aufgabenstellung, für deren Lösung prinzipiell beide Verfahren geeignet wären, kein anwendungsbereites Rechenprogramm zur Verfügung steht, so muß entschieden werden, ob man sich mit relativ geringem Aufwand mit Hilfe des Differenzenverfahrens eine Lösung verschafft oder ob sich das Schreiben eines Programms lohnt, das dann auch für andere Probleme genutzt werden kann. Für die zweite Variante bietet sich dann in der Regel die Methode der finiten Elemente als günstigere Lösung an.

Natürlich gelten diese Aussagen nur mit gewissen Einschränkungen. Die Beispiele in den Abschnitten 4.2.8., 4.4.1. und 4.4.2. beweisen, daß die Finite-Elemente-Methode bei eindimensionalen Problemen unter Umständen auch für die Handrechnung geeignet ist.

Bei der Behandlung von Scheibenproblemen ist sie sicher in jedem Fall dem Differenzenverfahren überlegen. Für die Berechnung von Platten wird jedoch ein nur mit einigem Aufwand zu schreibendes Programm benötigt, während (bei einfacher Berandung) mit dem Differenzenverfahren ohne große Mühe brauchbare Ergebnisse zu erhalten sind, wenn die Lösung des Gleichungssystems dem Rechenautomaten übertragen wird.

In den vergangenen Jahren wurde in zahlreichen Forschungsstellen sehr viel Kraft aufgewendet, um leistungsfähige und nutzerfreundliche Programme und Programmsysteme auf der Basis der Methode der finiten Elemente zu entwickeln. Dies führte dazu, daß diese Methode auch dann angewendet wurde, wenn für die Problemstellungen andere Verfahren günstiger gewesen wären. Die Nachteile wurden durch die ausgefeilten Algorithmen ausgeglichen oder fielen bei den hohen Rechengeschwindigkeiten moderner Automaten gar nicht ins Gewicht.

Aus den bereits im Abschnitt 4.8. genannten Gründen ist ein deutlicher Trend in der Entwicklung zu umfangreichen Programmsystemen zu erkennen. Eine Übersicht über eine größere Anzahl solcher Systeme findet sich in /26/, genauere Darstellungen mit kritischen Einschätzungen in /52/. Weitere Beschreibungen von Programmen und Programmsystemen, die für die Anwendung durch einen größeren Nutzerkreis konzipiert sind, enthalten die Literaturstellen /53/ bis /58/.

Ein Beispiel eines einfachen Finite-Elemente-Programms ist in /35/ angegeben, Unterprogramme für die Aufstellung der Steifigkeitsmatrizen leistungsfähiger Scheiben- und Plattenelemente enthält /50/.

Die Literatur zur Methode der finiten Elemente ist nicht mehr zu überblicken. Die Bücher /35/,/36/,/26/,/41/,/45/,/59/ enthalten zahlreiche Hinweise, eine Zusammenstellung von etwa 2000 Literaturstellen gibt /60/.

5. Numerische Integration

5.1. Problemstellung

Die Berechnung des bestimmten Integrals

$$I = \int_a^b f(x)\,dx \tag{5.1}$$

ist nur für spezielle Integranden f(x) in geschlossener Form möglich. Eine numerische Auswertung von (5.1) ist dann angezeigt, wenn

- die Integration mit Hilfe elementarer Funktionen unmöglich oder sehr schwierig ist,
- f(x) nicht als Funktion angegeben ist, sondern z. B. in Form einer Wertetabelle,
- numerische Schwierigkeiten bei der "exakten" Lösung zu befürchten sind.

Der letzte Punkt soll an einem Beispiel erläutert werden: Bei der Spannungsberechnung für gekrümmte Träger nach

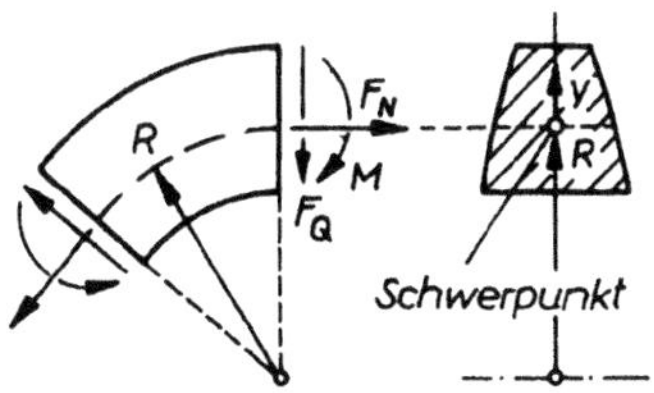

Bild 5.1

$$\sigma = \frac{F_N + \frac{M}{R}}{A} + \frac{R}{R+y}\,\frac{My}{Z} \tag{5.2}$$

(vgl. Bild 5.1, A - Querschnittsfläche) muß das Integral

$$Z = \int_{(A)} y^2\,\frac{R}{R+y}\,dA \tag{5.3}$$

ausgewertet werden. Für einen Rechteckquerschnitt ergibt sich mit $dA = b \cdot dy$:

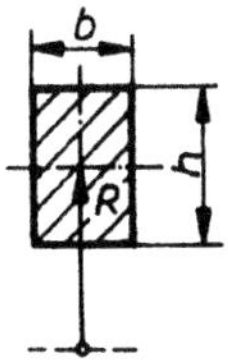

$$Z_0 = b\int_{-\frac{h}{2}}^{\frac{h}{2}} y^2\,\frac{R}{R+y}\,dy = bR^3\left(\ln\frac{1+\frac{h}{2R}}{1-\frac{h}{2R}} - \frac{h}{R}\right). \tag{5.4}$$

Für die Zahlenwerte $b = 1$ cm , $h = 3$ cm , $R = 12$ cm erhält man bei vierstelliger Rechnung und Nutzung einer entsprechenden Zahlentafel (zum Aufsuchen des Logarithmus):

$$\begin{aligned} Z_0 &= 1728 \; (\ln 1{,}286 - 0{,}2500)\,\mathrm{cm}^4 \\ &= 1728 \; (0{,}2515 - 0{,}2500)\,\mathrm{cm}^4 = 2{,}59\,\mathrm{cm}^4 \quad . \end{aligned} \tag{5.5}$$

Dieses Ergebnis ist sehr ungenau. Der Grund dafür ist die Auslöschung gültiger Ziffern infolge der Subtraktion etwa gleichgroßer Zahlen, ein besonders gefährlicher Effekt bei numerischen Rechnungen.

Eine Näherungslösung des Integrals (5.4) erhält man, wenn der Integrand in eine Potenzreihe entwickelt wird. Von den einfach zu integrierenden Summanden kann für die numerische Auswertung nur eine endliche Anzahl herangezogen werden:

$$\begin{aligned} Z_0 &= b \int_{-\frac{h}{2}}^{\frac{h}{2}} y^2 \frac{1}{1+\frac{y}{R}}\, dy = b \int_{-\frac{h}{2}}^{\frac{h}{2}} y^2 \left(1 - \frac{y}{R} + \left(\frac{y}{R}\right)^2 - \left(\frac{y}{R}\right)^3 + - \dots\right) dy \\ &= \frac{bh^3}{12}\left[1 + \frac{3}{5}\left(\frac{h}{2R}\right)^2 + \frac{3}{7}\left(\frac{h}{2R}\right)^4 + \frac{3}{9}\left(\frac{h}{2R}\right)^6 + \dots\right] \quad . \end{aligned} \tag{5.6}$$

Mit den bereits verwendeten Zahlenwerten ergibt sich:

$$Z_0 = 2{,}25\,\mathrm{cm}^4 \left(1 + \frac{3}{320} + \frac{3}{28672} + \dots\right) \approx 2{,}27\,\mathrm{cm}^4 \quad . \tag{5.7}$$

Der Fehler dieses Ergebnisses kann abgeschätzt werden, die drei angegebenen Ziffern sind richtig. Der nach der "exakten" Lösung ermittelte Zahlenwert (5.5) weicht um mehr als 14 % von diesem "Näherungswert" ab.

Der mit mehr gültigen Ziffern arbeitende elektronische Rechenautomat schützt natürlich auch nur in gewissen Grenzen vor solchen Effekten. Andererseits wird das Problem dadurch verstärkt, daß die bei der Handrechnung leicht erkennbare Ziffernauslöschung bei Nutzung des Digitalrechners schon vom Programmierer vorausgesehen werden muß.

Aus diesen Gründen ist die numerische Integration auch dann u. U. empfehlenswert, wenn eine geschlossene Lösung möglich ist. Wenn man bedenkt, daß der natürliche Logarithmus in (5.4) vom Rechenautomaten ohnehin aus einer Reihenentwicklung ermittelt werden muß, wird deutlich, daß die exakte Lösung meistens nicht einmal zu einer Rechenzeiteinsparung führt.

Die demonstrierte Näherungslösung durch Potenzreihenentwicklung ist für viele Probleme natürlich nicht praktikabel. Im folgenden Abschnitt werden verschiedene Näherungsformeln für die numerische Integration angegeben, die alle den einfachen Aufbau

$$\int_a^b f(x)\,dx \approx \sum_{(i)} w_i\, f(x_i) \tag{5.8}$$

haben mit Funktionswerten an ausgewählten Stützstellen x_i und den "Gewichtskoeffizienten" w_i .

5.2. Formeln für die numerische Integration

5.2.1. NEWTON-COTES-Formeln

Ein besonders einfacher Weg, Formeln für die numerische Integration herzuleiten, besteht darin, das Integrationsintervall äquidistant in n Abschnitte zu unterteilen, durch die Stützstellen $f(x_i)$ an den Punkten

$$x_i = a + \frac{b-a}{n}\, i \qquad (i = 0,1,\ldots,n) \tag{5.9}$$

ein Interpolationspolynom zu legen und dieses zu integrieren.

Bild 5.2 verdeutlicht diese Vorgehensweise für n=2 . Das Ergebnis ist die SIMPSONsche Regel.

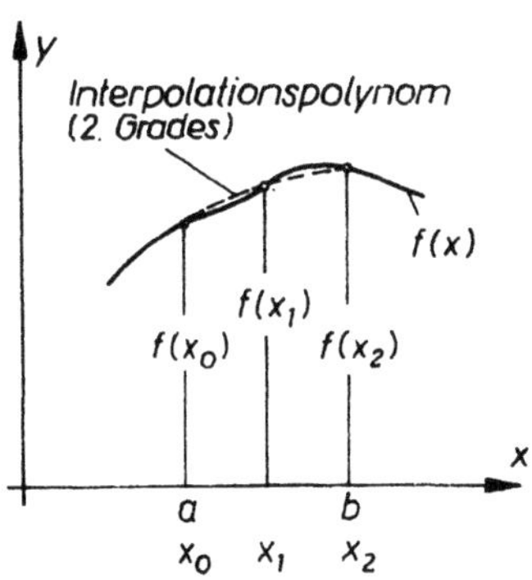

Bild 5.2

Die sich für verschiedene Werte von n ergebenden Formeln werden als NEWTON-COTES-Quadraturen bezeichnet (der Begriff Quadratur wird wegen der geometrischen Deutung der Berechnung des bestimmten Integrals als Bestimmung des Flächeninhalts unter der Kurve f(x) gewählt). Man erhält z. B. für n = 1 (Trapezregel):

$$\boxed{\int_a^b f(x)\,dx = \frac{b-a}{2}\,(f_0 + f_1)} - \frac{(b-a)^3}{12} \cdot f''(\bar{x}) \,, \tag{5.10}$$

n = 2 (SIMPSONsche Regel):

$$\boxed{\int_a^b f(x)\,dx = \frac{b-a}{6}\,(f_0 + 4f_1 + f_2)} - \frac{1}{90}\left(\frac{b-a}{2}\right)^5 f''''(\bar{x}) \,, \tag{5.11}$$

n = 3 :

$$\boxed{\int_a^b f(x)\,dx = \frac{b-a}{8}(f_0 + 3f_1 + 3f_2 + f_3)} - \frac{3}{80}\left(\frac{b-a}{3}\right)^5 f''''(\bar{x}), \tag{5.12}$$

n = 4:

$$\boxed{\int_a^b f(x)\,dx = \frac{b-a}{90}\,(7f_0 + 32f_1 + 12f_2 + 32f_3 + 7f_4)} - \frac{8}{945}\left(\frac{b-a}{4}\right)^7 f^{(6)}(\bar{x}) \tag{5.13}$$

mit

$$f_i = f(x_i) \quad , \qquad a < \bar{x} < b \quad .$$

Die Fehlerglieder verdeutlichen, daß eine NEWTON-COTES-Formel n-ten Grades Polynome n-ten Grades exakt integriert. Die Formeln für geradzahliges n sind sogar noch günstiger. So liefert z. B. die SIMPSONsche Regel auch für Polynome 3. Grades exakte Ergebnisse, da der Fehler proportional zur 4. Ableitung ist, die für alle Polynome niedrigerer Ordnung verschwindet.

Für das Beispiel im Abschnitt 5.1. - Integral (5.4) - erhält man mit den Formeln (5.10) bis (5.13):

$$\begin{array}{llll} (5.10) & n = 1 & : & Z_{\square} = 6{,}85714 \text{ cm}^4 \,, \\ (5.11) & n = 2 & : & Z_{\square} = 2{,}28571 \text{ cm}^4 \,, \\ (5.12) & n = 3 & : & Z_{\square} = 2{,}27776 \text{ cm}^4 \,, \\ (5.13) & n = 4 & : & Z_{\square} = 2{,}27137 \text{ cm}^4 \,, \\ & \text{exakt} & : & Z_{\square} = 2{,}27133 \text{ cm}^4 \,. \end{array} \tag{5.14}$$

Dieses Beispiel erweckt den Eindruck, daß mit wachsendem n die Ergebnisse immer besser werden. Es lassen sich jedoch Beispiele angeben, für die dies nicht gilt (vgl. z. B. /12/). Außerdem steht der Mehraufwand, den NEWTON-COTES-Formeln höheren Grades erfordern, allgemein in keinem angemessenen Verhältnis zum Genauigkeitsgewinn. Es ist deshalb günstiger, das Integrationsintervall in mehrere Abschnitte zu unterteilen und für jeden Abschnitt eine einfache Formel anzuwenden. Man erhält so z. B. die zusammengesetzte Trapezregel

$$\boxed{\int_a^b f(x)\,dx = \frac{b-a}{n}\left(\frac{f_0}{2} + f_1 + f_2 + \ldots + f_{n-1} + \frac{f_n}{2}\right)} - \frac{n}{12}\left(\frac{b-a}{n}\right)^3 f''(\bar{x}), \quad (5.15)$$

die die Funktion f(x) durch ein Sehnenpolygon approximiert, und die zusammengesetzte SIMPSONsche Regel

$$\boxed{\int_a^b f(x)\,dx = \frac{b-a}{3n}\left(f_0 + 4f_1 + 2f_2 + 4f_3 + 2f_4 + \ldots + 2f_{n-2} + 4f_{n-1} + f_n\right)}$$

$$- \frac{n}{180}\left(\frac{b-a}{n}\right)^5 f''''(\bar{x}), \quad (5.16)$$

für die n geradzahlig gewählt werden muß.

Das Integral (5.4) ergibt mit $n = 4$:

$$Z_0 = 2{,}56134 \text{ cm}^4 \quad \text{(zusammengesetzte Trapezregel)},$$
$$Z_0 = 2{,}27227 \text{ cm}^4 \quad \text{(zusammengesetzte SIMPSON-Regel)}. \quad (5.17)$$

Diese Ergebnisse erhält man mit dem gleichen Aufwand wie bei Anwendung der Formel (5.13) (Berechnung von 5 Funktionswerten), die zusammengesetzte SIMPSON-Regel liefert auch annähernd die gleiche Genauigkeit.

Im Gegensatz zu den einfachen Formeln (5.10) bis (5.13) konvergieren die zusammengesetzten NEWTON-COTES-Formeln unter Voraussetzung der Stetigkeit des Integranden mit wachsendem n gegen den exakten Wert des Integrals I.

Da der Fehler bei Einteilung des Integrationsbereichs in eine feste Anzahl von Intervallen nur schwer abgeschätzt werden kann, empfiehlt es sich (speziell bei Arbeit mit dem Rechenautomaten), die Rechnung mehrmals mit immer größer werdendem n durchzuführen und abzubrechen, wenn die Ergebnisse zweier aufeinanderfolgender Schritte sich nicht mehr wesentlich ändern. Dabei ist eine ständige Intervallhalbierung vorteilhaft, weil so die bereits ermit-

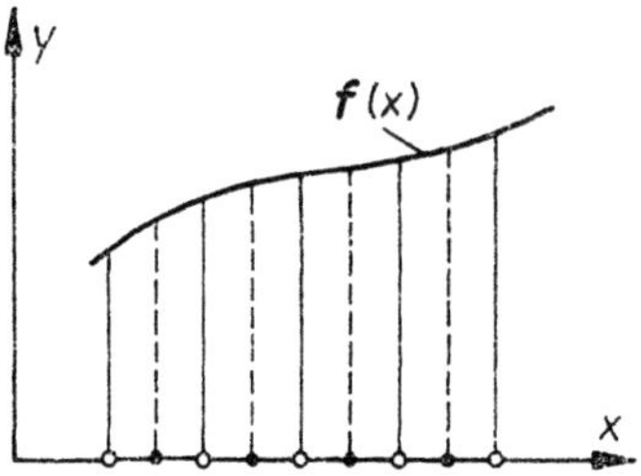

o Stützstellen für Einteilung in $\frac{n}{2}$ Intervalle,

• zusätzliche Stützstellen für Einteilung in n Intervalle

Bild 5.3

telten Funktionswerte wieder verwendet werden können. Um diese nicht in einer immer umfangreicher werdenden Wertetabelle aufheben zu müssen, formt man die Integrationsformeln so um, daß die Anteile der vorangegangenen Schritte summarisch erfaßt werden können. Dies wird am Beispiel der zusammengesetzten Trapezregel erläutert.

Bei Einteilung des Integrationsbereichs in n Abschnitte ergibt sich entsprechend (5.15) die Näherung

$$I_n = \frac{b-a}{n}\left(\frac{f_0}{2} + f_1 + f_2 + \ldots\ldots + f_{n-1} + \frac{f_n}{2}\right) \quad . \qquad (5.18)$$

Die Funktionswerte mit geraden Indizes wurden bereits für die Berechnung mit einer Einteilung in $\frac{n}{2}$ Abschnitte ermittelt (Bild 5.3):

$$I_{\frac{n}{2}} = \frac{2(b-a)}{n}\left(\frac{f_0}{2} + f_2 + f_4 + \ldots\ldots + \frac{f_n}{2}\right) \quad . \qquad (5.19)$$

Ein Vergleich von (5.18) mit (5.19) zeigt, daß

$$I_n = \frac{1}{2} I_{\frac{n}{2}} + \frac{b-a}{n}(f_1 + f_3 + f_5 + \ldots\ldots + f_{n-1}) = \frac{1}{2} I_{\frac{n}{2}} + Z_n \qquad (5.20)$$

mit

$$Z_n = \frac{b-a}{n}(f_1 + f_3 + f_5 + \ldots\ldots + f_{n-1}) \qquad (5.21)$$

gilt. Für fortgesetzte Intervallhalbierung stellt (5.20) eine effektive Rekursionsformel auf der Basis der zusammengesetzten Trapezregel dar.

5.2.2. Konvergenzverbesserung, Verfahren von ROMBERG

Für zwei mit unterschiedlichen Schrittweiten ermittelte Näherungswerte bietet sich eine weitere Ergebnisverbesserung nach der bereits im Abschnitt 3.4.1. für das Differenzenverfahren praktizierten Vorgehensweise an (RICHARDSON-Extrapolation).

Mit n_1 bzw. n_2 wird die Anzahl der Teilintervalle bezeichnet, I_{n_1} bzw. I_{n_2} sind die zugehörigen Näherungslösungen. Dann kann bei Verwendung der zusammengesetzten Trapezregel (5.15) der exakte Wert I des Integrals durch

$$I = I_{n_1} - \frac{n_1}{12}\left(\frac{b-a}{n_1}\right)^3 f''(\bar{x}_1)$$

$$\text{bzw.} \qquad I = I_{n_2} - \frac{n_2}{12}\left(\frac{b-a}{n_2}\right)^3 f''(\bar{x}_2) \tag{5.22}$$

ausgedrückt werden. Wenn die zweite Ableitung des Integranden im Integrationsbereich konstant wäre, könnte

$$f''(\bar{x}_1) = f''(\bar{x}_2) \tag{5.23}$$

aus (5.22) eliminiert und I ermittelt werden. Ist f''(x) nur schwach veränderlich, kann man erwarten, auf diesem Weg einen verbesserten Näherungswert zu erhalten:

$$I_{verb.} = I_{n_2} + \frac{1}{\left(\frac{n_2}{n_1}\right)^2 - 1}\left(I_{n_2} - I_{n_1}\right) \tag{5.24}$$

Für $n_2 = 2n_1$ (Intervallhalbierung) entspricht dies der zusammengesetzten SIMPSONschen Regel, wie man durch Einsetzen von (5.18) und (5.19) in (5.24) leicht verifizieren kann.

Die beschriebene Vorgehensweise kann auch mit der SIMPSONschen Regel durchgeführt werden, und es zeigt sich derselbe Effekt: Die erzielte Verbesserung (im Fall der Intervallhalbierung) entspricht der Qualität der nächstbesseren NEWTON-COTES-Formel. Allgemein gilt:

$$I_n^{(\nu+1)} = I_n^{(\nu)} + \frac{1}{4^{\nu} - 1}\left(I_n^{(\nu)} - I_{\frac{n}{2}}^{(\nu)}\right) \tag{5.25}$$

(Rekursionsformel nach ROMBERG, vgl. z. B. /17/). Hierin ist für

```
      SUBROUTINE ROMB (F,A,B,EPS,NYMAX,RINT,R)
      DIMENSION R(1)
      R(1)=(F(A)+F(B))×0.5
      H=B-A
      RN=2.
      NYM=1
      M=1
    5 X=A+H×0.5
      Z=0.
      DO 1 I=1,M
      Z=Z+F(X)
    1 X=X+H
      R1=R(1)×0.5+Z/RN
      DO 2 I=1,NYM
      R2=R1+(R1-R(I))/(4.××I-1.)
      R(I)=R1
    2 R1=R2
      R(NYM+1)=R1
      IF (ABS((R1-R(NYM))/R1).LT.EPS) GO TO 10
      NYM=NYM+1
      IF (NYM.GE.NYMAX) GO TO 9
      RN=RN×2.
      H=H×0.5
      M=M×2
      GO TO 5
    9 NYMAX=0
      GO TO 11
   10 NYMAX=NYM
   11 RINT=R1×(B-A)
      RETURN
      END
```

Numerische Integration nach dem Verfahren von ROMBERG

ROMB berechnet das Integral

$$I = \int_a^b f(x)\,dx\ .$$

F - Funktionsunterprogramm FUNCTION F(X) zur Berechnung des Integranden f(x) (der Name dieses Unterprogramms muß im aufrufenden Programm in einer EXTERNAL-Anweisung stehen).

A,B - Integrationsgrenzen a und b,

EPS - tolerierter relativer Fehler,

NYMAX - maximale Anzahl der auszuführenden ROMBERG-Schritte,

R - Arbeitsfeld mit mindestens NYMAX Elementen.

Nach Abarbeitung des Unterprogramms:

RINT - Wert des Integrals I ,

NYMAX - Anzahl der benötigten ROMBERG-Schritte (wurde die geforderte Genauigkeit nicht erreicht, ist NYMAX=Ø),

R - Näherungswerte $I_n^{(\nu)}$ - vgl. Gleichung (5.25) - des letzten ROMBERG-Schrittes.

die Trapezregel $\nu=1$, für die SIMPSONsche Regel $\nu=2$ zu setzen usw. Besonders interessant wird (5.25) jedoch durch rekursive Anwendung, wodurch sich die Benutzung der Integrationsformeln höheren Grades erübrigt. Es genügt, die zusammengesetzte Trapezregel nach (5.20) bei fortgesetzter Intervallhalbierung zu benutzen. Nach den Schritten n=1 und n=2 wird $I_2^{(2)}$ nach (5.25) ermittelt, nach dem Schritt n=4 erhält man schon $I_4^{(2)}$ und aus $I_2^{(2)}$ und $I_4^{(2)}$ wieder nach (5.25) $I_4^{(3)}$ usw.

Da nach jeder Intervallhalbierung auf diesem Wege die bestmögliche Annäherung mit den zur Verfügung stehenden Stützstellen erreicht wird, arbeitet das ROMBERG-Verfahren für äquidistante Teilung des Integrationsbereichs optimal. Sein einfacher Algorithmus ist für die Programmierung sehr gut geeignet (Unterprogramm ROMB). Er wird nachfolgend an dem bereits mehrfach behandelten Beispiel (5.4) demonstriert:

Lösung des Integrals

$$I = \int_{-1,5}^{1,5} y^2 \frac{12}{12+y}\, dy \tag{5.26}$$

nach dem ROMBERG-Verfahren (die Werte für $I_n^{(\nu)}$ und Z_n in der Tafel sind noch mit der Intervallbreite 3 zu multiplizieren):

n	1		2		4		8	
Jeweils hinzukommende Stützstellen	y_i	f_i	y_i	f_i	y_i	f_i	y_i	f_i
	-1,5	2,57143	0	0	-0,75	0,600000	-1,125	1,39655
	1,5	2,00000			0,75	0,529412	-0,375	0,145161
							0,375	0,136364
							1,125	1,15714
$Z_n = \frac{1}{n}\sum f_i$	------		0		0,282353		0,354402	
$I_n^{(1)}$	2,28571		1,14286		0,853781		0,781293	
$I_n^{(2)}$	Startwert nach (5.10)		0,761905		0,757423		0,757131	
$I_n^{(3)}$			Nach (5.20)		0,757124		0,757111	
$I_n^{(4)}$					Nach (5.25)		0,757111	

Tafel 5.1 $I = 0,757111 \cdot 3 = \underline{2,27133}$

Nachdem sich der auf sechs Stellen berechnete Wert für $I_n^{(\nu)}$ nicht mehr ändert, wird die Rechnung abgebrochen:

$$Z_0 = 2{,}27133 \text{ cm}^4 \qquad (5.27)$$

entspricht dem exakten Wert - vgl. (5.14) -.

Man beachte, daß das für $n=4$ erreichte Zwischenergebnis unter Berücksichtigung von insgesamt 5 Stützstellen mit

$$Z_0 = 0{,}757124 \cdot 3 \text{ cm}^4 = 2{,}27137 \text{ cm}^4$$

genau dem mit gleicher Stützstellenzahl erzielten Wert in (5.14) entspricht und genauer ist als der nach der zusammengesetzten SIMPSONschen Regel (5.17).

5.2.3. GAUSSsche Quadraturformeln

Der bei der Anwendung der numerischen Integrationsformeln anfallende Aufwand wird im wesentlichen von der Anzahl der Stützstellen x_i und den damit erforderlichen Berechnungen der Funktionswerte $f(x_i)$ bestimmt. Die nach dem NEWTON-COTES-Konzept hergeleiteten Quadraturformeln in den Abschnitten 5.2.1. und 5.2.2. bestimmen die $n+1$ Gewichtskoeffizienten - Gleichung (5.8) -, indem durch $n+1$ fest vorgegebene Stützstellen ein Polynom n-ten Grades gelegt wurde, das dann exakt integriert werden konnte. Wenn durch die gleiche Anzahl von Punkten, deren Abszissen x_i nicht von vornherein festgelegt werden, ein Polynom gelegt wird, so können die $2\cdot(n+1)$ Freiwerte ($n+1$ Gewichtskoeffizienten w_i, $n+1$ Stützstellen x_i) so bestimmt werden, daß ein Polynom $(2n+1)$-ten Grades exakt integriert wird.

Die Herleitung dieser sogenannten GAUSSschen Quadraturformeln ist recht aufwendig (vgl. z. B. /11/). Die im folgenden angegebenen Abszissen der Integrationspunkte und die zugehörigen Gewichtskoeffizienten beziehen sich auf ein Integrationsintervall

$$-1 \leq \xi \leq 1 \qquad (5.28)$$

Dies bedeutet keine Einschränkung der Allgemeinheit, denn für ein beliebiges Intervall kann die Formel

$$I = \int_a^b f(x)\,dx \approx \frac{b-a}{2} \sum_{i=1}^{m} w_i^* f(x_i) \qquad (5.29)$$

(m - Anzahl der Stützstellen) mit Hilfe der Transformation

$$x_i = \frac{b-a}{2}\,\xi_i + \frac{b+a}{2} \qquad (5.30)$$

benutzt werden. Die Stützstellen sind symmetrisch zu $\xi = 0$.

Tafel 5.2

m	ξ_i	w_i^*
1	0,0000 0000 0000	2,0000 0000 0000
2	± 0,5773 5026 9190	1,0000 0000 0000
3	0,0000 0000 0000 ± 0,7745 9666 9241	0,8888 8888 8889 0,5555 5555 5556
4	± 0,3399 8104 3585 ± 0,8611 3631 1594	0,6521 4515 4863 0,3478 5484 5137
5	0,0000 0000 0000 ± 0,5384 6931 0106 ± 0,9061 7984 5939	0,5688 8888 8889 0,4786 2867 0499 0,2369 2688 5056
6	± 0,2386 1918 6083 ± 0,6612 0938 6466 ± 0,9324 6951 4203	0,4679 1393 4573 0,3607 6157 3048 0,1713 2449 2379

Eine GAUSSsche Quadraturformel für m Stützstellen integriert Polynome bis zum Grad 2m-1 exakt.

Für das Beispiel (5.4) erhält man:

$$m = 2: \quad Z_{\square} = 2{,}26178\ \text{cm}^4 \,,$$
$$m = 3: \quad Z_{\square} = 2{,}27129\ \text{cm}^4 \,, \qquad (5.31)$$
$$m = 4: \quad Z_{\square} = 2{,}27133\ \text{cm}^4 \,.$$

Schon bei 4 Stützstellen wird der exakte Wert auf sechs Ziffern genau angenähert.

5.2.4. Anwendungsempfehlungen

Die GAUSSschen Quadraturformeln liefern bei vorgegebener Stützstellenzahl die genauesten Ergebnisse. Ihre Anwendung setzt jedoch voraus, daß der Integrand an beliebiger Stelle des Integrationsintervalls berechnet werden kann. Für die Handrechnung sind die irrationalen Abszissenwerte lästig, ein Umstand, der bei der Nutzung elektronischer Digitalrechner unerheblich ist. Für große Integrationsintervalle ist der Verwendung einer Formel sehr hohen Grades die Einteilung in Teilintervalle vorzuziehen. Hierbei verlieren die GAUSSschen Formeln allerdings etwas von ihrem Vorteil, da keine Punkte auf den Grenzen der Teilintervalle liegen, für die, wie bei den zusammengesetzten NEWTON-COTES-Formeln, dann nur einmal der Funktionswert berechnet werden muß.

Für eine fortgesetzte Intervallhalbierung, wie sie zur Abschätzung des Fehlers in besonders effektiver Form durch das ROMBERG-Verfahren realisiert wird, sind die GAUSSschen Quadraturformeln wenig geeignet, weil in jedem Schritt sämtliche Funktionswerte neu berechnet werden müßten. Für die Aufgabe, ein Integral mit vorgegebener Genauigkeit zu berechnen, ist im allgemeinen der ROMBERG-Algorithmus zu empfehlen.

Die NEWTON-COTES-Formeln des Abschnitts 5.2.1. werden verwendet, wenn der Integrand für äquidistante Stützstellen tabelliert vorliegt, wobei gegebenenfalls eine Ergebnisverbesserung nach (5.24) vorgenommen werden kann. Sie haben darüber hinaus die für die Handrechnung vorteilhaften einfachen Koeffizienten, die mit Funktionswerten an ausgezeichneten Stellen (z.B. Intervallgrenzen und Intervallmitte für die SIMPSONsche Regel) multipliziert werden.

Für die Integration stark oszillierender Funktionen und anderer nicht hinreichend glatter Funktionen ist die Benutzung einer einfachen Quadraturformel bei sehr feiner Unterteilung des Integrationsintervalls angezeigt. Diese Empfehlung gilt speziell auch dann, wenn Unstetigkeiten im Funktionsverlauf des Integranden oder seiner Ableitungen vorhanden sind.

5.3. Doppelintegrale für Rechteck- und Dreieckbereiche

Die Berechnung mehrfacher Integrale kann durch Integrationsbereiche mit komplizierter Berandung wesentlich erschwert werden. Für Doppelintegrale werden im folgenden Integrationsformeln für Rechteck- bzw. Dreieckbereiche angegeben, wobei auf Verallgemeinerungsmöglichkeiten hingewiesen wird.

Das Integral

$$I = \int_{y=c}^{d} \int_{x=a}^{b} f(x,y)\, dx\, dy \tag{5.32}$$

wird durch zweimalige Anwendung einer Quadraturformel vom Typ (5.8) näherungsweise berechnet:

$$I = \int_{y=c}^{d} \Big[\sum_{(i)} w_i\, f(x_i, y) \Big] dy = \int_{y=c}^{d} f^*(y)\, dy$$

$$= \sum_{(j)} w_j f^*(y_j) = \sum_{(j)} w_j \sum_{(i)} w_i\, f(x_i, y_j)$$

$$= \sum_{(j)} \sum_{(i)} w_j w_i\, f(x_i, y_j) \quad . \tag{5.33}$$

In dieser Formel kann die Anzahl der Integrationspunkte in x- bzw. y-Richtung unterschiedlich sein. Die Stützstellen und die Gewichtskoeffizienten können durch Kombination beliebiger NEWTON-COTES- bzw. GAUSS-Formeln gewonnen werden.

Bei Verwendung der GAUSSschen Quadraturformeln empfiehlt sich analog zu (5.30) die Transformation auf ein Einheitsquadrat (Bild 5.4):

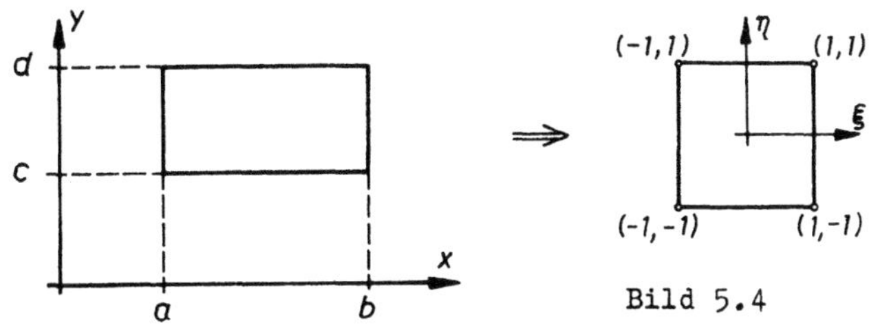

Bild 5.4

$$x_i = \frac{b-a}{2}\,\xi_i + \frac{b+a}{2} \;,$$
$$y_i = \frac{d-c}{2}\,\eta_i + \frac{c+d}{2} \;. \qquad (5.34)$$

Damit erhält man entsprechend (5.29):

$$I = \int_{y=c}^{d} \int_{x=a}^{b} f(x,y)\; dxdy$$

$$\approx \frac{1}{4}(b-a)(d-c) \sum_{i=1}^{m_x} \sum_{j=1}^{m_y} w_i^* w_j^* f(x_i, y_j) \qquad (5.35)$$

$$= \frac{1}{4}(b-a)(d-c) \sum_{i=1}^{m_x m_y} W_i^* f(x_i, y_i) \;. \qquad (5.36)$$

Für $m_x = m_y = 3$ sind die Koordinaten der Stützstellen im Einheitsquadrat und die zugehörigen Gewichtskoeffizienten im Bild 5.5 angegeben. Die entsprechende Neun-Punkte-Formel nach (5.36) integriert Polynome bis zur 5. Ordnung in beiden Koordinatenrichtungen exakt.

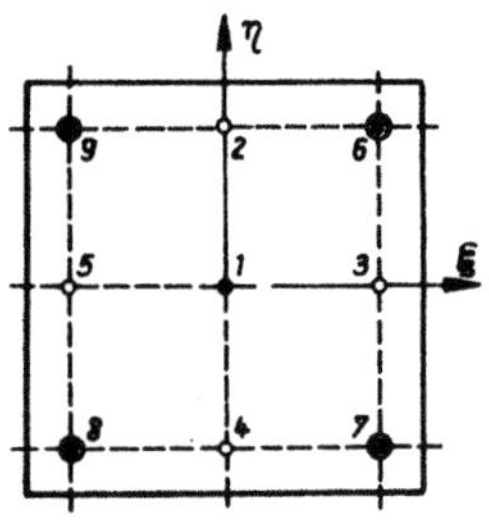

Bild 5.5

i	ξ_i	η_i	W_i^*
1	0	0	$\frac{64}{81}$ = 0,7901 2345 6790 1235
2	0	α	$\frac{40}{81}$ = 0,4938 2716 4938 2716
3	α	0	
4	0	$-\alpha$	
5	$-\alpha$	0	
6	α	α	$\frac{25}{81}$ = 0,3086 4197 5308 6420
7	α	$-\alpha$	
8	$-\alpha$	$-\alpha$	
9	$-\alpha$	α	

α = 0,7745 9666 9241 4834

Leistungsfähige Integrationsformeln dieser Art werden u. a. für die Methode der finiten Elemente genutzt. Im Abschnitt 4.6.5. wurde gezeigt, wie Gebiete mit komplizierterer Berandung auf ein

Einheitsquadrat transformiert werden können. Bild 4.32 verdeutlicht dies am Beispiel des geradlinig berandeten (durch die Koordinaten der Eckpunkte definierten) Vierecks, die Formeln (4.254) bis (4.256) sind für beliebige Transformationen gültig, so daß auch krummlinige Berandung erfaßt werden kann.

Für die Integration über Dreiecksbereiche bietet sich die Nutzung der im Abschnitt 4.6.1. beschriebenen Flächenkoordinaten an. Durch die Transformation (4.206) ist der Zusammenhang mit kartesischen Koordinaten gegeben, die Integration von Polynomausdrükken kann mit Gleichung (4.214) vorgenommen werden. Für kompliziertere Integranden empfiehlt sich auch hier eine numerische Auswertung. Stützstellenkoordinaten und Gewichtskoeffizienten für zwei besonders effektive Formeln des Typs

$$I = \int_{(A)} f(x,y)\, dA \approx 2A \sum_{(i)} W_i^* f_i(x_i, y_i) \tag{5.37}$$

zeigt Bild 5.6 (vgl. /61/). Dabei ist

$$2A = (x_2-x_1)(y_3-y_1) - (x_3-x_1)(y_2-y_1)$$

die doppelte Dreiecksfläche, und es gilt

$$\begin{aligned} x &= x_1 L_1 + x_2 L_2 + x_3 L_3 \quad , \\ y &= y_1 L_1 + y_2 L_2 + y_3 L_3 \quad . \end{aligned} \tag{5.38}$$

(x_1,y_1) , (x_2,y_2) , (x_3,y_3) sind die Koordinaten der Eckpunkte des Dreiecks in kartesischen Koordinaten.

Nach dem im Abschnitt 4.6.5. beschriebenen Konzept sind auch krummlinig berandete Dreiecksbereiche zu erfassen, wenn (5.38) durch eine entsprechende Transformation ersetzt wird.

Mit (5.36) und (5.37) stehen leistungsfähige Näherungsformeln für die Berechnung von Doppelintegralen über Rechteck- und Dreieckbereiche zur Verfügung. Bei komplizierten Randkonturen können sie genutzt werden, indem das Integrationsgebiet in mehrere Teilgebiete unterteilt wird.

Eine Modifikation der Formel (5.36) mit dem Ziel, entsprechende Dreifachintegrale (Integrationsgebiet ist dann ein Quader) zu lösen, ist trivial. Analog zu (5.37) können für dreidimensionale

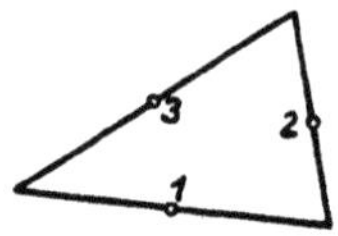

i	L_1	L_2	L_3	$2\,W_i^*$
1	0,5	0,5	0	
2	0	0,5	0,5	0,3333 3333
3	0,5	0	0,5	

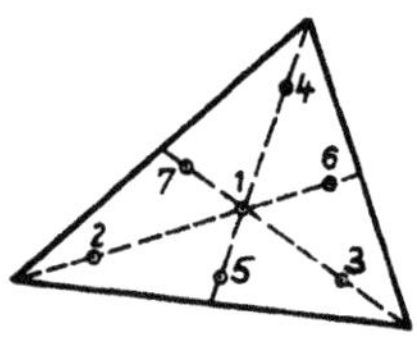

i	L_1	L_2	L_3	$2\,W_i^*$
1	⅓	⅓	⅓	0,2250 0000
2	α	β	β	
3	β	α	β	0,1259 3918
4	β	β	α	
5	γ	γ	δ	
6	δ	γ	γ	0,1323 9415
7	γ	δ	γ	

α = 0,7974 2699
β = 0,1012 8651
γ = 0,4701 4206
δ = 0,0596 1587

Bild 5.6

Probleme Formeln für Tetraedergebiete angegeben werden (z. B. /35/).

Bei der Mehrfachintegration potenziert sich der Aufwand, und in gleichem Maße wird die GAUSSsche Quadratur vorteilhafter gegenüber den NEWTON-COTES-Formeln. Auf die letztgenannten ist man jedoch angewiesen, wenn der Integrand in äquidistanten Abständen tabelliert vorliegt, wie dies z. B. nach einer Berechnung mit dem Differenzenverfahren der Fall ist. Ein Beispiel dafür ist die Auswertung des Integrals (3.78) im Abschnitt 3.2.2.

Programme für die Berechnung mehrfacher Integrale können nur für Spezialfälle aufgeschrieben werden, da die Individualität der jeweiligen Aufgabenstellung erst durch den Integranden und das Integrationsgebiet gegeben ist. Beides läßt sich i. a. nicht durch Daten beschreiben. Gegenüber den Programmteilen, die die Aufgabe definieren, besteht dann der eigentliche Integrationsalgorithmus auf der Basis der angegebenen Formeln aus nur wenigen einfachen Programmzeilen.

6. Numerische Integration gewöhnlicher Differentialgleichungen (Anfangswertprobleme)

Die durch das Differenzenverfahren (Abschnitt 3.) gegebene Möglichkeit, Differentialgleichungen in ein System diskretisierter Gleichungen zu überführen, führt bei nichtlinearen Problemen auf praktisch unüberwindliche Schwierigkeiten.

Die im folgenden angegebenen Verfahren zur Lösung von Anfangswertproblemen sind auch zur Behandlung nichtlinearer Aufgabenstellungen geeignet und stellen darüber hinaus eine nützliche Ergänzung zum Differenzenverfahren auch für lineare Anfangswertaufgaben dar, da bei diesen die Auflösung des Gleichungssystems auf numerische Schwierigkeiten führen kann (vgl. das Beispiel im Abschnitt 3.4.1.).

Die Berechnung nichtlinearer Randwertaufgaben ist wesentlich komplizierter (vgl. Abschnitt 7.). Glücklicherweise ist für eine große und wichtige Aufgabenklasse der Mechanik, die Lösung von Bewegungsdifferentialgleichungen, das Anfangswertproblem die typische Aufgabenstellung. Gerade diese Differentialgleichungen sind häufig nichtlinear, und eine geschlossene analytische Lösung ist nur in Ausnahmefällen möglich (zu Lösungsmethoden für Bewegungsdifferentialgleichungen vgl. z. B. /4/).

Die vorgestellten Verfahren werden in der Regel für die gewöhnliche Differentialgleichung erster Ordnung

$$y' = f(x,y) \quad \text{mit} \quad y(x_0) = y_0 \tag{6.1}$$

angegeben, sind aber ohne Schwierigkeiten auf ein entsprechendes Differentialgleichungssystem

$$\boldsymbol{y}' = \begin{bmatrix} y_1' \\ y_2' \\ \vdots \\ y_n' \end{bmatrix} = \begin{bmatrix} f_1(x, y_1, y_2, \ldots, y_n) \\ f_2(x, y_1, y_2, \ldots, y_n) \\ \vdots \\ f_n(x, y_1, y_2, \ldots, y_n) \end{bmatrix} = \boldsymbol{f}(x, y_1, y_2, \ldots, y_n) \tag{6.2}$$

mit

$$\boldsymbol{y}(x_0) = \boldsymbol{y}_0$$

zu erweitern. Damit wird ein ziemlich umfangreicher Problemkreis erfaßt, da jede Differentialgleichung höherer Ordnung, die nach der höchsten Ableitung aufgelöst werden kann, durch Einführung neuer Variabler y_i auf ein System (6.2) zurückgeführt werden kann.

In den Abschnitten 6.6. und 6.7. werden Differentialgleichungssysteme 2. Ordnung behandelt.

6.1. Integrationsverfahren, EULER-CAUCHYscher Streckenzug, Methode von HEUN

Die im folgenden behandelten Verfahren basieren auf dem Gedanken, ausgehend vom Anfangspunkt (x_o,y_o) unter Beachtung der in diesem Punkt vorgegebenen Richtung

$$y_o' = f(x_o,y_o)$$

zu einem Punkt (x_1,y_1) mit

$$x_1 = x_o + h$$

zu gelangen, um von dort in der gleichen Weise zum nächsten Punkt (x_2,y_2) zu kommen usw.

Diese Vorgehensweise sei bis zum Punkt (x_i,y_i) bereits verfolgt worden. Die Integration von (6.1)

$$\int_{x_i}^{x_{i+1}} y'dx = y(x_{i+1}) - y(x_i) = y_{i+1} - y_i = \int_{x_i}^{x_{i+1}} f(x,y)\,dx$$

bzw.

$$y_{i+1} = y_i + \int_{x_i}^{x_{i+1}} f(x,y)\,dx \tag{6.3}$$

liefert die Grundlage für den Algorithmus zur Bestimmung von y_{i+1} . Die einzelnen Verfahren unterscheiden sich im wesentlichen dadurch, wie das Integral in (6.3) approximiert wird.

Die einfachste Näherung

$$\int_{x_i}^{x_{i+1}} f(x,y)\,dx \approx hf(x_i,y_i) = hy_i' \tag{6.4}$$

- Ersetzung des Integranden durch den Funktionswert an der Stelle (x_i, y_i) - wird als EULER-CAUCHYscher Streckenzug bezeichnet:

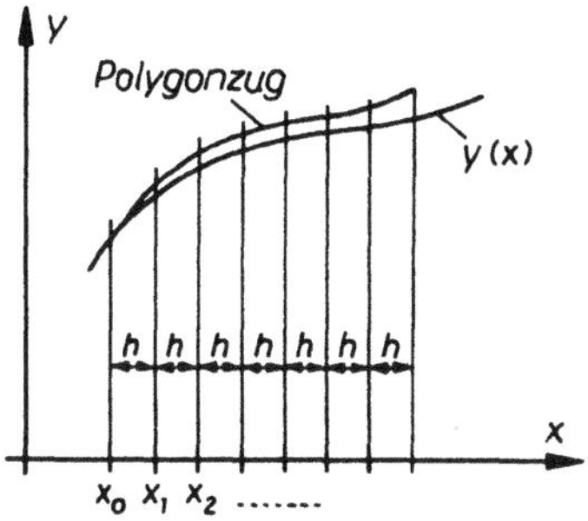

$$y_i' = f(x_i, y_i) \quad ,$$
$$x_{i+1} = x_i + h \quad , \tag{6.5}$$
$$y_{i+1} = y_i + h y_i' \quad .$$

Bild 6.1

Die Lösung wird also (Bild 6.1) durch einen Polygonzug approximiert.

Wird das Integral in (6.3) durch die Trapezregel (5.10) angenähert, erhält man mit

$$y_{i+1} = y_i + \frac{h}{2}\left[f(x_i, y_i) + f(x_{i+1}, y_{i+1})\right] = y_i + \frac{h}{2}(y_i' + y_{i+1}') \tag{6.6}$$

eine zwar genauere Formel, die allerdings auf der rechten Seite mit y_{i+1}' die Ableitung an der Stelle $i+1$ mit einbezieht, die ohne die Kenntnis des erst zu ermittelnden Wertes y_{i+1} nicht bestimmt werden kann. Gleichung (6.6) muß deshalb iterativ gelöst werden, indem zunächst eine Näherung für y_{i+1} geschätzt wird. Das kann z. B. nach (6.5) geschehen: Ein "Prädiktorschritt" liefert y_{i+1} , der dann in mehreren "Korrektorschritten" nach (6.6) korrigiert wird. Diese Vorgehensweise wird als Verfahren von HEUN bezeichnet:

$$\left.\begin{aligned} p_{i+1} &= y_i + h y_i' \; , \\ \bar{y}_{i+1}' &= f(x_{i+1}, p_{i+1}) \; , \end{aligned}\right\} \quad \text{(Prädiktor)} \tag{6.7}$$

$$y_{i+1} = y_i + \frac{h}{2}(y_i' + \bar{y}_{i+1}'). \quad \text{(Korrektor)} \tag{6.8}$$

Mit dem EULER-CAUCHYschen Streckenzug und dem Verfahren von HEUN sind die jeweils einfachsten Vertreter zweier typischer Gruppen von Integrationsverfahren für gewöhnliche Differentialgleichungen gegeben:

- Die "Vorwärtsintegrationen" ermitteln y_{i+1} aus einer Linearkombination der Werte y_j und y'_j mit $j \leq i$ (Beispiel: EULER-CAUCHYscher Streckenzug).
- Die "Prädiktor-Korrektor-Verfahren" beziehen den Wert für y'_{i+1} in die Linearkombination mit ein (Beispiel: Verfahren von HEUN).

Eine gewisse Sonderstellung nehmen solche Verfahren der letzten Gruppe ein, die nach einem vorgegebenen Prädiktor-Algorithmus nur einen Korrektorschritt folgen lassen, z. B. das Verfahren von HEUN mit nur einmaliger Verwendung von (6.8) in jedem Schritt. Zu diesen Methoden kann auch das RUNGE-KUTTA-Verfahren (Abschnitt 6.4.) gezählt werden.

6.2. Genauigkeit, Stabilität, Aufwand

Am einfachen Beispiel des EULER-CAUCHYschen Streckenzuges werden die Gründe besonders deutlich, die zu einem Abwandern der ermittelten Näherungslösung von der exakten Lösung y(x) führen können. Neben den unvermeidlichen Rundungsfehlern sind zwei Ursachen dafür verantwortlich:

- Der Quadraturfehler, der durch den Näherungscharakter der numerischen Integrationsformel bestimmt wird, die das Integral in (6.3) ersetzt, ist als "lokaler Fehler" eines Integrationsschrittes relativ einfach abzuschätzen und kann durch Verkleinerung der Schrittweite oder Verwendung verbesserter Quadraturformeln (Abschnitt 6.3.) in vorgegebenen Grenzen gehalten werden. Er ist jedoch in jedem Fall die Ursache für die zweite Fehlerquelle:
- Der Steigungsfehler entsteht dadurch, daß

  $$y'_i = f(x_i, y_i)$$

  mit Hilfe der bereits fehlerbehafteten y-Werte berechnet wird. Im Bild 6.1 ist nur der Anstieg des Polygonzuges im Punkt (x_0, y_0) mit dem Tangentenanstieg der Kurve y(x) identisch.

Der letztgenannte Fehler ist für die praktische Durchführung der Rechnung entscheidend. Er hat seine Ursache in der Abhängigkeit der rechten Seite der Differentialgleichung von y, und

$$f_{,y} = \frac{\partial f(x,y)}{\partial y}$$

ist dementsprechend eine wichtige Größe bei der Beurteilung des Fehlerverhaltens. Der Fall $f_{,y} > 0$ bedeutet, daß die Lösung der Differentialgleichung instabil ist, wodurch ein vorhandener Fehler immer weiter angefacht wird. Ein Abwandern der Lösung kann auch durch ein äußerst genaues numerisches Integrationsverfahren nicht vermieden werden. Dieser (glücklicherweise weniger wichtige) Fall soll hier nicht weiter betrachtet werden.

Ein numerisches Integrationsverfahren wird "stabil" genannt, wenn für $f_{,y} < 0$ der Fehler der y_i mit wachsendem i abnimmt. Daraus darf natürlich nicht gefolgert werden, daß in diesem Fall die Näherungslösung mit fortschreitender Integration immer genauer wird, denn jeder Integrationsschritt erzeugt ja wieder einen neuen Fehler.

Neben der Stabilität ist der erforderliche Aufwand ein wichtiges Kriterium zur Beurteilung einer Integrationsformel. Er wird wesentlich von der Anzahl der zu berechnenden Funktionswerte f(x,y) bestimmt.

Da es keine Integrationsvorschrift gibt, die in allen Fällen günstig ist, werden im folgenden noch verschiedene leistungsfähige Integrationsformeln vorgestellt. Anwendungsempfehlungen werden im Abschnitt 6.5. gegeben.

6.3. Verbesserte Integrationsformeln, Verfahren von MILNE und HAMMING

Es ist naheliegend, die im Abschnitt 6.1. angegebenen Integrationsvorschriften dadurch zu verbessern, daß das Integral in (6.3) durch eine genauere numerische Quadraturformel ersetzt wird. Unter Benutzung von (5.10), (5.11) und (5.13) erhält man:

$$y_{i+1} = y_i + \frac{h}{2}(y'_i + y'_{i+1}) - \frac{h^3}{12} y'''(\bar{x}) , \qquad (6.9)$$

$$y_{i+1} = y_{i-1} + \frac{h}{3}(y'_{i-1} + 4y'_i + y'_{i+1}) - \frac{h^5}{90} y^{(5)}(\bar{x}) , \qquad (6.10)$$

$$y_{i+1} = y_{i-3} + \frac{2h}{45}(7y'_{i-3} + 32y'_{i-2} + 12y'_{i-1} + 32y'_i + 7y'_{i+1}) - \frac{8h^7}{945} y^{(7)}(\bar{x}) . \qquad (6.11)$$

Diese Formeln beziehen Funktionswerte und Ableitungen in Intervallen der Breite h, 2h bzw. 4h in die Rechnung ein. Der Wert $\bar{x}$ in den Fehlergliedern liegt jeweils in dem entsprechenden Intervall.

Die günstigen Eigenschaften der NEWTON-COTES-Formeln für geradzahliges n (Abschnitt 5.2.1.) übertragen sich auf die Integrationsvorschriften (6.10) und (6.11). Die bei Verwendung von (5.12) (NEWTON-COTES-Formel für n=3) entstehende Formel wurde nicht angegeben, weil ihr Fehlerglied in der gleichen Größenordnung wie das in (6.10) liegt. Die bereits im Abschnitt 6.1. verwendete Formel (6.9) (hergeleitet unter Verwendung der NEWTON-COTES-Formel für n=1) wurde noch einmal aufgeschrieben, da ihr als einziger dieser Gruppe ein Mangel nicht anhaftet: Sie benötigt im Gegensatz zu (6.10) und (6.11) keine "Anlaufrechnung". Die Rechnung kann nämlich mit (6.10) oder (6.11) nicht ohne zusätzliche Starthilfen begonnen werden, da nicht zur Verfügung stehende Werte an den Stellen $x < x_0$ benötigt würden.

Die Anlaufrechnung sollte mindestens mit der gleichen Genauigkeit erfolgen, die von der weiter benutzten Integrationsformel repräsentiert wird. Es bietet sich in jedem Fall das RUNGE-KUTTA-Verfahren an (Abschnitt 6.4.), gegebenenfalls mit einer kleineren Schrittweite.

Die Formeln (6.9), (6.10) und (6.11) beziehen y'_{i+1} in die Rechnung mit ein, so daß ihnen Prädiktorformeln angemessener Genauigkeit vorangestellt werden müssen (z.B. /29/):

$$\boxed{y_{i+1} = y_{i-1} + 2hy_i'} + \frac{h^3}{3} y'''(\bar{x}) , \qquad (6.12)$$

$$\boxed{y_{i+1} = y_{i-3} + \frac{4h}{3}(2y_{i-2}' - y_{i-1}' + 2y_i')} + \frac{14h^5}{45} y^{(5)}(\bar{x}) , \qquad (6.13)$$

$$\boxed{y_{i+1} = y_{i-5} + \frac{3h}{10}(11y_{i-4}' - 14y_{i-3}' + 26y_{i-2}' - 14y_{i-1}' + 11y_i')} \qquad (6.14)$$

$$+ \frac{41h^7}{140} y^{(7)}(\bar{x}) .$$

Bemerkenswert ist, daß (6.12) genauer ist als die EULER-CAUCHY-Formel

$$\boxed{y_{i+1} = y_i + hy_i'} + \frac{h^2}{2} y''(\bar{x}) , \qquad (6.15)$$

obwohl sie den gleichen einfachen Aufbau aufweist. Folgende Modifikation des Verfahrens von HEUN (6.7), (6.8) ist also empfehlenswert:

$$\left.\begin{aligned} p_{i+1} &= y_{i-1} + 2hy_i' , \\ \bar{y}_{i+1}' &= f(x_{i+1}, p_{i+1}) , \end{aligned}\right\} \quad \text{(Prädiktor)} , \qquad (6.16)$$

$$y_{i+1} = y_i + \frac{h}{2}(y_i' + \bar{y}_{i+1}') . \quad \text{(Korrektor)} . \qquad (6.17)$$

(6.16) verlangt jedoch im Gegensatz zu (6.7) eine (kurze) Anlaufrechnung.

Die Integrationsvorschrift (6.13) unter Verwendung von (6.10) als Korrektor wird als Verfahren von MILNE bezeichnet. Leider ist es im Sinne der Definition im Abschnitt 6.2. instabil und für die praktische Anwendung nicht zu empfehlen. Eine etwas veränderte Vorschrift, die diesen Mangel behebt, wurde von HAMMING angegeben /62/: Der Korrektor (6.10) wird durch

$$\boxed{y_{i+1} = \frac{1}{8}\left[9y_i - y_{i-2} + 3h(y_{i+1}' + 2y_i' - y_{i-1}')\right]} - \frac{h^5}{40} y^{(5)}(\bar{x}) \qquad (6.18)$$

ersetzt. Eine weitere Verbesserung kann durch die folgende Fehlerabschätzung erreicht werden.

Der nach (6.13) ermittelte Prädiktor p_{i+1} ist mit dem Fehler E_p, der nach (6.18) berechnete Korrektor c_{i+1} mit dem Fehler E_c behaftet:

$$\begin{aligned} y_{i+1} &= p_{i+1} + E_p = p_{i+1} + \frac{14}{45} h^5 y^{(5)}(\bar{x}_p), \\ y_{i+1} &= c_{i+1} + E_c = c_{i+1} - \frac{1}{40} h^5 y^{(5)}(\bar{x}_c). \end{aligned} \tag{6.19}$$

Unter der Annahme, daß sich die 5. Ableitung der Funktion y(x) nur unwesentlich ändert, kann mit

$$y^{(5)}(\bar{x}_p) \approx y^{(5)}(\bar{x}_c) \approx y^{(5)}(\bar{x})$$

die Differenz von Korrektor und Prädiktor aus (6.19) errechnet werden:

$$c_{i+1} - p_{i+1} \approx \left(\frac{1}{40} + \frac{14}{45}\right) h^5 y^{(5)}(\bar{x}) = \frac{121}{360} h^5 y^{(5)}(\bar{x}) \approx \begin{cases} \frac{121}{112} E_p \\ -\frac{121}{9} E_c \end{cases} \tag{6.20}$$

Damit sind also auch Näherungen für E_p und E_c gegeben. E_c kann zur Korrektur des Korrektors genutzt werden, während zur Prädiktorkorrektur

$$E_p \approx \frac{112}{121} (c_{i+1} - p_{i+1}) \approx \frac{112}{121} (c_i - p_i) \tag{6.21}$$

verwendet werden muß, da c_{i+1} nach der Berechnung des Prädiktors noch nicht zur Verfügung steht.

Abschließend wird der komplette Algorithmus des Verfahrens von HAMMING noch einmal zusammengestellt:

$$p_{i+1} = y_{i-3} + \frac{4h}{3} (2y'_{i-2} - y'_{i-1} + 2y'_i) \quad \text{(Prädiktor)} \tag{6.22}$$

$$\bar{p}_{i+1} = p_{i+1} + \frac{112}{121} (c_i - p_i) \quad \text{(Korrektur des Prädiktors)} \tag{6.23}$$

$$\bar{y}'_{i+1} = f(x_{i+1}, \bar{p}_{i+1}) \quad , \tag{6.24}$$

$$c_{i+1} = \frac{1}{8}\left[9y_i - y_{i-2} + 3h(\bar{y}'_{i+1} + 2y'_i - y'_{i-1})\right] \quad \text{(Korrektor)} \; , \tag{6.25}$$

$$y_{i+1} = c_{i+1} - \frac{9}{121}(c_{i+1} - p_{i+1}) \quad \text{(Korrektur des Korrektors)} \; . \tag{6.26}$$

In jedem Integrationsschritt muß der Funktionswert f(x,y) zweimal berechnet werden. Wird der Korrektorschritt wiederholt, bis sich der Korrektor nur noch um einen unbedeutenden Betrag ändert, kommt für jede Wiederholung eine Funktionswertberechnung hinzu.

Die Anlaufrechnung für das sehr effektive Verfahren von HAMMING kann mit Hilfe der RUNGE-KUTTA-Formeln (6.31) ausgeführt werden.

6.4. RUNGE-KUTTA-Verfahren

6.4.1. Verfahren 4. Ordnung

RUNGE-KUTTA-Verfahren ermitteln die Lösung des Anfangswertproblems

$$y' = f(x,y) \quad , \quad y(x_0) = y_0 \tag{6.27}$$

auf der Basis einer Formel des Typs

$$y_{i+1} = y_i + \sum_{j=1}^{n} \alpha_j k_j \; . \tag{6.28}$$

Die k_j sind die Funktionswerte

$$k_j = f(x_j, y_j) \quad , \tag{6.29}$$

wobei x_j dem Intervall

$$x_i \le x_j \le x_{i+1} = x_i + h \tag{6.30}$$

angehört. Die α_j werden so bestimmt, daß die Genauigkeit des nach (6.28) ermittelten Wertes y_{i+1} der Mitnahme von n+1 Gliedern der TAYLOR-Reihen-Entwicklung entspricht (n wird als Ordnung des RUNGE-KUTTA-Verfahrens bezeichnet).

Der wesentliche Vorteil der RUNGE-KUTTA-Verfahren gegenüber den in den Abschnitten 6.1. und 6.3. vorgestellten Integrationsverfahren ist, daß sie ohne die Berechnung eines Anfangsstückes auskommen. Zur Ermittlung von y_{i+1} nach (6.28) wird der y-Wert eines einzigen vorherigen Punktes benötigt. Dadurch kann auch bei Bedarf ohne Schwierigkeiten die Schrittweite h geändert werden. Diese Vorzüge werden mit einer relativ großen Zahl von Funktionswertberechnungen (6.29) erkauft.

Formelsätze für RUNGE-KUTTA-Verfahren unterschiedlicher Ordnung werden in zahlreichen Büchern hergeleitet (z.B. /29/,/31/,/63/). Auch bei Vorgabe einer bestimmten Ordnung können in Abhängigkeit von der Lage der Punkte x_j innerhalb des durch (6.30) festgelegten Intervalls verschiedene Formeln entstehen.

Besonders häufig wird das Verfahren 4. Ordnung mit folgendem Formelsatz verwendet:

$$y_{i+1} = y_i + \frac{h}{6}(k_1 + 2k_2 + 2k_3 + k_4)$$

mit

$$\begin{aligned} k_1 &= f(x_i, y_i) \ , \\ k_2 &= f(x_i + \tfrac{h}{2} \ , \ y_i + \tfrac{h}{2} k_1) \ , \\ k_3 &= f(x_i + \tfrac{h}{2} \ , \ y_i + \tfrac{h}{2} k_2) \ , \\ k_4 &= f(x_i + h \ , \ y_i + h k_3) \ . \end{aligned} \qquad (6.31)$$

Wenn die Funktion f nicht von y abhängig ist, geht (6.31) mit $k_2=k_3$ in die SIMPSONsche Regel (5.11) über.

6.4.2. Schrittweitenwahl

Die Formeln des RUNGE-KUTTA-Verfahrens 4. Ordnung entstehen unter Beachtung der Übereinstimmung mit den ersten 5 Gliedern der TAYLOR-Reihen-Entwicklung. Dementsprechend tritt in jedem Schritt ein Fehler der Ordnung h^5 auf, der sich bei Verkleinerung der Schrittweite h sehr schnell abbaut.

Andererseits ist das Verfahren gegen eine zu große Schrittweite recht empfindlich. Die Wahl einer geeigneten Schrittweite erweist sich als relativ schwierig, zumal sich zu große h-Werte während der Rechnung nicht unmittelbar bemerkbar machen (wie z. B. bei den Prädiktor-Korrektor-Verfahren des Abschnitts 6.3. durch langsame Konvergenz bei der iterativen Berechnung des Korrektors).

Im Abschnitt 6.2. wurde die Bedeutung der partiellen Ableitung der Funktion f nach y für das Fehlerverhalten erläutert. In /16/ wird mit dieser Größe die "Schrittkennzahl"

$$\varkappa = |f_{,y}|\,h \tag{6.32}$$

definiert und der Bereich

$$\varkappa = 0{,}1 \;\ldots\; 0{,}2 \tag{6.33}$$

für "mittlere Genauigkeitsverhältnisse" empfohlen. Da sich $\varkappa$ näherungsweise nach

$$\varkappa \approx 2\left|\frac{k_3-k_2}{k_2-k_1}\right| \tag{6.34}$$

in jedem Schritt leicht ermitteln läßt, ist so eine relativ einfache Möglichkeit der Schrittweitensteuerung gegeben.

Sehr verläßlich ist diese Schrittkennzahl allerdings nicht. Speziell bei kleinen Werten für $|f_{,y}|$ fällt sie oft zu klein aus und täuscht damit eine "gesunde" Rechnung vor. Besonders deutlich wird dies, wenn f von y unabhängig ist (das RUNGE-KUTTA-Verfahren wird zur SIMPSONschen Regel) und mit $|f_{,y}| = 0$ nach (6.32) eine beliebige Schrittweite gewählt werden dürfte.

In der Praxis wird deshalb die Doppelrechnung mit unterschiedlichen Schrittweiten zur Schrittweitensteuerung bevorzugt. Der dafür erforderliche Mehraufwand wird durch die Möglichkeit der Ergebnisverbesserung auf der Basis der RICHARDSON-Extrapolation (vgl. Abschnitte 3.4.1. und 5.2.2.) ausgeglichen.

Empfehlenswert ist eine "Feinrechnung" mit der Schrittweite h und eine gleichzeitige "Grobrechnung" mit der Schrittweite 2h. Für den Fehler eines Schrittes h der Feinrechnung kann

$$\delta y^{(h)} = \frac{y^{(5)}(\bar{x})}{5!}\,h^5 = Ch^5 \tag{6.35}$$

gesetzt werden. Unter der Annahme, daß sich die 5. Ableitung von y im betrachteten Bereich nur unwesentlich ändert, kann sowohl der Fehler nach zwei h-Schritten der Feinrechnung $\delta y^{(h,h)}$ als auch der Fehler eines 2h-Schrittes der Grobrechnung $\delta y^{(2h)}$ mit der Konstanten C als Faktor angesetzt werden:

$$\begin{aligned} \delta y^{(h,h)} &\approx 2Ch^5 , \\ \delta y^{(2h)} &\approx C(2h)^5 = 32Ch^5 . \end{aligned} \qquad (6.36)$$

Die Differenz der Fehler beider Rechnungen ist also gleich dem 15fachen Fehler der Feinrechnung:

$$\delta y^{(h,h)} = \frac{1}{15}\left(\delta y^{(2h)} - \delta y^{(h,h)}\right) . \qquad (6.37)$$

Andererseits ist die Fehlerdifferenz gleich der Differenz der nach Feinrechnung und Grobrechnung ermittelten Funktionswerte $y_{i+2}^{(h,h)}$ bzw. $y_{i+2}^{(2h)}$. Mit

$$\delta y^{(h,h)} \approx \frac{1}{15}\left(y_{i+2}^{(2h)} - y_{i+2}^{(h,h)}\right) \qquad (6.38)$$

ist somit eine gute Abschätzung für den Fehler der Feinrechnung gegeben. Liegt dieser Fehler außerhalb einer vorzugebenden Toleranz, muß die Schrittweite verkleinert werden. Selbstverständlich wird (6.38) auch verwendet, um den Wert $y_{i+2}^{(h,h)}$ der Feinrechnung entsprechend

$$\bar{y}_{i+2}^{(h,h)} = y_{i+2}^{(h,h)} - \delta y^{(h,h)} \qquad (6.39)$$

zu verbessern.

6.4.3. Ein Beispiel

Die im Bild 6.2 dargestellte Masse m kann auf der Schiene reibungsfrei gleiten. Die Feder ist in der skizzierten Lage (Federlänge b) entspannt. Die Masse wird bis $x = \alpha a$ verschoben und anschließend ohne Anfangsgeschwindigkeit freigelassen. Es sind die Funktionen $x(t)$ und $v(t) = \dot{x}(t)$ zu bestimmen.

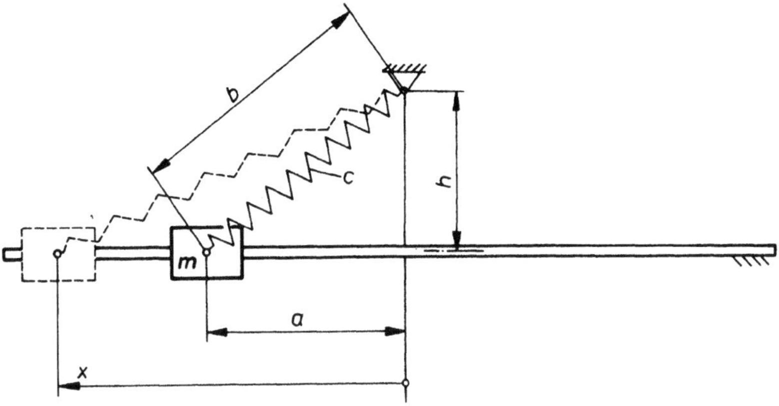

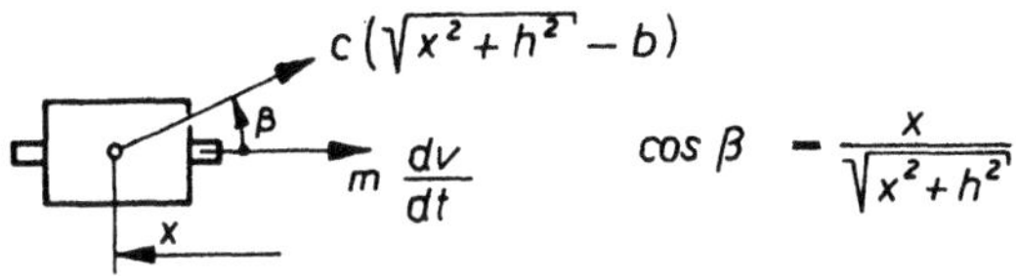

Bild 6.2

Zur Aufstellung der Differentialgleichungen des Bewegungsvorgangs können z. B. der Energiesatz, die LAGRANGEschen Bewegungsgleichungen 2. Art (Abschnitt 6.7.1.) oder das Prinzip von d'ALEMBERT (Bild 6.2) herangezogen werden:

$$\dot{\bar{v}} = -\left[\sqrt{\bar{x}^2+\left(\frac{h}{a}\right)^2}-\sqrt{1+\left(\frac{h}{a}\right)^2}\right]\frac{\bar{x}}{\sqrt{\bar{x}^2+\left(\frac{h}{a}\right)^2}} ,$$

$$\dot{\bar{x}} = \bar{v} \tag{6.40}$$

mit

$$\bar{x} = \frac{x}{a} \quad , \quad \bar{v} = \sqrt{\frac{m}{c}}\;\frac{v}{a} \quad . \tag{6.41}$$

Der Punkt über $\bar{v}$ bzw. $\bar{x}$ deutet die Ableitung nach der dimensionslosen Zeit

$$\tau = \sqrt{\frac{c}{m}}\;t \tag{6.42}$$

an.

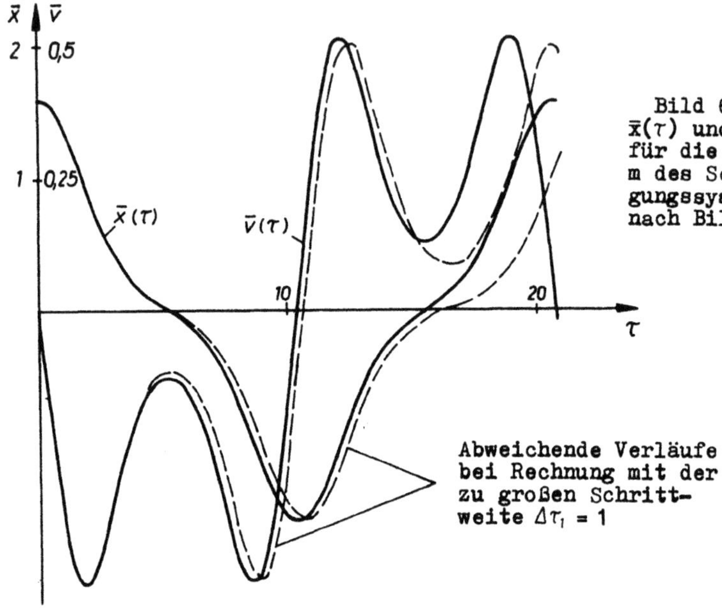

Bild 6.3
$\bar{x}(\tau)$ und $\bar{v}(\tau)$ für die Masse m des Schwingungssystems nach Bild 6.2

Mit Hilfe der RUNGE-KUTTA-Formeln (6.31) wurde das Differentialgleichungssystem (6.40) mit unterschiedlichen Schrittweiten unter Berücksichtigung der Anfangsbedingungen

$$\bar{x}\,(\tau = 0) = \alpha \quad , \qquad \bar{v}\,(\tau = 0) = 0 \tag{6.43}$$

gelöst. Mit den Zahlenwerten

$$\alpha = 1{,}6 \quad , \quad \frac{h}{a} = 0{,}75 \tag{6.44}$$

ergaben sich die im Bild 6.3 dargestellten Verläufe $\bar{x}(\tau)$ und $\bar{v}(\tau)$. Nach $\tau = 20{,}82$ hat die Masse eine volle Schwingung ausgeführt, und der Bewegungsvorgang wiederholt sich.

Bei einer Schrittweite $\Delta\tau_1 = 0{,}1$ erhält man im Bereich

$$\tau = 0 \ldots 20{,}82$$

die Ergebnisse auf vier Dezimalstellen genau. Die Tafel 6.1 und das Bild 6.3 verdeutlichen, wie die berechneten Werte bei zu großen Schrittweiten von der exakten Lösung abwandern. Während die Ergebnisse für $\Delta\tau_2 = 0{,}5$ noch brauchbar sind, führt die Rechnung mit $\Delta\tau_1 = 1$ schon nach wenigen Schritten zu sehr großen Abweichungen.

Ein "Doppelschrittverfahren", durchgeführt mit $\Delta\tau_2 = 0{,}5$ (Grobrechnung) und $\Delta\tau_3 = 0{,}25$ (Feinrechnung) mit der Korrektur entsprechend (6.39) nach jeweils zwei Schritten der Feinrechnung, reduziert die Fehlerbeträge gegenüber der Rechnung mit $\Delta\tau_3 = 0{,}25$ auf etwa die Hälfte.

Die exakten Ergebnisse werden mit der in der Tafel 6.1 angegebenen Stellenzahl bei $\Delta\tau_4 = 0{,}01$ erreicht.

Tafel 6.1

τ		$\Delta\tau_1 = 1$	$\Delta\tau_2 = 0{,}5$	$\Delta\tau_3 = 0{,}25$	Doppel-schritt-verfahren	exakt
1	$\bar{x}$	1,382692	1,382366	1,382277	1,382271	1,382269
	$\bar{v}$	-0,401624	-0,403914	-0,404047	-0,404055	-0,404054
2	$\bar{x}$	0,900189	0,895818	0,895489	0,895467	0,895467
	$\bar{v}$	-0,507711	-0,510426	-0,510522	-0,510529	-0,510526
3	$\bar{x}$	0,458349	0,451687	0,451284	0,451257	0,451259
	$\bar{v}$	-0,353692	-0,356241	-0,356293	-0,356296	-0,356292
4	$\bar{x}$	0,192092	0,182397	0,181917	0,181885	0,181892
	$\bar{v}$	-0,192136	-0,196374	-0,196515	-0,196524	-0,196518
5	$\bar{x}$	0,043555	0,025827	0,025025	0,024972	0,024988
	$\bar{v}$	-0,121142	-0,132781	-0,133272	-0,133304	-0,133292
⋮						
10	$\bar{x}$	-1,473493	-1,564171	-1,566799	-1,566971	-1,566915
	$\bar{v}$	-0,314662	-0,179457	-0,173555	-0,173162	-0,173283
⋮						
15	$\bar{x}$	-0,163214	-0,080937	-0,077501	-0,077272	-0,077352
	$\bar{v}$	0,153460	0,145823	0,145991	0,146005	0,145991
⋮						
20	$\bar{x}$	0,698042	1,455345	1,471087	1,472103	1,471710
	$\bar{v}$	0,452704	0,341978	0,326101	0,325030	0,325440

6.5. Anwendungsempfehlungen

Die RUNGE-KUTTA-Verfahren werden zur numerischen Lösung gewöhnlicher Differentialgleichungen wegen ihrer guten Programmierbarkeit besonders häufig verwendet. Sie benötigen keine Startrechnung, und jeder Integrationsschritt folgt einem fest vorgegebenen (nicht iterativen) Algorithmus, so daß die erforderlichen Rechenzeiten bei konstanter Schrittweite abgeschätzt werden können. Das Verfahren 4. Ordnung stellt einen besonders günstigen Kompromiß zwischen erreichbarer Genauigkeit und notwendigem Aufwand dar.

Allerdings ist die Festlegung geeigneter Schrittweiten schwierig. Einigermaßen sichere Aussagen über die Qualität des Ergebnisses sind nur möglich, wenn zwei Rechnungen mit unterschiedlichen Schrittweiten ausgeführt werden. In diesem Fall kann eine Korrektur der Rechnung mit Hilfe der RICHARDSON-Extrapolation ausgeführt werden - vgl. Gleichungen (6.38) und (6.39) -. Noch günstiger allerdings ist ein "Doppelschrittalgorithmus" (mit zweimal einfacher und einmal doppelter Schrittweite), um die Korrekturen unmittelbar nach jedem Integrationsschritt anbringen zu können und damit den "Steigungsfehler" (vgl. Abschnitt 6.2.) in den nachfolgenden Schritten zu verringern. Außerdem kann die Größe des Korrekturterms als Indikator für die Schrittweitensteuerung verwendet werden. Eine Schrittweitenänderung ist ohne Schwierigkeiten nach jedem Schritt möglich.

Alle diese vorteilhaften Eigenschaften werden mit einer relativ hohen Zahl von Funktionswertberechnungen (für die rechten Seiten der Differentialgleichungen) erkauft. Da diese den erforderlichen Aufwand wesentlich bestimmen, arbeiten die in den Abschnitten 6.1. und 6.3. beschriebenen Verfahren i. a. effektiver. Die Methode von HAMMING ist besonders zu empfehlen. Als Startrechnung bietet sich das hinsichtlich der Genauigkeit "passende" RUNGE-KUTTA-Verfahren 4. Ordnung an. Ein Nachteil des bei konstanten Schrittweiten sehr günstigen Verfahrens von HAMMING ist, daß eine Schrittweitenänderung jeweils eine neue Startrechnung erfordert.

Bei besonders kompliziertem Aufbau des Differentialgleichungssystems, z. B. dann, wenn es in der Form

$$A y' = f \tag{6.45}$$

vorliegt, so daß zur Berechnung von y' in jedem Integrationsschritt ein Gleichungssystem zu lösen ist, kann die Verwendung eines einfacheren Verfahrens (Abschnitt 6.1.) angezeigt sein.

6.6. Das Verfahren von RUNGE-KUTTA-NYSTRÖM

Nach dem Prinzip der Entwicklung von RUNGE-KUTTA-Integrationsformeln lassen sich Formelsätze auch für Differentialgleichungen und Differentialgleichungssysteme höherer Ordnung herleiten. Für ein Anfangswertproblem 2. Ordnung

$$\begin{aligned} & y'' = f(x, y, y') \ , \\ & y(x_0) = y_0 \ , \quad y'(x_0) = y_0' \end{aligned} \tag{6.46}$$

lautet die als RUNGE-KUTTA-NYSTRÖM-Verfahren bezeichnete Vorschrift

$$\begin{aligned} y_{i+1} &= y_1 + h y_i' + \frac{h}{3}(k_1 + k_2 + k_3) \ , \\ y_{i+1}' &= y_i' + \frac{1}{3}(k_1 + 2k_2 + 2k_3 + k_4) \ , \end{aligned}$$

mit

$$\begin{aligned} k_1 &= \frac{h}{2} f(x_i \, , y_i \, , y_i') \ , \\ k_2 &= \frac{h}{2} f(x_i + \frac{h}{2} \, , y_i + \frac{h}{2} y_i' + \frac{h}{4} k_1 \, , y_i' + k_1) \ , \\ k_3 &= \frac{h}{2} f(x_i + \frac{h}{2} \, , y_i + \frac{h}{2} y_i' + \frac{h}{4} k_1 \, , y_i' + k_2) \ , \\ k_4 &= \frac{h}{2} f(x_i + h \, , y_i + h y_i' + h k_3 \, , y_i' + 2k_3) . \end{aligned} \tag{6.47}$$

Eine Vereinfachung ergibt sich, wenn f nicht von y' abhängig ist. Mit

$$k_2 = k_3 \tag{6.48}$$

kann eine Funktionswertberechnung eingespart werden.

Die in den Abschnitten 6.4.2. und 6.5. genannten Vorzüge und

Nachteile des RUNGE-KUTTA-Verfahrens gelten auch für den NYSTRÖM-Algorithmus (6.47). Hinzu kommt, daß dieser für Anfangswertprobleme 2. Ordnung übersichtlicher ist als die Aufspaltung jeder Differentialgleichung in zwei Differentialgleichungen 1. Ordnung. Deshalb wird das NYSTRÖM-Verfahren für die Behandlung von Bewegungsdifferentialgleichungen bevorzugt.

Das Unterprogramm NYST realisiert den Algorithmus (6.47) mit konstanter Schrittweite für ein Differentialgleichungssystem.

```
      SUBROUTINE NYST (XANF,XEND,M,N,YANF,YANFS,F,Y,YSTR,MH,
     /MABSP,NZWI,YJ,YY,YJS,YYS,Y2S,YJ1,YJ1S)
      DIMENSION YANF(1),YANFS(1),Y(1),YSTR(1),YJ(1),YY(1),
     /YJS(1),YYS(1),Y2S(1),YJ1(1),YJ1S(1)
      IF (MABSP.GT.M) GO TO 30
      II=1
      DO 40 I=1,N
      YSTR(II)=YANFS(I)
      Y(II)=YANF(I)
   40 II=II+MH
   30 H=(XEND-XANF)/M
      H6=H/6.
      HH6=H6×H
      HH8=H×H×0.125
      H3=H/3.
      H2=H×0.5
      HH2=H2×H
      IABSP=2
      NABSP=1
      IZWI=1
      X=XANF
      DO 1 I=1,N
      YYY=YANF(I)
      YJ(I)=YYY
      YY(I)=YYY
      YYY=YANFS(I)
      YJS(I)=YYY
    1 YYS(I)=YYY
```

Verfahren von
RUNGE-KUTTA-NYSTRÖM

Das Unterprogramm NYST löst das Anfangswertproblem

$$Y'' = F\,(X, Y_1, Y_2, \ldots, Y_N, Y_1', Y_2', \ldots, Y_N'),$$

$$Y\,(X_{ANF}) = Y_{ANF}\ , \qquad (6.49)$$

$$Y'(X_{ANF}) = Y'_{ANF}$$

nach dem RUNGE-KUTTA-NYSTRÖM-Algorithmus (6.47) bei konstanter Schrittweite.

```
      J=1
   20 CALL F (X,YY,YYS,Y2S)
      DO 2 I=1,N
      YYY=YJ(I)
      YYA=YJS(I)
      YYK=Y2S(I)
      YJ1(I)=YYA×H+YYK×HH6+YYY
      YJ1S(I)=YYK×H6+YYA
      YY(I)=YYA×H2+YYK×HH8+YYY
    2 YYS(I)=YYK×H2+YYA
      X=X+H2
      CALL F (X,YY,YYS,Y2S)
      DO 3 I=1,N
      YYK=Y2S(I)
      YJ1(I)=YJ1(I)+YYK×HH6
      YJ1S(I)=YJ1S(I)+YYK×H3
    3 YYS(I)=YJS(I)+YYK×H2
      CALL F (X,YY,YYS,Y2S)
      DO 4 I=1,N
      YYK=Y2S(I)
      YYY=YJS(I)
      YY(I)=YJ(I)+YYY×H+YYK×HH2
      YYS(I)=YYY+YYK×H
      YJ(I)=YJ1(I)+YYK×HH6
    4 YJS(I)=YJ1S(I)+YYK×H3
      X=X+H2
      CALL F (X,YY,YYS,Y2S)
      DO 5 I=1,N
    5 YJS(I)=YJS(I)+Y2S(I)×H6
      IF (NABSP.LT.MABSP) GO TO 6
      IF (IABSP.GT.MH) GO TO 6
      II=IABSP
      DO 7 I=1,N
      YSTR(II)=YJS(I)
      Y(II)=YJ(I)
    7 II=II+MH
      IABSP=IABSP+1
```

$$F = \begin{bmatrix} F_1(X,Y_1,\dots,Y_N,Y_1',\dots,Y_N') \\ F_2(X,Y_1,\dots,Y_N,Y_1',\dots,Y_N') \\ \cdot \\ \cdot \\ \cdot \\ F_N(X,Y_1,\dots,Y_N,Y_1',\dots,Y_N') \end{bmatrix}$$

$$Y = \begin{bmatrix} Y_1 \\ Y_2 \\ \cdot \\ \cdot \\ \cdot \\ Y_N \end{bmatrix} \qquad (6.50)$$

Die Lösung (Y und Y') wird für das Intervall

$$X_{ANF} \dots X_{END}$$

(XANF ... XEND) ermittelt, das in M Abschnitte gleicher Länge unterteilt wird. Die Schrittweite H errechnet sich aus

(XEND-XANF)/M .

Auf den eindimensionalen Feldern YANF bzw. YANFS sind jeweils die N Anfangswerte $Y_I(X_{ANF})$ bzw. $Y_I'(X_{ANF})$ (I=1,..,N) gespeichert.

Vom Nutzer zu schreiben ist eine

```
SUBROUTINE F (X,Y,YST,Y2ST)
DIMENSION Y(1),YST(1),Y2ST(1)
```

(Fortsetzung auf Seite 274)

```
      NABSP=1
      GO TO 8
    6 NABSP=NABSP+1
    8 IF (IZWI.LT.NZWI) GO TO 9
      CALL ZWI (X,YJ,YJS,N,IABSP)
      IZWI=1
      GO TO 14
    9 IZWI=IZWI+1
   14 DO 11 I=1,N
      YY(I)=YJ(I)
   11 YYS(I)=YJS(I)
      J=J+1
      IF (J.LE.M) GO TO 20
      RETURN
      END
```

Die Subroutine F muß aus dem Wert X, den N Y'-Werten (auf dem Feld YST) und den N Y-Werten (auf dem Feld Y) entsprechend (6.49) die N Y''-Werte berechnen und auf dem Feld Y2ST bereitstellen (der Name dieses Unterprogramms muß im aufrufenden Programm in einer EXTERNAL-Anweisung stehen).

Nach jeweils MABSP Schritten werden die Funktionswerte Y und deren Ableitungen Y' auf die Felder Y bzw. YSTR zeilenweise abgespeichert (bei MABSP = 1 werden also alle Zwischenergebnisse gespeichert). Y und YSTR sind zweidimensional mit jeweils MH Zeilen und mindestens N Spalten vereinbart. Sie können durch den gleichen aktuellen Parameter ersetzt werden. In diesem Fall werden nur die Zwischenergebnisse Y gespeichert.

Nach jeweils NZWI Schritten wird eine vom Nutzer zu schreibende

```
SUBROUTINE ZWI (X,YJ,YJS,N,IABSP)
DIMENSION YJ(1),YJS(1)
```

aufgerufen, an die die Zwischenergebnisse Y (X) - Feld YJ - und Y'(X) - Feld YJS - vermittelt werden, wo diese z. B. ausgedruckt werden können. Der Parameter IABSP gibt die Zeile an, in die bei der nächsten Zwischenergebnisabspeicherung in die Felder Y bzw. YSTR gespeichert wird. Gegebenenfalls können im Unterprogramm ZWI die Zeilen 1,2,...,IABSP-1 aus Y und YSTR auf Externspeicher gebracht und IABSP = 1 gesetzt werden. In diesem Fall müssen Y und YSTR über einen COMMON-Block an das Unterprogramm ZWI vermittelt werden.

Nach Abarbeitung des Unterprogramms NYST stehen Y (XEND) und Y'(XEND) auf den eindimensionalen Feldern YJ bzw. YJS.

YY, YYS, Y2S, YJ1, YJ1S sind Arbeitsfelder mit jeweils mindestens N Elementen.

6.7. Lösung von Bewegungsdifferentialgleichungen

6.7.1. Das Aufstellen der Bewegungsdifferentialgleichungen

Die Lage eines mechanischen Systems soll durch die Angabe einer endlichen Anzahl "verallgemeinerter Koordinaten" q_i (i=1,2,...,n) beschrieben werden können. Die q_i sind (zunächst unbekannte) Funktionen der Zeit t, für die noch (holonome) Zwangsbedingungen

$$\varphi_p(q_1, q_2, \ldots, q_n, t) = 0 \quad (p = 1,2,\ldots,r) \tag{6.51}$$

existieren dürfen. Die Mindestanzahl verallgemeinerter Koordinaten, die zur vollständigen Beschreibung der Lage des Systems erforderlich ist, entspricht der Zahl der Freiheitsgrade

$$f = n - r \quad . \tag{6.52}$$

Die Ableitungen der verallgemeinerten Koordinaten q_i nach der Zeit sind die "verallgemeinerten Geschwindigkeiten" $\dot{q}_i$. Im allgemeinen Fall können die Zwangsbedingungen auch von den $\dot{q}_i$ abhängig sein (nichtholonome Bedingungen).

Von den verschiedenen Möglichkeiten, Bewegungsdifferentialgleichungen aufzustellen (vgl. z. B. /4/), sollen hier nur die sogenannten LAGRANGEschen Bewegungsgleichungen 2. Art angeführt werden. Wenn nur so viel Koordinaten eingeführt wurden, wie zur Lagebeschreibung des Systems unbedingt erforderlich sind ($n = f$, $r = 0$), haben diese die Form

$$\frac{d}{dt}\frac{\partial T}{\partial \dot{q}_i} - \frac{\partial T}{\partial q_i} = F_i \qquad (i = 1,2,\ldots,n = f) \tag{6.53}$$

mit den "verallgemeinerten Kräften" F_i und der kinetischen Energie T.

"Konservative" Kräfte F_i (Potentialkräfte) können auch über die potentielle Energie U entsprechend

$$F_i = -\frac{\partial U}{\partial q_i} \tag{6.54}$$

erfaßt werden, und mit der LAGRANGEschen Funktion

$$L = T - U \tag{6.55}$$

kann (6.53) durch

$$\frac{d}{dt}\frac{\partial L}{\partial \dot{q}_i} - \frac{\partial L}{\partial q_i} = F_i \qquad (i = 1,2,\ldots,n = f) \tag{6.56}$$

ersetzt werden, wobei die F_i nur noch die "nichtkonservativen" Kräfte sind.

Sowohl (6.53) als auch (6.56) führen auf ein System von Differentialgleichungen 2. Ordnung, das unter der Voraussetzung der Auflösbarkeit nach den Beschleunigungen $\ddot{q}_i$ in der Form

$$\ddot{q}_i = f_i(q_1, q_2, \ldots, q_n, \dot{q}_1, \dot{q}_2, \ldots, \dot{q}_n, t) \qquad (i = 1,2,\ldots,n = f) \tag{6.57}$$

z. B. mit Hilfe des im Abschnitt 6.6. beschriebenen Verfahrens unter Berücksichtigung der Anfangsbedingungen für die q_i und $\dot{q}_i$ numerisch integriert werden kann.

Häufig ist es angezeigt, mehr Koordinaten q_i zu verwenden als zur Beschreibung der Lage des Systems erforderlich sind. In diesem Fall ist (6.56) zu ersetzen durch

$$\frac{d}{dt}\frac{\partial L}{\partial \dot{q}_i} - \frac{\partial L}{\partial q_i} = F_i + \sum_{p=1}^{r} \lambda_p a_{pi} \qquad (i = 1,2,\ldots,n) \tag{6.58}$$

mit den "LAGRANGEschen Multiplikatoren" λ_p und den Koeffizienten der Zwangsbedingungen a_{pi} , die sich bei <u>holonomen</u> Bedingungen nach

$$a_{pi} = \frac{\partial \varphi_p}{\partial q_i} \tag{6.59}$$

bestimmen lassen. Zusammen mit den Zwangsbedingungen stehen n+r Gleichungen für die n verallgemeinerten Koordinaten q_i und die r LAGRANGEschen Multiplikatoren λ_p zur Verfügung. Werden letztere eliminiert, verbleiben n Gleichungen für die q_i .

Im Hinblick auf den Aufwand, der mit der numerischen Lösung des Bewegungsdifferentialgleichungssystems verbunden ist, sollte man stets versuchen, mit möglichst wenig Koordinaten q_i auszukommen. Schon bei relativ einfachen Systemen kann das jedoch zu einem sehr aufwendigen (und damit fehleranfälligen) Prozeß bei der Aufstellung der Differentialgleichungen führen. Darüber hinaus kann die Umformung auf die explizite Form (6.57) schwierig oder gar praktisch undurchführbar werden (vgl. Abschnitt 6.7.3.).

6.7.2. Ein Beispiel

Die Lage des im Bild 6.4 dargestellten Systems mit 2 Freiheitsgraden wird durch die beiden Koordinaten

$$q_1 = \frac{x}{l} \quad , \quad q_2 = \varphi \tag{6.60}$$

beschrieben. Die Länge der entspannten Feder ist l, so daß die in ihr gespeicherte potentielle Energie in der Form

$$U = \frac{1}{2} c \left\{ \sqrt{\left[l - x + R\,(1 - \cos\varphi)\right]^2 + R^2 \sin^2\varphi} \; - l \right\}^2 \tag{6.61}$$

aufgeschrieben werden kann. Mit der kinetischen Energie

$$T = \frac{1}{2} m \left(\frac{dx}{dt}\right)^2 + \frac{1}{2} J \left(\frac{d\varphi}{dt}\right)^2$$

(J - Massenträgheitsmoment) ist die LAGRANGEsche Funktion (6.55) gegeben, und nach (6.56) erhält man die Differentialgleichungen

$$\ddot{q}_1 = \frac{c}{m\Omega^2} \frac{A-1}{A} \left(B - \frac{R}{l} \cos q_2\right) + \frac{F_0}{ml\Omega^2} \sin\tau ,$$

$$\ddot{q}_2 = - \frac{mR^2}{J} \frac{c}{m\Omega^2} \frac{A-1}{\frac{R}{l} A} B \sin q_2 . \tag{6.62}$$

Die Abkürzungen A und B stehen für

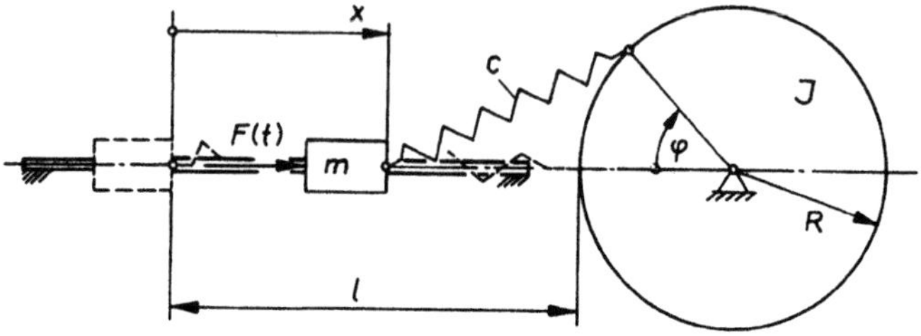

Bild 6.4

$$A = \sqrt{\left[1 + \frac{R}{l}(1 - \cos q_2) - q_1\right]^2 + \left(\frac{R}{l}\right)^2 \sin q_2} \; ,$$
$$B = 1 + \frac{R}{l} - q_1 \; . \qquad (6.63)$$

Die Punkte über den q_i deuten Ableitungen nach der dimensionslosen Zeit

$$\tau = \Omega t \qquad (6.64)$$

an.

Das System (6.62) wurde unter Berücksichtigung der Anfangsbedingungen

$$q_1(\tau = 0) = \frac{1}{l}\, x\,(t = 0) - 1 + \frac{R}{l} - \sqrt{1 - \left(\frac{R}{l}\right)^2} \; ,$$
$$q_2(\tau = 0) = \frac{\pi}{2} \; , \qquad \dot{q}_1(\tau = 0) = \dot{q}_2(\tau = 0) = 0 \qquad (6.65)$$

(die Feder ist auch in dieser Lage entspannt) nach dem RUNGE-KUTTA-NYSTRÖM-Verfahren (Abschnitt 6.6.) gelöst. Dabei wurden die Zahlenwerte

$$\frac{c}{m\Omega^2} = 10 \; , \qquad \frac{mR^2}{J} = 2 \; ,$$
$$\frac{R}{l} = \frac{5}{13} \; , \qquad \frac{F_0}{ml\Omega^2} = 2 \qquad (6.66)$$

angenommen. Mit der konstanten Schrittweite

$$\Delta\tau_1 = 0{,}00125 \tag{6.67}$$

ergaben sich die Werte innerhalb des Intervalls

$$0 \leq \tau \leq 15 \tag{6.68}$$

auf vier Stellen genau. Größere Schrittweiten führten zu folgenden Abweichungen am Ende des Lösungsbereichs (6.68):

$\Delta\tau$	Prozentualer Fehler für			
	$q_1(\tau = 15)$	$q_2(\tau = 15)$	$q_1(\tau = 15{,}8)$	$q_2(\tau = 15{,}8)$
0,0025	0,08	0,08	0,37	0,21
0,0050	1,03	1,28	6,05	3,18
0,0100	1,35	1,68	8,17	4,17
0,0200	1,87	2,37	11,88	5,81

(6.69)

Die Verläufe der Funktionen $q_1(\tau)$ und $q_2(\tau)$ sind im Bild 6.5 dargestellt. Sie wurden vom Zeichentisch Digigraph 1008 mit Hilfe der vom Unterprogramm NYST (Abschnitt 6.6.) gespeicherten Werte gezeichnet.

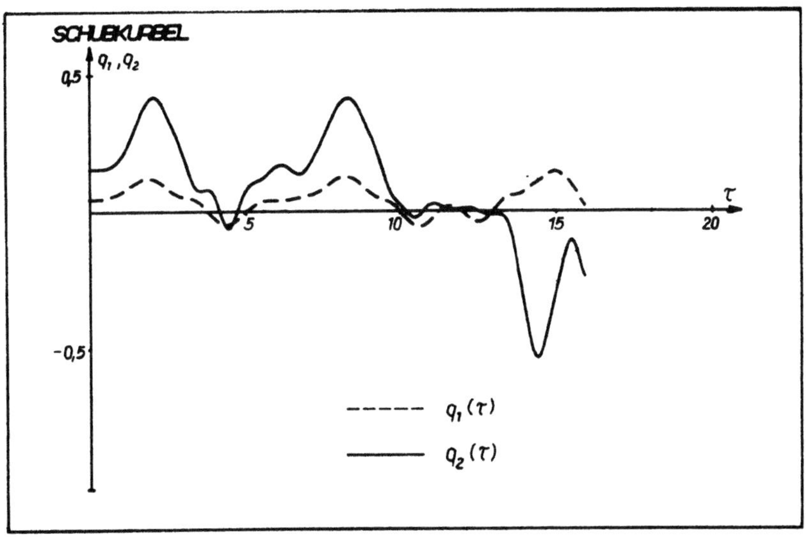

Bild 6.5

Das einfache Beispiel mit den Parametern (6.66) verdeutlicht einige typische Probleme bei der numerischen Integration von Bewegungsdifferentialgleichungen. Hohe Anforderungen an die Genauigkeit setzen eine relativ kleine Schrittweite voraus. Mit (6.67) wird das kurze Intervall (6.68) immerhin in 12000 Abschnitte unterteilt, und der unruhige Verlauf der Lösungskurven führt selbst bei dieser Schrittweite ab etwa $\tau = 20$ zu unbrauchbaren Ergebnissen. Dafür sind die großen Geschwindigkeits- und Beschleunigungsänderungen ab $\tau = 13$ verantwortlich. In (6.69) wird das schnelle Anwachsen des Fehlers in dem sehr kurzen Intervall $\tau = 15 \dots 15{,}8$ beim Arbeiten mit größeren Schrittweiten, die bis $\tau = 15$ annehmbare Werte lieferten, gezeigt.

Ein anderes Problem wird im Kurvenverlauf $q_2(\tau) = \varphi(\tau)$ für $\tau = 10 \dots 13$ sichtbar: Die Kreisscheibe kommt in der Nähe von $\varphi = 0$ mehrmals zum Stillstand. Ein geringer Fehler kann hier sogar zu einer falschen Drehrichtung bei der Fortsetzung der Rechnung führen.

Andererseits wird die Lösung natürlich auch sehr stark von den Parametern des Berechnungsmodells beeinflußt. Die Ermittlung des Langzeitverhaltens, die mit Hilfe der numerischen Integration nicht möglich ist, verbietet sich deshalb meist von selbst, da bei praktischen Problemen die Eingangswerte immer fehlerbehaftet sind.

6.7.3. Auflösbarkeit nach den Beschleunigungsgliedern

Die Anwendung der Formeln für die numerische Integration erfordert die Auflösung der Bewegungsdifferentialgleichungen nach den Beschleunigungen entsprechend (6.57). Das ist jedoch nur in Ausnahmefällen (wie im Beispiel des Abschnitts 6.7.2.) ohne Schwierigkeiten möglich.

Die Auflösbarkeit wird im wesentlichen von der Form des Ausdrucks für die kinetische Energie beeinflußt. Diese kann für ein System mit n Freiheitsgraden durch die Beziehung

$$T = \frac{1}{2}\,\dot{\mathbf{q}}^T \mathbf{G}\,\dot{\mathbf{q}} \tag{6.70}$$

dargestellt werden, wobei im Vektor $\mathbf{q}$ die n verallgemeinerten

Koordinaten q_i zusammengefaßt sind (zur Erfassung des allgemeinsten Falls ist $\mathbf{q}$ gegebenenfalls um eine Koordinate, die mit der Zeit t identisch ist, zu ergänzen, vgl. /64/). Die Elemente der symmetrischen Matrix $\mathbf{G}$ sind i. a. Funktionen der q_i und der Zeit t:

$$g_{ij} = g_{ij}(q_1, q_2, \ldots, q_n, t) \; . \tag{6.71}$$

Am einfachsten ist offensichtlich der Spezialfall konstanter Elemente in

$$\mathbf{G} = \mathbf{M} \; , \tag{6.72}$$

weil die Ausführung der Differentiationsvorschrift auf der linken Seite von (6.53) in diesem Fall auf

$$\left(\frac{d}{dt}\frac{\partial}{\partial \dot{\mathbf{q}}} - \frac{\partial}{\partial \mathbf{q}}\right)\left(\frac{1}{2}\dot{\mathbf{q}}^T\mathbf{M}\dot{\mathbf{q}}\right) = \mathbf{M}\ddot{\mathbf{q}} \tag{6.73}$$

führt, so daß man die Differentialgleichungen in der Form

$$\mathbf{M}\ddot{\mathbf{q}} = \mathbf{f}(q_1, q_2, \ldots, q_n, \dot{q}_1, \dot{q}_2, \ldots, \dot{q}_n, t) \tag{6.74}$$

erhält. Bei regulärer Matrix $\mathbf{M}$ kann (6.74) nach $\ddot{\mathbf{q}}$ aufgelöst werden, was bei einer größeren Anzahl von Freiheitsgraden dem Rechenautomaten übertragen werden sollte, so daß z. B. nach der einmal auszuführenden CHOLESKY-Zerlegung von $\mathbf{M}$ (vgl. Abschnitte 2.2.4. und 2.2.5.) zur Berechnung von $\ddot{\mathbf{q}}$ in jedem Integrationsschritt die Prozesse des Vorwärts- und Rückwärtseinsetzens anfallen.

<u>Beispiel 1:</u> Das System (4.121) des Abschnitts 4.4.2. wurde in der beschriebenen Weise numerisch integriert. Mit den Zahlenwerten, die der im Bild 4.12e gezeichneten Verschiebungsfunktion entsprechen, ergaben sich die im Bild 6.6 dargestellten Verläufe. Bei einer Schrittweite $\Delta\tau = 0{,}02$ stimmten die Werte im Bereich $0 \leq \tau \leq 50$ auf vier Stellen mit der Lösung auf der Basis der Entwicklung nach Eigenfunktionen überein. Die aufzuwendende Rechenzeit war etwa zehnmal so groß wie für das im Abschnitt 4.4.2. verwendete Verfahren. Der Aufwand für die numerische Integration lohnt sich i. a. erst dann, wenn andere Verfahren versagen (z.B. bei Nichtlinearitäten).

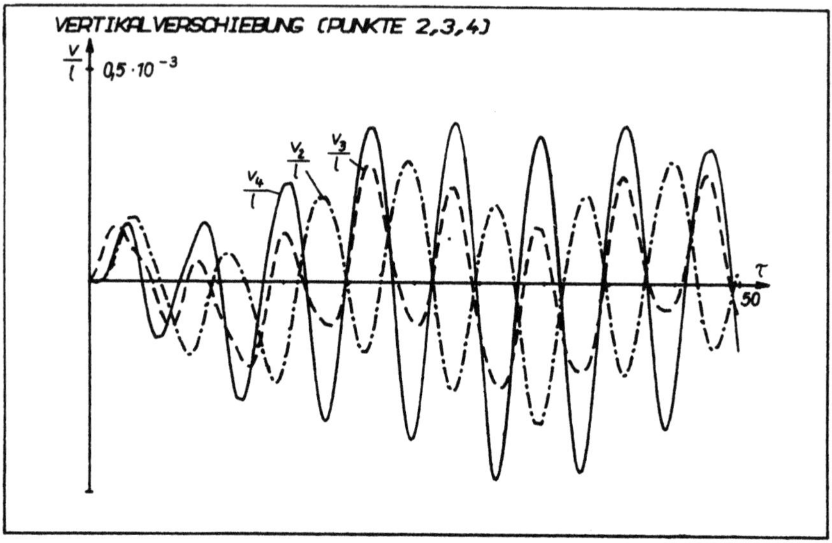

Bild 6.6
Erzwungene Schwingung für das System nach Bild 4.12b
(v_3/l stimmt mit dem Verlauf im Bild 4.12e überein)

Schon bei relativ einfachen Systemen sind die Elemente der Matrix $\mathbf{G}$ in (6.70) Funktionen der verallgemeinerten Koordinaten.

Beispiel 2: Die kinetische Energie für das Doppelpendel (Bild 6.7) kann in der Form

$$T = \frac{1}{2}\begin{bmatrix} \dot{q}_1 & \dot{q}_2 \end{bmatrix} \begin{bmatrix} (m_1 + 4m_2)\, s_1^2 + J_1 & 2m_2 s_1 s_2 \cos(q_1 - q_2) \\ (symm.) & m_2 s_2^2 + J_2 \end{bmatrix} \begin{bmatrix} \dot{q}_1 \\ \dot{q}_2 \end{bmatrix}$$

$$= \frac{1}{2}\, \dot{\mathbf{q}}^T \mathbf{G}(q_1, q_2)\, \dot{\mathbf{q}} \tag{6.75}$$

aufgeschrieben werden.

Die Differentiationsvorschrift auf der linken Seite von (6.53) führt bei solchen Problemen auf

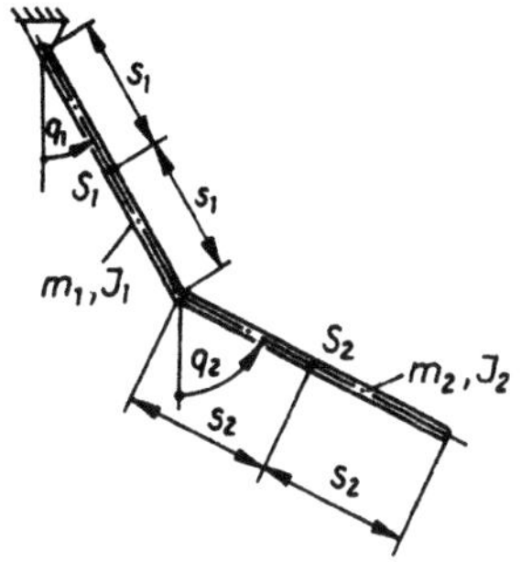

Bild 6.7
Doppelpendel
(J_1, J_2 - Massenträgheitsmomente bezüglich der Schwerpunkte S_1 bzw. S_2)

$$\left(\frac{d}{dt}\frac{\partial}{\partial \dot{q}} - \frac{\partial}{\partial q}\right)\left(\frac{1}{2}\dot{q}^T G \dot{q}\right) = G\ddot{q} + \dot{G}\dot{q} - \frac{\partial}{\partial q}\left(\frac{1}{2}\dot{q}^T G \dot{q}\right), \quad (6.76)$$

und das System der Bewegungsdifferentialgleichungen ergibt sich in der Form

$$G(q_1, q_2, \ldots, q_n)\,\ddot{q} = f(q_1, q_2, \ldots, q_n, \dot{q}_1, \dot{q}_2, \ldots, \dot{q}_n, t)\,. \quad (6.77)$$

Da es bei Systemen dieser Art noch wesentlich schwieriger und wegen der Fehleranfälligkeit des damit verbundenen Rechenprozesses auch oft nicht ratsam ist, (6.77) "von Hand" auf die explizite Form (6.57) zu bringen, muß in der Regel bei jedem Integrationsschritt ein Gleichungssystem zur Berechnung der $\ddot{q}_i$ gelöst werden. Da sich die Koeffizientenmatrix G mit den q_i ständig ändert, ist das ein gegenüber (6.74) wesentlich aufwendigerer Prozeß.

Die möglichen Vorgehensweisen beim Arbeiten mit Koordinaten, für die noch Zwangsbedingungen existieren, sollen am modifizierten Beispiel des Abschnitts 6.7.2. (Bild 6.4) demonstriert werden. Wenn die Feder durch ein starres Pleuel ersetzt wird, muß die Bedingung

$$\sqrt{1 - \left[1 + \frac{R}{l}(1 - \cos\varphi) - \frac{x}{l}\right]^2} - \frac{R}{l}\sin\varphi = 0 \quad (6.78)$$

erfüllt sein. Die LAGRANGEsche Funktion vereinfacht sich zu

$$L = T = \frac{1}{2}m\left(\frac{dx}{dt}\right)^2 + \frac{1}{2}J\left(\frac{d\varphi}{dt}\right)^2 \quad (6.79)$$

Nach (6.58) erhält man unter Verwendung der im Abschnitt 6.7.2. eingeführten Größen:

$$
\begin{aligned}
ml\Omega^2 \ddot{q}_1 &= F_0 \sin\tau + \lambda \frac{D}{lC} , \\
J\Omega^2 \ddot{q}_2 &= \lambda E
\end{aligned}
\qquad (6.80)
$$

mit

$$
\begin{aligned}
D &= 1 + \frac{R}{l}(1 - \cos q_2) - q_1 , \\
C &= \sqrt{1 - D^2} , \\
E &= -\frac{D}{C}\frac{R}{l} \sin q_2 - \frac{R}{l} \cos q_2 .
\end{aligned}
\qquad (6.81)
$$

Die beiden Differentialgleichungen (6.80) und die zweimal nach der Zeit differenzierte Zwangsbedingung (6.78) werden zu folgendem System zusammengefaßt:

$$
\begin{bmatrix} 1 & 0 & -\frac{D}{C} \\ & \left(\frac{R}{l}\right)^2 \frac{J}{mR^2} & -E \\ (\text{symm.}) & & 0 \end{bmatrix}
\begin{bmatrix} \ddot{q}_1 \\ \ddot{q}_2 \\ \frac{\lambda}{ml^2\Omega^2} \end{bmatrix}
=
\begin{bmatrix} \frac{F_0}{ml\Omega^2} \sin\tau \\ 0 \\ \frac{R}{l} \dot{q}_2^2 (\sin q_2 - \frac{D}{C} \cos q_2) \\ -\frac{1}{C}(1 + \frac{D^2}{C^2})(\frac{R}{l} \dot{q}_2 \sin q_2 - \dot{q}_1)^2 \end{bmatrix} . \qquad (6.82)
$$

Die Integration kann nun mit (6.82) wie mit (6.77) ausgeführt werden. Es ist jedoch empfehlenswert, λ aus (6.82) vorab zu eliminieren, so daß nur ein System mit zwei Gleichungen zu behandeln ist. Bemerkenswert ist, daß in beiden Fällen das Differentialgleichungssystem komplizierter ist als das für das Berechnungsmodell mit zwei Freiheitsgraden (6.62).

Die Betrachtungen in diesem Abschnitt zeigten, daß der Aufwand bei praktischen Problemen sehr groß werden kann. Es ist deshalb in vielen Fällen ratsam, Integrationsverfahren mit möglichst wenigen Berechnungen des Vektors $\ddot{q}$ pro Integrationsschritt zu verwenden, z. B. Prädiktor-Korrektor-Verfahren, wie sie im Abschnitt 6.3. für Differentialgleichungssysteme 1. Ordnung vorgestellt wurden (siehe z. B. /16/,/67/).

6.7.4. Programmierungsprobleme

Bei der Verwendung von Rechenprogrammen, die zur Lösung von Bewegungsdifferentialgleichungssystemen dienen, muß der Programmnutzer i. a. ein Unterprogramm schreiben, das in geeigneter Form das Differentialgleichungssystem definiert. Es wird damit neben der eigentlichen Rechenzeit auch Zeit für die Übersetzung und das Programmverbinden benötigt.

In der Regel sind die Funktionen $q_i(t)$ und $\dot{q}_i(t)$ die gesuchten Ergebnisse, die nicht für nachfolgende Rechnungen abgespeichert werden müssen. Nach einer bestimmten Zahl von Integrationsschritten (eventuell nach jedem Schritt) werden die Zwischenergebnisse gedruckt und belasten den Operativspeicher nicht weiter (vgl. Unterprogramm NYST im Abschnitt 6.6.).

Andererseits gehört zum Service eines guten Programms die Möglichkeit, die berechneten Funktionen automatisch zeichnen zu können. Da dies z. B. schon wegen der Schwierigkeit der Wahl eines geeigneten Maßstabs i. a. nicht simultan zur Berechnung der Funktionswerte organisiert werden kann, muß u. U. eine sehr große Datenmenge verwaltet werden. Diese kann die Operativspeicherkapazität auch dann übersteigen, wenn nicht nach jedem Integrationsschritt die Zwischenergebnisse gespeichert werden. Es ist deshalb vorteilhaft, das Programm, das die numerische Integration realisiert, so anzulegen, daß nach einer vorzugebenden Schrittzahl der Transfer der bis dahin gespeicherten Werte auf einen Externspeicher und die Freigabe des Operativspeicherplatzes ausgeführt werden können.

Die Probleme, die sich ergeben, wenn die Differentialgleichungen nicht explizit nach den Beschleunigungsgliedern aufgeschrieben werden können, sind weitgehend von dem Unterprogramm zu lösen, das den Vektor $\ddot{q}$ bereitstellen muß. Dieses kann z. B. mit der Subroutine-Anweisung

```
SUBROUTINE F (T,Q,QP,QPP)
DIMENSION Q(1),QP(1),QPP(1)
```

eingeleitet werden (vgl. auch die Beschreibung der Subroutine NYST im Abschnitt 6.6.). Das Unterprogramm F berechnet das eindimensionale Feld QPP (Vektor $\ddot{q}$) unter Verwendung der Parameter

T (Zeit t) sowie Q und QP (Vektoren q bzw. $\dot{q}$). Noch etwas effektiver ist die Parametervermittlung über COMMON-Blöcke. Im Verhältnis zum oft sehr hohen Gesamtaufwand ist die damit zu erzielende Rechenzeiteinsparung jedoch unbedeutend.

Wenn das Bewegungsdifferentialgleichungssystem in der impliziten Form (6.77) vorliegt, können in der Subroutine F die Matrix G und der Vektor f aufgestellt und ein geeignetes Unterprogramm zur Lösung des linearen Gleichungssystems

$$G\ddot{q} = f \tag{6.83}$$

aufgerufen werden. Bei dem damit verbundenen hohen Aufwand, der für zahlreiche praktische Probleme nicht vermieden werden kann, ist es naheliegend, nach einem Vorschlag von FISCHER /65/ noch einen Schritt weiterzugehen und auch die Bestimmung von f weitgehend numerisch zu realisieren.

Neben den verallgemeinerten Kräften, deren Aufschreibung i. a. wenig Schwierigkeiten bereitet, gehen in f die Ausdrücke ein, die aus der Ableitung der Elemente g_{ij} der Matrix G nach den verallgemeinerten Koordinaten herrühren, wie es in Gleichung (6.76) angedeutet wurde. Die Ableitungen können durch Differenzenquotienten ersetzt werden, die dafür erforderlichen zusätzlichen Funktionswerte g_{ij} werden durch eine geringfügige Variation der q_i gewonnen. Diese Änderungen sollte man wesentlich kleiner wählen als die sich in einem Integrationsschritt ergebenden Δq_i

Bemerkenswert ist, daß auf die beschriebene Weise mit einem gegenüber der Auflösung von (6.83) durchaus vertretbaren Mehraufwand (für den Rechenautomaten) der Programmnutzer von der Aufstellung der Bewegungsdifferentialgleichungen befreit wird. Er muß nur noch die Berechnungsvorschriften für die verallgemeinerten Kräfte und die Matrix G im Ausdruck der kinetischen Energie (6.70) bereitstellen. Bezüglich weiterer Einzelheiten über diese Vorgehensweise wird auf die angegebene Literaturstelle verwiesen.

Wenn die Berechnung von $\ddot{q}$ entsprechend (6.74) aus einem Gleichungssystem

$$M\ddot{q} = f$$

mit konstanter Koeffizientenmatrix erfolgen kann, wird zweckmäßig vor dem Integrationsprozeß die Dreieckszerlegung von M (eventuell Inversion) ausgeführt. Ein gutes Bibliotheksprogramm muß einen solchen Spezialfall ebenso vorsehen wie die Möglichkeit, problemspezifische Daten einzulesen und diese über einen COMMON-Block an die Subroutine F weiterzureichen. So werden Rechnungen mit dem vom Nutzer zusammengestellten Programm mit unterschiedlichen Parametern ermöglicht.

Wenn das zu nutzende Programm eine für die aktuelle Aufgabe erforderliche Besonderheit nicht vorsieht, läßt sich das oft noch nachträglich über ein Programmstück in der Subroutine F korrigieren. Dieses wird so angelegt, daß es nur einmal (beim ersten Aufruf von F) durchlaufen wird:

```
      SUBROUTINE F ( ...
      .
      .
      .
      DATA IND /1/
      IF (IND.EQ.Ø) GO TO 1ØØ
      IND=Ø
C DAS FOLGENDE PROGRAMMSTUECK WIRD NUR BEIM
C ERSTEN AUFRUF VON F DURCHLAUFEN
      .
      .
      .
  1ØØ CONTINUE
```

Programmsysteme zur numerischen Integration von Bewegungsdifferentialgleichungen existieren in recht großer Zahl. Solche Systeme sind mit effektiven Routinen für die Integration und die Lösung linearer Gleichungssysteme sowie Service-Programmen ausgestattet, die vom Nutzer in geeigneter Form zu einem Lademodul zusammengestellt werden. Dabei muß er im Regelfall ein Unterprogramm zur Beschreibung der zu behandelnden Aufgabe hinzufügen.

Gute Programmsysteme gestatten mindestens die allgemeine Form der Gleichung (6.83) zur Problemdefinition und erlauben auch die Verwendung einer (in den Grenzen des verwendeten Rechenautomaten) beliebigen Anzahl verallgemeinerter Koordinaten. Für die Berücksichtigung der dann mit anfallenden LAGRANGEschen Parameter - vgl. Gleichung (6.58) - wird (6.83) um eine entsprechende Anzahl von Gleichungen ergänzt. Ein Beispiel eines solchen Programmsystems wird in /66/ beschrieben.

7. Nichtlineare Gleichungen

7.1. Vorbetrachtungen

Die Lösung einer nichtlinearen Gleichung

$$f(x) = 0 \tag{7.1}$$

ist nur in Ausnahmefällen in geschlossener Form möglich.

Bei den im folgenden behandelten iterativen Verfahren wird vorausgesetzt, daß nur die reellen x-Werte, die der Bedingung (7.1) genügen, gesucht sind. Zur Ermittlung komplexer Lösungen kann man mit $x = u + iv$ über

$$f(x) = f(u+iv) = f_1(u,v) + i \cdot f_2(u,v) = 0$$

zu einem Gleichungssystem für die beiden Unbekannten u und v gelangen:

$$\begin{aligned} f_1(u,v) &= 0 \quad , \\ f_2(u,v) &= 0 \quad . \end{aligned} \tag{7.2}$$

Die Frage, wieviel Lösungen (7.1) im reellen Zahlenbereich besitzt bzw. ob überhaupt eine solche Lösung existiert, kann nicht allgemein beantwortet werden. Das Aufzeichnen der Funktion

$$y = f(x) \tag{7.3}$$

ist eine einfache (aber mühsame) Möglichkeit, sich einen Überblick über die Lage der Nullstellen von (7.3) zu verschaffen. Diese entsprechen den Lösungen von (7.1).

Die im Abschnitt 7.2. beschriebenen Verfahren setzen die Kenntnis mindestens eines Wertes x_0 in der Nähe der gesuchten Lösung voraus. Im allgemeinen sind also zwei Probleme zur Bestimmung einer Nullstelle von (7.3) zu bewältigen:

- Die Lokalisierung der Nullstelle muß einen hinreichend genauen Näherungswert x_0 ergeben. Besser ist es in jedem Fall, wenn ein Intervall

  $$x_0 \le x \le x_1$$

  angegeben werden kann, in dem genau eine Nullstelle liegt.
- Die Verbesserung der Anfangsnäherung dient der Berechnung einer Lösung x mit vorgegebener Genauigkeit.

Bei praktischen Problemen interessieren meist nur einige Lösungen. Von der Aufgabe, dafür geeignete Näherungswerte zu ermitteln (Lokalisierung), kann der Ingenieur i. a. nicht durch ein geeignetes mathematisches Verfahren entbunden werden. Er ist vielmehr häufig gezwungen, recht pragmatisch vorzugehen. Einige Möglichkeiten sollen hier genannt werden:

- Die Berechnung einer größeren Anzahl von Funktionswerten f(x) (gegebenenfalls mit Hilfe des Rechenautomaten) innerhalb des Intervalls, in dem die Lösung vermutet wird, ist dann angezeigt, wenn damit nicht ein unvertretbarer Aufwand verbunden ist.
- Bei zahlreichen Aufgabenstellungen erhält man brauchbare Näherungen durch "Linearisieren", indem die nichtlinearen Einflüsse durch lineare Zusammenhänge approximiert werden (vgl. z. B. die Behandlung nichtlinearer Stoffgesetze im Abschnitt 4.7.3.).
- Häufig sind bekannte Lösungen ähnlicher Aufgaben als Näherungen ausreichend.

  Beispiel: Zur Berechnung der Eigenfrequenzen

$$\omega_i = \frac{\lambda_i^2}{l^2}\sqrt{\frac{EI}{\varrho A}} \qquad (7.4)$$

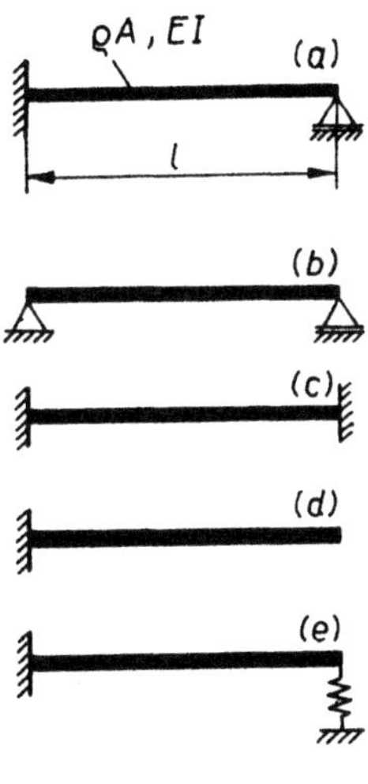

Bild 7.1

für den kontinuierlich mit Masse belegten Balken nach Bild 7.1a ist die Lösung der Eigenwertgleichung

$$\tan \lambda_i^{(a)} - \tanh \lambda_i^{(a)} = 0 \qquad (7.5)$$

erforderlich. Als Näherungslösungen können die entsprechenden Werte des beidseitig gelenkig gelagerten Balkens (Bild 7.1b) verwendet werden, die sich aus

$$\sin \lambda_i^{(b)} = 0 \qquad (7.6)$$

zu

$$\lambda_i^{(b)} = \pi,\ 2\pi,\ 3\pi,\ \ldots \qquad (7.7)$$

ergeben. Noch günstiger ist es, wenn

zusätzlich die Lösungen für den Lagerungsfall nach Bild 7.1c bekannt sind, weil dann mit

$$\lambda_i^{(b)} < \lambda_i^{(a)} < \lambda_i^{(c)} \tag{7.8}$$

jeweils ein Bereich eingegrenzt werden kann, in dem ein λ-Wert liegt, der der Gleichung (7.5) genügt. Für die Grundfrequenzen gilt z. B.:

$$\lambda_1^{(b)} = 3{,}142 < \lambda_1^{(a)} = 3{,}927 < \lambda_1^{(c)} = 4{,}730\ . \tag{7.9}$$

Überlegungen dieser Art sind auch bei Systemen mit elastischer Lagerung angebracht (Bild 7.1e):

$$\lambda_i^{(d)} < \lambda_i^{(e)} < \lambda_i^{(a)}\ . \tag{7.10}$$

Das Problem, geeignete Näherungslösungen zu finden, kann wesentlich komplizierter sein als die nachfolgende iterative Verbesserung der Lösung bis zur vorgegebenen Genauigkeit.

Bei der Lokalisierung der Nullstellen kann der physikalische Sachverhalt, der der nichtlinearen Beziehung zugrunde liegt, besonders dann eine große Hilfe sein, wenn die Funktion y in (7.3) nicht durch einen analytischen Ausdruck definiert ist. Bei der Lösung nichtlinearer Randwertaufgaben z. B. wird in der Regel ein aufwendiger numerischer Integrationsprozeß zur Berechnung von f(x) erforderlich sein. Ein solches Beispiel wird im Abschnitt 7.3. behandelt. Schließlich kann der nichtlineare Zusammenhang $y = f(x)$ auch durch ein physikalisches Experiment gegeben sein.

7.2. Einfache Iterationsverfahren

Der Näherungswert x_i einer Nullstelle der Funktion $y = f(x)$ kann (unter bestimmten Voraussetzungen) verbessert werden, indem die Tangente durch den Kurvenpunkt (x_i, y_i) gelegt und deren Schnittpunkt x_{i+1} mit der x-Achse berechnet wird. Man kann erwarten, daß

$$x_{i+1} = x_i - \frac{y_i}{y_i'} \tag{7.11}$$

eine bessere Lösung der Gleichung $f(x) = 0$ ist und die x_{i+1} bei fortgesetzter Anwendung dieser Iterationsvorschrift gegen die exakte Lösung konvergieren (Verfahren von NEWTON, Bild 7.2a). Dabei sind in jedem Schritt der Funktionswert y_i und der Wert der ersten Ableitung $y_i' = f'(x_i)$ (Tangentenanstieg) zu berechnen.

Der Aufwand für den einzelnen Iterationsschritt kann erheblich reduziert werden, wenn y_i' durch die "Anfangssteigung" y_0' ersetzt wird (vereinfachtes NEWTON-Verfahren, Bild 7.2b):

$$x_{i+1} = x_i - \frac{y_i}{y_0'} \tag{7.12}$$

Die Vorteile dieser Vorgehensweise, die dann angewendet wird, wenn die Ermittlung von y_i' mit großem Aufwand verbunden ist, werden mit einer langsameren Konvergenz bezahlt. Eine Analogie zum Algorithmus (7.12) ist die im Abschnitt 4.7.3. beschriebene "Methode der konstanten Steifigkeit" zur Berücksichtigung nichtlinearen Materialverhaltens.

Die Berechnung der ersten Ableitung f'(x) ist bei praktischen Problemen häufig sehr schwierig oder gar unmöglich. Mit einer zweiten Anfangsnäherung x_1 , gegebenenfalls einfach durch eine geringfügige Änderung von x_0 bestimmt, und dem zugehörigen Funktionswert $y_1 = f(x_1)$ kann man sich einen Näherungswert für die Anfangssteigung

$$y_0' \approx \frac{y_1 - y_0}{x_1 - x_0} \tag{7.13}$$

beschaffen und dann das vereinfachte NEWTON-Verfahren verwenden.

Wirkungsvoller ist es natürlich, die Ableitung in jedem Schritt durch einen veränderten Sekantenanstieg anzunähern. Dieser kann z. B. aus den Werten der beiden vorangegangenen Iterationsschritte bestimmt werden, und man erhält die REGULA FALSI (1. Form):

$$x_{i+1} = x_i - \frac{x_i - x_{i-1}}{y_i - y_{i-1}}\, y_i \tag{7.14}$$

(vgl. Bild 7.2c).

Die Bedingungen für die Konvergenz der durch (7.11) bis (7.14) definierten Verfahren sind ausführlich untersucht worden (z. B. /12/). Die Kenntnis dieser Bedingungen ist für die praktische Rechnung jedoch i. a. kaum nützlich, da Aussagen über den Funk-

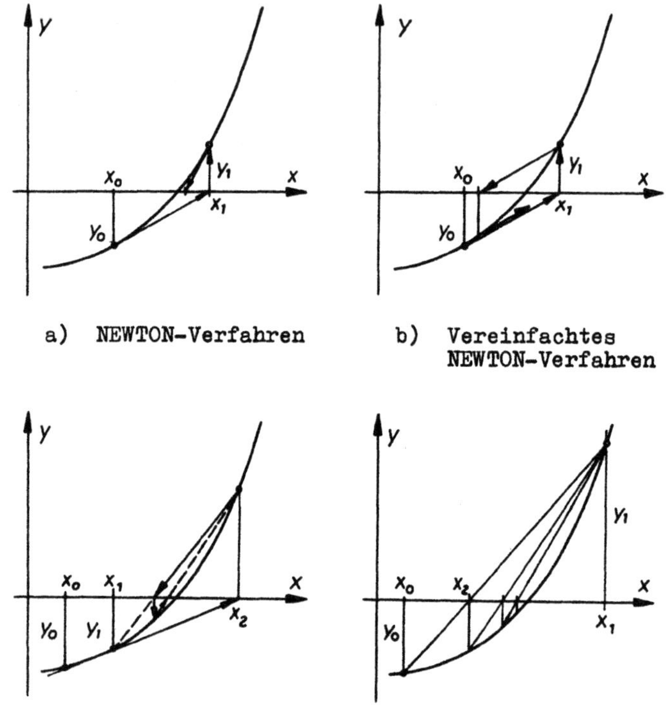

a) NEWTON-Verfahren

b) Vereinfachtes NEWTON-Verfahren

c) REGULA FALSI (1. Form)

d) REGULA FALSI (2. Form)

Bild 7.2

tionsverlauf f(x) in der Umgebung der Nullstelle vorausgesetzt werden, die nicht bekannt sind bzw. nur mit großem Aufwand beschafft werden könnten. Deshalb wird auf die Überprüfung, ob die Konvergenzbedingungen erfüllt sind, in der Regel verzichtet. Dabei muß das Risiko des Mißerfolges, der sich durch ein "Abwandern" der x_{i+1} von der Anfangsnäherung äußert, in Kauf genommen werden. Immerhin ergeben sich auch dann noch Funktionswerte $y_i(x_i)$, die Rückschlüsse auf den Kurvenverlauf $y = f(x)$ zulassen, so daß die Rechnung mit besseren Anfangsnäherungen wiederholt werden kann.

Während man bei der Handrechnung auf das Abwandern sofort reagieren kann, muß bei der Automatenrechnung gesichert sein, daß die (bei erfolgreicher Rechnung i. a. nicht interessierenden) Zwischenergebnisse in diesem Fall ausgegeben werden. Auf die Angabe eines Rechenprogramms wird hier verzichtet, weil die "Strategie" der Rechnung dem aktuellen Problem angepaßt werden sollte und die Programmierung der behandelten Iterationsvorschriften sehr einfach ist.

Das NEWTON-Verfahren (7.11) konvergiert schneller als die REGULA FALSI (7.14), die trotzdem aus folgenden Gründen bevorzugt verwendet wird:

- Die Berechnung von $f'(x)$, die schwierig oder unmöglich sein kann, ist nicht erforderlich.
- Zwei REGULA-FALSI-Schritte liefern eine bessere Näherung als ein NEWTON-Schritt. Da nach (7.14) in jedem Schritt nur ein Funktionswert y_i berechnet werden muß, ist der Gesamtaufwand meist nicht größer als für die Iterationsvorschrift (7.11), die in jedem Schritt die Berechnung von y_i und y_i' erfordert.
- Wenn zwei Näherungswerte x_0 und x_1 bekannt sind, für die die zugehörigen y-Werte unterschiedliche Vorzeichen haben, kann (7.14) so modifiziert werden, daß ein Abwandern - unter Voraussetzung der Stetigkeit der Funktion $y(x)$ - mit Sicherheit vermieden wird: Nach Ermittlung von x_{i+1} wird derjenige Punkt für die weitere Rechnung nicht mehr verwendet, dessen y-Wert das gleiche Vorzeichen wie y_{i+1} hat (REGULA FALSI, 2. Form, auch als "lineares Eingabeln" bezeichnet). Wie im Bild 7.2d dargestellt, führt diese Vorgehensweise in den meisten Fällen dazu, daß ein Näherungswert sich gar nicht ändert. Da dieser schlechte Wert die Konvergenz verlangsamt, ist nach einigen Schritten, wenn ein Abwandern nicht mehr zu befürchten ist, der Übergang zur REGULA FALSI (1. Form) zu empfehlen.

Das NEWTON-Verfahren und die REGULA FALSI basieren auf dem Gedanken, die Funktion $f(x)$ in jedem Iterationsschritt durch eine lineare Funktion zu approximieren - Tangente bzw. Sekante der Kurve $f(x)$ -. Eine wesentliche Konvergenzbeschleunigung wird erzielt, indem $f(x)$ durch eine Funktion höheren Grades ersetzt wird, wenn mehr als zwei Näherungswerte x_i und die zugehörigen y-Werte ermittelt sind, was bereits nach dem ersten REGULA-FALSI-Schritt gegeben ist.

Durch die drei Punkte (x_0,y_0), (x_1,y_1), (x_2,y_2) wird eine Parabel gelegt:

$$\tilde{y}(x) = y_0 + \frac{y_1-y_0}{x_1-x_0}(x-x_0) + \frac{1}{x_2-x_1}\left(\frac{y_2-y_0}{x_2-x_0} - \frac{y_1-y_0}{x_1-x_0}\right)(x-x_0)(x-x_1) \,. \tag{7.15}$$

Eine der beiden Nullstellen dieser Parabel ist eine verbesserte Näherungslösung der nichtlinearen Gleichung $f(x) = 0$. Sie liegt in dem durch x_0, x_1, x_2 bestimmten Intervall, wenn nicht alle zugehörigen y-Werte das gleiche Vorzeichen haben.

Die quadratische Approximation sollte angewendet werden, wenn die Berechnung der Funktionswerte $y = f(x)$ sehr aufwendig ist. Die Verwendung von Interpolationspolynomen höheren Grades ist i. a. nicht zu empfehlen, da für diese die Nullstellenberechnung wiederum sehr schwierig ist (vgl. Abschnitt 7.4.).

7.3. Zwei Beispiele

Beispiel 1: Die durch eine Feder gefesselte Masse m kann auf einer vertikalen Führung reibungsfrei gleiten (Bild 7.3). Die Länge der entspannten Feder ist b. Es sind die möglichen Gleichgewichtslagen der Masse m zu bestimmen.

Das Kräftegleichgewicht in vertikaler Richtung liefert:

$$c\left(\sqrt{a^2+x^2} - b\right)\frac{x}{\sqrt{a^2+x^2}} - mg = 0 \,. \tag{7.16}$$

Eine Gleichgewichtslage ist für

$$x > x^* = \sqrt{b^2-a^2} \tag{7.17}$$

(x^* - Lage der Masse bei entspannter Feder) zu erwarten, bei bestimmten Parametern a,b,m,c ist auch eine Gleichgewichtslage im Bereich

$$-x^* < x < 0 \tag{7.18}$$

möglich.

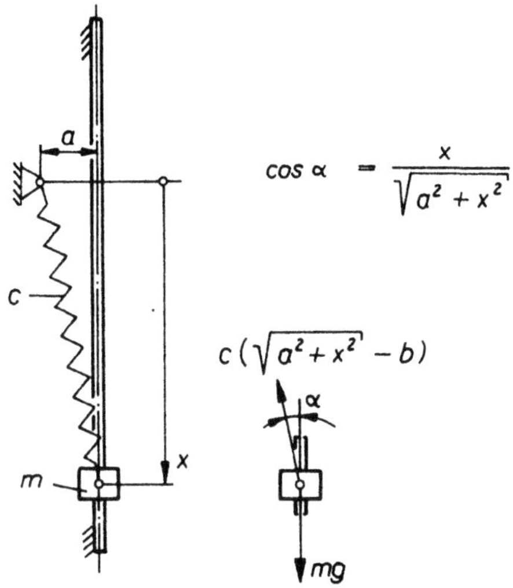

Bild 7.3

Für die Werte

$$\frac{mg}{ca} = 1 \quad , \quad \frac{b}{a} = 4 \quad , \qquad (x^* = 3{,}873\ a) \qquad (7.19)$$

ergibt sich aus (7.16) die nichtlineare Gleichung

$$f(\bar{x}) = \left(\sqrt{1+\bar{x}^2} - 4\right) \frac{\bar{x}}{\sqrt{1+\bar{x}^2}} - 1 = 0 \quad \left(\bar{x} = \frac{x}{a}\right) \ . \qquad (7.20)$$

Entsprechend (7.17) und (7.18) werden zwei Rechnungen nach der REGULA FALSI (1. Form) mit den (groben) Anfangsnäherungen $\bar{x}_0 = 3$, $\bar{x}_1 = 4$ bzw. $\bar{x}_0 = -2$, $\bar{x}_1 = -3$ gestartet (Tafel 7.1).

Tafel 7.1

	i	$\bar{x}_i$	$f(\bar{x}_i)$	$\bar{x}_i$	$f(\bar{x}_i)$
Anfangs-	0	3	-1,794733	-2	0,577709
näherungen	1	4	-0,880570	-3	-0,205267
	2	4,963253	0,042051	-2,737838	0,019383
	3	4,919350	-0,000482	-2,760458	0,000377
	4	4,919847	0,000000	-2,760907	-0,000001
	5			-2,760906	0,000000

Schon nach wenigen Schritten erhält man die Ergebnisse

$$\bar{x}^{(1)} = 4,919847 \; , \qquad \bar{x}^{(2)} = -2,760906 \; . \tag{7.21}$$

Da die Funktionswerte $f(\bar{x})$ für $\bar{x} = -2$ und $\bar{x} = 3$ unterschiedliche Vorzeichen haben, muß (7.20) im Intervall

$$-2 < \bar{x} < 3 \tag{7.22}$$

noch eine Nullstelle besitzen, die aus physikalischen Gründen - vgl. (7.18) - nur im negativen $\bar{x}$-Bereich liegen kann. Eine mit $\bar{x}_0 = 0$, $\bar{x}_1 = -2$ gestartete REGULA-FALSI-Rechnung (1. Form) führt zum "Abwandern" der $\bar{x}_{i+1}$ und liefert wieder $\bar{x}^{(2)}$. Nach der REGULA FALSI (2. Form) ergibt sich wegen

$$f(0) \cdot f(-2) < 0 \tag{7.23}$$

zwangsläufig die gesuchte dritte Nullstelle (Tafel 7.2):

$$\bar{x}^{(3)} = -0,362200 \; . \tag{7.24}$$

Bemerkenswert ist die langsame Konverganz dieser Rechnung. Es wäre zweckmäßig, nach etwa drei Schritten zur REGULA FALSI (1. Form) überzugehen.

Im Bild 7.4 sind die ermittelten Gleichgewichtslagen (7.21) und (7.24) und der Verlauf der Funktion $f(\bar{x})$ dargestellt. Die Funk-

Tafel 7.2

		REGULA FALSI (1. Form)		REGULA FALSI (2. Form)	
	i	$\bar{x}_i$	$f(\bar{x}_i)$	$\bar{x}_i$	$f(\bar{x}_i)$
Anfangs-	0	0	-1	0	-1
näherungen	1	-2	0,577709	-2	0,577709
	2	-1,267661	0,872816	-1,267661	0,872816
	3	-3,433645	-0,593200	-0,676874	0,565280
	4	-2,557214	0,168078	-0,432430	0,155207
	5	-2,750716	0,008572	-0,374331	0,027965
	6	-2,761115	-0,000176	-0,364148	0,004523
	7	-2,760906	0,000000	-0,362508	0,000716
	8			-0,362249	0,000114
	9			-0,362208	0,000019
	10			-0,362201	0,000003
	11			-0,362200	0,000000

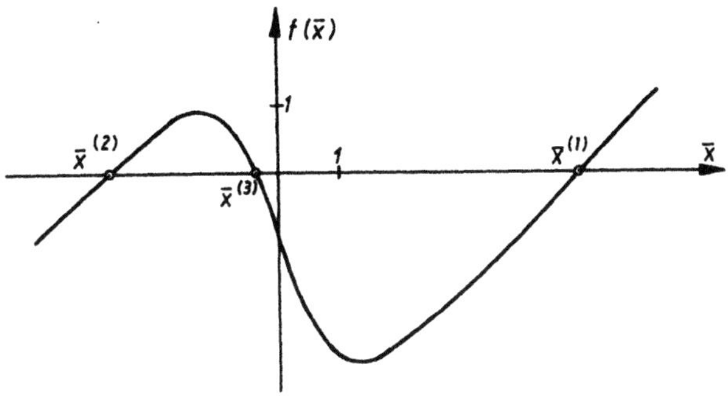

Bild 7.4
Gleichgewichtslagen der Masse m

tionswerte $f(\bar{x})$ können als zusätzliche Vertikalkräfte gedeutet werden (positive Kräfte sind nach unten gerichtet), die in dem jeweiligen Punkt $\bar{x}$ das Kräftegleichgewicht herstellen würden. Diese Überlegung verdeutlicht, daß die Gleichgewichtslage $\bar{x}^{(3)}$ nicht stabil ist: Die geringste Auslenkung würde die Masse m veranlassen, diese Lage zu verlassen.

In Tafel 7.3 sind die Zwischenergebnisse der Berechnung der positiven Nullstelle von (7.20) nach dem NEWTON-Verfahren (7.11) und

Tafel 7.3

		NEWTON-Verfahren			Vereinfachtes NEWTON-Verfahren	
	i	$\bar{x}_i$	$f(\bar{x}_i)$	$f'(\bar{x}_i)$	$\bar{x}_i$	$f(\bar{x}_i)$
Anfangsnäherung	0	3	-1,794733	0,873509	3	-1,794733
	1	5,054625	0,130680	0,970760	5,054625	0,130680
	2	4,920009	0,000157	0,968392	4,905022	-0,014355
	3	4,919847	0,000000		4,921456	0,001558
	4				4,919672	-0,000170
	5				4,919867	0,000019
	6				4,919845	-0,000002
	7				4,919847	0,000000

dem (wesentlich langsamer konvergierenden) vereinfachten NEWTON-Verfahren (7.12) angegeben. Dabei wurden der grobe Startwert $\bar{x} = 3$ und die Ableitung von (7.20) in der Form

$$f'(\bar{x}) = \frac{1}{\sqrt{1+\bar{x}^2}} \left(\sqrt{1+\bar{x}^2} + \frac{4\bar{x}^2}{1+\bar{x}^2} - 4 \right) \tag{7.25}$$

verwendet.

Beispiel 2: Für das im Bild 6.2 (Abschnitt 6.4.3.) dargestellte System soll die Anfangsauslenkung $\bar{x} = \alpha$ so bestimmt werden, daß die Masse m nach $\tau = T = 15$ eine volle Schwingung ausgeführt hat.

Die Aufgabenstellung führt auf das nichtlineare Randwertproblem

$$\ddot{\bar{x}} = -\left[\sqrt{\bar{x}^2 + \left(\frac{h}{a}\right)^2} - \sqrt{1 + \left(\frac{h}{a}\right)^2}\right] \frac{\bar{x}}{\sqrt{\bar{x}^2 + \left(\frac{h}{a}\right)^2}} , \tag{7.26a}$$

$$\dot{\bar{x}}(0) = 0 , \tag{7.26b}$$

$$\bar{x}(15) = \bar{x}(0) \tag{7.26c}$$

- vgl. (6.40) -. Die Mannigfaltigkeit der Lösungen von (7.26) wird durch die zusätzliche Bedingung eingeschränkt, daß von $\tau = 0$ bis $\tau = T$ genau eine volle Schwingung ausgeführt wird.

Das Randwertproblem (7.26) kann als (numerisch zu integrierendes) Anfangswertproblem mit den Anfangsbedingungen

$$\bar{x}(0) = \alpha , \quad \dot{\bar{x}}(0) = 0 \tag{7.27}$$

behandelt werden, wobei ein zunächst geschätzter Wert für α angenommen werden muß. Dadurch wird die "Endbedingung" (7.26c) natürlich verletzt. In mehreren Rechnungen muß man deshalb versuchen, die von α abhängige Schwingungsdauer $T(\alpha)$ durch Änderung der Anfangsbedingung auf den vorgeschriebenen Wert zu bringen:

$$f(\alpha) = T(\alpha) - 15 = 0 . \tag{7.28}$$

Das Randwertproblem ist damit auf die Lösung der nichtlinearen Gleichung

$$y = f(\alpha) = 0 \tag{7.29}$$

zurückgeführt worden, wobei der Zusammenhang zwischen y und α durch einen (recht aufwendigen) Integrationsprozeß für ein Anfangswertproblem hergestellt wird.

Ein erster Näherungswert ist durch die im Abschnitt 6.4.3. angegebene Rechnung bekannt:

$$y_o = f(\alpha_o=1,6) = 20,82 - 15 = 5,82 \quad . \qquad (7.30)$$

Das NEWTON-Verfahren scheidet zur Verbesserung der Näherung aus, da die Ableitung von $f(\alpha)$ nach α nicht gebildet werden kann. Es wird deshalb ein zweiter Startwert benötigt:

$$y_1 = f(\alpha_1=1,9) = 12,70 - 15 = -2,30 \quad . \qquad (7.31)$$

Mit (7.30) und (7.31) kann α nach (7.14) korrigiert werden:

$$\alpha_2 = 1,815 \quad . \qquad (7.32)$$

Die erneute Durchrechnung des Anfangswertproblems führt auf

$$y_2 = f(\alpha_2=1,815) = -1,37 \quad . \qquad (7.33)$$

Mit (7.30), (7.31) und (7.33) stehen nun drei Näherungen zur Verfügung. Bei dem Aufwand, der für die Berechnung der y-Werte erforderlich ist, ist es naheliegend, nach (7.15) die Funktion $f(\alpha)$ durch eine quadratische Parabel zu approximieren:

$$y = 75,0023\,\alpha^2 - 289,5746\,\alpha + 277,1336 \quad . \qquad (7.34)$$

Die Nullstelle

$$\alpha_3 = 1,753 \qquad (7.35)$$

ist schon eine recht gute Näherung für die exakte Lösung

$$\alpha = 1,72875 \quad . \qquad (7.36)$$

Die Frage, ob (7.36) die einzige Lösung von (7.26) ist, soll hier nicht erörtert werden. Bei vielen Problemen ist ohnehin ein relativ kleiner Bereich vorgegeben, in dem ein Wert zu suchen ist, der die Aufgabenstellung erfüllt. Durch die begrenzte Dehnbarkeit der Feder und die Tatsache, daß für Anfangsauslenkungen $\alpha < 1,581$ die Masse m die Nullage nicht mehr passiert, könnte bei dem behandelten Beispiel das untersuchte Intervall $\alpha = 1,6 \dots 1,9$ als ein solcher Bereich für praktisch sinnvolle Lösungen bestimmt sein.

7.4. Polynomgleichungen

Der Berechnung der Nullstellen eines Polynoms

$$p_n(x) = a_n x^n + a_{n-1} x^{n-1} + \dots + a_1 x + a_0 \qquad (7.37)$$

sind besonders zahlreiche Untersuchungen gewidmet worden. Für die iterative Bestimmung der reellen x-Werte, die die Beziehung

$$p_n(x) = 0 \qquad (7.38)$$

erfüllen, eignet sich das NEWTON-Verfahren in besonderem Maße, da die Ableitung $p_n'(x)$ einfach zu bilden ist.

Zur Berechnung eines Funktionswertes $p_n(x_i)$ wird (7.37) zweckmäßig in der Form

$$p_n(x) = \left\{\left[(a_n x + a_{n-1})\, x + a_{n-2}\right] x + \dots + a_1\right\} x + a_0 \qquad (7.39)$$

aufgeschrieben, die dem für die Handrechnung gebräuchlichen HORNER-Schema entspricht:

	a_n	a_{n-1}	a_{n-2}	....	a_1	a_0
+	0	$b_{n-1}x_i$	$b_{n-2}x_i$	....	$b_1 x_i$	$b_0 x_i$
	b_{n-1}	b_{n-2}	b_{n-3}	.....	b_0	$\boxed{p_n(x_i)}$
+	0	$c_{n-2}x_i$	$c_{n-3}x_i$	.....	$c_0 x_i$	
	c_{n-2}	c_{n-3}	c_{n-4}	.....	$\boxed{p_n'(x_i)}$	

(7.40)

Nach dem einfachen Algorithmus, der entsprechend (7.40) zweimal ausgeführt wird, erhält man die für das NEWTON-Verfahren erforderlichen Werte $p_n(x_i)$ und $p_n'(x_i)$. Wenn x_i eine Nullstelle des Polynoms p_n ist, so wird durch

$$p_{n-1}(x) = b_{n-1} x^{n-1} + b_{n-2} x^{n-2} + \dots + b_1 x + b_0 \qquad (7.41)$$

ein Polynom vom Grad n-1 definiert, das mit p_n in folgendem Zusammenhang steht:

$$p_n(x) = (x - x_i)\, p_{n-1}(x) \tag{7.42}$$

Die Berechnung weiterer Nullstellen kann also mit (7.41) erfolgen.

Beispiel: Die Gleichung (7.20) läßt sich durch einige einfache Operationen zu dem Polynom

$$p_4(\bar{x}) = \bar{x}^4 - 2\bar{x}^3 - 14\bar{x}^2 - 2\bar{x} + 1 = 0 \tag{7.43}$$

umformen. Mit der Anfangsnäherung $\bar{x}_0 = 5$ ergibt sich folgendes HORNER-Schema

(7.44)

1	-2	-14	-2	1
0	5	15	5	15
1	3	1	3	16 = $p_4(5)$
0	5	40	205	
1	8	41	208 = $p_4'(5)$	

Nach (7.11) erhält man den verbesserten Wert

$$\bar{x}_1 = \bar{x}_0 - \frac{p_4(5)}{p_4'(5)} = 4{,}923077\ , \tag{7.45}$$

mit dem die Rechnung wiederholt wird. Bereits im dritten Schritt ergibt sich mit

$$\bar{x}_3 = 4{,}919847 \tag{7.46}$$

ein Wert, der vom HORNER-Schema als Nullstelle ausgewiesen wird:

(7.47)

1	-2	-14	-2	1
0	4,919847	14,3652	1,796728	-1,000067
1	2,919847	0,3652	-0,203272	-0,000067

Der verbleibende Rest läßt sich bei Angabe der Nullstelle (7.46) mit 7 wesentlichen Dezimalstellen nicht vermeiden.

(7.47) definiert auch das Polynom 3. Grades, mit dem die Rechnung fortgesetzt werden kann:

$$p_3(\bar{x}) = \bar{x}^3 + 2{,}919847\,\bar{x}^2 + 0{,}3652\,\bar{x} - 0{,}203272 \tag{7.48}$$

Von den insgesamt vier Nullstellen des Polynoms (7.43) sind drei mit den Lösungen der Gleichung (7.20) identisch, die vierte erfüllt (7.20) nicht. Das ist typisch für Wurzelgleichungen, bei deren Umformung quadriert werden muß.

Wenn auch die komplexen Lösungen einer Polynomgleichung ermittelt werden sollen, wird die Tatsache genutzt, daß der zu einer komplexen Nullstelle konjugiert komplexe Wert auch eine Nullstelle ist. Analog zu der Abspaltung eines Linearfaktors entsprechend (7.42) gelingt mit Hilfe eines "zweizeiligen HORNER-Schemas" die Abspaltung eines reellen Quadratfaktors (Verfahren von BAIRSTOW). Hierzu wird auf die Spezialliteratur verwiesen (z.B. /12/).

Die Realisierung der Nullstellenbestimmung von Polynomen erwies sich (speziell bei Nutzung des Rechenautomaten) als eines der schwierigsten Probleme der numerischen Mathematik. Die unvermeidlichen Rundungsfehler bei der Abspaltung von Linear- oder Quadratfaktoren verfälschen die Koeffizienten der reduzierten Polynome. Schon äußerst geringe Änderungen der Polynomkoeffizienten können erhebliche Änderungen der Nullstellen hervorrufen. Besonders kritisch ist die Situation bei eng benachbarten und mehrfachen Nullstellen.

In /68/ wird deshalb auf der Basis umfangreicher Untersuchungen sogar die Notwendigkeit einer Fehlerschrankenarithmetik betont (Ergebnis einer Rechenoperation ist jeweils ein Intervall, in dem der berechnete Wert mit Sicherheit liegt, vgl. auch /12/).

Die Berechnung einfacher reeller Nullstellen ist weniger problematisch. Gegebenenfalls ist eine Nachiteration mit dem noch nicht durch Rundungsfehler verfälschten Polynom für die Werte angezeigt, die mit Hilfe reduzierter Polynome ermittelt wurden.

Zur Lokalisierung der Nullstellen eines Polynoms existieren zahlreiche leistungsfähige Verfahren (siehe z. B. /11/,/12/,/16/). Sie werden genutzt, um Anfangsnäherungen für die iterativen Methoden zu bestimmen. Für bestimmte Aufgaben sind die zu gewinnenden Aussagen sogar ausreichend, so kann z. B. die Untersuchung der Stabilität einer Bewegung auf die Frage reduziert werden, welches Vorzeichen die Realteile der Nullstellen eines Polynoms haben. Für die Behandlung dieses Problems stehen einfache Verfahren ("Stabilitätskriterien") zur Verfügung (vgl. /4/,/16/).

7.5. Nichtlineare Gleichungssysteme

Die im Abschnitt 7.2. beschriebenen Verfahren, die auf der Linearisierung der nichtlinearen Funktion beruhen, lassen sich formal auf Gleichungssysteme übertragen. Für zwei Gleichungen mit zwei Unbekannten ist sogar eine anschauliche Deutung möglich: Die Funktionen

$$\begin{aligned} y_1 &= f_1(x_1, x_2) , \\ y_2 &= f_2(x_1, x_2) \end{aligned} \tag{7.49}$$

werden beim NEWTONschen Verfahren durch ihre Tangentialebenen ersetzt, bei Anwendung der REGULA FALSI werden die Ebenen von drei Punkten auf den Flächen (7.49) festgelegt. Ihr gemeinsamer Schnittpunkt mit der Ebene $y = 0$ wird als verbesserter Näherungswert für die weitere Rechnung verwendet. Bei Systemen mit mehr als zwei Unbekannten wird die Vorgehensweise der Linearisierung auf analoge Weise praktiziert, die linearen Funktionen werden im folgenden als Hyperebenen bezeichnet.

7.5.1. Das Verfahren von NEWTON für Gleichungssysteme

Für das nichtlineare Gleichungssystem

$$\boldsymbol{f}(\boldsymbol{x}) = \begin{bmatrix} f_1(x_1, x_2, \dots, x_n) \\ f_2(x_1, x_2, \dots, x_n) \\ \vdots \\ f_n(x_1, x_2, \dots, x_n) \end{bmatrix} = \boldsymbol{0} \tag{7.50}$$

sei eine Näherungslösung

$$\boldsymbol{x}^{(i)} = \begin{bmatrix} x_1^{(i)} \\ x_2^{(i)} \\ \vdots \\ x_n^{(i)} \end{bmatrix} \tag{7.51}$$

bekannt. Nach dem NEWTON-Verfahren ergibt sich ein verbesserter

Lösungsvektor

$$x^{(i+1)} = x^{(i)} - F^{-1}(x^{(i)}) \cdot f(x^{(i)}) \tag{7.52}$$

mit der "Funktionalmatrix"

$$F(x^{(i)}) = \begin{bmatrix} \frac{\partial f_1}{\partial x_1} & \frac{\partial f_1}{\partial x_2} & \cdots & \frac{\partial f_1}{\partial x_n} \\ \vdots & \vdots & & \vdots \\ \frac{\partial f_n}{\partial x_1} & \frac{\partial f_n}{\partial x_2} & \cdots & \frac{\partial f_n}{\partial x_n} \end{bmatrix}_{x = x^{(i)}} \tag{7.53}$$

(vgl. z. B. /12/). Um die Inversion von F zu umgehen, ist es zweckmäßiger, (7.52) durch

$$\begin{aligned} x^{(i+1)} &= x^{(i)} - \Delta x^{(i)} \; , \\ F(x^{(i)})\, \Delta x^{(i)} &= f(x^{(i)}) \end{aligned} \tag{7.54}$$

zu ersetzen, so daß in jedem Iterationsschritt ein lineares Gleichungssystem zu lösen ist.

$F(x^{(i)})$ muß regulär sein. Wenn diese Voraussetzung in einem Iterationsschritt nicht gegeben ist (die Hyperebenen haben keinen gemeinsamen Schnittpunkt), sollte versucht werden, durch Veränderung des Vektors $x^{(i)}$ die Singularität von $F(x^{(i)})$ zu beheben. Bei schlechter Kondition der Matrix $F(x^{(i)})$ sind allerdings stets numerische Schwierigkeiten bei dem Versuch der weiteren Verbesserung von $x^{(i)}$ zu befürchten.

Sind die partiellen Ableitungen in (7.53) nicht oder nur mit großem Aufwand zu bilden, kann man die Differentialquotienten in der Funktionalmatrix F durch Differenzenquotienten ersetzen, z. B.

$$\begin{aligned} \frac{\partial f_j}{\partial x_k} = \frac{1}{x_k^{(i)} - x_k^{(i-1)}} \Big[& f_j(x_1^{(i)}, x_2^{(i)}, \ldots, x_k^{(i)}, \ldots, x_n^{(i)}) \\ & - f_j(x_1^{(i)}, x_2^{(i)}, \ldots, x_k^{(i-1)}, \ldots, x_n^{(i)}) \Big] \; . \end{aligned} \tag{7.55}$$

Es sind also zusätzliche Funktionswerte erforderlich, und die Vorgehensweise hat eine gewisse Ähnlichkeit mit dem im folgenden Abschnitt beschriebenen Verfahren.

7.5.2. Die REGULA FALSI für Gleichungssysteme

Für das Gleichungssystem

$$\mathbf{y} = \mathbf{f}(\mathbf{x}) = \mathbf{o} \tag{7.56}$$

($\mathbf{x}$ und $\mathbf{y}$ sind n-dimensionale Vektoren) mögen n+1 Näherungslösungen $\mathbf{x}^{(i)}$ (i = 1,2,...,n+1) bereits bekannt sein. Die k-te Gleichung aus (7.56) liefert beim Einsetzen dieser Lösungen n+1 y_k-Werte, die zum Vektor $\mathbf{y}_k$ zusammengefaßt werden. $\mathbf{y}_k$ enthält damit die Ordinaten von n+1 Punkten auf der n-dimensionalen Fläche $y = f_k(\mathbf{x})$. Durch diese Punkte wird eine Hyperebene gelegt, deren Gleichung in Form einer Determinante angegeben werden kann:

$$\tilde{f}_k(\mathbf{x}) = \begin{vmatrix} 1 & x_1 & x_2 & \cdots & x_n & y \\ 1 & x_1^{(1)} & x_2^{(1)} & \cdots & x_n^{(1)} & y_k^{(1)} \\ \vdots & \vdots & \vdots & & \vdots & \vdots \\ 1 & x_1^{(n+1)} & x_2^{(n+1)} & \cdots & x_n^{(n+1)} & y_k^{(n+1)} \end{vmatrix} = \det \left[\begin{array}{c|c|c} 1 & \mathbf{x}^T & y \\ \hline 1 & \mathbf{x}^{(1)^T} & \\ \vdots & \vdots & \mathbf{y}_k \\ 1 & \mathbf{x}^{(n+1)^T} & \end{array} \right] = 0. \tag{7.57}$$

Mit k = 1,2,...,n ergeben sich für alle Funktionen $f_k(\mathbf{x})$ Hyperebenen entsprechend (7.57), deren gemeinsamer Schnittpunkt mit der Ebene y = 0 die verbesserte Näherungslösung des Systems (7.56) ist.

Von KOCZYK /69/ wird zur Berechnung des Vektors $\bar{\mathbf{x}}$ aus dem linearen Gleichungssystem

$$\begin{aligned} \tilde{f}_1(\bar{\mathbf{x}}, y = 0) &= 0 \quad, \\ \tilde{f}_2(\bar{\mathbf{x}}, y = 0) &= 0 \quad, \\ &\vdots \\ \tilde{f}_n(\bar{\mathbf{x}}, y = 0) &= 0 \end{aligned} \tag{7.58}$$

folgende Lösung angegeben:

$$\bar{\mathbf{x}} = \frac{1}{\det \bar{\mathbf{Y}}} \left[\det \bar{\mathbf{Y}}_1 \;\; \det \bar{\mathbf{Y}}_2 \;\; \cdots\cdots \;\; \det \bar{\mathbf{Y}}_n \right]^T \tag{7.59}$$

mit

$$\bar{Y} = \left[\begin{array}{c|c} & 1 \\ & 1 \\ Y & \vdots \\ & 1 \end{array}\right] \qquad \bar{Y}_j = \left[\begin{array}{c|c} & x_j^{(1)} \\ & x_j^{(2)} \\ Y & \vdots \\ & x_j^{(n+1)} \end{array}\right] ,$$

$$Y = \left[\begin{array}{c|c|c|c} y_1 & y_2 & \cdots & y_n \end{array}\right] . \tag{7.60}$$

Die Determinantenberechnung nach (7.59) ist rechentechnisch einfach zu organisieren, da sich die Matrizen $\bar{Y}_j$ - vgl. (7.60) - nur in der letzten Spalte unterscheiden. In einer Matrix $\boldsymbol{A}$ werden die n+1 Näherungen $\boldsymbol{x}^{(i)}$ und die zugehörigen Funktionswerte $\boldsymbol{y}_k$ zusammengefaßt:

$$\boldsymbol{A} = \left[\begin{array}{c|c} & \boldsymbol{x}^{(1)^T} \\ \hline & \boldsymbol{x}^{(2)^T} \\ \hline \bar{Y} & \vdots \\ \hline & \boldsymbol{x}^{(n+1)^T} \end{array}\right] . \tag{7.61}$$

$\boldsymbol{A}$ wird durch Linearkombination der Zeilen nach dem GAUSSschen Algorithmus so umgeformt, daß $\bar{Y}$ eine Rechtsdreiecksmatrix wird ($\boldsymbol{A}$ wird zu $\boldsymbol{A}^*$). Dafür eignet sich das im Abschnitt 2.2.2. angegebene Unterprogramm GAUSS, das auch Rechteckmatrizen verarbeiten kann. Danach können die Elemente des Vektors $\bar{\boldsymbol{x}}$ folgendermaßen bestimmt werden:

$$\bar{x}_j = \frac{\det \bar{Y}_j}{\det \bar{Y}} = \frac{a^*_{n+1,\,n+1+j} \prod_{k=1}^{n} a^*_{k,k}}{\prod_{k=1}^{n+1} a^*_{k,k}} = \frac{a^*_{n+1,\,n+1+j}}{a^*_{n+1,\,n+1}} . \tag{7.62}$$

Die Iterationsvorschrift ist einfach und übersichtlich:

a) Aufbau der Matrix $\boldsymbol{A}$ nach (7.61) mit den n+1 Näherungen $\boldsymbol{x}^{(i)}$ und den zugehörigen y-Werten.

b) Triangularisierung der Matrix $\boldsymbol{A}$ und Berechnung einer verbesserten Lösung $\bar{\boldsymbol{x}}$ des nichtlinearen Gleichungssystems nach (7.62).

c) Ersetzen einer Näherungslösung $\boldsymbol{x}^{(i)}$ und der zugehörigen y-Werte in der Matrix $\boldsymbol{A}$ (dabei ändert sich nur eine Zeile), Fortsetzung mit Punkt b).

Ein geeignetes Kriterium dafür, welche Näherung $\boldsymbol{x}^{(i)}$ durch $\bar{\boldsymbol{x}}$ zu ersetzen ist, kann für den allgemeinen Fall nicht angegeben werden. Es empfiehlt sich, zyklisch vorzugehen und immer die "älteste" Näherung $\boldsymbol{x}^{(i)}$ zu streichen. In einem "Iterationszyklus" werden alle $\boldsymbol{x}^{(i)}$ genau einmal geändert.

Der Nachteil des Verfahrens, n+1 Näherungen als Startwerte zu benötigen, ist unbedeutend, da diese aus einer geeigneten Näherungslösung durch geringe Veränderungen der einzelnen Komponenten ermittelt werden können.

Die Singularität der Matrix $\bar{\boldsymbol{Y}}$ in einem Iterationsschritt kann behoben werden wie die Singularität der Matrix $\boldsymbol{F}$ beim Verfahren von NEWTON (Abschnitt 7.5.1.).

Die REGULA FALSI für Gleichungssysteme kann (z.B. gemeinsam mit einem Verfahren zur numerischen Integration von Differentialgleichungen) zur Lösung nichtlinearer Randwertaufgaben genutzt werden. Dies wurde im Abschnitt 7.3. an einem eindimensionalen Beispiel demonstriert. Aber auch dann, wenn das nichtlineare Gleichungssystem aufgeschrieben und die Ableitungen nach (7.53) gebildet werden können, wird die REGULA FALSI häufig bevorzugt, da die Vorbereitungen, die die Nutzung des NEWTON-Verfahrens erfordern, recht aufwendig sind.

Beispiel: Für das im Bild 7.5 dargestellte System ist die statische Gleichgewichtslage zu ermitteln (die Federn sind in der skizzierten Lage - Federlängen l bzw. 2l - entspannt).

Die Gleichgewichtslage wird durch die Koordinaten u und v des Schwerpunkts der Masse M und den Winkel φ definiert. Nach einigen

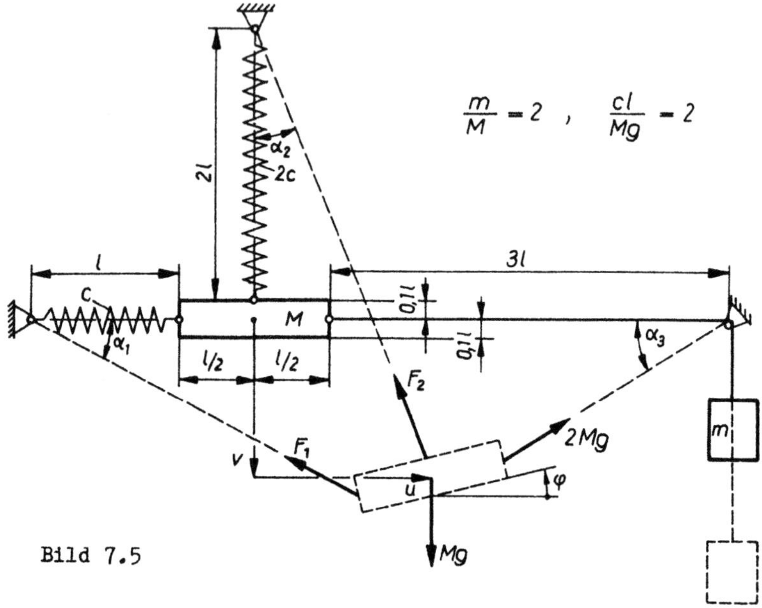

Bild 7.5

Umformungen erhält man aus den drei Gleichgewichtsbedingungen für die an der Masse M angreifenden Kräfte das folgende nichtlineare Gleichungssystem:

$$f_1(\bar{u},\bar{v},\varphi) = 2\cos\alpha_3 - \bar{F}_2\sin\alpha_2 - \bar{F}_1\cos\alpha_1 = 0\,,$$

$$f_2(\bar{u},\bar{v},\varphi) = 2\sin\alpha_3 + \bar{F}_2\cos\alpha_2 + \bar{F}_1\sin\alpha_1 - 1 = 0\,,$$

$$\begin{aligned} f_3(\bar{u},\bar{v},\varphi) = {} & \cos\alpha_3\sin\varphi - \sin\alpha_3\cos\varphi \\ & + 0{,}1\,\bar{F}_2\,(\cos\alpha_2\sin\varphi - \sin\alpha_2\cos\varphi) \\ & + 0{,}5\,\bar{F}_1\,(\sin\alpha_1\cos\varphi + \cos\alpha_1\sin\varphi) \end{aligned} \qquad (7.63)$$

mit

$$\bar{u} = \frac{u}{l}\,, \qquad \bar{v} = \frac{v}{l}\,,$$

$$\bar{F}_1 = 2(\bar{e}_1 - 1)\,, \qquad \bar{F}_2 = 4(\bar{e}_2 - 2)\,,$$

$$\sin\alpha_1 = \frac{\bar b_1}{\bar e_1}\;,\quad \sin\alpha_2 = \frac{\bar a_2}{\bar e_2}\;,\quad \sin\alpha_3 = \frac{\bar b_3}{\bar e_3}\;,$$

$$\cos\alpha_1 = \frac{\bar a_1}{\bar e_1}\;,\quad \cos\alpha_2 = \frac{\bar b_2}{\bar e_2}\;,\quad \cos\alpha_3 = \frac{\bar a_3}{\bar e_3}\;,$$

$$\bar e_1 = \sqrt{\bar a_1^2 + \bar b_1^2}\;,\quad \bar e_2 = \sqrt{\bar a_2^2 + \bar b_2^2}\;,\quad \bar e_3 = \sqrt{\bar a_3^2 + \bar b_3^2}\;, \qquad (7.64)$$

$$\bar a_1 = \bar u + 0{,}5\,(3 - \cos\varphi)\;,\quad \bar b_1 = \bar v + 0{,}5\sin\varphi\;,$$

$$\bar a_2 = \bar u - 0{,}1\,\sin\varphi\;,\quad \bar b_2 = \bar v + 0{,}1\,(21 - \cos\varphi)\;,$$

$$\bar a_3 = 0{,}5\,(7 - \cos\varphi) - \bar u\;,\quad \bar b_3 = \bar v - 0{,}5\sin\varphi\;.$$

Das nichtlineare Gleichungssystem (7.63) mit den Abkürzungen (7.64), aufgeschrieben in einer für die Programmierung geeigneten Form, wurde nach dem REGULA-FALSI-Algorithmus gelöst. Mit den (recht ungenauen) Startvektoren

$$\boldsymbol{x}^{(1)} = \begin{bmatrix} 1 \\ 0{,}25 \\ 0 \end{bmatrix},\; \boldsymbol{x}^{(2)} = \begin{bmatrix} 0{,}9 \\ 0{,}2 \\ 0{,}1 \end{bmatrix},\; \boldsymbol{x}^{(3)} = \begin{bmatrix} 1{,}1 \\ 0{,}3 \\ -0{,}1 \end{bmatrix},\; \boldsymbol{x}^{(4)} = \begin{bmatrix} 1{,}2 \\ 0{,}28 \\ 0{,}05 \end{bmatrix} \qquad (7.65)$$

ergab sich bereits nach vier Iterationszyklen:

$$\boldsymbol{x} = \begin{bmatrix} \bar u \\ \bar v \\ \varphi \end{bmatrix} = \begin{bmatrix} 0{,}8265973 \\ 0{,}0744257 \\ 0{,}0147156 \end{bmatrix} \;. \qquad (7.66)$$

Die angegebenen Dezimalstellen dieses Ergebnisses sind gültig, die Gleichgewichtsbedingungen (7.63) werden von (7.66) erfüllt.

Quellenverzeichnis

/1/ RÜDIGER,D., A. KNESCHKE: Technische Mechanik, Bd. 1 - 3. Leipzig: B.G. Teubner Verlagsgesellschaft 1964.

/2/ GÖLDNER,H., F. HOLZWEISSIG: Leitfaden der Technischen Mechanik. Leipzig: VEB Fachbuchverlag 1976.

/3/ MARGUERRE,K.: Technische Mechanik, Bd. 1 - 3. Berlin/Heidelberg/New York: Springer-Verlag 1967.

/4/ FISCHER,U., W. STEPHAN: Prinzipien und Methoden der Dynamik. Leipzig: VEB Fachbuchverlag 1972.

/5/ SCHLECHTE,E.: Festigkeitslehre für Bauingenieure. Berlin: VEB Verlag für Bauwesen 1970.

/6/ FILONENKO-BORODITSCH,M.M.: Elastizitätstheorie. Leipzig: VEB Fachbuchverlag 1967.

/7/ ASSMANN,B.: Technische Mechanik, Bd. 1 - 3. München: R. Oldenbourg Verlag 1975.

/8/ GRÜNING,G., A. HÜTTER (Herausgeber): Ingenieurtaschenbuch Bauwesen, Bd. 1. Leipzig: B.G. Teubner Verlagsgesellschaft 1963.

/9/ BÜRGERMEISTER,G., H. STEUP, H. KRETZSCHMAR: Stabilitätstheorie, Bd. 1 und 2. Berlin: Akademie-Verlag 1966 und 1963.

/10/ GIRKMANN,K.: Flächentragwerke. Wien: Springer-Verlag 1959.

/11/ BERESIN,I.S., N.P. SHIDKOW: Numerische Methoden 1 und 2. Berlin: VEB Deutscher Verlag der Wissenschaften 1970.

/12/ KIESEWETTER,H., G. MAESS: Elementare Methoden der numerischen Mathematik. Berlin: Akademie-Verlag GmbH 1974.

/13/ RANFT,J.: FORTRAN-Programmierung und numerische Methoden für Naturwissenschaft und Technik. Leipzig: BSB B.G. Teubner Verlagsgesellschaft 1972.

/14/ GASTINEL,N.: Lineare numerische Analysis. Berlin: VEB Deutscher Verlag der Wissenschaften 1972.

/15/ FADDEJEW,D.K., W.N. FADDEJEWA: Numerische Methoden der linearen Algebra. Berlin: VEB Deutscher Verlag der Wissenschaften 1970.

/16/ ZURMÜHL,R.: Praktische Mathematik für Ingenieure und Physiker. Berlin/Göttingen/Heidelberg: Springer-Verlag 1963.

/17/ STIEFEL,E.: Einführung in die numerische Mathematik. Stuttgart: B.G. Teubner Verlagsgesellschaft 1965.

/18/ BJÖRCK,A., G. DAHLQUIST: Numerische Methoden. München/Wien: R. Oldenbourg Verlag 1972.

/19/ DRESZER,J. (Herausgeber): Mathematik, Handbuch für Technik und Naturwissenschaft. Leipzig: VEB Fachbuchverlag 1975.

/20/ WANG,P.C.: Numerical and Matrix Methods in Structural Mechanics. New York/London/Sydney: John Wiley & Sons, Inc. 1966.

/21/ DIETRICH,G., H. STAHL: Grundzüge der Matrizenrechnung. Leipzig: VEB Fachbuchverlag 1972.

/22/ DIETRICH,G., H. STAHL: Matrizen und Determinanten und ihre Anwendung in Technik und Ökonomie. Leipzig: VEB Fachbuchverlag 1973.

/23/ ZURMÜHL,R.: Matrizen. Berlin/Göttingen/Heidelberg: Springer-Verlag 1958.

/24/ BALDAUF,H.: Hochgradig statisch unbestimmte Tragwerke. Leipzig: S. Hirzel Verlag 1962.

/25/ SCHWARZ,H.R., H. RUTISHAUSER, E. STIEFEL: Numerik symmetrischer Matrizen. Leipzig:BSB B.G. Teubner Verlagsgesellschaft 1969.

/26/ BUCK,K.E., D.W. SCHARPF, E. STEIN, W. WUNDERLICH: Finite Elemente in der Statik. Berlin/München/Düsseldorf: Verlag von Wilhelm Ernst & Sohn 1973.

/27/ EBERLEIN,P.J., J. BOOTHROYD: Solution to the eigenproblem by a norm reducing JACOBI type method. Numerische Mathematik 11, Heft 1, 1968.

/28/ COLLATZ,L.: Eigenwertaufgaben mit technischen Anwendungen. Leipzig: Akademische Verlagsgesellschaft Geest & Portig K.-G. 1963.

/29/ RALSTON,A., H.S. WILF: Mathematische Methoden für Digitalrechner, Bd. 1 und 2. München/Wien: R. Oldenbourg Verlag 1967.

/30/ KOLLBRUNNER,C.F., M. MEISTER: Knicken, Biegedrillknicken, Kippen. Berlin/Göttingen/Heidelberg: Springer-Verlag 1961.

/31/ COLLATZ,L.: Numerische Behandlung von Differentialgleichungen. Berlin/Göttingen/Heidelberg: Springer-Verlag 1955.

/32/ PANOW,D.M.: Formelsammlung zur numerischen Behandlung partieller Differentialgleichungen nach dem Differenzenverfahren. Berlin: Akademie-Verlag 1955.

/33/ KOLLBRUNNER,C.F., M. MEISTER: Ausbeulen, Theorie und Berechnung von Blechen. Berlin/Göttingen/Heidelberg: Springer-Verlag 1958.

/34/ ENGELI,M., TH. GINSGURG, H. RUTISHAUSER, E. STIEFEL: Refined iterative methods for the computation of the solution and the eigenvalues of selfadjoint boundary value problems. Basel/Stuttgart: Mitt. Inst. f. angew. Math. ETH Zürich Nr. 8, 1959.

/35/ ZIENKIEWICZ,O.C.: Methode der finiten Elemente. Leipzig: VEB Fachbuchverlag 1975.

/36/ KOLÁŘ,V., J. KRATOCHVÍL, F. LEITNER, A. ŽENÍŠEK: Berechnung von Flächen- und Raumtragwerken nach der Methode der finiten Elemente. Wien/New York: Springer-Verlag 1975.

/37/ GABBERT,U.: Beitrag zur Anwendung der Methode der finiten Elemente auf die Berechnung des Verformungs- und Spannungszustandes dreidimensionaler Körper. TH Magdeburg: Dissertation 1974.

/38/ GABBERT,U.: Die Methode der finiten Elemente zur Berechnung axialsymmetrischer Körper. Wiss. Zeitschr. der TH Magdeburg 16 (1972), Heft 4.

/39/ HOLAND,I., K. BELL: Finite Element Methods in Stress Analysis. Trondheim: Tapir-Verlag 1969.

/40/ ROTHE,R.: Höhere Mathematik für Mathematiker, Physiker, Ingenieure. Leipzig: B.G. Teubner Verlagsgesellschaft 1961.

/41/ DESAI,C.S., J.F. ABEL: Introduction to the Finite Element Method. New York: Van Nostrand Reinhold Company 1972.

/42/ BOGNER,F.K., R.L. FOX, L.A. SCHMIT: The generation of interelement-compatible stiffness and mass matrices by use of interpolation formulae. Proc. Conf. Matrix Methods in Struct. Mech. Ohio: Air Force Inst. of Techn., Wright Patterson A.F. Base 1965.

/43/ BUCK,K.E.: Zur Berechnung der Verschiebungen und Spannungen in rotationssymmetrischen Körpern unter beliebiger Belastung. Universität Stuttgart: Dissertation 1970.

/44/ YAMADA,Y., N. YOSHIMURA, T. SAKURAI: Plastic Stress-Strain Matrix and its Application for the Solution of Elastic-Plastic Problems by the Finite Element Method. Int. J. Mech. Sci. Vol. 10, 343 - 354 (1968).

/45/ MARTIN,H.C., F.C. GRAHAM: Introduction to Finite Element Analysis. New York: McGraw-Hill Book Company 1973.

/46/ ARGYRIS,J.H., D.W. SCHARPF, J.B. SPOONER: Die elastc-plastische Berechnung von allgemeinen Tragwerken und Kontinua. Ing.-Archiv 37, 326 - 352 (1969).

/47/ DANKERT,J., U. GABBERT, S. KOCZYK, H. LIMPERT: Programmsystem COSAR - Zwischenbericht 1975 -. Forschungsbericht der Sektion Maschinenbau der TH Magdeburg.

/48/ NÄBRICH, SCHRÖTER: Forschungsbericht der HfV Dresden (1976), unveröffentlicht.

/49/ IRONS,B.M.: A Frontal Solution Program for Finite Element Analysis. Int. J. Num. Meth. Eng. 2, 5 - 32 (1970).

/50/ ANDERHEGGEN,E.: Programme zur Methode der finiten Elemente. Institut für Baustatik der ETH Zürich (1969).

/51/ FETTE,H.: Gekrümmte finite Elemente zur Berechnung von Schalentragwerken. Schriftenreihe des Instituts für konstruktiven Ingenieurbau der TU Braunschweig, Düsseldorf 1969.

/52/ FENVES,S.J., A.R. ROBINSON, N. PERRONE, W.C. SCHNOBRICH: Numerical and Computer Methods in Structural Mechanics. New York/London: Academic Press 1973.

/53/ Richtlinienkatalog Festigkeitsberechnungen Behälter und Apparate, Rechenprogramme. VEB Komplette Chemieanlagen Dresden 1975.

/54/ Programmbenutzerinformation Finite-Element-Methode. Rostock: Institut für Schiffbau 1972.

/55/ Systemunterlagen zum Programmiersystem AUTRA DOS/ES, Problembeschreibung und Anwenderhandbücher. Institut für Leichtbau und ökonomische Verwendung von Werkstoffen Dresden.

/56/ WEESE,W., G. FRITZSCHE: Anwenderhandbuch für die Rechenprogramme ZYLROT 1 - 3 zur Berechnung von Rotationskörpern. TH Magdeburg 1976.

/57/ DANKERT,J., U. GABBERT: Programmsystem COSAR - Projektstudie -, TH Magdeburg 1975.

/58/ NOPPEN,R.: Berechnung elastischer Verformungen und Spannungen nach der Methode finiter Elemente. Essen: Verlag W. Girardet 1975.

/59/ HUEBNER,K.H.: The Finite Element Method for Engineers. New York/London: John Wiley & Sons 1975.

/60/ WHITEMAN,J.R.: A Bibliography for Finite Elements. London/New York/San Francisco: Academic Press 1975.

/61/ HAMMER,P.C., O.P. MARLOWE, A.H. STROUD: Numerical integration over simplexes and cones. Math. Tables Aids Comp. 10, 130 - 137 (1956).

/62/ HAMMING,R.W.: Stable Predictor Corrector Methods for Ordinary Differential Equations. J. Assoc. Comp. Mach., Vol. 6, 37 - 47, 1959.

/63/ MICHLIN,S.G., CH.L. SMOLITZKI: Näherungsmethoden zur Lösung von Differential- und Integralgleichungen. Leipzig: BSB B.G. Teubner Verlagsgesellschaft 1969.

/64/ FORBAT,N.: Analytische Mechanik der Schwingungen. Berlin: VEB Deutscher Verlag der Wissenschaften 1966.

/65/ FISCHER,U.: Programm zur Ermittlung der Bewegungsabläufe von Starrkörpersystemen ohne explizite Aufstellung der Bewegungsgleichungen. Maschinenbautechnik 24, 270 - 273, 1975.

/66/ GUMPERT,W.: Anwenderdokumentation zum Programm AIDAM (Automatische Integration der Bewegungsdifferentialgleichungen allgemeiner Mechanismen). TH Karl-Marx-Stadt 1975.

/67/ MORINO,L., J.W. LEECH, E.A. WITMER: Optimal Predictor-Corrector Method for Systems of Second-Order Differential Equations. AIAA Journal Vol. 12, No. 10, 1343 - 1347, October 1974.

/68/ NICKEL,K.: Die numerische Berechnung der Wurzeln eines Polynoms. Numerische Mathematik 9, 80 - 98, 1966.

/69/ KOCZYK,S.: Entwicklung eines Verfahrens zur Berücksichtigung des elastisch-plastischen Materialverhaltens bei Verwendung der Methode der finiten Elemente. Forschungsbericht der Sektion Maschinenbau der TH Magdeburg 1973.

Verzeichnis der angegebenen Programme

Sachwortverzeichnis

GPSR Compliance

The European Union's (EU) General Product Safety Regulation (GPSR) is a set of rules that requires consumer products to be safe and our obligations to ensure this.

If you have any concerns about our products, you can contact us on ProductSafety@springernature.com

In case Publisher is established outside the EU, the EU authorized representative is:

Springer Nature Customer Service Center GmbH
Europaplatz 3
69115 Heidelberg, Germany

Batch number: 10577919

Printed by Printforce, the Netherlands